材料成型原理

主 编 王忠堂 张玉妥 刘爱国
副主编 梁海成 马 明 董淑婧

北京理工大学出版社
BEIJING INSTITUTE OF TECHNOLOGY PRESS

内 容 简 介

为了适应"材料成型原理"课程改革的需要,编者参考了国内外该领域已经出版的教材以及学者的科学研究成果,并且补充了编者自己的研究成果,编写出版了此书。本书包括三部分内容,即"塑性成形原理""铸造成形原理""焊接成型原理"。本书为本科层次教材,亦可供研究生、大学教师、工程技术研究人员等参考使用。

版权专有　侵权必究

图书在版编目（CIP）数据

材料成型原理/王忠堂,张玉妥,刘爱国主编. —北京：北京理工大学出版社, 2019.7（2024.8重印）
ISBN 978-7-5682-7271-1

Ⅰ.①材⋯　Ⅱ.①王⋯ ②张⋯ ③刘⋯　Ⅲ.①工程材料-成型-教材　Ⅳ.①TB3

中国版本图书馆 CIP 数据核字（2019）第 146344 号

责任编辑：陆世立	文案编辑：赵　轩
责任校对：周瑞红	责任印制：李志强

出版发行 / 北京理工大学出版社有限责任公司
社　　址 / 北京市丰台区四合庄路 6 号
邮　　编 / 100070
电　　话 /（010）68914026（教材售后服务热线）
　　　　　（010）68944437（课件资源服务热线）
网　　址 / http://www.bitpress.com.cn

版 印 次 / 2024 年 8 月第 1 版第 3 次印刷
印　　刷 / 廊坊市印艺阁数字科技有限公司
开　　本 / 787 mm×1092 mm　1/16
印　　张 / 23.5
字　　数 / 552 千字
定　　价 / 59.00 元

图书出现印装质量问题,请拨打售后服务热线,负责调换

前　言

材料成型与控制工程是机械制造业的重要组成部分，是汽车、电力、石化、造船及机械等支柱产业的基础制造技术。塑性成形、液态成形及连接成型等材料成型技术是国民经济可持续发展的主体技术，是新一代材料研究及应用的重要成型与控制技术，也是先进制造技术的重要内容。"材料成型原理"课程是材料成型与控制工程专业的一门专业基础理论课。为了适应"材料成型原理"课程改革的需要，编者在参考国内外该领域已经出版的教材以及学者的科学研究成果的基础上，补充了编者自己的研究成果，编写出版了本书。

材料是人类用于制造物品、器件、构件、装备等产品的物质，包括金属（含合金，下同）材料、无机非金属材料、高分子材料、复合材料等。材料（固态或液态）经过适当的工艺技术发生永久的形状改变而且内部组织不发生破坏的过程，称为材料成型。材料成型方法包括塑性成形、液态成形、连接成型三大类。材料成型原理研究的是金属材料在成型过程中的基本规律和基本理论。

本书包括三部分内容，即"塑性成形原理""液态成形原理"和"焊接成型原理"。其中，"塑性成形原理"部分包括塑性变形力学方程、主应力法原理及其应用、滑移线理论及其应用、其他塑性变形理论与方法等内容。"液态成形原理"部分包括液态金属凝固基础、金属凝固过程中的传输问题、单相合金与多相合金的凝固、铸件的凝固组织、铸件凝固缺陷与控制等内容。"焊接成型原理"部分包括焊接接头及其组织与性能、焊接化学冶金、焊接缺欠及其控制等内容。

本书"塑性成形原理"部分由沈阳理工大学王忠堂、梁海成编写；"液态成形原理"部分由沈阳理工大学张玉妥、马明，大连科技学院董淑婧编写；"焊接成型原理"部分由沈阳理工大学刘爱国编写。

本书的读者对象包括大学生、研究生、大学教师及工程技术研究人员等。

由于编者水平有限，书中不足之处在所难免，望读者批评指正。

编　者
2019 年 1 月

目　录

绪　论 ··· 1
   （1）材料成型的基本方法 ·· 1
   （2）材料成型技术的发展趋势 ·· 1

第一篇　塑性成形原理

第1章　塑性变形力学方程 ··· 7
  1.1　塑性变形金属学 ·· 7
     1.1.1　塑性变形基本概念 ·· 7
     1.1.2　塑性变形方法 ·· 8
     1.1.3　塑性变形机制 ·· 8
     1.1.4　位错及位错运动 ·· 10
     1.1.5　影响材料塑性的因素 ··· 11
     1.1.6　金属材料的超塑性 ··· 12
  1.2　应力分析 ·· 13
     1.2.1　应力分量 ··· 13
     1.2.2　主应力 ·· 15
     1.2.3　主剪应力 ··· 19
     1.2.4　等效应力 ··· 21
     1.2.5　主应力求解实例 ·· 22
     1.2.6　应力莫尔圆 ·· 24
     1.2.7　应力平衡微分方程 ··· 24
     1.2.8　平面应力状态和轴对称应力状态 ··· 26
  1.3　应变分析 ·· 28
     1.3.1　应变分量 ··· 28
     1.3.2　等效应变 ··· 32
     1.3.3　位移场 ·· 32
     1.3.4　变形连续方程 ··· 34
     1.3.5　平面变形和轴对称变形 ··· 35
  1.4　屈服准则 ·· 37
     1.4.1　屈服准则的基本概念 ··· 37

1.4.2 屈服准则的几何表达 ⋯⋯⋯⋯⋯⋯⋯⋯⋯⋯⋯⋯⋯⋯⋯⋯⋯⋯⋯⋯⋯⋯⋯⋯⋯⋯ 39
　　1.4.3 中间主应力的影响 ⋯⋯⋯⋯⋯⋯⋯⋯⋯⋯⋯⋯⋯⋯⋯⋯⋯⋯⋯⋯⋯⋯⋯⋯⋯⋯⋯ 41
　　1.4.4 屈服准则的简化 ⋯⋯⋯⋯⋯⋯⋯⋯⋯⋯⋯⋯⋯⋯⋯⋯⋯⋯⋯⋯⋯⋯⋯⋯⋯⋯⋯⋯ 42
　1.5 塑性变形时的应力与应变 ⋯⋯⋯⋯⋯⋯⋯⋯⋯⋯⋯⋯⋯⋯⋯⋯⋯⋯⋯⋯⋯⋯⋯⋯⋯⋯ 43
　　1.5.1 弹性变形时应力与应变的关系 ⋯⋯⋯⋯⋯⋯⋯⋯⋯⋯⋯⋯⋯⋯⋯⋯⋯⋯⋯⋯⋯ 44
　　1.5.2 塑性变形时应力与应变的特点 ⋯⋯⋯⋯⋯⋯⋯⋯⋯⋯⋯⋯⋯⋯⋯⋯⋯⋯⋯⋯⋯ 45
　1.6 应力与应变的顺序关系 ⋯⋯⋯⋯⋯⋯⋯⋯⋯⋯⋯⋯⋯⋯⋯⋯⋯⋯⋯⋯⋯⋯⋯⋯⋯⋯⋯ 48
第2章 主应力法原理及其应用 ⋯⋯⋯⋯⋯⋯⋯⋯⋯⋯⋯⋯⋯⋯⋯⋯⋯⋯⋯⋯⋯⋯⋯⋯⋯⋯ 49
　2.1 主应力法的实质 ⋯⋯⋯⋯⋯⋯⋯⋯⋯⋯⋯⋯⋯⋯⋯⋯⋯⋯⋯⋯⋯⋯⋯⋯⋯⋯⋯⋯⋯⋯ 49
　2.2 平面压缩变形问题 ⋯⋯⋯⋯⋯⋯⋯⋯⋯⋯⋯⋯⋯⋯⋯⋯⋯⋯⋯⋯⋯⋯⋯⋯⋯⋯⋯⋯⋯ 50
　2.3 轴对称镦粗变形问题 ⋯⋯⋯⋯⋯⋯⋯⋯⋯⋯⋯⋯⋯⋯⋯⋯⋯⋯⋯⋯⋯⋯⋯⋯⋯⋯⋯⋯ 52
　2.4 镦粗的变形特点及力能参数计算 ⋯⋯⋯⋯⋯⋯⋯⋯⋯⋯⋯⋯⋯⋯⋯⋯⋯⋯⋯⋯⋯⋯ 53
　2.5 板料拉延工艺 ⋯⋯⋯⋯⋯⋯⋯⋯⋯⋯⋯⋯⋯⋯⋯⋯⋯⋯⋯⋯⋯⋯⋯⋯⋯⋯⋯⋯⋯⋯⋯ 56
　2.6 受内压的厚壁筒变形 ⋯⋯⋯⋯⋯⋯⋯⋯⋯⋯⋯⋯⋯⋯⋯⋯⋯⋯⋯⋯⋯⋯⋯⋯⋯⋯⋯⋯ 57
　2.7 球形壳体液压胀形工艺 ⋯⋯⋯⋯⋯⋯⋯⋯⋯⋯⋯⋯⋯⋯⋯⋯⋯⋯⋯⋯⋯⋯⋯⋯⋯⋯⋯ 58
第3章 滑移线法原理及其应用 ⋯⋯⋯⋯⋯⋯⋯⋯⋯⋯⋯⋯⋯⋯⋯⋯⋯⋯⋯⋯⋯⋯⋯⋯⋯⋯ 60
　3.1 滑移线的基本概念 ⋯⋯⋯⋯⋯⋯⋯⋯⋯⋯⋯⋯⋯⋯⋯⋯⋯⋯⋯⋯⋯⋯⋯⋯⋯⋯⋯⋯⋯ 60
　3.2 汉基（Hencky）应力方程 ⋯⋯⋯⋯⋯⋯⋯⋯⋯⋯⋯⋯⋯⋯⋯⋯⋯⋯⋯⋯⋯⋯⋯⋯⋯ 63
　3.3 滑移线的几何性质 ⋯⋯⋯⋯⋯⋯⋯⋯⋯⋯⋯⋯⋯⋯⋯⋯⋯⋯⋯⋯⋯⋯⋯⋯⋯⋯⋯⋯⋯ 64
　3.4 塑性变形区的应力边界 ⋯⋯⋯⋯⋯⋯⋯⋯⋯⋯⋯⋯⋯⋯⋯⋯⋯⋯⋯⋯⋯⋯⋯⋯⋯⋯⋯ 66
　3.5 格林盖尔速度方程 ⋯⋯⋯⋯⋯⋯⋯⋯⋯⋯⋯⋯⋯⋯⋯⋯⋯⋯⋯⋯⋯⋯⋯⋯⋯⋯⋯⋯⋯ 68
　3.6 滑移线法应用举例 ⋯⋯⋯⋯⋯⋯⋯⋯⋯⋯⋯⋯⋯⋯⋯⋯⋯⋯⋯⋯⋯⋯⋯⋯⋯⋯⋯⋯⋯ 69
　　3.6.1 平面压缩工艺 ⋯⋯⋯⋯⋯⋯⋯⋯⋯⋯⋯⋯⋯⋯⋯⋯⋯⋯⋯⋯⋯⋯⋯⋯⋯⋯⋯⋯⋯ 69
　　3.6.2 平面挤压工艺 ⋯⋯⋯⋯⋯⋯⋯⋯⋯⋯⋯⋯⋯⋯⋯⋯⋯⋯⋯⋯⋯⋯⋯⋯⋯⋯⋯⋯⋯ 71
　　3.6.3 圆筒件拉延工艺 ⋯⋯⋯⋯⋯⋯⋯⋯⋯⋯⋯⋯⋯⋯⋯⋯⋯⋯⋯⋯⋯⋯⋯⋯⋯⋯⋯⋯ 72
　　3.6.4 厚壁筒受内压变形 ⋯⋯⋯⋯⋯⋯⋯⋯⋯⋯⋯⋯⋯⋯⋯⋯⋯⋯⋯⋯⋯⋯⋯⋯⋯⋯⋯ 73
　　3.6.5 长条形锻件开式模锻 ⋯⋯⋯⋯⋯⋯⋯⋯⋯⋯⋯⋯⋯⋯⋯⋯⋯⋯⋯⋯⋯⋯⋯⋯⋯⋯ 74
第4章 其他塑性变形理论与方法 ⋯⋯⋯⋯⋯⋯⋯⋯⋯⋯⋯⋯⋯⋯⋯⋯⋯⋯⋯⋯⋯⋯⋯⋯⋯ 76
　4.1 上限法原理及应用 ⋯⋯⋯⋯⋯⋯⋯⋯⋯⋯⋯⋯⋯⋯⋯⋯⋯⋯⋯⋯⋯⋯⋯⋯⋯⋯⋯⋯⋯ 76
　　4.1.1 上限法原理 ⋯⋯⋯⋯⋯⋯⋯⋯⋯⋯⋯⋯⋯⋯⋯⋯⋯⋯⋯⋯⋯⋯⋯⋯⋯⋯⋯⋯⋯⋯ 76
　　4.1.2 上限法应用举例 ⋯⋯⋯⋯⋯⋯⋯⋯⋯⋯⋯⋯⋯⋯⋯⋯⋯⋯⋯⋯⋯⋯⋯⋯⋯⋯⋯⋯ 77
　4.2 微分方程求解法 ⋯⋯⋯⋯⋯⋯⋯⋯⋯⋯⋯⋯⋯⋯⋯⋯⋯⋯⋯⋯⋯⋯⋯⋯⋯⋯⋯⋯⋯⋯ 80
　4.3 功率平衡法 ⋯⋯⋯⋯⋯⋯⋯⋯⋯⋯⋯⋯⋯⋯⋯⋯⋯⋯⋯⋯⋯⋯⋯⋯⋯⋯⋯⋯⋯⋯⋯⋯ 83
　4.4 管材挤压变形力计算模型 ⋯⋯⋯⋯⋯⋯⋯⋯⋯⋯⋯⋯⋯⋯⋯⋯⋯⋯⋯⋯⋯⋯⋯⋯⋯⋯ 86
　4.5 关于屈服准则应用的探讨 ⋯⋯⋯⋯⋯⋯⋯⋯⋯⋯⋯⋯⋯⋯⋯⋯⋯⋯⋯⋯⋯⋯⋯⋯⋯⋯ 88
　4.6 滑移线法中 ω 角确定原则 ⋯⋯⋯⋯⋯⋯⋯⋯⋯⋯⋯⋯⋯⋯⋯⋯⋯⋯⋯⋯⋯⋯⋯⋯⋯ 90

4.7 材料本构关系模型 ··· 93
    4.7.1 一般形式 ·· 93
    4.7.2 双曲正弦本构关系模型 ·· 95
    4.7.3 AZ31镁合金本构关系模型 ·· 96

习题 ··· 99

参考文献 ·· 103

第二篇 液态成形原理

第5章 液态金属凝固基础 ·· 109
5.1 液态金属的结构与性质 ·· 109
    5.1.1 金属的膨胀与熔化 ··· 109
    5.1.2 液态金属的结构 ·· 111
    5.1.3 液态金属的性质 ·· 115
5.2 晶体的形核 ··· 123
    5.2.1 晶体生长的热力学条件 ·· 123
    5.2.2 均质形核 ·· 125
    5.2.3 异质形核 ·· 127
    5.2.4 形核控制 ·· 130
5.3 晶体的生长 ··· 131
    5.3.1 固-液界面的微观结构 ·· 131
    5.3.2 晶体生长方式和生长速度 ··· 132
    5.3.3 晶体的生长方向和生长表面 ·· 135

第6章 金属凝固过程中的传输问题 ·· 136
6.1 液态金属的充型能力与流动性 ··· 136
    6.1.1 充型能力与流动性的基本概念 ······································ 136
    6.1.2 液态金属的停止流动机理 ··· 137
    6.1.3 液态金属充型能力的计算 ··· 138
    6.1.4 影响充型能力的因素及促进措施 ·································· 141
6.2 凝固过程中的液体流动 ··· 146
    6.2.1 凝固过程中液体流动的分类 ·· 146
    6.2.2 凝固过程中液相区的液体流动 ····································· 147
    6.2.3 液态金属在枝晶间的流动 ··· 149
6.3 凝固过程中的热量传输 ··· 150
    6.3.1 铸件凝固传热的数学模型 ··· 150
    6.3.2 铸件凝固温度场 ·· 150
    6.3.3 铸件凝固时间 ··· 155

6.4 凝固过程中的传质 ··· 157
6.4.1 凝固过程的溶质再分配 ··· 157
6.4.2 平衡凝固时的溶质再分配 ··· 159
6.4.3 近平衡凝固时的溶质再分配 ··· 161

第7章 单相合金与多相合金的凝固 ··· 168
7.1 纯金属的凝固 ··· 168
7.1.1 纯金属凝固过程的温度变化 ··· 168
7.1.2 温度梯度的影响 ··· 168
7.2 单相合金的凝固 ··· 170
7.2.1 成分过冷形成的条件与判据 ··· 170
7.2.2 成分过冷的过冷度 ··· 173
7.2.3 成分过冷对单相合金凝固过程的影响 ··· 175
7.3 多相合金的凝固 ··· 180
7.3.1 共晶合金的凝固 ··· 180
7.3.2 偏晶合金的凝固 ··· 190
7.3.3 包晶合金的凝固 ··· 192

第8章 铸件的凝固组织 ··· 194
8.1 铸件凝固组织的形成 ··· 194
8.1.1 铸件宏观凝固组织的特征 ··· 194
8.1.2 凝固过程中的晶粒游离 ··· 195
8.1.3 铸件凝固组织的形成机理 ··· 198
8.1.4 影响铸件宏观凝固组织形成的因素 ··· 201
8.2 铸件凝固组织的控制 ··· 203
8.2.1 铸件凝固组织对铸件性能的影响 ··· 203
8.2.2 等轴晶组织的获得和细化 ··· 204
8.2.3 等轴晶枝晶间距的控制 ··· 210
8.3 定向凝固条件下的组织与控制 ··· 210
8.3.1 定向凝固方法 ··· 210
8.3.2 柱状晶和单晶的生长与控制 ··· 212

第9章 铸件凝固缺陷与控制 ··· 215
9.1 偏析 ··· 215
9.1.1 偏析的概念及分类 ··· 215
9.1.2 微观偏析 ··· 215
9.1.3 宏观偏析 ··· 220
9.1.4 偏析的影响因素及工艺性防止措施 ··· 226
9.1.5 低偏析技术 ··· 229

9.2 缩孔与疏松 232
　　9.2.1 铸件的收缩及分类 232
　　9.2.2 铸件凝固过程中的缩孔 235
　　9.2.3 铸件凝固过程中的疏松 239
　　9.2.4 缩孔与疏松的影响因素及工艺性防止措施 240
9.3 铸造裂纹 247
　　9.3.1 铸件的热裂及其形成机理 247
　　9.3.2 铸件中热裂形成的主要影响因素及防止措施 251
　　9.3.3 铸件冷却过程中产生的应力及影响因素 255
　　9.3.4 铸件的冷裂及防止措施 259
9.4 铸件中的气体 261
　　9.4.1 铸件中气体的形态与来源 261
　　9.4.2 金属中气体的溶解与析出 262
　　9.4.3 析出性气孔的形成及改善措施 265
　　9.4.4 反应性气孔的成因及防止措施 268
9.5 铸件中的非金属夹杂物 271
　　9.5.1 铸件中非金属夹杂物的形成与分类 271
　　9.5.2 铸件中非金属夹杂物的形态及分布 274
　　9.5.3 非金属夹杂物对铸件质量及力学性能的影响 276
　　9.5.4 铸件中非金属夹杂物的控制 278

习题 280

参考文献 284

第三篇　焊接成型原理

第10章　焊接接头及其组织性能 289
10.1 焊接接头的形成 289
　　10.1.1 焊接的基本概念 289
　　10.1.2 焊接接头的形成过程 291
10.2 焊接热过程 292
　　10.2.1 焊接热源 292
　　10.2.2 焊接热循环 295
　　10.2.3 焊接温度场 296
10.3 焊缝的组织与性能 298
　　10.3.1 焊接熔池凝固的特点 298
　　10.3.2 焊缝的结晶 298
　　10.3.3 焊缝的组织与性能 301

10.4 焊接热影响区的组织与性能 ··· 304
    10.4.1 焊接热影响区组织转变的特点 ··· 304
    10.4.2 不易淬火钢焊接热影响区的组织与性能 ······································ 305
    10.4.3 易淬火钢焊接热影响区的组织与性能 ·· 307

第11章 焊接化学冶金 ·· 309

11.1 焊接过程中对焊接区金属的保护 ··· 309
11.2 焊接化学冶金体系构成及焊接化学冶金反应区 ···································· 314
11.3 焊接区内气体和金属的作用 ·· 316
    11.3.1 焊接区内气体的种类和来源 ··· 316
    11.3.2 气体在铁中的溶解 ··· 317
    11.3.3 氮的危害及控制 ··· 318
    11.3.4 氢的危害及控制 ··· 319
    11.3.5 氧的危害及控制 ··· 322
11.4 焊接熔渣和金属的作用 ··· 324
11.5 焊缝金属脱氧 ··· 325
11.6 焊缝中硫磷的危害及控制 ··· 327
    11.6.1 焊缝中硫的危害及控制 ··· 327
    11.6.2 焊缝中磷的危害及控制 ··· 328
11.7 焊缝金属合金化 ··· 329

第12章 焊接缺欠及其控制 ·· 334

12.1 焊接缺欠的含义与分类 ··· 334
12.2 焊接裂纹 ·· 334
    12.2.1 焊接裂纹的分类 ··· 335
    12.2.2 焊接裂纹的特征 ··· 335
    12.2.3 焊接裂纹形成的影响因素 ··· 338
    12.2.4 结晶裂纹的形成与控制 ··· 340
    12.2.5 延迟裂纹的形成与控制 ··· 344
    12.2.6 其他裂纹的控制 ··· 349
12.3 气孔 ·· 351
12.4 夹杂 ·· 355
12.5 其他焊接缺欠 ·· 356

习题 ··· 358

参考文献 ··· 360

绪 论

（1）材料成型的基本方法

材料是人类用于制造物品、器件、构件、机器等产品的物质，包括金属材料、无机非金属材料、高分子材料、复合材料等。材料（固态或液态）经过适当的工艺技术发生永久的形状改变而且内部组织不发生破坏的过程，称为材料成型。材料成型方法包括塑性成形、液态成形、焊接成型三大类。材料成型原理研究的是材料在成型过程中的基本规律和基本理论。按照专业方向分类，材料成型技术包括塑性成形技术、液态成形技术、焊接成型技术。

塑性成形技术是指固态材料在外力作用下，其形状发生永久改变的技术，也称为塑性加工技术或压力加工技术。塑性成形后，材料的性能可能发生改变，也可能不发生改变。使材料性能发生改变的塑性成形技术也称为形变处理。金属材料的塑性是指在外力作用下，金属材料的形状发生永久改变而不发生破坏（断裂或裂纹）的能力。金属材料进行塑性成形的优点包括以下几个方面：①组织、性能好；②材料利用率高，流线分布合理；③尺寸精度高，不少塑性成形方法已达到少切削或无切削的要求；④生产效率高，适于大批量生产。塑性成形技术可分为体积成形（包括自由锻、模锻、挤压、拉拔、轧制）、板材成形（包括冲裁、弯曲、拉延、翻边、胀形）、特种成形（包括旋压、电磁成形、爆炸成形等）以及塑料成形（包括注塑成形、吹塑成形）。

液态成形技术是指液态材料在模具或砂型中凝固后，形成一定形状的零件的技术。凝固成型（铸造）技术的特点包括以下几个方面：①适应性强，液态成形几乎不受零件大小、厚薄以及复杂程度的限制；②适用材料范围广泛，包括金属材料、陶瓷、有机高分子、复合材料等；③成本低，铸件的形状及尺寸与零件非常接近，因此可减少材料消耗和后续加工量。凝固成型（铸造）技术包括砂型铸造、压力铸造、熔模铸造（又称失蜡法、消失模铸造）、金属型铸造、低压铸造、离心铸造、真空铸造及连续铸造等。

焊接成型技术是利用连接件之间的金属分子在高温下互相渗透或用填充材料而结合成整体的一种金属结构构件连接方法。焊接成型技术的特点包括以下几个方面：①连接性能好，可以方便地将板材、型材或铸（锻）件根据需要进行组合焊接，对于大型装备和结构具有重要意义；②焊接结构刚度大、整体性好，特别适合制造高强度、大刚度的中空结构；③焊接方法种类多、焊接工艺适应性广，可适应不同要求及批量的生产；④易于实现自动化生产，由于焊接规范参数的电信号容易控制，所以焊接自动化比较容易实现。焊接成型技术方法包括手工弧焊、埋弧自动焊、气体保护焊、点焊、缝焊和对焊、钎焊、激光焊、电子束焊、摩擦焊接、氩弧焊等。

（2）材料成型技术的发展趋势

随着社会进步和科学技术发展的需求，对传统的材料成型技术也提出了新的要求，一些材料成型新技术也逐渐被开发和利用。材料成型新技术包括塑性成形新技术、凝固成型新技术、焊接成型新技术。

塑性成形新技术的研究内容包括以下几个方面。

①特种塑性成形技术，目前特种塑性成形技术的研究热点主要包括薄板零件液压成形、管料的内高压成形、无模成形、多点成形、橡胶模成形与超塑性成形等。

②微细塑性成形技术，是指成形零件尺寸至少有两维在毫米以下的塑性加工技术，包括微锻造、微冲压等金属微细塑性成形技术。对微细塑性成形工艺的研究主要包括微细塑性成形工艺的制定、微成形模具设计与制造、微成形装置、微成形模具和零件的测量与检验。

③多尺度数值模拟技术，是指对变形过程在宏观、介观、微观尺度范围内进行数值模拟从而优化工艺参数的技术。多尺度数值模拟技术是一种低成本、高效率的工程设计方法，通过多尺度数值模拟技术优化工艺，可以解决采用实验方法无法解决的重大工程难题，为科学研究或实际生产带来巨大的经济效益。

④镁合金塑性加工技术，其研究主要包括镁合金板材制备、冲压、锻造以及镁合金管件成形等。

⑤近净成形技术，是指零件成形后仅需少量加工或不再加工，就可用作机械构件的成形技术。它是建立在新材料、新能源、机电一体化、精密模具技术、计算机技术、自动化技术、数值分析和模拟技术等多学科的高新技术成果基础上的，是一种优质、高效、高精度、轻量化、低成本的成形技术。

⑥复合材料加工成形，是指将不同种类的材料或塑性成形方法组合起来，或将其他材料成形方法和塑性成形方法相结合，获得所需形状、结构、尺寸和性能的制品的加工方法。这种方法是针对采用常规成形方法无法生产的特殊产品而研发出来的特种塑性成形方法。如多层材料的轧制复合变形技术、多层材料的包覆挤压复合变形技术、多层材料的拉拔复合变形技术等。

⑦金属等温成形，其研究主要包括材料的等温成形、等温成形时的润滑、等温成形用模具材料、等温成形用设备、等温成形工艺的应用。

⑧粉末冶金新技术新工艺，其研究主要包括雾化制粉技术、机械合金化制粉技术、超微粉末制备技术、粉末注射成形技术、温压成形技术、热压成形技术、等静压成形技术、场活化烧结技术。

⑨复合变形技术，如连续铸轧、连续挤压、连续铸挤、等温成形等金属材料液态和固态加工技术交叉的成型技术。

液态成形新技术的研究内容包括以下几个方面。

①造型生产线和造型新方法，包括将工艺流程中的各种设备联结起来，组成机械化或自动化的铸造系统。湿砂型铸造法是造型生产线上使用最广、最方便的铸造方法，湿砂造型可采用多触头高压造型、气压造型、微震压实造型等多种造型方法。

②半固态金属铸造工艺（搅动铸造），采用该技术的产品具有高质量、高性能和高合金化的特点，该技术除用于军事装备外，开始集中用于自动车的关键部件上。

③可视化铸造技术，包括计算机辅助设计（CAD）、铸造中的计算机辅助工程（CAE）、铸造中的计算机辅助制造（CAM）、数值模拟技术。

④绿色铸造生产技术，该技术是指合理使用资源（尽量少用）或使用可再生材料和能

源进行清洁加工。使用这种技术有生产现场及环境安全、清洁、舒适、宁静、产生的排放物少害无毒等优点。

⑤铸造检测技术，其研究重点在于无损检测技术，如荧光磁粉检测表面裂纹、超声波或音频检测球铁的球化率、涡流检测铸件的基体组织（珠光体含量）等。

⑥快速凝固，其研究重点在于实现快速凝固的条件、线材快速凝固成型、带材快速凝固成型、块材快速凝固成型。

⑦定向凝固，其研究重点在于定向凝固理论基础、定向凝固工艺、特种定向凝固技术。

⑧金属半固态加工，其研究重点在于半固态金属的组织特征、半固态浆料制备、触变成形、流变成形。

⑨复合铸造，其研究重点在于水平磁场制动复合连铸法、包覆层连续铸造法、电渣包覆铸造法、反向凝固连铸复合法等。

焊接成型新技术的研究内容包括以下几个方面。

①特殊焊接技术，新兴工业的发展促使焊接技术不断前进，如微电子工业的发展促进了微型连接工艺和设备的发展；陶瓷材料和复合材料的发展促进了真空钎焊、真空扩散焊、喷涂以及粘接工艺的发展。

②新焊接能源研究，其可概括为3个方面：首先是对现有热源的改善，使其更为有效、方便、经济适用，如电子束和激光束焊接的发展较显著；其次是开发更好、更有效的热源；最后是节能技术开发，由于焊接所消耗的能源很大，所以人们开发了不少以节能为目标的新技术，如太阳能焊、电阻点焊、螺柱焊机中利用电子技术的发展来提高焊机的功率因数等。

③计算机在焊接中的应用，如弧焊设备微机控制系统，其可对焊接电流、焊接速度、弧长等多项参数进行分析和控制，对焊接操作程序和参数变化等做出显示和数据保留，从而给出焊接质量的确切信息、提高焊接生产率。

④焊接机器人和智能化，焊接机器人是焊接自动化的革命性成果，它突破了焊接刚性自动化的传统方式，开拓了一种焊接柔性自动化的新方式。智能化焊接有利于提高焊接过程的自动化程度，可以实时控制焊接参数，保证良好的焊接质量。智能化焊接的第一个发展重点在视觉系统，其关键技术是传感器技术。虽然目前智能化焊接还处在初级阶段，但其有着广阔前景，是一个重要的发展方向。

⑤真空电弧焊接技术，这是一种可以对不锈钢、钛合金和高温合金等金属进行熔化焊及对小试件进行快速高效的局部加热钎焊的最新技术。这种技术可以应用在航空发动机的焊接中。使用真空电弧进行涡轮叶片的修复、钛合金气瓶的焊接，可以有效地解决材料氧化、软化、热裂、抗氧化性能降低等问题。

⑥窄间隙熔化极气体保护电弧焊技术，它具有比其他窄间隙焊接工艺更多的优势，使用这种技术在任意位置都能得到高质量的焊缝，其还具有节能、焊接成本低、生产效率高、适用范围广等特点。

⑦激光填料焊接，其是指在焊缝中预先填入特定焊接材料后用激光照射熔化或在激光照射的同时填入焊接材料以形成焊接接头的方法。广义的激光填料焊接应该包括激光对焊与激光熔覆两类。其中，激光熔覆是利用激光在工件表面熔覆一层金属、陶瓷或其他材料，以改善材料表面性能的一种工艺。激光填料焊接技术主要应用于异种材料焊接、有色及特种材料焊接和大型结构钢件焊接等激光直接对焊不能胜任的领域。

⑧高速焊接技术，包括快速电弧技术和快速熔化技术。由于高速焊接技术采用的焊接电流大，所以熔深大，一般不会产生未焊透和熔合不良等缺陷，其焊缝成形良好、焊缝金属与母材过渡平滑，有利于提高材料的疲劳强度。

⑨搅拌摩擦焊（FSW），作为一种固相连接手段，搅拌摩擦焊克服了熔焊的诸如气孔、裂纹、变形等缺陷，更使以往通过传统熔焊手段无法实现焊接的材料可以采用 FSW 实现焊接，被誉为"继激光焊后又一革命性的焊接技术"。

⑩激光 – 电弧复合热源焊接，复合焊接时，激光产生的等离子体有利于电弧的稳定，复合焊接可提高加工效率，可提高焊接性差的材料（铝合金、双相钢等）的焊接性，可增加焊接的稳定性和可靠性。

第一篇
塑性成形原理

第1章 塑性变形力学方程

1.1 塑性变形金属学

1.1.1 塑性变形基本概念

金属塑性成形是指金属材料在外力作用下,其形状发生永久改变而不发生破坏的过程,也称为塑性加工或压力加工。塑性变形后,金属材料的性能可能发生改变,也可能不发生改变。使材料性能发生改变的塑性成形技术也称为形变处理。金属的塑性是指在外力作用下,其形状发生永久改变而不发生破坏(断裂或裂纹)的能力。金属塑性成形的优点包括组织性能好、材料利用率高、流线分布合理、尺寸精度高,甚至可以实现少切削或无切削的要求,其生产效率高,适于大批量自动化生产。

金属材料塑性变形性能的高低需要一个参数来表征,称之为塑性指标。塑性指标是以材料开始破坏时的塑性变形量来表示,它可借助于各种实验方法来测定,如拉伸变形、压缩变形和扭转变形等实验方法。对应于拉伸实验的塑性指标,用伸长率或断面变化率来表示。

伸长率定义:材料拉伸实验时,拉伸试样长度的相对变化率。其表达式为

$$A = \frac{L - L_0}{L_0} \times 100\% \tag{1.1}$$

式中,A 为伸长率;L 为拉伸变形后试样长度;L_0 为试样初始长度。

断面变化率定义:材料拉伸实验时,拉伸试样断面面积的相对变化率。其表达式为

$$Z = \frac{F_0 - F}{F_0} \times 100\% \tag{1.2}$$

式中,Z 为断面变化率;F 为拉伸变形后试样断面面积;F_0 为试样初始断面面积。

塑性加工时,作用在工具表面单位面积上的变形力称为变形抗力(或单位流动压力),通常以 p 表示。单向拉伸或单向压缩时的变形抗力就等于真实应力 s(亦称流动应力)。

根据拉伸实验或压缩实验可以测得材料的真实应力-应变曲线,如图1.1所示。图中,Ⅰ区为弹性阶段,对应弹性力学;Ⅱ区为塑性阶段,对应塑性力学;Ⅲ区为断裂阶段,对应断裂力学。通过材料真实应力-应变曲线,可以测得材料的弹性极限、屈服强度、抗拉强度、伸长率等参数。

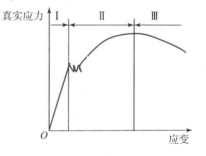

图1.1 材料真实应力-应变曲线

金属材料在再结晶温度以下塑性变形时,其强度和硬度升高,而塑性和韧性降低的现象

称为加工硬化现象或应变硬化现象，也称冷作硬化。这种现象产生的原因是：金属在塑性变形时，其晶粒发生滑移，出现位错的缠结，使晶粒拉长、破碎和纤维化，金属内部产生了残余应力。加工硬化的程度通常用加工后与加工前表面层显微硬度的比值和硬化层深度来表示。纳米材料也会出现加工硬化现象，此时的硬化行为多被认为和位错运动密切相关。

1.1.2 塑性变形方法

塑性变形分为冷变形、热变形、温变形。若在回复再结晶温度以下变形，则金属中位错密度上升，发生加工硬化，其强度、硬度提高，韧性降低，称之为冷变形；当金属变形时的温度超过再结晶温度，变形速度也不高，这时再结晶软化占优势，使变形能顺利进行，称之为热变形；若在再结晶温度以下变形，金属即产生回复，也产生变形硬化，则称之为温热变形。

常用金属塑性成形方法分类如表1.1所示，其分类包括体积成形、板材成形、特种成形等。体积成形又包括自由锻、模锻、挤压、拉拔、轧制等成形工艺。板材成形包括冲裁、弯曲、拉延、翻边等成形工艺。特种成形包括旋压、胀形、电磁成形、充液拉延等成形工艺。

不同的成形工艺具有不同的用途，轧制、挤压、拉拔等工艺主要是用来加工各种型材、板材、管材和线材；而锻造、冲压等工艺则是用来制造机器装备中的各种部件。

金属塑性成形的主要优点是金属材料经过相应的塑性成形加工后，其组织和性能都能得到有效改善和提高，特别是对于铸造组织，效果更为显著。因此，铸锭必须经过锻造、压制或挤压等塑性成形工艺，使其结构致密、缺陷消除、组织改善、性能提高，从而提高材料的组织性能和力学性能，满足工业装备的需要。

1.1.3 塑性变形机制

塑性变形机制包括孪生变形和滑移变形两种。

金属的孪生变形会产生孪晶。孪晶是指沿一个公共晶面构成镜面对称位向关系的两个晶体（或一个晶体的两部分），此公共晶面称为孪晶面。孪晶界是最简单的一种晶界，其可分为共格孪晶界和非共格孪晶界。共格孪晶界原子没有错排，不会引起弹性应变，其界面能很低。孪晶的形成与堆垛层错有密切关系，一般层错能高的晶体不易产生孪晶。依形成原因的不同，孪晶可分为形变孪晶、生长孪晶和退火孪晶等。

孪晶结构如图1.2所示。

孪晶形成后，孪晶界会降低位错的平均自由程，起到硬化作用，降低金属塑性。

滑移变形是指在切应力的作用下，晶体的一部分沿一定晶面和晶向，相对于另一部分发生相对移动的运动状态。滑移的结果是大量的原子逐步从一个稳定位置移动到另一个稳定位置，从而产生宏观塑性变形。这些晶面和晶向分别被称为滑移面和滑移方向。通常每个晶胞中可能存在几个滑移面，而每个滑移面上又同时存在几个滑移方向，一个滑移面和其上的一个滑移方向构成一个滑移系。

滑移面通常是原子密度最大的晶面，滑移方向通常也是滑移面上原子密度最大的方向。这是因为原子密度最大的晶面与其他晶面之间、原子密度最大的晶向与其他晶向之间的原子间距最大，晶面之间（或晶向之间）原子间结合力最弱，其点阵阻力最小，故沿着这些晶面及晶向进行滑移所需的外力最小，滑移最容易实现。

表 1.1 常用金属塑性成形方法分类

序号	成形方法名称	简图	变形区域（阴影区）	变形区主应力图	变形区主应力图	变形区塑性流动性质
a	轧制（纵轧）		轧辊间			变形区不变、稳定流动
b	拉拔		模子锥形腔			变形区不变、稳定流动
c	正挤压		接近凹模口			变形区不变、稳定流动
d	反挤压		冲头下部分			变形区不变、非稳定流动
e	镦粗		全部体积			变形区变化、非稳定流动
f	开式模锻		全部体积			变形区变化、非稳定流动
g	闭式模锻		全部体积			变形区变化、非稳定流动
h	拉深		压边圈下料板			变形区变化、非稳定流动

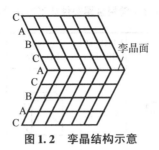

图1.2 孪晶结构示意

1.1.4 位错及位错运动

晶体的滑移是在剪应力作用下通过滑移面上的位错运动进行的。一个位错移到晶体表面时，便形成了一个原子间距的滑移量。同一滑移面上有大量的位错移到晶体表面时，则形成一道滑移线。图1.3（a）为刃型位错移动时造成滑移的示意图。图1.3（b）为螺型位错移动时造成滑移的示意图。

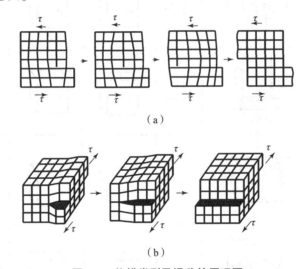

(a)

(b)

图1.3 位错类型及滑移的原理图

(a) 刃型位错及滑移原理图；(b) 螺型位错及滑移原理图

晶体在外力作用下产生滑移时，存在一个一定大小的临界剪应力。许多实验证明，不同金属取向的金属单晶体在不同的拉伸应力作用下开始滑移的临界剪应力是完全相同的，这一规律称为临界剪应力定律。

影响临界剪应力的因素主要有以下几点。

（1）临界剪应力（即滑移阻力）起源于原子间的结合力，而原子间结合力与金属晶体的原子结构、晶格结构等有关，即临界剪应力首先取决于金属的本质。

（2）晶体的纯度对临界剪应力的影响很大，金属的纯度越高，其临界剪应力越低，少量的杂质原子或溶质原子会使临界剪应力大幅度增加。

（3）金属结构的完整性、晶体内位错密度及其分布特征、位错间的相互作用等都对临界剪应力有很大影响，无缺陷的晶须可以有很高的临界剪应力，少量的位错存在会大幅降低临界剪应力，但随着位错密度的增加，临界剪应力也相应地增加。

(4) 金属晶体变形时，随着变形温度的升高，其临界剪应力下降，这是由于变形温度升高，原子的动能增大，从而减弱原子间结合力，使滑移容易产生。对不同的滑移系来说，随着变形温度的升高，其临界剪应力下降的幅度不一样，晶面之间的结合力也会发生变化，所以高温变形时可能出现新的滑移系。

(5) 提高变形速度会使金属晶体的临界剪应力增加。这是由于金属高速变形时，需要数目更多的位错同时运动以产生变形的缘故。

1.1.5 影响材料塑性的因素

影响金属材料塑性的因素包括两方面，即内部因素和外部因素。内部因素是指金属材料本身的化学成分、晶格类型和金相组织等。外部因素是指变形温度、变形速度和受力状态等。

1) 材料化学成分对材料塑性的影响规律

碳、磷、硫、氮、氢、氧以及合金元素等化学成分对材料的塑性都有较大的影响。碳能固溶于铁，形成铁素体和奥氏体固溶体，使金属具有良好的塑性；磷是有害杂质，会使金属产生冷脆性；硫使金属产生热脆性；氮产生时效脆性；氢会产生白点；氧是以氧化物的形式存在于铁素体中的，会降低金属的疲劳强度和塑性；合金元素溶于固溶体，将使金属塑性降低。

2) 微观组织对材料塑性的影响规律

(1) 单相组织与多相组织的影响。单相组织（纯金属或固溶体）比多相组织塑性好，多相组织由于各相性能不同，使得变形不均匀，同时基体相往往被另一相机械地分割，故塑性降低。

(2) 晶粒细化程度的影响。细晶粒组织有利于提高金属的塑性。

(3) 铸造组织的影响。铸造组织由于具有粗大的柱状晶粒和偏析、夹杂、气泡、疏松等缺陷，故使金属塑性降低。

3) 变形温度对材料塑性的影响规律

对于大部分金属材料，随着塑性变形温度升高，其塑性性能提高，塑性变形抗力降低，其原因包括以下几方面。

(1) 塑性变形温度升高使金属材料在加热过程中发生了回复与再结晶。回复使变形金属得到一定程度的软化，再结晶则完全消除了加工硬化效应，使金属的塑性显著提高。

(2) 塑性变形温度升高使材料的临界剪应力降低和滑移系增加。因为金属材料变形温度越高，其原子的动能增大，导致原子间的结合力减弱，即临界剪应力降低。此外，对于不同的滑移系，随着变形温度的升高，临界剪应力降低的速度不同，因此在高温变形时，可能出现新的滑移系，从而提高材料塑性。

(3) 塑性变形温度升高使金属的组织结构发生变化。在高温变形过程中，微观组织可能由多相组织转变为单相组织，也可能发生晶格转变，有利于提高金属塑性。

(4) 塑性变形温度升高使热塑性（或扩散性）作用加强。变形温度升高时，原子的振动加剧，晶格中的原子处于一种不稳定的状态。此时，在外力的作用下，原子就容易由一个平衡位置转移到另一个平衡位置，使金属产生塑性变形，这种塑性变形机制，称为热塑性（或扩散塑性）。在高温变形时，热塑性作用大为加强，因而使金属的塑性增加。

(5）塑性变形温度升高使晶界滑动（或切变）作用加强。随着变形温度的升高，晶界的切变抗力显著降低，使得晶界滑动易于进行。此外，由于扩散作用的加强及时消除了晶界滑动所引起的微裂纹，因此晶界滑动量可以很大，这样，晶界滑动就成为一种重要的变形机制。另外，晶界滑动的结果，能够松弛相邻两晶粒间由于不均匀变形所引起的应力集中，使金属在高温下具有良好的塑性。

4）变形速度对材料塑性的影响规律

变形速度对材料塑性的影响规律比较复杂。首先，提高变形速度会使金属晶体的临界剪应力升高，使金属材料塑性降低。此外，提高变形速度会导致温度效应显著，使金属的温度升高，降低变形抗力、提高金属材料的塑性。因此，在塑性变形时，要适当控制变形速度。在冷变形时，尽管提高变形速度也存在消除硬化的自发过程，但作用是极其微弱的，变形速度对金属材料软化效果的影响不很明显。一般认为，变形速度越大，其材料塑性越差。

5）应力状态对材料塑性的影响规律

应力状态对材料塑性的影响是很明显的，应力分量中压缩应力个数愈多、数值愈大（即静水压力愈大），则金属材料的塑性愈高。反之，拉伸应力个数愈多、数值愈大（即静水压力愈小），则金属的塑性越低。三向压缩应力状态有利于提高材料塑性，其原因包括以下几个方面。

（1）拉伸应力会促进晶间变形、加速晶界的破坏，而压缩应力则阻止或减少晶间变形。随着三向压缩应力作用的增强，晶间变形减弱，晶内变形加强，减轻了晶界破坏，因而提高了金属材料的塑性。

（2）三向压缩应力有利于消除或抑制金属材料原始状态中存在的一些组织缺陷。

（3）三向压缩应力有利于消除塑性变形过程中所引起的各种缺陷（如微裂纹等），而拉伸应力则会加剧各种缺陷的扩展。

（4）三向压缩作用能够消除由于不均匀变形所引起的附加拉应力。

根据以上分析，可以制定有效措施来提高材料的塑性，以利材料成型过程的顺利实现。具体措施包括：

（1）优化材料的组成成分；

（2）提高材料组织的均匀性，确定合理的变形规范，减小变形的不均匀性；

（3）制定合理的变形温度和变形速度；

（4）设计合理的成形方法，实现三向压应力状态；

（5）设计合理的模具结构，以使金属具有良好的流动条件；

（6）采用良好的润滑方法和润滑剂，减小摩擦阻力，提高材料流动性能。

1.1.6 金属材料的超塑性

如果使金属材料的组织结构和变形时的变形温度、速度配合得很恰当，则可以使金属材料具有特别好的塑性，当其伸长率 $A > 100\%$ 时，即称金属材料具有超塑性。

目前，超塑性分成结构超塑性和动态超塑性两类。

（1）结构超塑性，这类超塑性的特点是先使金属经过必要的组织结构准备，使其获得晶粒直径在 5 μm 以下的稳定超细晶粒，然后给以一定的变形温度、变形速度条件，即可使其得到超塑性，又称恒温超塑性或细晶粒超塑性。

（2）动态超塑性，这类超塑性不要求金属有超细晶粒，但是要求金属具有相变或同素异构转变，在载荷作用下，使金属在相变温度附近反复加热、冷却，经过一定次数的循环后，使金属获得超塑性，也称相变超塑性。

影响超塑性的因素很多，主要是变形速度、变形温度、组织结构和晶粒尺寸等。

（1）变形速度，一般变形速度只有在 0.000 1~0.1/s 范围内，金属才出现超塑性，而且随着变形速度的增加，流动应力增加很快。

（2）变形温度，当变形温度低于或超过某一温度范围时，就不出现超塑性现象。在超塑性变形温度范围内，变形温度增加，则流动应力下降。

（3）组织结构，结构超塑性要求有稳定的超细晶粒，通常是用稳定的第二相来阻止晶粒长大，因而要求第二相占有一定的体积比例。

具有超塑性的金属材料包括锌-铝共析合金、铝基合金、铜合金、钛合金、碳钢和不锈钢及高温合金等。

金属材料在超塑性状态时具有极好的成形性和低的变形抗力，所以超塑性成形工艺已越来越多地用于工业生产。目前的超塑性成形工艺包括超塑性等温模锻、挤压、吹塑成形、无模拉拔和拉延等工艺。

1.2 应力分析

1.2.1 应力分量

物体所承受的外力可以分成两类：一类是作用在物体表面上的力，叫做面力或接触力，它可以是集中力，但一般是分布力；另一类是作用在物体每个质点上的力，叫做体力。

在塑性变形过程中，外界施加的力作用在变形体的表面上，其可以是集中力，也可以是单位力。而在外力作用下使变形区内部质点受到的力称为内部力或内力，一般用单位力表示，也称为应力。内力是指在外力作用下，物体内各质点之间产生的相互作用力，应力是指单位面积上所受到的内力。

塑性变形过程中，变形区受力情况是比较复杂的问题，首先以单向均匀拉伸为例分析塑性变形区的应力分布规律。

1. 单向拉伸

单向拉伸实验方法是测量材料力学性能最简单最实用的方法。图 1.4 为单向拉伸原理及受力分布示意图，图中，S 为全量应力，σ 为拉伸应力，τ 为剪切应力，σ_0 为拉伸试样横截面上的拉伸应力。根据图 1.4 的受力分布，可以得到

$$S = \frac{P}{F_0/\cos\theta} = \frac{P}{F_0}\cos\theta = \sigma_0\cos\theta$$

在任意斜切平面上的拉伸应力和剪切应力分别为

$$\begin{cases} \sigma = S\cos\theta = \sigma_0\cos^2\theta \\ \tau = S\sin\theta = \frac{1}{2}\sigma_0\sin 2\theta \end{cases} \tag{1.3}$$

根据式（1.3）可以发现，当 $\theta=45°$ 时，剪切应力 τ 取最大值，即 $\tau_{max}=0.5\sigma_0$。

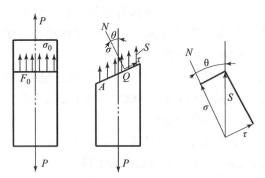

图1.4 单向拉伸原理及受力分布

2. 应力分量

在三维空间内，任意一个受力作用面上都受到一个全量应力，这个全量应力的大小和方向都是未知的，因此，在分析应力分布规律时，把作用面上的全量应力分解成一个拉伸应力、两个剪切应力来表示，这3个应力分量的方向分别与某个空间坐标轴的方向相同。另外，可采用微元长方体（dx、dy、dz）来表示变形区内任意一个质点，这样易于分析受力分布规律。图1.5为三维空间内质点（P）的受力情况，在 x、y、z 微分平面上的应力分量分别为 σ_{xx}、τ_{xy}、τ_{xz}、τ_{yx}、σ_{yy}、τ_{yz}、τ_{zx}、τ_{zy}、σ_{zz}。

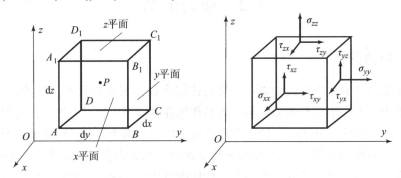

图1.5 三维空间质点（P）的受力情况

应力分量的下标的第一个字母表示该应力分量所在平面，第二个字母则表示该应力分量所在方向。

将应力分量写成张量形式，见式（1.4）。

$$\boldsymbol{\sigma}_{ij}=\begin{bmatrix} \sigma_{xx} & \tau_{yx} & \tau_{zx} \\ \tau_{xy} & \sigma_{yy} & \tau_{zy} \\ \tau_{xz} & \tau_{yz} & \sigma_{zz} \end{bmatrix} \tag{1.4}$$

其中，剪应力分量满足

$$\begin{cases} \tau_{yx}=\tau_{xy} \\ \tau_{yz}=\tau_{zy} \\ \tau_{zx}=\tau_{xz} \end{cases} \tag{1.4a}$$

在进行应力分析时，需要确定应力分量的正负值。受力作用微分平面和方向的定义如下:如受力作用平面的外法线方向与坐标轴正方向相同,称之为正平面,反之称为负平面;如应力分量的方向与坐标轴正方向相同,称之为正方向,反之称为负方向。

应力正负值的判断标准为:在正平面上,在正方向上,应力值为正;在正平面上,在负方向上,应力值为负;在负平面上,在正方向上,应力值为负;在负平面上,在负方向上,应力值为正。简而言之,若应力所在平面与所在方向的正负性相同,则其值为正;反之,则应力值为负。

应力张量($\boldsymbol{\sigma}_{ij}$)可以分解成应力偏张量($\boldsymbol{\sigma}'_{ij}$)与应力球张量($\boldsymbol{\sigma}^0_{ij}$)之和,见式(1.5)。应力偏张量($\boldsymbol{\sigma}'_{ij}$)的作用是只能使物体产生形状变化,而不能产生体积变化;应力球张量($\boldsymbol{\sigma}^0_{ij}$)的作用是只能产生体积变化,而不能使物体产生形状变化和塑性变形。

$$\boldsymbol{\sigma}_{ij} = \begin{bmatrix} \sigma_{xx} & \tau_{yx} & \tau_{zx} \\ \tau_{xy} & \sigma_{yy} & \tau_{zy} \\ \tau_{xz} & \tau_{yz} & \sigma_{zz} \end{bmatrix} = \begin{bmatrix} \sigma_{xx} - \sigma_m & \tau_{yx} & \tau_{zx} \\ \tau_{xy} & \sigma_{yy} - \sigma_m & \tau_{zy} \\ \tau_{xz} & \tau_{yz} & \sigma_{zz} - \sigma_m \end{bmatrix} + \begin{bmatrix} \sigma_m & 0 & 0 \\ 0 & \sigma_m & 0 \\ 0 & 0 & \sigma_m \end{bmatrix} \quad (1.5)$$

式(1.5)可以写成

$$\boldsymbol{\sigma}_{ij} = \boldsymbol{\sigma}'_{ij} + \boldsymbol{\sigma}^0_{ij} \quad (1.5a)$$

其中

$$\boldsymbol{\sigma}_{ij} = \begin{bmatrix} \sigma_{xx} & \tau_{yx} & \tau_{zx} \\ \tau_{xy} & \sigma_{yy} & \tau_{zy} \\ \tau_{xz} & \tau_{yz} & \sigma_{zz} \end{bmatrix}, \quad \boldsymbol{\sigma}'_{ij} = \begin{bmatrix} \sigma'_{xx} & \tau_{yx} & \tau_{zx} \\ \tau_{xy} & \sigma'_{yy} & \tau_{zy} \\ \tau_{xz} & \tau_{yz} & \sigma'_{zz} \end{bmatrix}, \quad \boldsymbol{\sigma}^0_{ij} = \begin{bmatrix} \sigma_m & 0 & 0 \\ 0 & \sigma_m & 0 \\ 0 & 0 & \sigma_m \end{bmatrix} \quad (1.5b)$$

1.2.2 主应力

1. 平面应力状态

受力微分平面上的剪切应力等于零时的拉伸应力(或正压力)称为主应力,这个微分平面称为主平面。在分析塑性变形受力情况时,需要确定任意质点的主应力分量,以便进行相关计算。

在采用解析法求解主应力时,首先要对平面应力状态进行解析。图1.6为平面应力状态下任意斜切平面(AB)上的应力分量分布情况。

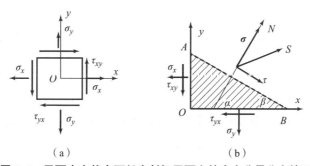

图1.6 平面应力状态下任意斜切平面上的应力分量分布情况
(a)平面应力状态;(b)任意斜切平面(AB)上的应力分布

任意斜切平面上法线(N)的方向余弦定义为

$$\begin{cases} l = \cos(N,x) = \cos\alpha \\ m = \cos(N,y) = \cos\beta \\ l^2 + m^2 = 1 \end{cases}$$

根据几何关系，可以得到

$$\begin{cases} OA = AB\cos\alpha = AB\cos(N,x) = AB \times l \\ OB = AB\cos\beta = AB\cos(N,y) = AB \times m \end{cases}$$

$$P_{Sx} = S \times AB \times \cos(S,x) = S_x \times AB$$

根据静力平衡规律，微元体 △OAB（$OA = \mathrm{d}x$, $OB = \mathrm{d}y$）在 x 方向上的合力等于 0，得到

$$\sum P_x = S \times AB \times \cos(S,x) - \sigma_x \times OA - \tau_{yx} \times OB = 0$$

整理得到

$$\sum P_x = S_x \times AB - \sigma_x l \times AB - \tau_{yx} m \times AB = 0$$

进一步整理得到

$$S_x = \sigma_x l + \tau_{yx} m \tag{1.6}$$

同理，微元体 △OAB（$OA = \mathrm{d}x$, $OB = \mathrm{d}y$）在 y 方向上的合力等于 0，可以得到

$$S_y = \tau_{xy} l + \sigma_y m \tag{1.6a}$$

经过整理，可以得到关于方向余弦 l，m 的方程组，见式（1.7）。

$$\begin{cases} S_x = \sigma_x l + \tau_{yx} m \\ S_y = \tau_{xy} l + \sigma_y m \end{cases} \tag{1.7}$$

因此，可以确定任意斜切平面（AB）上的全量应力、正应力、剪切应力分量。

$$S^2 = S_x^2 + S_y^2$$

$$\sigma = S_x l + S_y m = \sigma_x l^2 + \sigma_y m^2 + 2\tau_{xy} lm \tag{1.8}$$

$$\tau^2 = S^2 - \sigma^2 = (\sigma_x l + \tau_{yx} m)^2 + (\tau_{xy} l + \sigma_y m)^2 - (\sigma_x l^2 + \sigma_y m^2 + 2\tau_{yx} lm)^2 \tag{1.9}$$

如果 S 为主应力，则 $S \equiv \sigma$，即 S、σ、N 的方向相同，因此可以得到

$$\begin{cases} S_x = Sl = \sigma l \\ S_y = Sm = \sigma m \end{cases} \tag{1.10}$$

将式（1.10）代入式（1.7），得到关于主方向余弦 l、m 的线性方程组

$$\begin{cases} (\sigma_x - \sigma)l + \tau_{yx} m = 0 \\ \tau_{xy} l + (\sigma_y - \sigma)m = 0 \end{cases} \tag{1.11}$$

对于式（1.11）的线性齐次方程组，具有非零解的唯一条件是系数行列式等于 0，即

$$\begin{vmatrix} \sigma_x - \sigma & \tau_{yx} \\ \tau_{xy} & \sigma_y - \sigma \end{vmatrix} = 0 \tag{1.12}$$

展开式（1.12）的行列式，得到应力状态特征方程

$$\sigma^2 - (\sigma_x + \sigma_y)\sigma + \sigma_x \sigma_y - \tau_{xy}\tau_{yx} = 0 \tag{1.13}$$

解方程式（1.13），即可得到两个根（σ_1 和 σ_2），即为主应力。写成张量形式

$$\boldsymbol{\sigma}_{ij} = \begin{bmatrix} \sigma_1 & 0 \\ 0 & \sigma_2 \end{bmatrix}$$

将主应力分量 σ_1，σ_2 的值分别代入式（1.11），即可求得对应于主应力分量 σ_1、σ_2 的方向余弦（l, m）的值，因此可以确定主应力方向。

2. 三向应力状态下的主应力求解

在三维空间中，三向应力状态的应力分量如图 1.7（a）所示。任意质点 P 在任意斜切平面（$\triangle ABC$）上的应力分量如图 1.7（b）所示。

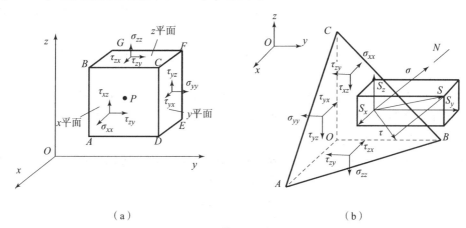

（a） （b）

图 1.7 三向应力状态条件下的斜切平面上应力分量

（a）三向应力状态；（b）斜切平面上的应力分量

定义微分平面 $\triangle ABC$ 的外法线方向 N 的方向余弦为

$$l = \cos(N, x), \quad m = \cos(N, y), \quad n = \cos(N, z)$$

根据几何关系，方向余弦 l、m、n 满足以下关系，即

$$l^2 + m^2 + n^2 = 1$$

设 $\mathrm{d}F = \triangle ABC$、$\mathrm{d}F_x$、$\mathrm{d}F_y$、$\mathrm{d}F_z$ 分别为在 $\mathrm{d}F$ 在 x、y、z 微分平面上的投影面积。

则根据几何关系，有 $\mathrm{d}F = \triangle ABC$，$\mathrm{d}F_x = \triangle OBC = l\mathrm{d}F$，$\mathrm{d}F_y = \triangle OAC = m\mathrm{d}F$，$\mathrm{d}F_z = \triangle OAB = n\mathrm{d}F$。

在 $\triangle ABC$ 微分平面上的总的作用力在 x 方向上的分量为

$$P_{Sx} = S\mathrm{d}F\cos(S, x)_x = S_x\mathrm{d}F$$

根据静力平衡原则，微元四面体 $OABC$ 的整体受力在 x 方向上的合力等于 0，因此可以得到

$$\sum P_x = S\mathrm{d}F\cos(S, x) - \sigma_x\triangle OBC - \tau_{yx}\triangle OAC - \tau_{zx}\triangle OAB = 0$$

上式经过整理，得到

$$\sum P_x = S_x\mathrm{d}F - \sigma_x l\mathrm{d}F - \tau_{yx} m\mathrm{d}F - \tau_{zx} n\mathrm{d}F = 0 \tag{1.14}$$

经过整理得到

$$S_x = \sigma_x l + \tau_{yx} m + \tau_{zx} n$$

同理，微元四面体 $OABC$ 的整体受力在 y 方向上的合力等于 0，可以得到

$$S_y = \tau_{xy}l + \sigma_y m + \tau_{zy}n$$

同理，微元四面体 OABC 的整体受力在 z 方向上的合力等于 0，可以得到

$$S_z = \tau_{xz}l + \tau_{yz}m + \sigma_z n$$

在△ABC 微分平面上的全量应力 S 在 x、y、z 方向上的分量为

$$\begin{cases} S_x = \sigma_x l + \tau_{yx}m + \tau_{zx}n \\ S_y = \tau_{xy}l + \sigma_y m + \tau_{zy}n \\ S_z = \tau_{xz}l + \tau_{yz}m + \sigma_z n \end{cases} \tag{1.15}$$

因此，可以得到任意斜切微分平面△ABC 上的全量应力、正应力、剪切应力的计算式为

$$S^2 = S_x^2 + S_y^2 + S_z^2 \tag{1.15a}$$

$$\sigma = S_x l + S_y m + S_z n = \sigma_x l^2 + \sigma_y m^2 + \sigma_z n^2 + 2(\tau_{xy}lm + \tau_{yz}mn + \tau_{zx}nl) \tag{1.15b}$$

$$\tau^2 = S^2 - \sigma^2 \tag{1.15c}$$

当斜切平面△ABC 平面上的全量应力（S）与拉伸应力（σ）重合时，这时的△ABC 平面称为主平面，其平面上的全量应力（S）或拉伸应力（σ）称为主应力。

根据式（1.15）来求解主应力。

如果 S 为主应力，即 $S = \sigma$，则 S、σ、N 的方向相同，因此可以得到

$$\begin{cases} S_x = Sl = \sigma l \\ S_y = Sm = \sigma m \\ S_z = Sn = \sigma n \end{cases} \tag{1.15d}$$

将式（1.15d）代入式（1.15），可以得到关于方向余弦 l、m、n 的线性方程组为

$$\begin{cases} (\sigma_x - \sigma)l + \tau_{yx}m + \tau_{zx}n = 0 \\ \tau_{xy}l + (\sigma_y - \sigma)m + \tau_{zy}n = 0 \\ \tau_{xz}l + \tau_{yz}m + (\sigma_z - \sigma)n = 0 \end{cases} \tag{1.16}$$

对于式（1.16）的线性齐次方程组，具有非零解的唯一条件是系数行列式等于 0，即

$$\begin{vmatrix} \sigma_x - \sigma & \tau_{yx} & \tau_{zx} \\ \tau_{xy} & \sigma_y - \sigma & \tau_{zy} \\ \tau_{xz} & \tau_{yz} & \sigma_z - \sigma \end{vmatrix} = 0 \tag{1.17}$$

展开式（1.17），得到应力状态特征方程为

$$\sigma^3 - J_1\sigma^2 - J_2\sigma - J_3 = 0 \tag{1.18}$$

式（1.18）中，应力张量不变量 J_1、J_2、J_3 为

$$\left.\begin{aligned} J_1 &= \sigma_x + \sigma_y + \sigma_z \\ J_2 &= -(\sigma_x\sigma_y + \sigma_y\sigma_z + \sigma_z\sigma_x) + \tau_{xy}^2 + \tau_{yz}^2 + \tau_{zx}^2 \\ J_3 &= \sigma_x\sigma_y\sigma_z + 2\tau_{xy}\tau_{yz}\tau_{zx} - (\sigma_x\tau_{yz}^2 + \sigma_y\tau_{zx}^2 + \sigma_z\tau_{xy}^2) \end{aligned}\right\} \tag{1.18a}$$

对式（1.18）的方程求解，得到的 3 个根（σ_1，σ_2，σ_3）即为 3 个主应力，写成张量形式

$$\boldsymbol{\sigma}_{ij} = \begin{bmatrix} \sigma_1 & 0 & 0 \\ 0 & \sigma_2 & 0 \\ 0 & 0 & \sigma_3 \end{bmatrix} \tag{1.19}$$

将求得的 3 个主应力 σ_1、σ_2、σ_3 的值分别代入式（1.16）中，即可以分别求得对应于主应力 σ_1、σ_2、σ_3 的方向余弦 l、m、n 的值。这样，三向应力状态下的 3 个主应力大小及方向都可以确定了。

1.2.3 主剪应力

受力作用平面上的剪应力有极值的切平面称为主剪应力平面，主剪应力平面上作用的剪应力称为主剪应力。

为了简化计算分析过程，把 x、y、z 坐标轴取在主应力方向上，这样构成的坐标系称为主应力坐标系或主应力空间，此时坐标轴一般称为 1 轴、2 轴、3 轴，如图 1.8 所示，这样可以简化主剪应力的求解过程。

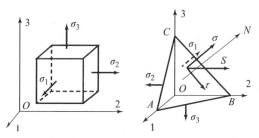

图 1.8 主应力坐标系中任意斜切面上的剪应力

在主应力坐标系中，1 平面、2 平面、3 平面都是主平面，因此，其上面的作用力只有主应力，没有剪应力。因此，根据式（1.15），可以得到任意斜切面上的总作用力在三个应力主轴上的分量，即

$$\begin{cases} S_1 = \sigma_1 l \\ S_2 = \sigma_2 m \\ S_3 = \sigma_3 n \end{cases}$$

则在任意斜切平面（△ABC）上的拉伸应力为

$$\sigma = \sigma_1 l^2 + \sigma_2 m^2 + \sigma_3 n^2 \tag{1.20}$$

在任意斜切平面（△ABC）上的剪应力为

$$\tau^2 = S^2 - \sigma^2 = \sigma_1^2 l^2 + \sigma_2^2 m^2 + \sigma_3^2 n^2 - (\sigma_1 l^2 + \sigma_2 m^2 + \sigma_3 n^2)^2 \tag{1.21}$$

在斜切平面（△ABC）上的剪应力取极值的条件为

$$\begin{cases} \dfrac{\partial \tau}{\partial l} = 0 \\[2pt] \dfrac{\partial \tau}{\partial m} = 0 \\[2pt] \dfrac{\partial \tau}{\partial n} = 0 \end{cases} \tag{1.22}$$

根据式（1.21）和式（1.22），可以得到

$$[(\sigma_1 - \sigma_3) - 2(\sigma_1 - \sigma_3)l^2 - 2(\sigma_2 - \sigma_3)m^2](\sigma_1 - \sigma_3)l = 0 \tag{1.23}$$

$$[(\sigma_2 - \sigma_3) - 2(\sigma_1 - \sigma_3)l^2 - 2(\sigma_2 - \sigma_3)m^2](\sigma_2 - \sigma_3)m = 0 \tag{1.24}$$

$$[(\sigma_1 - \sigma_3) - 2(\sigma_1 - \sigma_2)m^2 - 2(\sigma_1 - \sigma_3)n^2](\sigma_1 - \sigma_3)n = 0 \tag{1.25}$$

式（1.23）、式（1.24）和式（1.25）的推导过程此处从略，请读者自行推导。

对方程组式（1.23）、式（1.24）和式（1.25）进行求解，可以得到剪应力取极值时的方向余弦值，因此可以确定剪应力取极值的条件及其极值。

对方程组式（1.23）和式（1.24）分析如下。

（1）方程组式（1.23）和式（1.24）的一组解是 $l = m = 0$，$n = \pm 1$，此时应力是主应力，不是需要的解。

（2）如果 $\sigma_1 \neq \sigma_2 \neq \sigma_3$，设 $l \neq 0$，$m \neq 0$，则方程组式（1.23）和式（1.24）的括号内同时为0，则必有 $\sigma_1 = \sigma_2$，与原设不符，无解；因此必有 $l = 0$ 或 $m = 0$（即 l，m 中必有一个为0）；如果 $l = 0$，根据方程组式（1.23）和式（1.24），可以得到：$l = 0$，$m = \pm 1/\sqrt{2}$，$n = \pm 1/\sqrt{2}$；如果 $m = 0$，根据方程组式（1.23）和式（1.24），可以得到：$m = 0$，$l = \pm 1/\sqrt{2}$，$n = \pm 1/\sqrt{2}$。同理，如果 $n = 0$，可以得到：$n = 0$，$l = \pm 1/\sqrt{2}$，$m = \pm 1/\sqrt{2}$。

（3）如果 $\sigma_1 = \sigma_2 = \sigma_3$，则方程组式（1.23）和式（1.24）有无数组解，即 l、m、n 为任意解，但此时的应力状态不是塑性应力状态。

（4）如果 $\sigma_1 \neq \sigma_2 = \sigma_3$，则方程组式（1.23）的解是 $l = \pm 1/\sqrt{2}$，此时的应力状态类似于单向拉伸。

（5）同理，如果 $\sigma_1 = \sigma_3 \neq \sigma_2$，则方程组（1.24）的解是 $m = \pm 1/\sqrt{2}$，圆柱应力状态，类似于单向拉伸。

（6）同理，如果 $\sigma_1 = \sigma_2 \neq \sigma_3$，则方程组（1.25）的解是 $n = \pm 1/\sqrt{2}$，圆柱应力状态，类似于单向拉伸。

因此，在主应力空间内，使剪应力取极值时的方向余弦 l、m、n 值由式（1.26）确定。

$$\begin{cases} l = 0, \ m = \pm 1/\sqrt{2}, \ n = \pm 1/\sqrt{2} \\ l = \pm 1/\sqrt{2}, \ m = 0, \ n = \pm 1/\sqrt{2} \\ l = \pm 1/\sqrt{2}, \ m = \pm 1/\sqrt{2}, \ n = 0 \end{cases} \quad (1.26)$$

在主剪应力平面上的主剪应力，由式（1.27）确定。

$$\begin{cases} \tau_{23} = \pm (\sigma_2 - \sigma_3)/2 \\ \tau_{13} = \pm (\sigma_1 - \sigma_3)/2 \\ \tau_{12} = \pm (\sigma_1 - \sigma_2)/2 \end{cases} \quad (1.27)$$

在主剪应力平面上的拉伸应力，由式（1.28）确定。

$$\begin{cases} \sigma_{23} = \pm (\sigma_2 + \sigma_3)/2 \\ \sigma_{31} = \pm (\sigma_3 + \sigma_1)/2 \\ \sigma_{12} = \pm (\sigma_1 + \sigma_2)/2 \end{cases} \quad (1.28)$$

式（1.26）所示的3组解各表示一对相互垂直的主剪应力平面，它们分别与一个主平面垂直，并与另两个主平面成45°角，如图1.9所示。每对主剪应力平面上的主剪应力都相等。在平面条件下，主剪应力平面上的主剪应力和拉伸应力如图1.10所示。

式（1.27）所示的3个主剪应力中，绝对值最大的那个主剪应力称为最大剪应力，以 τ_{max} 表示，也就是这一质点所有方向切面上剪应力的最大值。

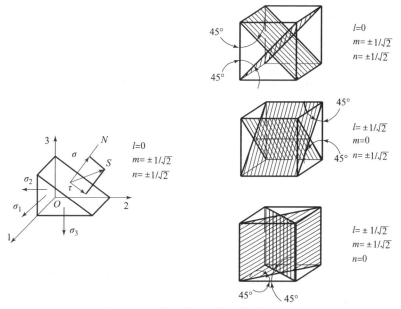

图1.9 主应力空间内的主剪应力平面

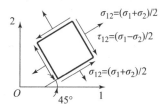

图1.10 主剪平面上的主剪应力和拉伸应力

设 $\sigma_1 \geqslant \sigma_2 \geqslant \sigma_3$，则 $\tau_{max} = \pm(\sigma_1-\sigma_3)/2$。应该注意的是，每对主剪应力平面上的拉伸应力都是相等的。

1.2.4 等效应力

1. 八面体应力

等效应力的定义与八面体平面上的剪应力有关。在直角坐标系内，与 x、y、z 坐标轴夹角都相等的平面即为八面体平面；这样的平面有 8 个，它们在空间中组成八面体，如图 1.11 所示。

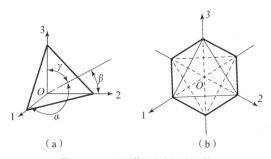

图1.11 八面体平面和八面体

(a) 八面体平面；(b) 八面体

在八面体平面上，根据几何关系，可以得到 $|l|=|m|=|n|=1/\sqrt{3}$，因此，$\alpha=\beta=\gamma=54°44'$。

则八面体平面上的拉伸应力为

$$\sigma_8 = \sigma_1 l^2 + \sigma_2 m^2 + \sigma_3 n^2 = (\sigma_1 + \sigma_2 + \sigma_3)/3 = \sigma_m \tag{1.29}$$

八面体平面上的剪应力为

$$\tau_8^2 = S^2 - \sigma^2 = \sigma_1^2 l^2 + \sigma_2^2 m^2 + \sigma_3^2 n^2 - (\sigma_1 l^2 + \sigma_2 m^2 + \sigma_3 n^2)^2$$

$$(\tau_8)^2 = \sigma_1^2 l^2 + \sigma_2^2 m^2 + \sigma_3^2 n^2 - (\sigma_1 l^2 + \sigma_2 m^2 + \sigma_3 n^2)^2 = \frac{1}{9}\left[(\sigma_1-\sigma_2)^2 + (\sigma_2-\sigma_3)^2 + (\sigma_3-\sigma_1)^2\right]$$

$$\tau_8 = \frac{1}{3}\sqrt{(\sigma_1-\sigma_2)^2 + (\sigma_2-\sigma_3)^2 + (\sigma_3-\sigma_1)^2} \tag{1.30}$$

2. 等效应力

将八面体平面上的剪应力取绝对值，并乘以系数 $3/\sqrt{2}$，称为等效应力，也称广义应力或应力强度，见式 (1.29)。

$$\bar{\sigma} = \frac{3}{\sqrt{2}}|\tau_8| = \sqrt{\frac{1}{2}\left[(\sigma_1-\sigma_2)^2 + (\sigma_2-\sigma_3)^2 + (\sigma_3-\sigma_1)^2\right]} \tag{1.31}$$

当 $\sigma_1 \geqslant \sigma_2 \geqslant \sigma_3$ 时，式 (1.31) 满足 $\frac{\sqrt{3}}{2}(\sigma_1-\sigma_3) \leqslant \bar{\sigma} \leqslant (\sigma_1-\sigma_3)$。此结论推导从略，请读者自行推导。

1.2.5 主应力求解实例

下面举例说明求解主应力的具体步骤。

例题 1.1 设某点应力状态如图 1.12（a）所示，试求其主应力及主方向。（应力 10 N/mm）。

$$\sigma_{ij} = \begin{bmatrix} 4 & 2 & 3 \\ 2 & 6 & 1 \\ 3 & 1 & 5 \end{bmatrix}$$

解：根据应力张量，可以得到 $\begin{vmatrix} 4-\sigma & 2 & 3 \\ 2 & 6-\sigma & 1 \\ 3 & 1 & 5-\sigma \end{vmatrix} = 0$

展开行列式，得到 $\sigma^3 - 15\sigma^2 + 60\sigma - 54 = 0$

整理得到 $(\sigma-9)(\sigma^2-6\sigma+6) = 0$

解之，得到主应力分量 $\sigma_1 = 9$，$\sigma_2 = 3+\sqrt{3}$，$\sigma_3 = 3-\sqrt{3}$，如图 1.12（b）所示。

主应力张量为 $\sigma_{ij} = \begin{bmatrix} 9 & 0 & 0 \\ 0 & 3+\sqrt{3} & 0 \\ 0 & 0 & 3-\sqrt{3} \end{bmatrix}$

主应力的方向余弦满足

$$\begin{cases} (4-\sigma)l + 2m + 3n = 0 \\ 2l + (6-\sigma)m + n = 0 \\ 3l + m + (5-\sigma)n = 0 \\ l^2 + m^2 + n^2 = 1 \end{cases}$$

解上面方程组，即可得到 3 个主方向的方向余弦为

σ_1：$l_1 = m_1 = n_1 = 1/\sqrt{3}$

σ_2：$l_2 = \sqrt{\dfrac{2-\sqrt{3}}{6}}$，$m_2 = -\sqrt{\dfrac{2+\sqrt{3}}{6}}$，$n_2 = \dfrac{1}{\sqrt{3}}$

σ_3：$l_3 = -\sqrt{\dfrac{2+\sqrt{3}}{6}}$，$m_3 = -\sqrt{\dfrac{2-\sqrt{3}}{6}}$，$n_3 = \dfrac{1}{\sqrt{3}}$

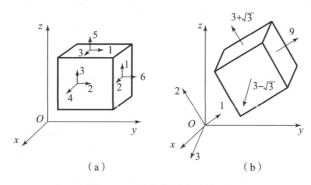

图 1.12 应力分量与主应力
(a) 应力分量；(b) 主应力

例题 1.2 如果一点的应力状态为 $\boldsymbol{\sigma}_{ij} = \begin{bmatrix} 100 & -50 \\ -50 & 0 \end{bmatrix}$，试求其主应力分量与最大剪应力。

解：应力张量为 $\boldsymbol{\sigma}_{ij} = \begin{bmatrix} 100 & -50 \\ -50 & 0 \end{bmatrix}$

则主应力分量满足方程 $\begin{vmatrix} 100-\sigma & -50 \\ -50 & -\sigma \end{vmatrix} = 0$

展开后得到方程 $\sigma^2 - 100\sigma - 2\,500 = 0$

求解得到主应力分量 $\sigma_1 = 50(1+\sqrt{2})$，$\sigma_2 = 50(1-\sqrt{2})$

最大剪应力 $\tau_{\max} = \dfrac{1}{2}(\sigma_1 - \sigma_2) = 50\sqrt{2}$

例题 1.3 已知一点的应力状态为 $\boldsymbol{\sigma}_{ij} = \begin{bmatrix} 0 & 20 & 0 \\ 20 & 0 & 0 \\ 0 & 0 & 10 \end{bmatrix}$，求其主应力分量和最大剪应力。

解：应力张量为 $\boldsymbol{\sigma}_{ij} = \begin{bmatrix} 0 & 20 & 0 \\ 20 & 0 & 0 \\ 0 & 0 & 10 \end{bmatrix}$

则主应力分量满足方程 $\begin{vmatrix} 0-\sigma & 20 & 0 \\ 20 & 0-\sigma & 0 \\ 0 & 0 & 10-\sigma \end{vmatrix} = 0$

展开后得到方程 $\sigma^2(10-\sigma) - 20^2(10-\sigma) = 0$,即 $(10-\sigma)(\sigma^2 - 20^2) = 0$

求解得到主应力分量 $\sigma_1 = 20$,$\sigma_2 = 10$,$\sigma_3 = -20$

最大剪应力 $\tau_{\max} = \dfrac{1}{2}(\sigma_1 - \sigma_3) = 20$

1.2.6 应力莫尔圆

应力莫尔圆是某点应力状态的几何表示法。如图1.13所示,若已知该点的一组应力分量或主应力,就可以利用应力莫尔圆通过图解法来确定该点任意方位平面上的拉伸应力和剪应力,这3个圆称为应力莫尔圆。应力莫尔圆的方程式组如式(1.32)所示。

$$\begin{cases} [\sigma - (\sigma_2 + \sigma_3)/2]^2 + \tau^2 = [(\sigma_2 - \sigma_3)/2]^2 = \tau_{23}^2 \\ [\sigma - (\sigma_3 + \sigma_1)/2]^2 + \tau^2 = [(\sigma_3 - \sigma_1)/2]^2 = \tau_{31}^2 \\ [\sigma - (\sigma_1 + \sigma_2)/2]^2 + \tau^2 = [(\sigma_1 - \sigma_2)/2]^2 = \tau_{12}^2 \end{cases} \tag{1.32}$$

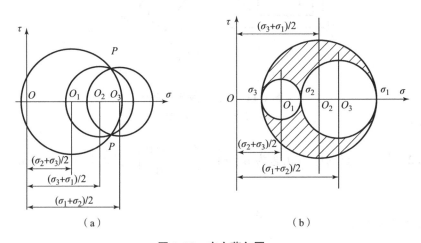

图1.13 应力莫尔圆

(a) l、m、n 分别为定值时的 $\sigma - \tau$ 变化规律;(b) 应力莫尔圆

1.2.7 应力平衡微分方程

设物体(连续体)内有一点 Q,其坐标为 x、y、z。以 Q 点为顶点切取一边长为 dx、dy、dz 的平行六面体,六面体另一顶点 Q_1 的坐标即为 $x+dx$、$y+dy$、$z+dz$。由于坐标的微量变化,各应力分量也产生微量的变化。六面体各平面上的应力分量及应力分量增量如图1.14所示。

六面体各平面上的应力分量为

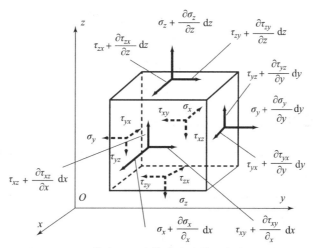

图 1.14 六面体各平面上的应力分量及应力分量增量

$$\begin{cases} \sigma_x + \dfrac{\partial \sigma_x}{\partial x}dx \\ \sigma_y + \dfrac{\partial \sigma_y}{\partial y}dy, \\ \sigma_z + \dfrac{\partial \sigma_z}{\partial z}dz \end{cases} \begin{cases} \tau_{xz} + \dfrac{\partial \tau_{xz}}{\partial x}dx, \tau_{zx} + \dfrac{\partial \tau_{zx}}{\partial z}dz \\ \tau_{xy} + \dfrac{\partial \tau_{xy}}{\partial x}dx, \tau_{yx} + \dfrac{\partial \tau_{yx}}{\partial y}dy \\ \tau_{yz} + \dfrac{\partial \tau_{yz}}{\partial y}dy, \tau_{zy} + \dfrac{\partial \tau_{zy}}{\partial z}dz \end{cases}$$

根据静力平衡原则，微元体在 x 方向上的合力等于 0，即 $\sum P_x = 0$，因此可以得到

$$\left(\sigma_x + \dfrac{\partial \sigma_x}{\partial x}dx\right)dydz + \left(\tau_{yx} + \dfrac{\partial \tau_{yx}}{\partial y}dy\right)dzdx + \left(\tau_{zx} + \dfrac{\partial \tau_{zx}}{\partial z}dz\right)dxdy \\ - \sigma_x dydz - \tau_{yx}dzdx - \tau_{zx}dxdy = 0 \tag{1.33}$$

整理得到

$$\dfrac{\partial \sigma_x}{\partial x} + \dfrac{\partial \tau_{yx}}{\partial y} + \dfrac{\partial \tau_{zx}}{\partial z} = 0 \tag{1.34}$$

同理，可以得到应力平衡微分方程

$$\begin{cases} \dfrac{\partial \sigma_x}{\partial x} + \dfrac{\partial \tau_{yx}}{\partial y} + \dfrac{\partial \tau_{zx}}{\partial z} = 0 \\ \dfrac{\partial \tau_{xy}}{\partial x} + \dfrac{\partial \sigma_y}{\partial y} + \dfrac{\partial \tau_{zy}}{\partial z} = 0, \dfrac{\partial \sigma_{ij}}{\partial x_i} = 0 \\ \dfrac{\partial \tau_{xz}}{\partial x} + \dfrac{\partial \tau_{yz}}{\partial y} + \dfrac{\partial \sigma_z}{\partial z} = 0 \end{cases} \tag{1.35}$$

根据扭矩平衡原理，即 $\sum M_x = 0$，可以得到

$$\left(\tau_{yz} + \dfrac{\partial \tau_{yz}}{\partial y}dy\right)dzdx \times \dfrac{1}{2}dy + \tau_{yz}dzdx \times \dfrac{1}{2}dy \\ - \left(\tau_{zy} + \dfrac{\partial \tau_{zy}}{\partial z}dz\right)dxdy \times \dfrac{1}{2}dz - \tau_{zy}dxdy \times \dfrac{1}{2}dz = 0 \tag{1.36}$$

整理后得到

$$2\tau_{yz} + \dfrac{\partial \tau_{yz}}{\partial y}dy = 2\tau_{zy} + \dfrac{\partial \tau_{zy}}{\partial z}dz$$

则 $\tau_{yz} \approx \tau_{zy}$，同理可以得到扭矩平衡时的剪应力满足的条件为

$$\begin{cases} \tau_{xy} \approx \tau_{yx} \\ \tau_{yz} \approx \tau_{zy} \\ \tau_{xz} \approx \tau_{zx} \end{cases} \tag{1.37}$$

1.2.8 平面应力状态和轴对称应力状态

平面应力状态和轴对称应力状态是特殊的应力状态，在进行一些问题的计算时，可以利用这两种应力状态将问题加以简化。

平面应力状态是指与某个坐标轴有关的应力分量都是 0，假设 $\sigma_z = \tau_{xz} = \tau_{zy} = 0$，则平面应力状态时的应力张量为

$$\boldsymbol{\sigma}_{ij} = \begin{bmatrix} \sigma_x & \tau_{yx} \\ \tau_{xy} & \sigma_y \end{bmatrix} \tag{1.38}$$

主应力分量满足条件

$$\begin{vmatrix} \sigma_x - \sigma & \tau_{yx} \\ \tau_{xy} & \sigma_y - \sigma \end{vmatrix} = 0 \tag{1.39}$$

对式（1.39）的方程进行求解，得到主应力分量

$$\left.\begin{matrix} \sigma_1 \\ \sigma_2 \end{matrix}\right\} = \frac{\sigma_x + \sigma_y}{2} \pm \sqrt{\left(\frac{\sigma_x - \sigma_y}{2}\right)^2 + \tau_{xy}^2} \tag{1.40}$$

则主应力状态为

$$\boldsymbol{\sigma}_{ij} = \begin{bmatrix} \sigma_1 & 0 \\ 0 & \sigma_2 \end{bmatrix}$$

1. 平面应力状态

采用应力莫尔圆方法也可以求得主应力。图 1.15 为平面应力状态的应力莫尔圆（$\sigma_x \geqslant \sigma_y$），图 1.16 为平面应力状态的应力莫尔圆（$\sigma_x \leqslant \sigma_y$）。

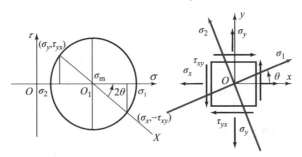

图 1.15 平面应力状态的应力莫尔圆（$\sigma_x \geqslant \sigma_y$）

根据图 1.15 和图 1.16 的几何关系，可以得到

$$\left.\begin{matrix} \sigma_1 \\ \sigma_2 \end{matrix}\right\} = \frac{\sigma_x + \sigma_y}{2} \pm \sqrt{\left(\frac{\sigma_x - \sigma_y}{2}\right)^2 + \tau_{xy}^2} \tag{1.41}$$

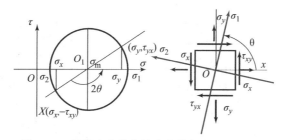

图 1.16 平面应力状态的应力莫尔圆（$\sigma_x \leq \sigma_y$）

$$\begin{cases} \sigma_x = \dfrac{\sigma_1 + \sigma_2}{2} + \dfrac{\sigma_1 - \sigma_2}{2}\cos2\theta \\ \sigma_y = \dfrac{\sigma_1 + \sigma_2}{2} - \dfrac{\sigma_1 - \sigma_2}{2}\cos2\theta \\ \tau_{xy} = -\dfrac{\sigma_1 - \sigma_2}{2}\sin2\theta \end{cases} \tag{1.42}$$

因此，使用应力莫尔圆的方法，也可以根据应力分量来求解主应力分量及其方向。

在平面应力状态中，有一种状态称为纯剪应力状态，其特点是在主剪应力平面上的拉伸应力为0。质点处于纯剪应力状态时，其应力莫尔圆如图1.17所示。由图可以看出，纯剪应力τ就是最大剪应力，主轴与坐标轴成45°角，主应力的特点是$\sigma_1 = \tau$，$\sigma_2 = -\tau$，$|\sigma_1| = |\sigma_2|$。

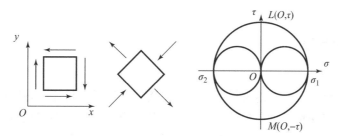

图 1.17 纯剪应力状态时的应力莫尔圆

平面应力状态下的应力平衡微分方程为

$$\begin{cases} \dfrac{\partial \sigma_x}{\partial x} + \dfrac{\partial \tau_{yx}}{\partial y} = 0 \\ \dfrac{\partial \tau_{xy}}{\partial x} + \dfrac{\partial \sigma_y}{\partial y} = 0 \end{cases} \tag{1.43}$$

2. 轴对称应力状态

如果塑性成形物体为旋转体，即称其为轴对称状态。当旋转体承受的外力为对称于旋转轴的分布力而且没有周向力时，则物体内的质点处于轴对称应力状态。轴对称坐标系一般采用圆柱坐标系或球坐标系，如图1.18所示。

用圆柱坐标系的应力张量为

$$\boldsymbol{\sigma}_{ij} = \begin{bmatrix} \sigma_r & \tau_{tr} & \tau_{zr} \\ \tau_{rt} & \sigma_t & \tau_{zt} \\ \tau_{rz} & \tau_{tz} & \sigma_z \end{bmatrix} \tag{1.44}$$

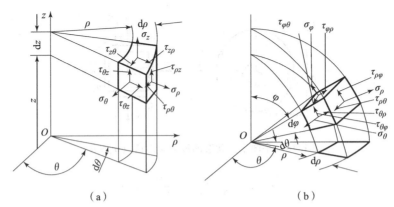

图 1.18 轴对称坐标系
(a) 圆柱坐标系;(b) 球坐标系

用圆柱坐标系的应力平衡微分方程为

$$\begin{cases} \dfrac{\partial \sigma_r}{\partial r} + \dfrac{\partial \tau_{zr}}{\partial z} + \dfrac{\sigma_r - \sigma_t}{r} = 0 \\ \dfrac{\partial \tau_{rz}}{\partial r} + \dfrac{\partial \sigma_z}{\partial z} + \dfrac{\tau_{rz}}{r} = 0 \end{cases} \quad (1.45)$$

1.3 应变分析

1.3.1 应变分量

1. 应变的基本概念

应变是表示变形程度大小的无量纲物理量。物体变形时,物体内各质点在所有方向上都会有应变。某点的应变状态也是二阶对称张量,其与应力张量有许多相似的性质。

线元的伸长或缩短变形,称为正变形(或线变形)。单位长度线元伸长或缩短的量,称为拉伸应变或正应变。线元发生偏转变形,称为剪变形(或角变形)。线元在垂直方向上偏转的量,称为剪切应变(或剪应变)。如物体在变形时,体内所有的点都产生了相同的位移,称为均匀变形。单元体取得极小时,可认为单元体内的变形是均匀变形。

在变形区内,任意质点的位移可以用 3 个坐标方向上的位移分量来表示,即

$$\begin{cases} u_x = f_1(x,y,z) \\ u_y = f_2(x,y,z) \\ u_z = f_3(x,y,z) \end{cases} \quad (1.46)$$

拉伸应变定义为单位长度线元的变化量。根据定义,假设线元(OA)的伸长量如图 1.19 所示。

图 1.19 线元的伸长量

在一定变形时间内，A 点的位移为 u_x，则线元（OA）在 x 方向上的应变值为

$$\varepsilon_x = \frac{OA_1 - OA}{OA} = \frac{u_x}{x} \approx \frac{\mathrm{d}u_x}{\mathrm{d}x} \approx \frac{\partial u_x}{\partial x}$$

同理，可以确定 y 方向上的线元（OB）在 y 方向上的应变值，以及 z 方向上的线元（OC）在 z 方向上的应变值为

$$\begin{cases} \varepsilon_{xx} = \dfrac{\partial u_x}{\partial x} \\ \varepsilon_{yy} = \dfrac{\partial u_y}{\partial y} \\ \varepsilon_{zz} = \dfrac{\partial u_z}{\partial z} \end{cases} \tag{1.47}$$

剪切应变的定义为线元在垂直方向上偏转的量。根据定义，在一定变形时间内，线元（OA）的 A 点向 y 方向偏转的量如图 1.20 所示。

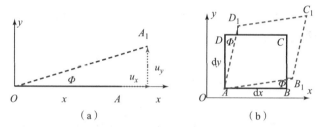

图 1.20　线元的伸长与偏转

（a）x 方向线元（OA）的伸长与偏转；（b）平面坐标系内线元的伸长与偏转

根据剪切应变的定义，把 x 方向的线元（OA）向 y 方向偏转的角度定义为剪切应变，即

$$\varepsilon_{xy} = \frac{u_y}{x} \approx \frac{\mathrm{d}u_y}{\mathrm{d}x} \approx \frac{\partial u_y}{\partial x} \approx \tan\varphi$$

实际上，把 x 方向的线元向 y 方向偏转的角度与 y 方向的线元向 x 方向偏转的角度相加，取其平均值定义为剪切应变，即

$$\varepsilon_{xy} = \varepsilon_{yx} = \frac{1}{2}\left(\frac{\partial u_x}{\partial y} + \frac{\partial u_y}{\partial x}\right)$$

同理，可以得到其他平面上剪切应变的计算式为

$$\begin{cases} \varepsilon_{xy} = \varepsilon_{yx} = \dfrac{1}{2}\left(\dfrac{\partial u_x}{\partial y} + \dfrac{\partial u_y}{\partial x}\right) \\ \varepsilon_{yz} = \varepsilon_{zy} = \dfrac{1}{2}\left(\dfrac{\partial u_y}{\partial z} + \dfrac{\partial u_z}{\partial y}\right) \\ \varepsilon_{zx} = \varepsilon_{xz} = \dfrac{1}{2}\left(\dfrac{\partial u_x}{\partial z} + \dfrac{\partial u_z}{\partial x}\right) \end{cases} \tag{1.47a}$$

2. 小变形几何方程

在三维坐标系下，对于式（1.46）表示的位移场，把式（1.47）和式（1.47a）表示的位移分量与应变分量之间的关系叫做小应变几何方程，整理后得到

$$\begin{cases} \varepsilon_x = \dfrac{\partial u_x}{\partial x}, & \gamma_{yz} = \gamma_{zy} = \dfrac{1}{2}\left(\dfrac{\partial u_z}{\partial y} + \dfrac{\partial u_y}{\partial z}\right) \\ \varepsilon_y = \dfrac{\partial u_y}{\partial y}, & \gamma_{zx} = \gamma_{xz} = \dfrac{1}{2}\left(\dfrac{\partial u_x}{\partial z} + \dfrac{\partial u_z}{\partial x}\right) \\ \varepsilon_z = \dfrac{\partial u_z}{\partial z}, & \gamma_{xy} = \gamma_{yx} = \dfrac{1}{2}\left(\dfrac{\partial u_x}{\partial y} + \dfrac{\partial u_y}{\partial x}\right) \end{cases} \qquad (1.48)$$

$$\varepsilon_{ij} = \dfrac{1}{2}\left(\dfrac{\partial u_i}{\partial j} + \dfrac{\partial u_j}{\partial i}\right) \qquad (1.49)$$

3. 质点的应变状态

一个质点的应变分量也可写成张量形式，如式（1.50）。

$$\boldsymbol{\varepsilon}_{ij} = \begin{bmatrix} \varepsilon_x & \gamma_{yx} & \gamma_{zx} \\ \gamma_{xy} & \varepsilon_y & \gamma_{zy} \\ \gamma_{xz} & \gamma_{yz} & \varepsilon_z \end{bmatrix} \qquad (1.50)$$

剪应变的正负确定准则与剪应力的正负确定准则相同。任何一个张量均可以分解成一个对称张量与一个反对称张量之和。如

$$\boldsymbol{\varepsilon}_{ij} = \begin{bmatrix} \varepsilon_x & \gamma_{yx} & \gamma_{zx} \\ \gamma_{xy} & \varepsilon_y & \gamma_{zy} \\ \gamma_{xz} & \gamma_{yz} & \varepsilon_z \end{bmatrix} + \begin{bmatrix} 0 & -\omega_x & \omega_y \\ -\omega_x & 0 & -\omega_x \\ \omega_y & -\omega_x & 0 \end{bmatrix} \qquad (1.51)$$

式（1.51）中，后一项是一个反对称张量，表示刚体转动，称为刚体转动张量；前一项是对称张量，表示纯变形。

4. 位移增量与应变增量

在三维坐标系下，塑性变形区的一个质点在某一时刻的位移称为位移增量，位移增量场表示为

$$\begin{cases} \mathrm{d}u_x = f_1(x, y, z) \\ \mathrm{d}u_y = f_2(x, y, z) \\ \mathrm{d}u_z = f_3(x, y, z) \end{cases} \qquad (1.52)$$

应变增量分量为

$$\begin{cases} \mathrm{d}\varepsilon_x = \dfrac{\partial \mathrm{d}u_x}{\partial x}, & \mathrm{d}\gamma_{yz} = \mathrm{d}\gamma_{zy} = \dfrac{1}{2}\left(\dfrac{\partial \mathrm{d}u_z}{\partial y} + \dfrac{\partial \mathrm{d}u_y}{\partial z}\right) \\ \mathrm{d}\varepsilon_y = \dfrac{\partial \mathrm{d}u_y}{\partial y}, & \mathrm{d}\gamma_{zx} = \mathrm{d}\gamma_{xz} = \dfrac{1}{2}\left(\dfrac{\partial \mathrm{d}u_x}{\partial z} + \dfrac{\partial \mathrm{d}u_z}{\partial x}\right) \\ \mathrm{d}\varepsilon_z = \dfrac{\partial \mathrm{d}u_z}{\partial z}, & \mathrm{d}\gamma_{xy} = \mathrm{d}\gamma_{yx} = \dfrac{1}{2}\left(\dfrac{\partial \mathrm{d}u_x}{\partial y} + \dfrac{\partial \mathrm{d}u_y}{\partial x}\right) \end{cases} \qquad (1.53)$$

5. 速度场与应变速率

在三维坐标系下，塑性变形区的速度场表示为

$$\begin{cases} \upsilon_x = f_1(x, y, z) \\ \upsilon_y = f_2(x, y, z) \\ \upsilon_z = f_3(x, y, z) \end{cases} \qquad (1.54)$$

应变速率分量为

$$\begin{cases} \dot{\varepsilon}_x = \dfrac{\partial v_x}{\partial x}, & \dot{\gamma}_{yz} = \dot{\gamma}_{zy} = \dfrac{1}{2}\left(\dfrac{\partial v_z}{\partial y} + \dfrac{\partial v_y}{\partial z}\right) \\ \dot{\varepsilon}_y = \dfrac{\partial v_y}{\partial y}, & \dot{\gamma}_{zx} = \dot{\gamma}_{xz} = \dfrac{1}{2}\left(\dfrac{\partial v_x}{\partial z} + \dfrac{\partial v_z}{\partial x}\right) \\ \dot{\varepsilon}_z = \dfrac{\partial v_z}{\partial z}, & \dot{\gamma}_{xy} = \dot{\gamma}_{yx} = \dfrac{1}{2}\left(\dfrac{\partial v_x}{\partial y} + \dfrac{\partial v_y}{\partial x}\right) \end{cases} \quad (1.55)$$

6. 主应变

一般应变状态下，质点的应变张量为

$$\varepsilon_{ij} = \begin{bmatrix} \varepsilon_x & \gamma_{yx} & \gamma_{zx} \\ \gamma_{xy} & \varepsilon_y & \gamma_{zy} \\ \gamma_{xz} & \gamma_{yz} & \varepsilon_z \end{bmatrix} \quad (1.56)$$

塑性变形区内，任意质点都存在 3 个相互垂直的应变主方向（主轴），在主方向上的线元没有角度偏转，只有拉伸应变，该拉伸应变称为主应变，一般用 ε_1、ε_2、ε_3 表示。主应变的求解方法与主应力求解方法相同，主应变也满足式（1.56）。

$$\begin{vmatrix} \varepsilon_x - \varepsilon & \gamma_{yx} & \gamma_{zx} \\ \gamma_{xy} & \varepsilon_y - \varepsilon & \gamma_{zy} \\ \gamma_{xz} & \gamma_{yz} & \varepsilon_z - \varepsilon \end{vmatrix} = 0 \quad (1.57)$$

展开式（1.57），可得到应变张量的特征方程为

$$\varepsilon^3 - I_1 \varepsilon^2 - I_2 \varepsilon - I_3 = 0 \quad (1.58)$$

式（1.58）中，应变张量不变量 I_1、I_2、I_3 为

$$\begin{cases} I_1 = \varepsilon_x + \varepsilon_y + \varepsilon_z \\ I_2 = -(\varepsilon_x \varepsilon_y + \varepsilon_y \varepsilon_z + \varepsilon_z \varepsilon_x) + \gamma_{xy}^2 + \lambda_{yz}^2 + \gamma_{zx}^2 \\ I_3 = \varepsilon_x \varepsilon_y \varepsilon_z + 2\gamma_{xy}\gamma_{yz}\gamma_{zx} - (\varepsilon_x \gamma_{yz}^2 + \varepsilon_y \gamma_{zx}^2 + \varepsilon_z \gamma_{xy}^2) \end{cases} \quad (1.59)$$

对式（1.58）的方程求解，可以得到主应变分量，则主应变张量为

$$\varepsilon_{ij} = \begin{bmatrix} \varepsilon_1 & 0 & 0 \\ 0 & \varepsilon_2 & 0 \\ 0 & 0 & \varepsilon_3 \end{bmatrix} \quad (1.60)$$

主应变张量可以分解成应变偏张量和应变球张量

$$\varepsilon_{ij} = \begin{bmatrix} \varepsilon_{xx} & \varepsilon_{yx} & \varepsilon_{zx} \\ \varepsilon_{xy} & \varepsilon_{yy} & \varepsilon_{zy} \\ \varepsilon_{xz} & \varepsilon_{yz} & \varepsilon_{zz} \end{bmatrix} = \begin{bmatrix} \varepsilon_{xx} - \varepsilon_m & \varepsilon_{yx} & \varepsilon_{zx} \\ \varepsilon_{xy} & \varepsilon_{yy} - \varepsilon_m & \varepsilon_{zy} \\ \varepsilon_{xz} & \varepsilon_{yz} & \varepsilon_{zz} - \varepsilon_m \end{bmatrix} + \begin{bmatrix} \varepsilon_m & 0 & 0 \\ 0 & \varepsilon_m & 0 \\ 0 & 0 & \varepsilon_m \end{bmatrix} \quad (1.61)$$

式（1.61）可以写成

$$\varepsilon_{ij} = \varepsilon'_{ij} + \varepsilon^0_{ij} \quad (1.61a)$$

式中，ε'_{ij} 为应变偏张量，表示单元体的形状变化；ε^0_{ij} 为应变球张量，表示体积变化。应注意，物体在塑性变形时体积不变，$\varepsilon_m = 0$，此时，应变偏张量就是应变张量。

1.3.2 等效应变

如果以应变主轴为坐标轴，则在主应变空间内，八面体平面法线方向的拉伸应变叫做八面体应变，八面体平面上的剪应变称为八面体剪应变。八面体平面上的应变分量为

$$\varepsilon_8 = (\varepsilon_1 + \varepsilon_2 + \varepsilon_3)/3 = \varepsilon_m$$

$$\gamma_8 = \pm \frac{1}{3}\sqrt{(\varepsilon_x - \varepsilon_y)^2 + (\varepsilon_y - \varepsilon_z)^2 + (\varepsilon_z - \varepsilon_x)^2 + 6(\gamma_{xy}^2 + \gamma_{yz}^2 + \gamma_{zx}^2)}$$

$$= \pm \frac{1}{3}\sqrt{(\varepsilon_1 - \varepsilon_2)^2 + (\varepsilon_2 - \varepsilon_3)^2 + (\varepsilon_3 - \varepsilon_1)^2}$$

将八面体的剪切应变 γ_8 乘以系数 $\sqrt{2}$，所得之参量叫做等效应变，也称广义应变或应变强度，其表达式为

$$\bar{\varepsilon} = \sqrt{2}\gamma_8 = \frac{\sqrt{2}}{3}\sqrt{(\varepsilon_x - \varepsilon_y)^2 + (\varepsilon_y - \varepsilon_z)^2 + (\varepsilon_z - \varepsilon_x)^2 + 6(\gamma_{xy}^2 + \gamma_{yz}^2 + \gamma_{zx}^2)}$$

$$= \frac{\sqrt{2}}{3}\sqrt{(\varepsilon_1 - \varepsilon_2)^2 + (\varepsilon_2 - \varepsilon_3)^2 + (\varepsilon_3 - \varepsilon_1)^2} \tag{1.62}$$

1.3.3 位移场

物体发生塑性变形之后，其体内的质点都发生了位移。物体内任意一点的位移矢量在三个坐标轴方向的分量称为该点的位移分量，由于物体在变形之后仍保持连续，故其位移分量应是坐标的连续函数。位移分量的表达式为

$$\begin{cases} u_x = f_1(x,y,z) \\ u_y = f_2(x,y,z), \quad u_i = u_i(x,y,z) \\ u_z = f_3(x,y,z) \end{cases}$$

对于一个实际问题，确定位移场是比较难的。确定原则是既要与实际问题相吻合，以保证计算精度，还要易于计算。以下举例说明塑性变形过程中位移场的确定方法。

例题 1.4 图 1.21 所示为单向压缩变形，求单向压缩变形时的位移场、应变场。

解：在单向压缩变形时，z 轴方向上的位移分布规律是不确定的，可能是线性分布规律，也可能是非线性分布规律。

假设 u_z 沿着 z 轴是线性分布的，则位移场为 $u_z = \frac{\Delta H}{H}z$，从而可以得到应变场为 $\varepsilon_z = \frac{\partial u_z}{\partial z} = \frac{\Delta H}{H}$。

假设 u_z 沿着 z 轴是抛物线分布，则位移场为 $u_z = -\frac{\Delta H}{H^2}z^2 + \frac{2\Delta H}{H}z$，从而可以得到应变场：$\varepsilon_z = \frac{\partial u_z}{\partial z} = -\frac{2\Delta H}{H^2}z + \frac{2\Delta H}{H}$。

例题 1.5 图 1.22 为方形截面件镦粗变形，求矩形柱体在无摩擦的光滑平板间进行塑性压缩时的位移场、应变场。

解：假设柱体变形前边长为 $2a_0$，变形后边长为 $2a_1$。矩形柱体在无摩擦的光滑平板间

进行塑性压缩后，其形状仍是矩形柱体，且可假定其体积不变；如设压缩量很小，则柱体内的位移场为

$$4a_0^2 \Delta H = 4(a_1^2 - a_0^2)(H - \Delta H) = 4(a_1 - a_0)(a_1 + a_0)(H - \Delta H)$$
$$= 4(a_1 - a_0) 2aH = 4u_{max} 2a_0 H$$

可得 $u_{xmax} = \dfrac{\Delta H}{2H}a_0$，$u_{ymax} = \dfrac{\Delta H}{2H}a_0$，$u_{zmax} = -\Delta H$

位移沿坐标轴线性分布

$$\begin{cases} u_x = \dfrac{\Delta H}{2H}x \\ u_y = \dfrac{\Delta H}{2H}y \\ u_z = -\dfrac{\Delta H}{H}z \end{cases}, \quad \begin{cases} \varepsilon_x = \dfrac{\partial u_x}{\partial x} = \dfrac{\Delta H}{2H} \\ \varepsilon_y = \dfrac{\partial u_y}{\partial y} = \dfrac{\Delta H}{2H} \\ \varepsilon_z = \dfrac{\partial u_z}{\partial z} = -\dfrac{\Delta H}{H} \end{cases} \quad \gamma_{ij}(i \neq j) = 0$$

对于速度场，有

$$\begin{cases} v_x = \dfrac{\Delta H}{2H}x \\ v_y = \dfrac{\Delta H}{2H}y \\ v_z = -\dfrac{\Delta H}{H}z \end{cases}, \quad \begin{cases} \dot{\varepsilon}_x = \dfrac{\partial v_x}{\partial x} = \dfrac{\Delta H}{2H} \\ \dot{\varepsilon}_y = \dfrac{\partial v_y}{\partial y} = \dfrac{\Delta H}{2H} \\ \dot{\varepsilon}_z = \dfrac{\partial v_z}{\partial z} = -\dfrac{\Delta H}{H} \end{cases} \quad \dot{\gamma}_{ij}(i \neq j) = 0$$

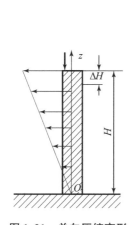

图 1.21　单向压缩变形

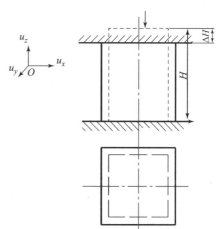

图 1.22　方形截面件镦粗变形

例题 1.6　图 1.23 所示为矩形体平面挤压变形工艺，求矩形体平面挤压变形时的位移场、应变场。

解： 根据几何关系有 $H_x = x\tan\alpha$。根据体积不变有

$$\Delta L \times H \times B = H_x u_x B = x\tan\alpha \times u_x B, \quad u_x = \dfrac{H\Delta L}{\tan\alpha}\dfrac{1}{x}$$

由于力方向与 x 轴正方向相反，所以 $u_x = -\dfrac{H\Delta L}{\tan\alpha}\dfrac{1}{x}$，$\varepsilon_x = \dfrac{\partial u_x}{\partial x} = \dfrac{H\Delta L}{\tan\alpha}\dfrac{1}{x^2}$，$\varepsilon_x + \varepsilon_y = 0$

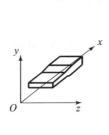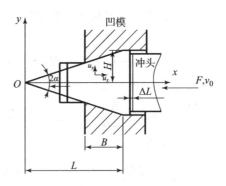

图 1.23 矩形体平面挤压变形

$$\begin{cases} \varepsilon_x = \dfrac{\partial u_x}{\partial x} = \dfrac{H\Delta L}{\tan\alpha}\dfrac{1}{x^2} \\ \varepsilon_y = -\varepsilon_x = -\dfrac{H\Delta L}{\tan\alpha}\dfrac{1}{x^2} \end{cases}, \quad \varepsilon_y = \dfrac{\partial u_y}{\partial y} = -\dfrac{H\Delta L}{\tan\alpha}\dfrac{1}{x^2}$$

$$u_y = \int \varepsilon_y \mathrm{d}y + f(x), \quad u_y = -\dfrac{H\Delta L}{\tan\alpha}\dfrac{y}{x^2} + f(x), \quad u_y|_{y=0} = 0$$

所以，$f(x) = 0$。

$$u_y = -\dfrac{H\Delta L}{\tan\alpha}\dfrac{y}{x^2}$$

因此，位移场为

$$\begin{cases} u_x = -\dfrac{H\Delta L}{\tan\alpha}\dfrac{1}{x} \\ u_y = -\dfrac{H\Delta L}{\tan\alpha}\dfrac{y}{x^2} \\ u_z = 0 \end{cases}$$

得到应变场为

$$\begin{cases} \varepsilon_x = \dfrac{\partial u_x}{\partial x} = \dfrac{H\Delta L}{\tan\alpha}\dfrac{1}{x^2} \\ \varepsilon_y = \dfrac{\partial u_y}{\partial y} = -\dfrac{H\Delta L}{\tan\alpha}\dfrac{1}{x^2} \\ \varepsilon_{xy} = \dfrac{1}{2}\left(\dfrac{\partial u_x}{\partial y} + \dfrac{\partial u_y}{\partial x}\right) = \dfrac{H\Delta L}{\tan\alpha}\dfrac{y}{x^3} \end{cases}$$

1.3.4 变形连续方程

对于塑性变形体，其位移场或应变场变形必须满足变形连续性方程，这称为塑性变形连续性原则。变形连续性方程［见式（1.63）］可以利用变形几何方程式（1.48）来证明。

$$\begin{cases}\dfrac{\partial^2 \gamma_{xy}}{\partial x \partial y}=\dfrac{1}{2}\left(\dfrac{\partial^2 \varepsilon_x}{\partial y^2}+\dfrac{\partial^2 \varepsilon_y}{\partial x^2}\right) \\ \dfrac{\partial^2 \gamma_{zy}}{\partial z \partial y}=\dfrac{1}{2}\left(\dfrac{\partial^2 \varepsilon_z}{\partial y^2}+\dfrac{\partial^2 \varepsilon_y}{\partial z^2}\right) , \\ \dfrac{\partial^2 \gamma_{xz}}{\partial x \partial z}=\dfrac{1}{2}\left(\dfrac{\partial^2 \varepsilon_x}{\partial z^2}+\dfrac{\partial^2 \varepsilon_z}{\partial x^2}\right)\end{cases} \begin{cases}\dfrac{\partial}{\partial x}\left(\dfrac{\partial \gamma_{zx}}{\partial y}+\dfrac{\partial \gamma_{xy}}{\partial z}-\dfrac{\partial \gamma_{yz}}{\partial x}\right)=\dfrac{\partial^2 \varepsilon_x}{\partial y \partial z} \\ \dfrac{\partial}{\partial y}\left(\dfrac{\partial \gamma_{xy}}{\partial z}+\dfrac{\partial \gamma_{yz}}{\partial x}-\dfrac{\partial \gamma_{zx}}{\partial y}\right)=\dfrac{\partial^2 \varepsilon_y}{\partial x \partial z} \\ \dfrac{\partial}{\partial z}\left(\dfrac{\partial \gamma_{yz}}{\partial x}+\dfrac{\partial \gamma_{zx}}{\partial y}-\dfrac{\partial \gamma_{xy}}{\partial z}\right)=\dfrac{\partial^2 \varepsilon_z}{\partial x \partial y}\end{cases} \quad (1.63)$$

平面变形时，变形连续性方程得到简化，即

$$\frac{\partial^2 \gamma_{xy}}{\partial x \partial y}=\frac{1}{2}\left(\frac{\partial^2 \varepsilon_x}{\partial y^2}+\frac{\partial^2 \varepsilon_y}{\partial x^2}\right) \quad (1.64)$$

平面应力状态的力平衡微分方程为

$$\begin{cases}\dfrac{\partial \sigma_x}{\partial x}+\dfrac{\partial \tau_{yx}}{\partial y}=0 \\ \dfrac{\partial \tau_{xy}}{\partial x}+\dfrac{\partial \sigma_y}{\partial y}=0\end{cases} \quad (1.65)$$

1.3.5 平面变形和轴对称变形

如果材料变形时，其与某个坐标轴有关的应力分量都是0，这种变形就叫做平面变形。如 $\varepsilon_z = \varepsilon_{xz} = \varepsilon_{zy} = 0$，即为平面变形状态。此时，平面变形应变张量为

$$\boldsymbol{\varepsilon}_{ij}=\begin{bmatrix}\varepsilon_{xx} & \varepsilon_{xy} \\ \varepsilon_{yx} & \varepsilon_{yy}\end{bmatrix}=\begin{bmatrix}\varepsilon_1 & 0 \\ 0 & \varepsilon_2\end{bmatrix}$$

根据应力 – 应变关系方程，可以得

$$\sigma_z=\frac{1}{2}(\sigma_x+\sigma_y)$$

$$\sigma_m=\frac{1}{3}(\sigma_x+\sigma_y+\sigma_z)=\frac{1}{2}(\sigma_x+\sigma_y)=\sigma_z \quad (1.66)$$

如果以应变主轴作为坐标轴，则有 $\gamma_{zx} = \gamma_{zy} = 0$。

即在主应变坐标系中有

$$\boldsymbol{\sigma}_{ij}=\begin{bmatrix}\sigma_1 & 0 & 0 \\ 0 & \sigma_2 & 0 \\ 0 & 0 & \sigma_3\end{bmatrix}=\begin{bmatrix}\dfrac{1}{2}(\sigma_1-\sigma_2) & 0 & 0 \\ 0 & \dfrac{1}{2}(\sigma_2-\sigma_1) & 0 \\ 0 & 0 & 0\end{bmatrix}+\begin{bmatrix}\sigma_3 & 0 & 0 \\ 0 & \sigma_3 & 0 \\ 0 & 0 & \sigma_3\end{bmatrix} \quad (1.67)$$

式中，$\sigma_m = \sigma_m = (\sigma_1+\sigma_2)/2$。

轴对称变形时，圆柱坐标系中的位移场为

$$\begin{cases}u_r=f_1(r,\theta,z) \\ u_\theta=f_2(r,\theta,z) \\ u_z=f_3(r,\theta,z)\end{cases} \quad (1.68)$$

圆柱坐标系中的小变形几何方程为

$$\begin{cases} \varepsilon_r = \dfrac{\partial u_r}{\partial r} \\ \varepsilon_\theta = \dfrac{u_r}{r} \\ \varepsilon_z = \dfrac{\partial u_z}{\partial z} \\ \varepsilon_{zr} = \varepsilon_{rz} = \dfrac{1}{2}\left(\dfrac{\partial u_z}{\partial r} + \dfrac{\partial u_r}{\partial z}\right) \\ \varepsilon_{\theta r} = \varepsilon_{\theta z} = 0 \end{cases} \quad (1.69)$$

平面应变状态时，有 $\varepsilon_{ij} = \begin{bmatrix} \varepsilon_x & \gamma_{yx} \\ \gamma_{xy} & \varepsilon_y \end{bmatrix}$，此时的应变莫尔圆见图 1.24 和图 1.25。

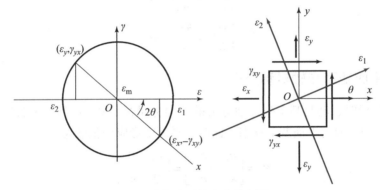

图 1.24 平面应变状态时的应变莫尔圆（$\varepsilon_x \geq \varepsilon_y$）

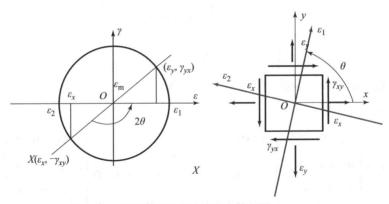

图 1.25 平面应变状态时的应变莫尔圆（$\varepsilon_x \leq \varepsilon_y$）

根据应变莫尔圆，可以得到主应变与应变分量之间关系式为

$$\left.\begin{array}{c}\varepsilon_1 \\ \varepsilon_2\end{array}\right\} = \pm\sqrt{\left(\dfrac{\varepsilon_x - \varepsilon_y}{2}\right)^2 + \gamma_{xy}^2}$$

例题 1.7 已知平面变形，测得在 0°、45°、90°方向上的应变值分别为 ε_0、ε_{45}、ε_{90}，求主应变值。

解：根据体积不变条件 $\varepsilon_x + \varepsilon_y = 0$，可以得到 $\varepsilon_x = \varepsilon_0 = \varepsilon_y = \varepsilon_{90}$。应变莫尔圆如图 1.26 所示。

根据平面应变状态应变莫尔圆,可以得到 ε_0、ε_{45}、ε_{90} 与 ε_x、ε_y 的关系。

根据几何关系,可以得到 $\left.\begin{array}{c}\varepsilon_1\\ \varepsilon_2\end{array}\right\} = \pm\sqrt{\varepsilon_0^2 + \varepsilon_{45}^2}$,$\gamma_{xy} = \varepsilon_{45}$,$\gamma_{45} = \varepsilon_0$。

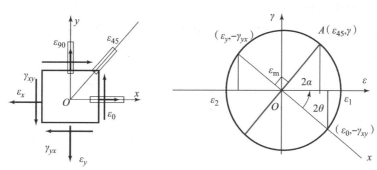

图 1.26　例题 1.7 图

1.4　屈服准则

1.4.1　屈服准则的基本概念

1. 有关材料性质的基本概念

质点在单向拉伸(压缩)变形时,只要单向拉伸(压缩)应力达到屈服极限,其即进入塑性状态。质点在多向应力状态时,不能仅用某一应力分量来判断其是否进入塑性状态,而必须同时考虑其他应力分量。研究表明,只有当质点的各个应力分量之间满足一定条件时,质点才进入塑性状态。这种条件就叫屈服准则,也称为屈服条件或塑性条件。

屈服准则的数学表达式是应力分量的函数,一般用 $f(\sigma_{ij}) = C$ 形式来表示,式中 C 是与变形材料性质有关的常数,也可能是与变形条件有关的变量。在材料的整个塑性变形过程中,上述应力分量之间的关系应始终保持不变。屈服准则是表示材料塑性变形开始的条件,因此在求解材料的塑性变形问题时,它是必要的补充方程。

在塑性变形过程中,塑性变形体若满足连续、均质、各向同性的特点,有利于提高材料的塑性成形性能。而各向异性的塑性变形体容易产生塑性变形缺陷,不利于提高材料的塑性成形性能。

在理论分析或计算时,经常需要把材料的力学模型进行简化,这样才能使理论研究工作顺利进行。简化处理的原则是尽量与实际情况接近。在对材料模型进行简化处理时,一般使用以下几种形式:

(1) 理想弹性材料模型,指弹性变形时的应力与应变呈现线性关系;

(2) 实际材料模型[图 1.27 (a)],指材料经过拉伸实验时测得的真实应力-应变规律,包括有物理屈服点[图 1.27 (a) 曲线 2]和无明显物理屈服点[图 1.27 (a) 曲线 1]两种模型;

(3) 理想弹塑性材料模型[图 1.27 (b)],指材料在塑性变形之前存在弹性变形,在塑性变形阶段不存在加工硬化现象;

(4) 理想刚塑性材料模型 [图1.27 (c)]，指材料在塑性变形过程中，忽略弹性变形，忽略加工硬化现象，即流动应力保持常数；

(5) 弹塑性材料模型 [图1.27 (d)]，指材料在塑性变形之前存在弹性变形，在塑性变形阶段存在加工硬化现象；

(6) 刚塑性材料模型 [图1.27 (e)]，指材料在塑性变形过程中不产生弹性变形，但存在加工硬化现象。

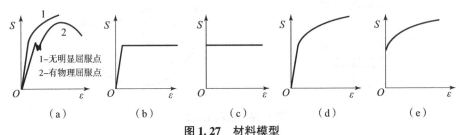

图1.27 材料模型

(a) 实际金属材料；(b) 理想弹塑性材料模型；(c) 理想刚塑性材料模型；
(d) 弹塑性材料模型；(e) 刚塑性材料模型

理想刚塑性材料模型是最简单的一种模型，易于理论计算，但计算精度比较低。

2. 屈雷斯加 (Tresca) 屈服准则

屈雷斯加屈服准则的定义为：当材料（质点）中的最大剪应力达到某一临界值时，材料就进入屈服状态。或者说，材料处于塑性状态时，其最大剪应力始终保持一个定值，该定值只取决于材料本身，而与应力状态无关。

根据屈雷斯加屈服准则的定义，其表达式为

$$\max\left(\frac{1}{2}|\sigma_1-\sigma_2|,\frac{1}{2}|\sigma_2-\sigma_3|,\frac{1}{2}|\sigma_3-\sigma_1|\right)=K \quad (1.70)$$

或者写成不等式形式

$$\begin{cases}\frac{1}{2}|\sigma_1-\sigma_2|\leqslant K\\ \frac{1}{2}|\sigma_2-\sigma_3|\leqslant K\\ \frac{1}{2}|\sigma_3-\sigma_1|\leqslant K\end{cases} \quad (1.71)$$

当 $\sigma_1\geqslant\sigma_2\geqslant\sigma_3$ 时，屈雷斯加屈服准则表达式为

$$\sigma_1-\sigma_3=2K \quad (1.72)$$

3. 密席斯 (Mises) 屈服准则

密席斯屈服准则的定义为：当材料质点内单位体积的弹性形变能（即形状变化的能量）达到某临界值时，材料就进入屈服状态。该准则也可以表述为：当一点的应力状态的等效应力达到某一与应力状态无关的临界值时，材料就进入屈服状态；或者说，材料处于塑性变形状态时，其等效应力是一始终不变的定值。

根据密席斯屈服准则的定义，其表达式为

$$\bar{\sigma}=\sqrt{\frac{1}{2}[(\sigma_1-\sigma_2)^2+(\sigma_2-\sigma_3)^2+(\sigma_3-\sigma_1)^2]}=R_{eL} \quad (1.73)$$

式中，R_{eL} 为材料的屈服极限。

屈雷斯加屈服准则和密席斯屈服准则有一些共同的特点，这些特点对于各向同性理想塑性材料的屈服准则具有普遍意义：

(1) 屈服准则的表达式都和坐标的选择无关，等式都是不变量的函数；

(2) 3 个主应力可以相互置换而不影响屈服，同时，认为拉伸应力和压缩应力的作用是一样的；

(3) 各表达式都与应力球张量无关。

实验证明，在通常的工作压力下，应力球张量对材料屈服的影响较小，可忽略不计。如果应力球张量的 3 个分量是拉伸应力，那么球张量大到一定程度后，材料将发生脆性断裂，不能发生塑性变形。

1.4.2 屈服准则的几何表达

在主应力 σ_1、σ_2、σ_3 的坐标系中，满足屈服准则的应力状态轨迹形成的空间曲面称为屈服表面。如果把屈服准则表示在各种平面坐标系中，则它们都是封闭曲线，称为屈服轨迹。通过屈服表面和屈服轨迹可以清晰地发现两种屈服准则的异同点。

屈服准则的屈服轨迹和屈服表面可以用几何形状来表达，屈服准则的数学表达式可以用几何图形形象化地表示出来。

1. 平面应力状态下的屈服轨迹

在平面应力状态下，将 $\sigma_3 = 0$ 代入式（1.71）中，可得到平面应力状态下的屈雷斯加屈服准则表达式为

$$\begin{cases} |\sigma_1 - \sigma_2| \leqslant R_{eL} \\ |\sigma_2| \leqslant R_{eL} \\ |\sigma_1| \leqslant R_{eL} \end{cases} \tag{1.74}$$

将 $\sigma_3 = 0$ 代入式（1.73）中，得到平面应力状态下的密席斯屈服准则表达式为

$$\sigma_1^2 - \sigma_1\sigma_2 + \sigma_2^2 = R_{eL}^2 \tag{1.75}$$

在平面应力状态下的主应力空间内，一点 P 的主应力分量为 σ_1、σ_2。如果 P 点满足屈服准则，那么 P 点轨迹所形成的封闭曲线称为屈服轨迹。处于屈服轨迹上的质点都处于塑性状态，处于屈服轨迹上内侧的质点都处于弹性状态。如果忽略材料加工硬化现象，那么屈服轨迹是一条封闭曲线；如果考虑材料加工硬化现象，那么屈服轨迹是一组封闭曲线，而且彼此互不相交。

根据式（1.74），可以得到屈雷斯加屈服准则的另外一种表示形式

$$\begin{cases} |\sigma_1| = R_{eL}, |\sigma_2| < R_{eL}, |\sigma_1 - \sigma_2| < R_{eL} \\ |\sigma_2| = R_{eL}, |\sigma_1| < R_{eL}, |\sigma_1 - \sigma_2| < R_{eL} \\ |\sigma_1 - \sigma_2| = R_{eL}, |\sigma_1| < R_{eL}, |\sigma_2| < R_{eL} \end{cases} \tag{1.76}$$

在主应力空间内，对应于式（1.76）的曲线为一个六边形，见图 1.28（a）；而对应于式（1.75）的曲线为一个椭圆，见图 1.28（b）。六边形是椭圆的内接六边形，从几何表达上，可以明显看出两种屈服准则的一致性。

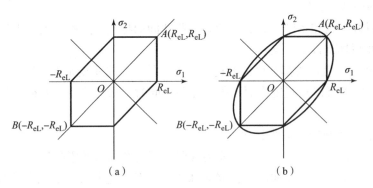

图 1.28 平面应力状态下屈服准则的几何表达
(a) 屈雷斯加屈服准则；(b) 密席斯屈服准则

2. 三向主应力空间中的屈服表面

在三向应力状态下，设 P 点的应力分量为 $P(\sigma_1, \sigma_2, \sigma_3)$，见图 1.29 (a)。设 ON 的方向余弦为 $l=m=n=1/\sqrt{3}$，MP 是 P 点到 ON 的距离。则有

$$MP = \sqrt{|OP|^2 - |OM|^2}$$

而 $|OP|^2 = \sigma_1^2 + \sigma_2^2 + \sigma_3^2$，$|OM| = \sigma_1 l + \sigma_2 m + \sigma_3 n = (\sigma_1 + \sigma_2 + \sigma_3)/\sqrt{3}$。所以有 $MP = \sqrt{\sigma_1^2 + \sigma_2^2 + \sigma_3^2 - (\sigma_1 + \sigma_2 + \sigma_3)^2/3}$。

经过整理，得到

$$MP = \sqrt{\frac{1}{3}\left[(\sigma_1 - \sigma_2)^2 + (\sigma_2 - \sigma_3)^2 + (\sigma_3 - \sigma_1)^2\right]}$$

而等效应力为

$$\bar{\sigma} = \sqrt{\frac{1}{2}\left[(\sigma_1 - \sigma_2)^2 + (\sigma_2 - \sigma_3)^2 + (\sigma_3 - \sigma_1)^2\right]}$$

所以有

$$MP = \bar{\sigma}\sqrt{\frac{2}{3}}$$

设 P 点的应力分量满足密席斯屈服准则，则 $\bar{\sigma} = R_{eL}$。所以有

$$MP = R_{eL}\sqrt{\frac{2}{3}} \tag{1.77}$$

因此，对于满足密席斯屈服准则的任意一点 P 的应力状态，P 点到 ON 的距离保持常数，因此 P 点的轨迹就是以 ON 为对称轴的一个圆柱面，ON 的方向余弦为 $l=m=n=1/\sqrt{3}$，见图 1.29 (b)。

同理，对于满足屈雷斯加屈服准则的任意一点 P 的应力状态，P 点轨迹是以 ON 为对称轴的一个圆柱面的内接正六棱柱面。见图 1.29 (b)。

3. π 平面上的屈服轨迹

在主应力空间中，通过原点并垂直于等倾线 ON 的平面称为 π 平面，其方程为

$$\sigma_1 + \sigma_2 + \sigma_3 = 0$$

π 平面与两个屈服表面都垂直，故屈服表面在 π 平面上的投影是圆及其内接正六边形，

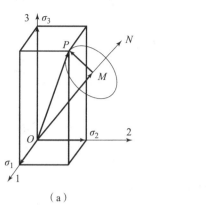 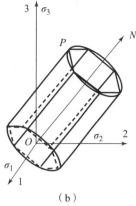

图1.29 三向应力状态下屈服准则的几何表达

(a) 三向应力状态；(b) P 点轨迹

这就是 P 点在 π 平面上的屈服轨迹，如图 1-30 所示。主应力空间中代表应力状态的矢量在 π 平面上的投影，OP 即可代表应力偏张量。因此，π 平面上的屈服轨迹能清楚地表示出屈服准则的性质。

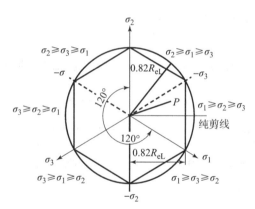

图1.30 π 平面上的屈服轨迹

1.4.3 中间主应力的影响

当 $\sigma_1 \geqslant \sigma_2 \geqslant \sigma_3$ 时，屈雷斯加屈服准则可写成 $|\sigma_1 - \sigma_3| = 2K$。而对于密席斯屈服准则，当 $\sigma_1 \geqslant \sigma_2 \geqslant \sigma_3$ 时，消除其表达式中的中间主应力（σ_2），可以将密席斯准则表达式 $\bar{\sigma} = 2K$ 转化成 $|\sigma_1 - \sigma_3| = R_{eL}$ 的形式。

为了研究这个问题，首先引入罗代应力参数。罗代应力参数的定义是中间两个小莫尔圆的半径之差与大莫尔圆半径的比值（如图 1.31 所示），用 μ_σ 表示，其表达式为

$$\mu_\sigma = \frac{(\sigma_2 - \sigma_3) - (\sigma_1 - \sigma_2)}{(\sigma_1 - \sigma_3)} \tag{1.78}$$

则可以得到

$$\sigma_2 = \frac{(\sigma_1 - \sigma_3)}{2}\mu_\sigma + \frac{(\sigma_1 + \sigma_3)}{2} \tag{1.78a}$$

将式（1.78a）代入密席斯屈服准则表达式（1.73），并经过整理，可得到

$$|\sigma_1 - \sigma_3| = \frac{2}{\sqrt{3+\mu_\sigma^2}} R_{eL} \qquad (1.79)$$

设 $\beta = \frac{2}{\sqrt{3+\mu_\sigma^2}}$，由于 $-1 \leq \mu_\sigma \leq 1$，所以 $\beta = 1 \sim \frac{2}{\sqrt{3}}$。则密席斯屈服准则的表达式可以写成

$$|\sigma_1 - \sigma_3| = \beta R_{eL} \qquad (1.80)$$

采用屈雷斯加屈服准则时，$\beta = 1$。采用密席斯屈服准则时，$\beta = 1 \sim \frac{2}{\sqrt{3}}$。如以符号 K 表示屈服状态时的最大剪应力，则 $K = \pm \frac{1}{2}(\sigma_1 - \sigma_3) = \pm \frac{1}{2} R_{eL}$，$|\sigma_1 - \sigma_3| = 2K$。于是，按照屈雷斯加屈服准则，$K = 0.5 R_{eL}$；按照密席斯准则，$K = (0.5 \sim \frac{1}{\sqrt{3}}) R_{eL}$。

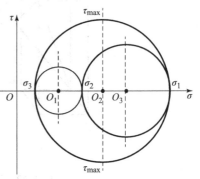

图 1.31　三向主应力莫尔圆

β 的取值有以下几种特殊情况：

（1）当 $\sigma_2 = \sigma_1$ 时，$\mu_\sigma = 1$，则 $\beta = 1$；

（2）当 $\sigma_2 = \sigma_3$ 时，$\mu_\sigma = -1$，则 $\beta = 1$；

（3）平面变形时，$\varepsilon_2 = 0$，$\sigma_2 = \frac{1}{2}(\sigma_1 + \sigma_3)$ 时，$\mu_\sigma = 0$，则 $\beta = \frac{2}{\sqrt{3}} \approx 1.155$；

（4）单向拉伸时，$\sigma_2 = \sigma_3 = 0$，$\sigma_1 > 0$，$\mu_\sigma = 1$，则 $\beta = 1$；

（5）纯剪切状态时，$\sigma_2 = 0$，$\sigma_3 = -\sigma_1$，$\mu_\sigma = 0$，则 $\beta = \frac{2}{\sqrt{3}} \approx 1.155$；

（6）纯压缩状态时，$\sigma_2 = \sigma_1 = 0$，$\sigma_3 < 0$，$\mu_\sigma = 1$，则 $\beta = 1$。

1.4.4　屈服准则的简化

在平面应力状态时，$\sigma_z = \tau_{yz} = \tau_{zx} = 0$，故屈服准则形式可以简化为

1）屈雷斯加准则

$$\begin{cases} |\sigma_1 - \sigma_2| \leq R_{eL} \\ |\sigma_2| \leq R_{eL} \\ |\sigma_1| \leq R_{eL} \end{cases}$$

2）密席斯屈服准则

$$\sigma_1^2 - \sigma_1 \sigma_2 + \sigma_2^2 = R_{eL}^2$$

在平面变形状态时，$\varepsilon_z = \gamma_{yz} = \gamma_{zy} = \gamma_{zx} = \gamma_{xz} = 0$，$\sigma_z = \sigma_3 = \frac{\sigma_x + \sigma_y}{2} = \frac{\sigma_1 + \sigma_2}{2}$。则屈服准则形式可以简化为

1）屈雷斯加准则

$$|\sigma_1 - \sigma_2| = R_{eL} \text{ 或 } \sqrt{(\sigma_x - \sigma_y)^2 + 4\tau_{xy}^2} = R_{eL} \qquad (1.81)$$

2）密席斯屈服准则

$$|\sigma_1 - \sigma_2| = \frac{2}{\sqrt{3}}R_{eL} \text{ 或 } \sqrt{(\sigma_x - \sigma_y)^2 + 4\tau_{xy}^2} = \frac{2}{\sqrt{3}}R_{eL} \tag{1.82}$$

轴对称变形时，采用圆柱坐标系，$\tau_{r\theta} = \tau_{\theta z} = 0$，故以一般应力分量表示的密席斯准则形式为

$$(\sigma_r - \sigma_\theta)^2 + (\sigma_\theta - \sigma_z)^2 + (\sigma_z - \sigma_r)^2 + 6\tau_{rz}^2 = 2R_{eL}^2 \tag{1.83}$$

在平面应力和平面应变时，屈雷斯加屈服准则可以直接用 xy 平面上的应力分量表示，而且两者的表达式是一样的，其表达式为

$$(\sigma_x - \sigma_y)^2 + 4\tau_{xy}^2 = R_{eL}^2 \tag{1.84}$$

实验验证屈服准则的方法是多种多样的，最普遍的方法是用各种金属薄壁管承受复合载荷（例如拉伸与扭转、拉伸与弯曲或者拉伸与内压复合等）。

大量实验表明，韧性金属材料的实验数据点大都接近密席斯屈服准则，因此，密席斯屈服准则是比较符合实际的。

对于应变硬化材料，可以认为其初始屈服状态仍然服从理想塑性材料的屈服准则。材料硬化后，其屈服准则将发生变化，在变形过程中的每一时刻都将有一后继的瞬时屈服表面和屈服轨迹，这种后继屈服表面和轨迹，也称加载表面或加载轨迹。

为了简化研究，人们提出了各向同性硬化假说，内容为：各向同性材料经过加工硬化以后，其各个方向上的性能仍然相同。各向同性硬化假说的要点是：（1）材料在硬化后仍然保持各向同性；（2）硬化后屈服轨迹的中心位置和形状都不变，它们在 π 平面上仍然是以原点为中心的对称封闭曲线，但其大小随变形程度的增大而不断的扩大。对于应变硬化材料，两种屈服准则的形式如下：

（1）当 $\sigma_1 \geq \sigma_2 \geq \sigma_3$ 时，屈雷斯加屈服准则可写为

$$|\sigma_1 - \sigma_3| = S$$

（2）当 $\sigma_1 \geq \sigma_2 \geq \sigma_3$ 时，密席斯屈服准则可写为

$$\bar{\sigma} = \sqrt{\frac{1}{2}\left[(\sigma_1 - \sigma_2)^2 + (\sigma_2 - \sigma_3)^2 + (\sigma_3 - \sigma_1)^2\right]} = S$$

式中，S 为材料应变硬化时的流动应力。

1.5 塑性变形时的应力与应变

塑性变形时，应力与应变之间关系的数学表达式也称物理方程，其是求解弹性或塑性问题的必要补充方程。在塑性变形时，主要研究应力与应变增量或应变速率之间关系的理论称为增量理论，也称流动理论，包括密席斯方程、塑性流动方程和劳斯方程等。密席斯方程、塑性流动方程适应于理想刚塑性材料，劳斯方程适用于弹塑性材料。

塑性变形程度小时，在外载荷按比例增加的条件下，物体内的应力状态能够做到简单加载（各应力分量按比例增加），这时也可以建立起应力和全量应变之间的关系，这种关系称为全量理论，也称形变理论。

在讨论塑性变形时应力与应变之间的关系时，首先要对弹性变形时应力与应变之间的关系进行分析，以此为基础探索塑性变形时应力和应变之间存在的关系。

1.5.1 弹性变形时应力与应变的关系

对于理想弹性材料，其应力与全量应变之间有确定的线性关系，这就是广义胡克定律。单向应力状态时的弹性应力与应变关系遵循胡克定律，将它推广到一般应力状态时的各向同性材料，称为广义胡克定律，见式（1.85），式中，E 为弹性模量；μ 为泊松比；G 为剪切模量，$G = 0.5E/(1+\mu)$。

$$\begin{cases} \varepsilon_x = \dfrac{1}{E}[\sigma_x - \mu(\sigma_y + \sigma_z)], & \gamma_{yz} = \dfrac{\tau_{yz}}{2G} \\ \varepsilon_y = \dfrac{1}{E}[\sigma_y - \mu(\sigma_x + \sigma_z)], & \gamma_{zx} = \dfrac{\tau_{zx}}{2G} \\ \varepsilon_z = \dfrac{1}{E}[\sigma_z - \mu(\sigma_y + \sigma_x)], & \gamma_{xy} = \dfrac{\tau_{xy}}{2G} \end{cases} \quad (1.85)$$

$$\varepsilon_m = \dfrac{1-2\mu}{E}\sigma_m,$$

根据式（1.85），可以得到弹性变形时体积变化和平均应力（静水应力）的关系为

$$\varepsilon_x - \varepsilon_m = \dfrac{1}{E}[\sigma_x - \mu(\sigma_y + \sigma_z)] - \dfrac{1-2\mu}{E}\sigma_m$$

经过整理，得到

$$\varepsilon_x - \varepsilon_m = \dfrac{1+\mu}{E}(\sigma_x - \sigma_m)$$

同理可得

$$\varepsilon_y - \varepsilon_m = \dfrac{1+\mu}{E}(\sigma_y - \sigma_m)$$

$$\varepsilon_z - \varepsilon_m = \dfrac{1+\mu}{E}(\sigma_z - \sigma_m)$$

则有

$$\dfrac{\varepsilon_x - \varepsilon_m}{\sigma_x - \sigma_m} = \dfrac{\varepsilon_y - \varepsilon_m}{\sigma_y - \sigma_m} = \dfrac{\varepsilon_z - \varepsilon_m}{\sigma_z - \sigma_m} = \dfrac{\gamma_{xy}}{\tau_{xy}} = \dfrac{\gamma_{yz}}{\tau_{yz}} = \dfrac{\gamma_{zx}}{\tau_{zx}} = \dfrac{1+\mu}{E} = \dfrac{1}{2G}$$

$$\dfrac{\varepsilon'_x}{\sigma'_x} = \dfrac{\varepsilon'_y}{\sigma'_y} = \dfrac{\varepsilon'_z}{\sigma'_z} = \dfrac{\gamma_{xy}}{\tau_{xy}} = \dfrac{\gamma_{yz}}{\tau_{yz}} = \dfrac{\gamma_{zx}}{\tau_{zx}} = \dfrac{1+\mu}{E} = \dfrac{1}{2G} \quad (1.86)$$

$$\varepsilon'_{ij} = \dfrac{\sigma'_{ij}}{2G}$$

广义胡克定律的张量表达式为

$$\varepsilon_{ij} = \dfrac{1}{2G}\sigma'_{ij} + \dfrac{1-2\mu}{E}\sigma_m \delta_{ij}$$

物体在外力作用下产生弹性变形，如果物体保持平衡且无温度变化，则外力所做的功将全部转换成弹性势能。单位体积中的弹性势能等于各个对应应力、应变分量乘积之和的一半，即

$$W^e = \frac{1}{2}\sigma_{ij}\varepsilon_{ij}$$

整理可得

$$W^e = \frac{1}{6G}\sigma_s^2 = 常数 \tag{1.87}$$

1.5.2 塑性变形时应力与应变的特点

1. 塑性变形特点

弹性变形时，应力与应变之间的关系具有如下特点：①应力与应变呈线性关系；②由于弹性变形是可逆的，所以应力与应变之间是单值关系；③应力主轴与应变主轴重合；④应力球张量使物体产生弹性体积变化，所以泊松比 $\mu < 0.5$。

塑性变形时，应力与应变之间的关系则完全不同：①塑性变形可以认为体积不变，即应变球张量为 0，泊松比 $\mu = 0.5$；②应力与应变之间的关系是非线性的；③全量应变与应力的主轴不一定重合；④塑性变形是不可恢复的，应力与应变之间没有一般的单值关系，而是与加载历史或应变路线有关。

在塑性变形时，假设应力与应变也满足式（1.86）的弹性变形规律，但比例系数有所不同，即

$$\frac{\varepsilon_x'}{\sigma_x'} = \frac{\varepsilon_y'}{\sigma_y'} = \frac{\varepsilon_z'}{\sigma_z'} = \frac{\gamma_{xy}}{\tau_{xy}} = \frac{\gamma_{yz}}{\tau_{yz}} = \frac{\gamma_{zx}}{\tau_{zx}} = \lambda$$

而塑性变形时体积不变，即 $\varepsilon_m = 0$，则有

$$\frac{\varepsilon_x}{\sigma_x'} = \frac{\varepsilon_y}{\sigma_y'} = \frac{\varepsilon_z}{\sigma_z'} = \frac{\gamma_{xy}}{\tau_{xy}} = \frac{\gamma_{yz}}{\tau_{yz}} = \frac{\gamma_{zx}}{\tau_{zx}} = \lambda \tag{1.88}$$

2. 密席斯方程

密席斯方程是塑性变形的增量理论（或流动理论），是描述材料处于塑性状态时，应力与应变增量或应变速率之间关系的理论，其针对的是加载过程中每一瞬间的应力状态所确定的该瞬间的应变增量，这样就忽略了加载历史的影响。该理论包含以下假定：

（1）材料是理想刚塑性材料，即材料的弹性应变增量为 0，塑性应变增量就是其总的应变增量；

（2）材料符合密席斯屈服准则；

（3）塑性变形时体积不变，即 $d\varepsilon_x + d\varepsilon_y + d\varepsilon_z = d\varepsilon_1 + d\varepsilon_2 + d\varepsilon_3 = 0$，$d\varepsilon_{ij} = d\varepsilon_{ij}'$；

（4）应力主轴和应变增量主轴重合；

（5）应变增量和应力偏张量成正比，即 $d\varepsilon_{ij} = \sigma_{ij}'d\lambda$。

（5）中 $d\lambda$ 为瞬时的非负比例系数，它在变形过程中是变化的，但在卸载时，$d\lambda = 0$。（5）是密席斯方程的关键表达式。因此，密席斯方程可以写成式（1.89）。

$$\frac{d\varepsilon_x}{\sigma_x - \sigma_m} = \frac{d\varepsilon_y}{\sigma_y - \sigma_m} = \frac{d\varepsilon_z}{\sigma_z - \sigma_m} = \frac{d\gamma_{xy}}{\tau_{xy}} = \frac{d\gamma_{yz}}{\tau_{yz}} = \frac{d\gamma_{zx}}{\tau_{zx}} = d\lambda \tag{1.89}$$

根据式（1.89）可以得到

$$\frac{d\varepsilon_x - d\varepsilon_y}{\sigma_x - \sigma_y} = \frac{d\varepsilon_y - d\varepsilon_z}{\sigma_y - \sigma_z} = \frac{d\varepsilon_z - d\varepsilon_x}{\sigma_z - \sigma_x} = \frac{d\gamma_{xy}}{\tau_{xy}} = \frac{d\gamma_{yz}}{\tau_{yz}} = \frac{d\gamma_{zx}}{\tau_{zx}} = d\lambda \tag{1.89a}$$

等效应变为

$$d\bar{\varepsilon} = \frac{\sqrt{2}}{3}\sqrt{(d\varepsilon_x - d\varepsilon_y)^2 + (d\varepsilon_y - d\varepsilon_z)^2 + (d\varepsilon_z - d\varepsilon_x)^2 + 6(d\gamma_{xy}^2 + d\gamma_{yz}^2 + d\gamma_{zx}^2)}$$

等效应力为

$$\bar{\sigma} = \sqrt{\frac{1}{2}\left[(\sigma_x - \sigma_y)^2 + (\sigma_y - \sigma_z)^2 + (\sigma_z - \sigma_x)^2 + 6(\tau_{xy}^2 + \tau_{yz}^2 + \tau_{zx}^2)\right]}$$

根据式（1.89）和式（1.89a），以及等效应力和等效应变的表达式，可以得到

$$d\bar{\varepsilon} = d\lambda \frac{\sqrt{2}}{3}\sqrt{(\sigma_x - \sigma_y)^2 + (\sigma_y - \sigma_z)^2 + (\sigma_z - \sigma_x)^2 + 6(\tau_{xy}^2 + \tau_{yz}^2 + \tau_{zx}^2)} \quad (1.89b)$$

整理得到

$$d\lambda = \frac{3}{2}\frac{d\bar{\varepsilon}}{\bar{\sigma}} \quad (1.89c)$$

因此得到增量理论的表达式为

$$\frac{d\varepsilon_x}{\sigma_x - \sigma_m} = \frac{d\varepsilon_y}{\sigma_y - \sigma_m} = \frac{d\varepsilon_z}{\sigma_z - \sigma_m} = \frac{d\gamma_{xy}}{\tau_{xy}} = \frac{d\gamma_{yz}}{\tau_{yz}} = \frac{d\gamma_{zx}}{\tau_{zx}} = \frac{3}{2}\frac{d\bar{\varepsilon}}{\bar{\sigma}} \quad (1.89d)$$

根据式（1.89d），可以得到增量理论的另外一种表示形式：

$$\begin{cases} d\varepsilon_x = \frac{d\bar{\varepsilon}}{\bar{\sigma}}\left[\sigma_x - \frac{1}{2}(\sigma_y + \sigma_z)\right] \\ d\varepsilon_y = \frac{d\bar{\varepsilon}}{\bar{\sigma}}\left[\sigma_y - \frac{1}{2}(\sigma_x + \sigma_z)\right], \\ d\varepsilon_z = \frac{d\bar{\varepsilon}}{\bar{\sigma}}\left[\sigma_z - \frac{1}{2}(\sigma_y + \sigma_x)\right] \end{cases} \begin{cases} d\gamma_{xy} = d\gamma_{yx} = \frac{3d\bar{\varepsilon}}{2\bar{\sigma}}\tau_{xy} \\ d\gamma_{yz} = d\gamma_{zy} = \frac{3d\bar{\varepsilon}}{2\bar{\sigma}}\tau_{yz} \\ d\gamma_{zx} = d\gamma_{xz} = \frac{3d\bar{\varepsilon}}{2\bar{\sigma}}\tau_{zx} \end{cases} \quad (1.90)$$

式（1.90）表示了塑性变形时，应变张量与应力分量之间的关系。

3. 应力-应变速率方程（圣维南塑性流动方程）

将式（1.89）的两端除以 dt，则可以得到应力分量与应变速率之间的关系。

$$\frac{\dot{\varepsilon}_x}{\sigma_x - \sigma_m} = \frac{\dot{\varepsilon}_y}{\sigma_y - \sigma_m} = \frac{\dot{\varepsilon}_z}{\sigma_z - \sigma_m} = \frac{\dot{\gamma}_{xy}}{\tau_{xy}} = \frac{\dot{\gamma}_{yz}}{\tau_{yz}} = \frac{\dot{\gamma}_{zx}}{\tau_{zx}} = \dot{\lambda} \quad (1.91a)$$

根据式（1.91a）和等效应变、等效应力的表达式，可以得到

$$\dot{\lambda} = \frac{3}{2}\frac{\dot{\bar{\varepsilon}}}{\bar{\sigma}} \quad (1.91b)$$

因此，应力-应变速率方程为

$$\frac{\dot{\varepsilon}_x}{\sigma_x - \sigma_m} = \frac{\dot{\varepsilon}_y}{\sigma_y - \sigma_m} = \frac{\dot{\varepsilon}_z}{\sigma_z - \sigma_m} = \frac{\dot{\gamma}_{xy}}{\tau_{xy}} = \frac{\dot{\gamma}_{yz}}{\tau_{yz}} = \frac{\dot{\gamma}_{zx}}{\tau_{zx}} = \frac{3}{2}\frac{\dot{\bar{\varepsilon}}}{\bar{\sigma}} \quad (1.91c)$$

式（1.91c）也可以写成

$$\begin{cases} \dot{\varepsilon}_x = \dfrac{\dot{\bar{\varepsilon}}}{\bar{\sigma}}\left[\sigma_x - \dfrac{1}{2}(\sigma_y + \sigma_z)\right] \\ \dot{\varepsilon}_y = \dfrac{\dot{\bar{\varepsilon}}}{\bar{\sigma}}\left[\sigma_y - \dfrac{1}{2}(\sigma_z + \sigma_x)\right] \\ \dot{\varepsilon}_z = \dfrac{\dot{\bar{\varepsilon}}}{\bar{\sigma}}\left[\sigma_z - \dfrac{1}{2}(\sigma_x + \sigma_y)\right] \end{cases}, \quad \begin{cases} \dot{\gamma}_{xy} = \dot{\gamma}_{yx} = \dfrac{3}{2}\dfrac{\dot{\bar{\varepsilon}}}{\bar{\sigma}}\tau_{xy} \\ \dot{\gamma}_{yz} = \dot{\gamma}_{zy} = \dfrac{3}{2}\dfrac{\dot{\bar{\varepsilon}}}{\bar{\sigma}}\tau_{yz} \\ \dot{\gamma}_{zx} = \dot{\gamma}_{xz} = \dfrac{3}{2}\dfrac{\dot{\bar{\varepsilon}}}{\bar{\sigma}}\tau_{zx} \end{cases} \quad (1.92)$$

4. 塑性变形的全量理论（形变理论）

在简单加载时，各个应力分量按同一比例增加时，应力主轴的方向将固定不变。由于应变增量的主轴是和应力重合的，所以其主轴也将始终不变，这种变形称为简单变形。在简单变形条件下，可以得到全量应变和应力分量之间的关系，称之为全量理论。

应变偏量与应力偏量之间的关系为

$$\varepsilon'_{ij} = \left(\lambda + \dfrac{1}{2G}\right)\sigma'_{ij}, \quad \varepsilon_m = \dfrac{1-2\mu}{E}\sigma_m, \quad \lambda = \dfrac{3\bar{\varepsilon}}{2\bar{\sigma}}$$

全量应变和应力分量之间的关系式即全量方程，可以写成

$$\begin{cases} \varepsilon_x = \dfrac{\bar{\varepsilon}}{\bar{\sigma}}\left[\sigma_x - \dfrac{1}{2}(\sigma_y + \sigma_z)\right] \\ \varepsilon_y = \dfrac{\bar{\varepsilon}}{\bar{\sigma}}\left[\sigma_y - \dfrac{1}{2}(\sigma_z + \sigma_x)\right] \\ \varepsilon_z = \dfrac{\bar{\varepsilon}}{\bar{\sigma}}\left[\sigma_z - \dfrac{1}{2}(\sigma_x + \sigma_y)\right] \end{cases}, \quad \begin{cases} \gamma_{xy} = \gamma_{yx} = \dfrac{3\bar{\varepsilon}}{2\bar{\sigma}}\tau_{xy} \\ \gamma_{yz} = \gamma_{zy} = \dfrac{3\bar{\varepsilon}}{2\bar{\sigma}}\tau_{yz} \\ \gamma_{zx} = \gamma_{xz} = \dfrac{3\bar{\varepsilon}}{2\bar{\sigma}}\tau_{zx} \end{cases} \quad (1.93)$$

在上述各种理论中，在弹性变形可以忽略的情况下，全量方程、密席斯方程和塑性流动方程都是具有普适性的，它们也可以推广到硬化材料模型中。

在塑性变形过程中，由于难以保证简单加载条件，所以一般都采用增量理论（密席斯方程）来表示应力分量与应变分量之间的关系。应该指出，塑性成形理论中很重要的问题之一是求解变形力，因此，只须研究塑性变形过程中某一特定瞬间极其短暂的变形即可。如果以变形体在其瞬时的形状、尺寸及性能作为原始状态，那么可以认为小变形全量理论和增量理论是一致的。

平面变形时，假设 $\varepsilon_z = \gamma_{yz} = \gamma_{zx} = 0$，则根据式（1.93）可以得到

$$\sigma_z = \dfrac{1}{2}(\sigma_x + \sigma_y)$$

根据平均应力的概念，可以得到

$$\sigma_m = \dfrac{1}{3}(\sigma_x + \sigma_y + \sigma_z) = \dfrac{1}{3}\left(\sigma_x + \sigma_y + \dfrac{1}{2}(\sigma_x + \sigma_y)\right) = \dfrac{1}{2}(\sigma_x + \sigma_y)$$

因此，可以得到结论：在平面变形时，应变为 0 的坐标方向上的应力等于该质点的平均应力，即 $\sigma_z = \sigma_m$。如果在主应力空间内，假设 $\varepsilon_2 = 0$，则有

$$\sigma_2 = \dfrac{1}{2}(\sigma_1 + \sigma_3) = \sigma_m \quad (1.94)$$

1.6　应力与应变的顺序关系

对于三向应力状态，如果 $\sigma_1 \geqslant \sigma_2 \geqslant \sigma_3$，则应变 ε_1、ε_2、ε_3 的大小顺序作如下说明。

由于体积不变，则有 $\varepsilon_1 + \varepsilon_2 + \varepsilon_3 = 0$，则最大主应力 σ_1 对应的应变 ε_1 为正，最小主应力 σ_3 对应的应变 ε_3 为负，而中间主应力的规律为：若 σ_2 接近于 σ_1，即 $\sigma_1 - \sigma_2 \leqslant \sigma_2 - \sigma_3$，则 ε_2 与 ε_1 同号（即同为正或同为负，下同）；若 σ_2 接近于 σ_3，即 $\sigma_1 - \sigma_2 \geqslant \sigma_2 - \sigma_3$，则 ε_2 与 ε_3 同号。

证明过程如下。

根据式（1.92）可以得到

$$\varepsilon_2 = \frac{\bar{\varepsilon}}{\bar{\sigma}}\left[\sigma_2 - \frac{1}{2}(\sigma_1 + \sigma_3)\right] = \frac{\bar{\varepsilon}}{\bar{\sigma}}\frac{1}{2}[2\sigma_2 - (\sigma_1 + \sigma_3)] = \frac{\bar{\varepsilon}}{\bar{\sigma}}\frac{1}{2}[-(\sigma_1 - \sigma_2) + (\sigma_2 - \sigma_3)]$$

(1.95)

根据式（1.95）可以看出：

若 σ_2 接近于 σ_1，即 $\sigma_1 - \sigma_2 \leqslant \sigma_2 - \sigma_3$，$\sigma_2 > (\sigma_1 + \sigma_3)/2$ 时，则 ε_2 为正，ε_2 与 ε_1 同号；

若 σ_2 接近于 σ_3，即 $\sigma_1 - \sigma_2 \geqslant \sigma_2 - \sigma_3$，$\sigma_2 < (\sigma_1 + \sigma_3)/2$ 时，则 ε_2 为负，ε_2 与 ε_3 同号；

若 σ_2 处于中间，即 $\sigma_1 - \sigma_2 = \sigma_2 - \sigma_3$，$\sigma_2 = (\sigma_1 + \sigma_3)/2$ 时，则 ε_2 为0，ε_2 为平面变形。

第 2 章 主应力法原理及其应用

2.1 主应力法的实质

在平面变形（或者轴对称变形）条件下的塑性变形体内切取基元体，对基元体进行受力分析，根据静力平衡理论可以得到关于应力分量的应力微分方程式，再根据屈服准则可以得到关于应力分量相互关系的另一个方程式，将这两个方程联立求解，并利用应力边界条件确定积分常数，即可求得塑性变形体内部的应力分量（σ_x 和 σ_y）的函数表达式，进而可以求得模具与变形区金属接触面上的应力分布，最后通过积分方法求得总的变形力或单位变形力，这种方法称为主应力法。由于简化的平衡微分方程和屈服方程实质上都是以主应力来表示的，因此称其为主应力法。又因为这种解法是从切取基元体或基元板块开始研究的，故也形象地称其为"切块法"。

主应力法的基本要点如下。

（1）根据金属的流动方向，在塑性变形区内，沿变形体整个截面切取基元体，假定切面上的正应力为主应力，且均匀分布。

（2）对基元体进行受力分析，其在 x 方向上合力为 0，在 y 方向上合力为 0，由此可以建立该基元体的应力平衡微分方程。

（3）对于该基元体，列出塑性变形屈服准则方程 $|\sigma_x - \sigma_y| = 2K$ 或 $|\sigma_x - \sigma_y| = \beta R_{eL}$。通常假定接触面上的拉伸应力为主应力，即忽略摩擦应力的影响，从而使屈服条件简化，把问题简化为平面变形问题或轴对称变形问题。

模具与变形区金属接触表面的单位摩擦力用 τ 表示，其摩擦条件可能有以下 3 种情况：$\tau = 0$（表面绝对光滑）、$\tau = K$（表面摩擦力达到最大值）、$\tau = \mu\sigma_y$（接触表面满足库伦摩擦条件），即可以写成

$$\tau = \begin{cases} 0 \\ K \\ \mu\sigma_y \end{cases} \tag{2.1}$$

在塑性变形时，根据式（1.35）所示的应力平衡微分方程，可以得到平面变形状态下的应力平衡微分方程，见式（2.2）。

$$\begin{cases} \dfrac{\partial \sigma_x}{\partial x} + \dfrac{\partial \tau_{yx}}{\partial y} = 0 \\ \dfrac{\partial \tau_{xy}}{\partial x} + \dfrac{\partial \sigma_y}{\partial y} = 0 \end{cases} \tag{2.2}$$

如果假设剪应力分量 τ_{yx} 只与 y 有关，与 x 无关；σ_x 只与 x 有关，与 y 无关；σ_y 只与 x

有关，与 y 无关。对于图2.1所示的平行砧板间的平面压缩变形工艺，则变形区内部的剪切应力分量为

$$\tau_{yx} = \frac{2y}{H}\tau_{max} \tag{2.2a}$$

式中，τ_{max} 为模具与变形区金属接触表面的摩擦力。

如果模具与变形区金属接触表面的摩擦力为 $\tau = K$，由于模具与变形区金属接触表面的摩擦力的实际方向与 τ_{yx} 正方向相反，因此 τ_{yx} 始终是负值，$\tau_{max} = -K$。根据式（2.2a）可以得到

$$\tau_{yx} = \frac{2y}{H}\tau_{max} = -\frac{2y}{H}K \tag{2.2b}$$

将式（2.2b）代入式（2.2）中，可以得到

$$\frac{d\sigma_x}{dx} - \frac{2K}{H} = 0 \text{ 或 } \frac{d\sigma_x}{dx} + \frac{2\tau}{H} = 0 \tag{2.2c}$$

根据式（2.1）和式（2.2c）以及屈服方程，可以求出不同摩擦条件下的应力分量 σ_x 和 σ_y 的表达式，进一步可以求出塑性变形过程中的总变形力。

主应力法是在式（2.1）和式（2.2c）的理论基础上提出的一种近似的塑性变形力求解方法。以下举例说明采用主应力法求解实际问题的基本步骤。

2.2 平面压缩变形问题

图2.1表示平行砧板间的平面压缩变形工艺，坯料尺寸为 $2b \times H \times L$，其中 $L \gg 2b$。设模具与变形区金属接触表面的摩擦力分别为 $\tau = 0$，$\tau = K$，$\tau = \mu\sigma_y$，求平均单位变形力。

解答过程如下。

解：在塑性变形体中切取基元体，该基元体的形状是一薄片长方体，对基元体进行受力分析，见图2.1。在受力分析时，应力分量采用代数值，即应力分量的方向始终设定为正方向。如果应力分量的最终计算结果是负值，说明此应力分量的实际方向与最初设定方向相反。

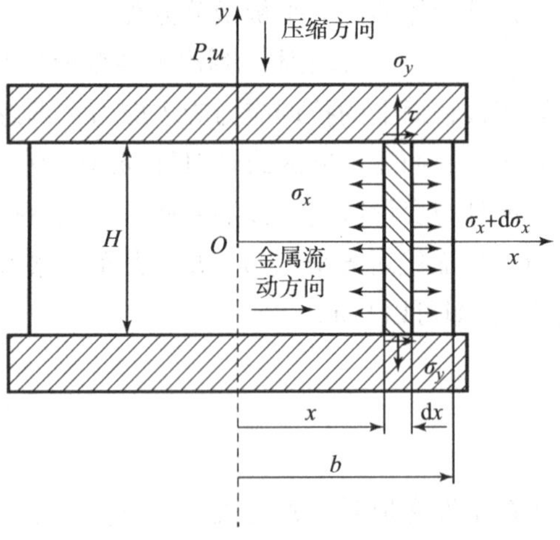

根据静力平衡理论，在 x 方向上的合力为零，即 $\sum F_x = 0$，可以得到

$$(\sigma_x + d\sigma_x)HL - \sigma_x HL + 2\tau dxL = 0$$

上式整理后得到

$$\frac{d\sigma_x}{dx} + \frac{2\tau}{H} = 0 \tag{2.3}$$

图2.1 平行砧板间的平面压缩变形工艺

根据塑性变形屈服准则，可以得到

$$\sigma_x - \sigma_y = 2K \tag{2.4}$$

由式（2.4）得到 $d\sigma_x = d\sigma_y$，代入式（2.3）中，得到

$$\frac{d\sigma_y}{dx} + \frac{2\tau}{H} = 0 \tag{2.5}$$

如果模具与变形金属接触表面的摩擦力为常数 K，则式（2.5）中的接触表面摩擦力 $\tau = -K$（因为图 2.1 中的摩擦力 τ 标注的是正值方向，即正平面正方向，而实际摩擦力的方向与 x 轴正方向相反，因此摩擦力 τ 的值一定是负值），代入式（2.5），并进行积分，得到

$$\sigma_y = \frac{2K}{H}x + C \tag{2.6}$$

根据屈服准则，在塑性变形坯料的自由表面上，$\sigma_{xe} - \sigma_{ye} = 2K$，而 $\sigma_{xe} = 0$，所以 $\sigma_{ye} = -2K$。将应力边界条件 $\sigma_y|_{x=b} = \sigma_{ye} = -2K$ 代入式（2.6），得到 $C = -2K - \frac{2K}{H}b$，因此有

总变形力

$$\sigma_y = -2K - \frac{2K}{H}(b-x) \tag{2.7}$$

平均单位变形力

$$P = 2\int_0^b \sigma_y dxL = \left(4Kb + \frac{2Kb^2}{H}\right)L$$

$$p = \frac{P}{2bL} = \left(2 + \frac{b}{H}\right)K$$

如果接触表面摩擦力（τ）满足库伦摩擦理论，摩擦条件为 $\tau = \mu\sigma_y$，即摩擦力等于摩擦因数与正压力的乘积，代入式（2.5），得到

$$\frac{d\sigma_y}{\sigma_y} = -\frac{2\mu}{H}dx \tag{2.8}$$

对式（2.8）进行积分，得到

$$\sigma_y = Ce^{-\frac{2\mu}{H}x} \tag{2.8a}$$

在塑性变形体的自由表面上，$\sigma_{xe} - \sigma_{ye} = 2K$，而 $\sigma_{xe} = 0$，所以 $\sigma_{ye} = -2K$。将应力边界条件 $\sigma_y|_{x=b} = \sigma_{ye} = -2K$，代入式（2.8a），得到 $C = -2Ke^{\frac{2\mu}{H}b}$，将积分常数代入式（2.8a），得到

$$\sigma_y = -2Ke^{\frac{2\mu}{H}(b-x)} \tag{2.9}$$

因此，可以得到总的变形力为

$$P = 2\int_0^b \sigma_y L dx = 2\int_0^b 2Ke^{\frac{2\mu}{H}(b-x)} L dx = 4KL\frac{H}{2\mu}\int_0^b \left(-e^{\frac{2\mu}{H}(b-x)}\right) d\left(\frac{2\mu}{H}(b-x)\right)$$

$$= \frac{2KLH}{\mu}\left(e^{\frac{2\mu}{H}b} - 1\right)$$

单位变形力为

$$p = \frac{P}{2bL} = \frac{KH}{\mu b}\left(e^{\frac{2\mu}{H}b} - 1\right)$$

因此可以得到摩擦条件与垂直方向应力分量及单位变形力之间的关系为

$$\tau = \begin{cases} 0 \\ K \\ \mu\sigma_y \end{cases} \rightarrow \sigma_y = \begin{cases} -2K \\ -\left[2K + \frac{2K}{H}(b-x)\right] \\ -2Ke^{\frac{2\mu}{H}(b-x)} \end{cases} \rightarrow \begin{cases} p = 2K \\ p = 2K + \frac{b}{H}K \\ p = \frac{KH}{\mu b}\left(e^{\frac{2\mu}{H}b} - 1\right) \end{cases} \tag{2.10}$$

2.3 轴对称镦粗变形问题

如图 2.2 所示平行砧板间的轴对称镦粗变形工艺，设摩擦条件分别为 $\tau=0$，$\tau=K$，$\tau=\mu\sigma_y$，圆柱坯料半径为 r_0，高度为 H，求单位变形力。

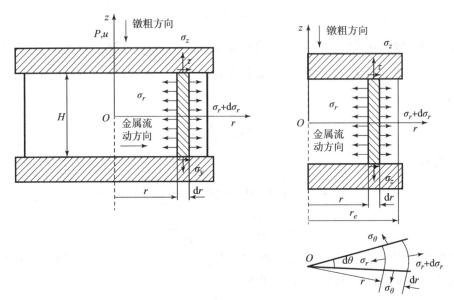

图 2.2 平行砧板间的轴对称镦粗变形工艺

解答过程如下。

解：在塑性变形体中切取基元体，该基元体的形状是一个薄片扇形体，对基元体进行受力分析，见图 2.2。

根据静力平衡理论，在 r 方向上的合力为 0，即 $\sum F_r=0$，可以得到

$$\sum F_r = -\sigma_r H r \mathrm{d}\theta - 2\sigma_\theta H \mathrm{d}r \sin\frac{\mathrm{d}\theta}{2} + 2\tau r \mathrm{d}\theta \mathrm{d}r + (\sigma_r + \mathrm{d}\sigma_r)(r+\mathrm{d}r)H\mathrm{d}\theta = 0 \quad (2.11)$$

而因为 $\sin\dfrac{\mathrm{d}\theta}{2}\approx\dfrac{\mathrm{d}\theta}{2}$，则根据式（2.11）可以得到

$$\frac{\mathrm{d}\sigma_r}{\mathrm{d}r}+\frac{2\tau}{H}=0 \quad (2.12)$$

根据轴对称变形特点

$$\varepsilon_r=\frac{\mathrm{d}r}{r},\ \varepsilon_\theta=\frac{\mathrm{d}l-\mathrm{d}l_0}{\mathrm{d}l_0}=\frac{(r+\mathrm{d}r)\mathrm{d}\theta-r\mathrm{d}\theta}{r\mathrm{d}\theta}=\frac{\mathrm{d}r}{r},\ \varepsilon_r=\varepsilon_\theta$$

可得到 $\mathrm{d}\varepsilon_r=\mathrm{d}\varepsilon_\theta$，$\sigma_r=\sigma_\theta$。因此根据式（2.12），可以得到

$$\mathrm{d}\sigma_r=-\frac{2\tau}{H}\mathrm{d}r \quad (2.13)$$

根据屈服准则 $\sigma_r-\sigma_z=2K$，得到 $\mathrm{d}\sigma_z=\mathrm{d}\sigma_r$，代入式（2.13），得到

$$\mathrm{d}\sigma_z=-\frac{2\tau}{H}\mathrm{d}r \quad (2.14)$$

如果接触表面摩擦力等于常数，即 $\tau = -K$，代入式（2.14），并进行积分得到

$$\sigma_z = \frac{2K}{H}r + C$$

在自由表面上，$\sigma_r|_{r=r_0} = 0$，则根据屈服准则 $\sigma_r - \sigma_z = 2K$，可以得到 $\sigma_z|_{r=r_0} = -2K$。所以得到

$$C = -2K - \frac{2K}{H}r_0$$

因此有

$$\sigma_z = -\left[2K + \frac{2K}{H}(r_0 - r)\right]$$

$$P = \int_0^{r_0} \sigma_z \mathrm{d}F = \int_0^{r_0} \left[\frac{2K}{H}(r_0 - r) + 2K\right] 2\pi r \mathrm{d}r = 2K\pi r_0^2 \left(\frac{1}{3}\frac{r_0}{H} + 1\right)$$

$$p = \frac{P}{F} = 2K\left(\frac{1}{3}\frac{r_0}{H} + 1\right)$$

当接触表面摩擦力 $\tau = \mu\sigma_z$ 时，根据式（2.14）可以得到

$$\mathrm{d}\sigma_z = -\frac{2\mu\sigma_z}{H}\mathrm{d}r$$

积分后得到

$$\sigma_z = Ce^{-\frac{2\mu}{H}r}$$

而 $\sigma_r|_{r=r_0} = 0$，根据屈服准则 $\sigma_r - \sigma_z = 2K$，可以得到 $\sigma_z|_{r=r_0} = \sigma_{ze} = -2K$。所以 $C = -2Ke^{\frac{2\mu}{H}r_0}$，所以有

$$\sigma_z = -2Ke^{\frac{2\mu}{H}(r_0 - r)}$$

总的变形力为

$$P = \int_0^{r_0} \sigma_y 2\pi r \mathrm{d}r = -\frac{2\pi KH}{\mu}\left(r_0 + \frac{H}{2\mu} - \frac{H}{2\mu}e^{\frac{2\mu}{H}r_0}\right) \tag{2.15}$$

单位变形力为

$$p = \frac{P}{\pi r_0^2} = -\frac{2KH}{r_0^2 \mu}\left(r_0 + \frac{H}{2\mu} - \frac{H}{2\mu}e^{\frac{2\mu}{H}r_0}\right) \tag{2.16}$$

因此，可以得到不同摩擦条件下的平行砧板间轴对称变形时应力分量、单位变形力为

$$\begin{cases}\tau = 0 \\ \tau = K \\ \tau = \mu\sigma_z\end{cases} \rightarrow \begin{cases}\sigma_z = -2K \\ \sigma_z = -2K - \frac{2K}{H}(r_0 - r) \\ \sigma_z = -2Ke^{\frac{2\mu}{H}(r_0 - r)}\end{cases} \rightarrow \begin{cases}p = 2K \\ p = 2K\left(\frac{r_0}{3H} + 1\right) \\ p = \frac{2KH}{\mu r_0^2}\left(\frac{H}{2\mu}e^{\frac{2\mu r_0}{H}} - r_0 - \frac{H}{2\mu}\right)\end{cases} \tag{2.17}$$

2.4 镦粗的变形特点及力能参数计算

1. 镦粗时的金属流动

镦粗是指用压力使坯料高度减小而直径（或横向尺寸）增大的工艺。各向同性的棱柱体

在无摩擦的平行压板间进行镦粗,则变形前的直棱和平面在变形后仍是直棱和平面,而且俯视图上的外形保持相似,这样的变形称为均匀镦粗。在塑性成形中,当金属质点有向几个方向移动的可能时,其会向阻力最小的方向移动,这就是最小阻力定律。利用这个定律可以定性地确定金属质点的流动方向。因为接触面上质点向自由表面流动的摩擦阻力和质点离自由表面的距离成正比,因此距离自由边界愈近,其阻力愈小,金属质点必然向这个方向流动。

2. 圆柱体镦粗时的不均匀变形

镦粗时毛坯外形会发生畸变,镦粗时毛坯外形的畸变是与内部变形的不均匀性相对应的。为了便于分析研究,常将整个剖面(图2.3)分为3个变形区。难变形区发生在与上、下压头相接触的区域,大变形区发生在上、下两个难变形锥体之间的部分(外围层除外),小变形区发生在外侧的筒形区部分。

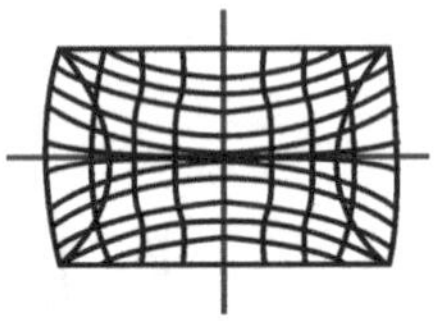

3. 镦粗时的附加应力

镦粗变形的不均匀会使金属各部分之间产生一相互平衡的内力,称为附加应力。接下来求解圆柱体镦粗时的变形力。由于圆柱体镦粗时,模具与变形区接触面上的摩擦力分布比较复杂,因此圆柱体镦粗变形力的求解过程也比较复杂。

图2.3 圆柱体镦粗时的剖面

平面砧板间轴对称镦粗变形工艺如图2.4(a)所示,变形力与摩擦力的分布如图2.4(b)所示,变形力与摩擦力简化形式如图2.4(c)所示。

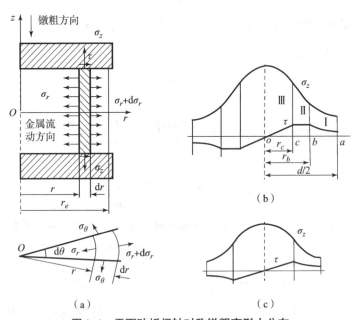

图2.4 平面砧板间轴对称镦粗变形力分布

(a)轴对称镦粗变形工艺;(b)变形力与摩擦力分布;(c)变形力与摩擦力简化形式

实验结果表明,当 d/h 较大时,摩擦力 τ 的分布曲线大致分为3个区域,如图2.4(b)所示。在塑性变形柱体中心区域,摩擦力 τ 与距离中心的距离成正比。在变形柱体的中间部位,其摩擦力保持常数。在变形柱体外侧,摩擦力逐渐减小,直到自由表面。

在图2.4(b)中,变形区的摩擦条件分3个区域:滑动区(Ⅰ)、制动区(Ⅱ)、停滞区（Ⅲ）。对应的摩擦力条件见式（2.18）。

$$\begin{cases} 滑动区（Ⅰ）：\tau = \mu\sigma_z \\ 制动区（Ⅱ）：\tau = \dfrac{S}{2}\ (S\ 为流动应力) \\ 停滞区（Ⅲ）：\tau = \dfrac{S}{2}\dfrac{r}{H}\ (H\ 为试样高度) \end{cases} \tag{2.18}$$

4. 镦粗变形时的力能参数求解

根据图 2.4，得到近似应力平衡方程

$$\frac{d\sigma_r}{dr} + \frac{2\tau}{H} = 0 \tag{2.19}$$

根据塑性变形屈服准则 $\sigma_r - \sigma_z = S$，可以得到

$$\frac{d\sigma_z}{dr} + \frac{2\tau}{H} = 0 \tag{2.20}$$

滑动区摩擦条件为 $\tau = \mu\sigma_z$，代入式（2.20），得到 $\dfrac{d\sigma_z}{dr} = -\dfrac{2\mu\sigma_z}{H}$，积分得到

$$\ln\sigma_z = -\frac{2\mu}{H}r + C_1 \tag{2.21}$$

积分得到 $\sigma_z = Ce^{-\frac{2\mu}{H}r}$，而 $\sigma_z|_{r=r_0} = -S$，则 $C = -Se^{\frac{2\mu}{H}r_0}$，则滑动区有

$$\sigma_z = -Se^{\frac{2\mu}{H}(r_0 - r)} \tag{2.22}$$

当 $r = r_b$ 时，$\sigma_z|_{r=r_b} = -Se^{\frac{2\mu}{H}(r_0 - r_b)}$，$\tau_I = \mu\sigma_z = -\mu Se^{\frac{2\mu}{H}(r_0 - r_b)}$

对于制动区，当 $r = r_b$ 时，$\tau_{II} = -\dfrac{S}{2}$，而 $\tau_I|_{r=r_b} = \tau_{II}|_{r=r_b}$，则有：$-\mu Se^{\frac{2\mu}{H}(r_0 - r_b)} = -\dfrac{S}{2}$，$2\mu e^{\frac{2\mu}{H}(r_0 - r_b)} = 1$，$\ln(2\mu) + \dfrac{2\mu}{H}(r_0 - r_b) = 0$

$$r_b = \frac{\ln(2\mu) + \dfrac{2\mu}{H}r_0}{\dfrac{2\mu}{H}} = r_0 + H\frac{\ln(2\mu)}{2\mu} < r_0 \tag{2.23}$$

由于 $\dfrac{\ln(2\mu)}{2\mu} < 0$，所以 $r_b < r_0$。有

$$\sigma_z|_{r=r_b} = -Se^{\frac{2\mu}{H}(r_0 - r_b)} = -Se^{\frac{2\mu}{H}\left(-H\frac{\ln(2\mu)}{2\mu}\right)} = -Se^{-\ln(2\mu)} = -\frac{S}{2\mu} \tag{2.24}$$

制动区摩擦条件为 $\tau = -\dfrac{S}{2}$（S 为流动应力），$\dfrac{d\sigma_z}{dr} + \dfrac{2\tau}{H} = 0$，$\sigma_z = \dfrac{S}{H}r + C$，而 $\sigma_z|_{r=r_b} = -\dfrac{S}{2\mu}$，可得到 $C = -\dfrac{S}{2\mu} - \dfrac{S}{H}r_b$，则有

$$\sigma_z = -\frac{S}{2\mu} - \frac{S}{H}(r_b - r) \tag{2.25}$$

另外，根据摩擦条件有 $\tau_{II}|_{r=r_c} = \tau_{III}|_{r=r_c}$，所以有 $\dfrac{S}{2} = -\dfrac{S}{2}\dfrac{r_c}{H}$，因此可以得到 $r_c = H$。

停滞区摩擦条件为 $\tau = -\dfrac{S}{2}\dfrac{r}{H}$，$\dfrac{d\sigma_z}{dr} = -\dfrac{2\tau}{H} = \dfrac{Sr}{H^2}$，$\sigma_z = \dfrac{Sr^2}{2H^2} + C$。

$$\sigma_z|_{r=r_c} = \sigma_{zII}|_{r=r_c} = -\dfrac{S}{2\mu} - \dfrac{S}{H}(r_b - r_c) = -\dfrac{S}{2\mu} - \dfrac{S}{H}(r_b - H)$$

所以有 $C = -\dfrac{S}{2\mu} - \dfrac{S}{H}(r_b - r_c) - \dfrac{S}{2H^2}r_c^2 = -\dfrac{S}{2\mu} - \dfrac{S}{H}(r_b - H) - \dfrac{S}{2H^2}H^2$

$$\sigma_z = -\dfrac{S}{2\mu} - \dfrac{S}{H}(r_b - H) - \dfrac{S}{2H^2}(H^2 - r^2) \tag{2.26}$$

综上所述，圆柱体镦粗时的变形力为

$$\begin{cases} 滑动区（\text{I}）: \sigma_z = S e^{\frac{2\mu}{H}\left(\frac{d}{2}-r\right)} \\ 制动区（\text{II}）: \sigma_z = \dfrac{S}{2\mu}\left[1 + \dfrac{2\mu(r_b - r)}{H}\right] \\ 停滞区（\text{III}）: \sigma_z = \dfrac{S}{2\mu}\left[1 + \dfrac{2\mu(r_b - H)}{H}\right] + \dfrac{S}{2H^2}(H^2 - r^2) \end{cases} \tag{2.27}$$

2.5 板料拉延工艺

板料拉延成形工艺是板材冲压成形的重要工艺之一，其原理如图 2.5 所示，板料初始半径为 R_0，拉延件半径为 r_0。在拉延设计成形工艺及模具时，需要掌握拉延成形的变形力数据。可采用主应力法求解板料拉延成形工艺的变形力。

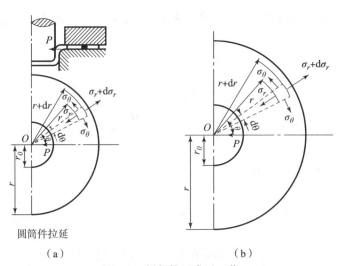

图 2.5 板料拉延成形工艺

(a) 板料拉延成形工艺原理；(b) 板料拉延成形变形区受力分析

解答过程如下。

解：对基元体进行受力分析，根据静力平衡理论，在 r 轴方向上的合力 $\sum F_r = 0$，得到应力平衡方程

$$\sum F_r = (\sigma_r + \mathrm{d}\sigma_r)(r + \mathrm{d}r)\mathrm{d}\theta t - \sigma_r r \mathrm{d}\theta t - 2\sigma_\theta \mathrm{d}r t \sin\frac{\mathrm{d}\theta}{2} = 0 \quad (2.28)$$

因为 $\sin\dfrac{\mathrm{d}\theta}{2} \approx \dfrac{\mathrm{d}\theta}{2}$，经过整理后得到

$$\frac{\mathrm{d}\sigma_r}{\mathrm{d}r} + \frac{\sigma_r - \sigma_\theta}{r} = 0 \quad (2.29)$$

将塑性变形屈服准则方程 $\sigma_r - \sigma_\theta = R_{eL}$ 代入式（2.29），并进行积分，得到

$$\sigma_r = -R_{eL}\ln r + c$$

根据应力边界条件 $\sigma_r|_{r=R_0} = 0$，得到 $C = R_{eL}\ln R_0$，得到拉延坯料变形区的应力分量为

$$\sigma_r = R_{eL}\ln(R_0/r) \quad (2.30)$$

拉延件侧壁受到的拉伸应力为

$$p = \sigma_r|_{r=r_0} = R_{eL}\ln(R_0/r_0) \quad (2.30\mathrm{a})$$

拉延件所需要的总的变形力为

$$P = 2\pi r_0 t p = 2\pi r_0 t R_{eL}\ln(R_0/r_0) \quad (2.31)$$

式中，t 为板料厚度；r_0 为拉延件半径；R_0 为坯料半径；R_{eL} 为材料屈服极限。

2.6 受内压的厚壁筒变形

图 2.6 为厚壁筒受内压作用原理图，在一些管道工程中，需要确定厚壁筒进入塑性状态时的极限压力。已知厚壁圆外径 $D = 2R_0$，内径 $d = 2r_0$，材料屈服极限为 $2K$。求圆筒整个剖面达到塑性变形时所需内压力 p，即厚壁筒受内压作用的极限内压力。

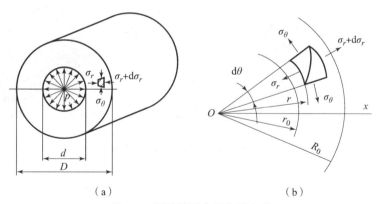

图 2.6 厚壁筒受内压作用变形

(a) 厚壁筒受内压作用原理图；(b) 厚壁筒受内压作用受力分析

解答过程如下。

解： 切取基元体，对基元体进行受力平衡，根据静力平衡理论，在 r 轴方向上的合力 $\sum F_r = 0$，得到应力平衡方程

$$\sum F_r = (\sigma_r + \mathrm{d}\sigma_r)(r + \mathrm{d}r)\mathrm{d}\theta t - \sigma_r r \mathrm{d}\theta t - 2\sigma_\theta \mathrm{d}r t \sin\frac{\mathrm{d}\theta}{2} = 0 \quad (2.32)$$

因为 $\sin\dfrac{\mathrm{d}\theta}{2} \approx \dfrac{\mathrm{d}\theta}{2}$，将式（2.32）经过整理，得到

$$\frac{d\sigma_r}{dr} + \frac{\sigma_r - \sigma_\theta}{r} = 0 \qquad (2.33)$$

对于厚壁筒受内压作用变形问题，很明显 ε_θ 为拉伸应变，ε_r 为压缩应变，所以 $\sigma_\theta > \sigma_r$，因此屈服准则方程为 $\sigma_\theta - \sigma_r = R_{eL}$，代入式（2.33），得到

$$\sigma_r = R_{eL} \ln r + c$$

根据边界条件 $\sigma_r|_{r=R_0} = 0$，得到 $C = -R_{eL}\ln R_0$，因此

$$\sigma_r = R_{eL}\ln(r/R_0) \qquad (2.34)$$

由式（2.34）可以看出，由于 $R_0 > r$，所以 $\sigma_r < 0$，因此 σ_r 是压缩应力。

由式（2.34）得到厚壁筒受内压作用时的极限内压力为

$$p = \sigma_r|_{r=r_0} = R_{eL}\ln(r_0/R_0) \qquad (2.35)$$

2.7 球形壳体液压胀形工艺

球形壳体液压胀形工艺是指将平面板材切割成若干个多边形平板，然后采用焊接方法把这些多边形平板焊接在一起形成一个多边形封闭容器，再向其中输入高压液体，使其产生自由变形直至形成球形容器为止的工艺，这种工艺的原理如图 2.7 所示。球形壳体液压胀形所需液压系统如图 2.8 所示，该液压系统包括水箱、压力泵、单向阀、压力表、卸压阀、精密压力表、放气阀等。

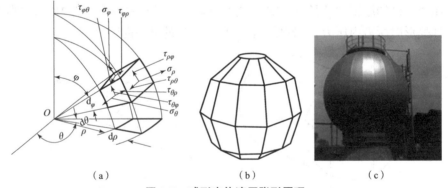

图 2.7 球形壳体液压胀形原理

(a) 球形坐标系；(b) 焊接多边形壳体；(c) 液压胀球球体

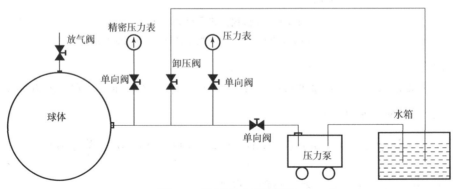

图 2.8 液压胀球液压系统

设球形壳体内径为 r_0，外径 R_0，材料屈服极限为 $2K$，试用主应力法求球形壳体液压胀形内压力 p。

解答过程如下。

在球形壳体上切取扇形基元体，对基元体进行受力分析，根据静力平衡理论，在 r 轴方向上的合力 $\sum F_r = 0$，得到应力平衡方程

$$\sum F_r = -\sigma_r r\mathrm{d}\theta \times r\mathrm{d}\theta + (\sigma_r + \mathrm{d}\sigma_r)(r+\mathrm{d}r)\mathrm{d}\theta \times (r+\mathrm{d}r)\mathrm{d}\theta$$
$$- 4\sigma_\theta r\mathrm{d}\theta \times \mathrm{d}r \times \sin\frac{\mathrm{d}\theta}{2} = 0 \tag{2.36}$$

整理后得到

$$(\sigma_r + \mathrm{d}\sigma_r)(r+\mathrm{d}r)\mathrm{d}\theta \times (r+\mathrm{d}r)\mathrm{d}\theta = \sigma_r r^2 \mathrm{d}^2\theta + 2\sigma_r r \mathrm{d}r \mathrm{d}^2\theta + \mathrm{d}\sigma_r r^2 \mathrm{d}^2\theta \tag{2.36a}$$

根据 $\sin\frac{\mathrm{d}\theta}{2} \approx \frac{\mathrm{d}\theta}{2}$，以及式（2.36a），进一步简化整理，得到

$$\frac{\mathrm{d}\sigma_r}{\mathrm{d}r} + 2\frac{\sigma_r - \sigma_\theta}{r} = 0 \tag{2.37}$$

对于球形壳体液压胀形变形问题，很明显 ε_θ 为拉伸应变，ε_r 为压缩应变，所以 $\sigma_\theta > \sigma_r$，因此其塑性变形屈服准则方程为 $\sigma_\theta - \sigma_r = 2K$，代入式（2.37），并进行积分后得到

$$\sigma_r = 4K\ln r + C \tag{2.38}$$

根据边界条件 $\sigma_r|_{r=R_0} = 0$，得到 $C = -4K\ln R_0$，因此得到

$$\sigma_r = -4K\ln(R_0/r) \tag{2.39}$$

因此，球形壳体液压胀形工艺内压力 p 的计算公式为

$$p = \sigma_r|_{r=r_0} = -4K\ln(R_0/r_0) \tag{2.40}$$

第3章　滑移线法原理及其应用

3.1　滑移线的基本概念

1. 滑移线确定规则

平面变形时，塑性变形体内各点最大剪应力的轨迹线称为滑移线。由于塑性变形体（或变形区）内每一点都存在一对正交的最大剪应力，因此经过每一点都存在两族正交的曲线，曲线上任一点的切线方向即为该点的最大剪应力方向。此两族正交的曲线称为滑移线，其中一族称为 α 族，另一族称为 β 族，它们分布于塑性变形区，组成两族互相正交的线网，称为滑移线场。

为了区别两族滑移线，通常采用下述规则来确定 α 族和 β 族滑移线：若 α 与 β 滑移线形成右手坐标系的轴，则代数值最大的主应力的作用线位于第一和第三象限。显然，此时 α 滑移线两旁的最大剪应力为顺时针方向，而 β 滑移线两旁的最大剪应力为逆时针方向。

滑移线的基本特征可归纳如下。

（1）滑移线是变形体进入塑性状态后，各点最大剪应力的轨迹线，是两族正交的曲线族，变形区内任一质点都有二条滑移线。

（2）滑移线与主应力轨迹线相交成 $45°$ 角。

（3）滑移线分布于整个变形体中，一直延伸到变形体的边界，形成滑移线场。

（4）应力场与滑移线场密切相关，若滑移线场已确定，则相应的应力场也就确定。

（5）滑移线场中任一点的最大剪应力数值均相同，即 $\tau_{max} = K$，但各点的平均应力不一定相同。

滑移线法是首先针对具体的变形工序或变形过程建立滑移线场，然后根据滑移线的特性来求解塑性成形问题的方法，如确定变形体内的应力场、应变场、变形力等参数以及分析变形过程、确定毛坯的合理外形和尺寸等。

2. 滑移线转角

在滑移线场中，α 族滑移线的切线方向与 Ox 轴之间的夹角称为滑移线转角，用 ω 表示，也可以称之为 ω 角。以 Ox 轴为度量起始线，以 α 滑移线的切线方向为终止线，逆时针旋转的 ω 角为正值，顺时针旋转的 ω 角为负值。

滑移线的微分方程为

$$\begin{cases} \dfrac{dy}{dx} = \tan\omega & \text{（对于 α 族）} \\ \dfrac{dy}{dx} = \tan\left(\omega + \dfrac{\pi}{2}\right) = -\cot\omega & \text{（对于 β 族）} \end{cases} \quad (3.1)$$

图 3.1 为在主应力空间内滑移线与主应力的关系。图 3.2 为在一般应力空间内的滑移线及 ω 角。

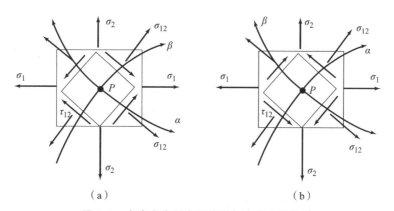

图 3.1　主应力空间内滑移线与主应力的关系

（a）$\sigma_1 > \sigma_2$；（b）$\sigma_1 < \sigma_2$

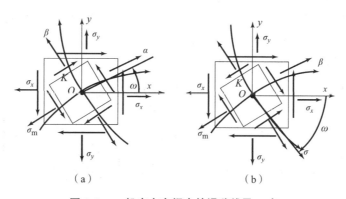

图 3.2　一般应力空间内的滑移线及 ω 角

（a）$\sigma_x < \sigma_y$；（b）$\sigma_x > \sigma_y$

试思考：如果 Ox 轴取在 α 滑移线的切线方向，ω 角的值是多少？如果 Ox 轴取在主应力方向上，ω 角的值是多少？

3. 主应力分量与平均应力之间的关系

平面变形时的特征是 $\varepsilon_z = \gamma_{yz} = \gamma_{zx} = 0$。根据塑性变形时应力 – 应变的关系，即根据式（1.89），可以得到

$$\varepsilon_z = \frac{\bar{\varepsilon}}{\bar{\sigma}}\left[\sigma_z - \frac{1}{2}(\sigma_x + \sigma_y)\right]$$

$$\sigma_z = \frac{1}{2}(\sigma_x + \sigma_y) = \sigma_m$$

如果在主应力空间内，设平面变形 $\varepsilon_2 = 0$，则在 ε_2 方向上的主应力为

$$\sigma_2 = \frac{1}{2}(\sigma_1 + \sigma_3) = \sigma_m \tag{3.2}$$

而在主应力空间内的平面变形时，在主剪平面上的拉伸应力为

$$\sigma_{13} = \frac{1}{2}(\sigma_1 + \sigma_3) \tag{3.2a}$$

因此，在主剪平面上的拉伸应力等于该质点的平均应力，即

$$\sigma_{13} = \frac{1}{2}(\sigma_1 + \sigma_3) = \sigma_2 = \sigma_m \quad (3.3)$$

在主应力空间内的平面变形时，在主剪平面上的主剪应力，也是最大主剪应力为

$$\tau_{max} = \tau_{13} = \frac{1}{2}(\sigma_1 - \sigma_3) = K \quad (3.4)$$

根据式（3.2）和式（3.4），可以得到主应力分量与平均应力之间的关系式为

$$\begin{cases} \sigma_1 = \sigma_m + K \\ \sigma_2 = \sigma_m \\ \sigma_3 = \sigma_m - K \end{cases} \quad (3.5)$$

4. 一般应力分量与平均应力之间的关系

一般应力分量与平均应力之间的关系可以通过分析滑移线与应力莫尔圆之间的几何关系来确定。在应力莫尔圆上，可以直观地确定主剪应力方向、主应力方向以及滑移线的位置，同时可以确定应力分量与平均应力之间的关系表达式，为滑移线理论的应用奠定了基础。图 3.3 为 $\sigma_x \geq \sigma_y$ 时，应力莫尔圆与应力分量。

根据图 3.3 中的几何关系，可以得到

$$\begin{cases} \sigma_x = \overline{OO_1} + R\sin2\omega = \sigma_m + K\sin2\omega \\ \sigma_y = \overline{OO_1} - R\sin2\omega = \sigma_m - K\sin2\omega \\ \tau_{xy} = R\cos2\omega = K\cos2\omega \end{cases}$$

经过整理，得到应力分量与平均应力之间的数学关系为

$$\begin{cases} \sigma_x = \sigma_m + K\sin2\omega \\ \sigma_y = \sigma_m - K\sin2\omega, \\ \tau_{xy} = K\cos2\omega \end{cases} \quad (3.6)$$

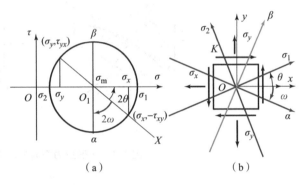

图 3.3 应力莫尔圆与应力分量（$\sigma_x \geq \sigma_y$）
(a) 应力莫尔圆；(b) 应力分量

式（3.6）中，滑移线转角 ω 角为顺时针旋转。

图 3.4 为 $\sigma_x \leq \sigma_y$ 时的应力莫尔圆以及应力分量。

根据图 3.4 中的几何关系，可以得到

$$\begin{cases} \sigma_x = \overline{OO_1} - R\sin2\omega = \sigma_m - K\sin2\omega \\ \sigma_y = \overline{OO_1} + R\sin2\omega = \sigma_m + K\sin2\omega \\ \tau_{xy} = R\cos2\omega = K\cos2\omega \end{cases}$$

经过整理，得到应力分量与平均应力之间的数学关系为

$$\begin{cases} \sigma_x = \sigma_m - K\sin2\omega \\ \sigma_y = \sigma_m + K\sin2\omega \\ \tau_{xy} = K\cos2\omega \end{cases} \quad (3.7)$$

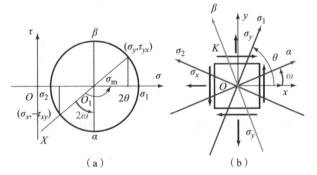

图 3.4 应力莫尔圆与应力分量（$\sigma_x \leq \sigma_y$）
(a) 应力莫尔圆；(b) 应力分量

式（3-7）中滑移线转角 ω 角为逆时针旋转。

如果规定 ω 角逆时针旋转时为正值，顺时针旋转时为负值，则式（3.6）和式（3.7）

可以合并写成

$$\begin{cases} \sigma_x = \sigma_m - K\sin2\omega \\ \sigma_y = \sigma_m + K\sin2\omega \\ \tau_{xy} = K\cos2\omega \end{cases} \quad (3.8)$$

式（3.8）为应力分量与平均应力之间的关系表达式。

3.2 汉基（Hencky）应力方程

平面塑性变形条件下的应力分量完全可由 σ_m 和 K 来表示，因 K 为材料常数，故只要能确定滑移线场中的每个质点的平均应力（σ_m），即可确定该质点的应力分量，进而可求得整个变形体（或变形区）的应力场分布。这就是应用滑移线法求解平面塑性变形问题的实质。汉基应力方程给出了滑移线场内各个质点平均应力的变化与滑移线转角 ω 之间的关系式。以下推导汉基（Hencky）应力方程。

根据式（1.35），得到平面应变时的应力平衡微分方程为

$$\begin{cases} \dfrac{\partial \sigma_x}{\partial x} + \dfrac{\partial \tau_{yx}}{\partial y} = 0 \\ \dfrac{\partial \sigma_y}{\partial y} + \dfrac{\partial \tau_{xy}}{\partial x} = 0 \end{cases} \quad (3.9)$$

式（3.9）中，各应力分量 σ_x、σ_y、τ_{xy} 与 σ_m、ω 之间满足式（3.8）的关系。

将式（3.8）代入式（3.9），得到

$$\begin{cases} \dfrac{\partial \sigma_m}{\partial x} - 2K\left(\cos2\omega \dfrac{\partial \omega}{\partial x} + \sin2\omega \dfrac{\partial \omega}{\partial y}\right) = 0 \\ \dfrac{\partial \sigma_m}{\partial y} - 2K\left(\sin2\omega \dfrac{\partial \omega}{\partial x} + \cos2\omega \dfrac{\partial \omega}{\partial y}\right) = 0 \end{cases} \quad (3.10)$$

如果把坐标轴 x 和 y 分别取在 α 滑移线和 β 滑移线的切线方向上，见图 3.5。则根据滑移线基本概念，可以得到

$$\omega = 0, \quad dx = dS_\alpha, \quad dy = dS_\beta$$

$$\dfrac{\partial}{\partial x} = \dfrac{\partial}{\partial S_\alpha}, \quad \dfrac{\partial}{\partial y} = \dfrac{\partial}{\partial S_\beta}$$

图 3.5 坐标轴取在 α 和 β 滑移线切线上

因此，式（3.10）可以简化为

$$\begin{cases} \dfrac{\partial \sigma_m}{\partial S_\alpha} - 2K\dfrac{\partial \omega}{\partial S_\alpha} = 0 \\ \dfrac{\partial \sigma_m}{\partial S_\beta} + 2K\dfrac{\partial \omega}{\partial S_\beta} = 0 \end{cases} \quad 或 \quad \begin{cases} \dfrac{\partial}{\partial S_\alpha}(\sigma_m - 2K\omega) = 0 \\ \dfrac{\partial}{\partial S_\beta}(\sigma_m + 2K\omega) = 0 \end{cases} \quad (3.11)$$

对式（3.11）进行积分得到

$$\begin{cases} \sigma_m - 2K\omega = \xi + \varphi_1(S_\beta) \quad （沿 \alpha 线积分） \\ \sigma_m + 2K\omega = \eta + \varphi_2(S_\alpha) \quad （沿 \beta 线积分） \end{cases} \quad (3.12)$$

根据积分函数的定义，如果质点在同一条 α 滑移线上时，则所有点的 S_β 值都相等，因此所有点的 $\varphi_1(S_\beta)$ 都相等；如果质点在同一条 β 滑移线上时，所有点的 S_α 值都相等，因

此所有点的 $\varphi_2(S_\alpha)$ 都相等。即

$$\begin{cases} \varphi_1(S_\beta) = \text{constant} & (沿同一条 \alpha 线积分) \\ \varphi_2(S_\alpha) = \text{constant} & (沿同一条 \beta 线积分) \end{cases}$$

因此，式（3.12）可以写成

$$\begin{cases} \sigma_m - 2K\omega = \xi & (沿 \alpha 线) \\ \sigma_m + 2K\omega = \eta & (沿 \beta 线) \end{cases} \tag{3.13}$$

式（3.13）称为汉基积分或汉基应力方程。

当沿 α 族（或 β 族）滑移线中同一条滑移线移动时，任意函数 ξ（或 η）为常数，只有从一条滑移线转到另一条时，ξ（或 η）值才发生变化。由汉基应力方程可以推出，沿同一滑移线上平均应力的变化与滑移线的转角成正比，比例常数为 $2K$，见式（3.14）。

$$\sigma_{ma} - \sigma_{mb} = \pm 2K(\omega_a - \omega_b) \tag{3.14}$$

3.3 滑移线的几何性质

1. 汉基第一定理

在同一族的两条滑移线（例如 α_1 和 α_2 线）与另一族的任一条滑移线（例如 β_1 或 β_2 线）的两个交点上，其切线夹角与平均应力的变化均保持常数。

汉基第一定理的物理意义可以从图 3.6 中得到解释，即由 α 族的 α_1 转到 α_2 时，则沿 β 族的 β_1、β_2，有

$$\Delta\sigma_{m1} = \sigma_{m(2,2)} - \sigma_{m(1,2)} = \Delta\sigma_{m2} = \sigma_{m(2,1)} - \sigma_{m(1,1)} = 常数 \tag{3.15}$$

$$\Delta\omega_1 = \omega_{(2,2)} - \omega_{(1,2)} = \Delta\omega_2 = \omega_{(2,1)} - \omega_{(1,1)} = 常数 \tag{3.16}$$

以下对式（3.15）和式（3.16）进行证明。

对于滑移线上任意质点的 σ_m 和 ω 值都满足式（3.13）的关系。对于滑移线场中节点 (i, j)，式（3.13）可以写成

$$\begin{cases} \sigma_{m(i,j)} - 2K\omega_{(i,j)} = \xi_i \\ \sigma_{m(i,j)} + 2K\omega_{(i,j)} = \eta_j \end{cases} \tag{3.17}$$

式中，ξ_i，η_j 分别为第 i 条和第 j 条滑移线对应的积分常数。解式（3.17）的方程组，得到

$$\begin{cases} \sigma_{m(i,j)} = \dfrac{1}{2}(\xi_i + \eta_j) \\ \omega_{(i,j)} = \dfrac{1}{4K}(\eta_j - \xi_i) \end{cases} \tag{3.18}$$

图 3.6 节点式滑移线场

根据式（3.18），可以得到图 3.6 中的各个节点上的平均应力和 ω 值为

$$\begin{cases} \sigma_{m(1,1)} = \dfrac{1}{2}(\xi_1 + \eta_1) \\ \omega_{(1,1)} = \dfrac{1}{4K}(\eta_1 - \xi_1) \end{cases}, \begin{cases} \sigma_{m(1,2)} = \dfrac{1}{2}(\xi_1 + \eta_2) \\ \omega_{(1,2)} = \dfrac{1}{4K}(\eta_2 - \xi_1) \end{cases} \tag{3.19}$$

$$\begin{cases}\sigma_{m(2,1)}=\dfrac{1}{2}(\xi_2+\eta_1)\\ \omega_{(2,1)}=\dfrac{1}{4K}(\eta_1-\xi_2)\end{cases},\quad \begin{cases}\sigma_{m(2,2)}=\dfrac{1}{2}(\xi_2+\eta_2)\\ \omega_{(2,2)}=\dfrac{1}{4K}(\eta_2-\xi_2)\end{cases} \qquad (3.20)$$

根据式（3.19）和式（3.20），可以得到相邻两个节点之间的平均应力之差以及 ω 角之差。

$$\begin{cases}\Delta\sigma_{m1}=\sigma_{m(2,2)}-\sigma_{m(1,2)}=\dfrac{1}{2}(\xi_2-\xi_1)\\ \Delta\omega_1=\omega_{(2,2)}-\omega_{(1,2)}=\dfrac{1}{4K}(\xi_1-\xi_2)\end{cases} \qquad (3.21\text{a})$$

$$\begin{cases}\Delta\sigma_{m2}=\sigma_{m(2,1)}-\sigma_{m(1,1)}=\dfrac{1}{2}(\xi_2-\xi_1)\\ \Delta\omega_2=\omega_{(2,1)}-\omega_{(1,1)}=\dfrac{1}{4K}(\xi_1-\xi_2)\end{cases} \qquad (3.21\text{b})$$

根据式（3.21），可以得到

$$\Delta\sigma_{m1}=\Delta\sigma_{m2},\quad \Delta\omega_1=\Delta\omega_2 \qquad (3.22)$$

因此，式（3.15）和式（3.16）是正确的，汉基第一定理由此得到证明。

推论 1：若塑性区的滑移线场为正交直线族，此时 $\Delta\omega_1=\Delta\omega_2=\cdots=0$，$\xi_1=\xi_2=\cdots$，$\eta_1=\eta_2=\cdots$，则该塑性区内各质点的应力分量 σ_x、σ_y、σ_m、τ_{xy} 必为常数，这种应力场称为均匀应力场。

推论 2：如果 β 族（或 α 族）滑移线的某一线段是直线，则被 α 族（或 β 族）滑移线所截割的 β 族（或 α 族）的相应线段都是直线。

推论 2 可以通过图 3.7 所示的滑移线场得到解释，若 A_1B_1 为直线段，此时该线段与另一族滑移线在交点处切线的夹角 $\Delta\omega_1$ 为 0，按汉基第一定理，与线段 A_2B_2 相应之 $\Delta\omega_2$ 亦必为 0，故 A_2B_2 必为直线。如此类推 $A_3B_3\cdots$ 亦必为直线。在这种区域内，沿同一条 β 滑移线上 ω 值不变，故 σ_x、σ_y、σ_m、τ_{xy} 亦不变。但沿同一条 α 滑移线上 ω 值将改变，故各应力分量亦随之改变。这种应力场称为简单应力场。

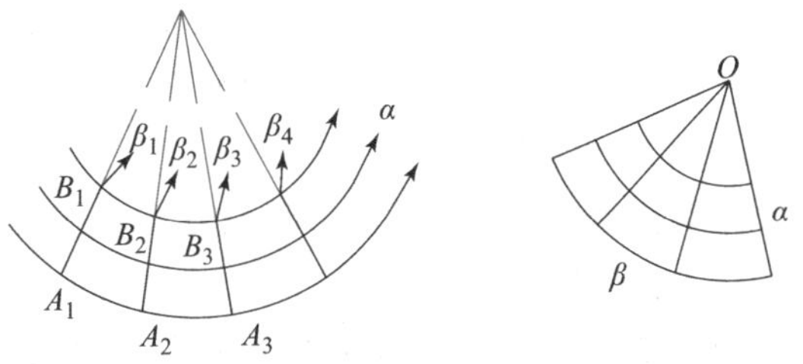

2. 汉基第二定理

沿一族的某一滑移线移动，则另一族滑移线在与该线交点处的曲率半径的变化等于沿该线移动所经过的距离，即 $|\Delta R_\alpha|=|\Delta S_\beta|$，$|\Delta R_\beta|=|\Delta S_\alpha|$。其中，$\Delta S_\alpha$（或 ΔS_β）是 α 滑移线（或 β 滑移线）被两条 β（或 α）线所截的微分弧长。

图 3.7 滑移线性质（推论 2 示意图）

推论：若应力分量对滑移线 α（或 β）的导数在通过 β（或 α）线时发生间断（不连续），则 α（或 β）在通过 β（或 α）线外的曲率也将发生间断，如图 3.8 所示。

3. 常见滑移线场的类型

塑性变形工艺不同，其滑移线场的构建形式也不相同。常见的滑移线场有以下几种类型

（1）两族正交直线，图 3.9（a）所示，代表均匀应力状态。

（2）一族滑移线为直线（设为 β 族），另一族为与直线正交的曲线（设为 α 族），这类

滑移线场称为简单场，图 3.9（b）为包络线，图 3.9（c）为中心场，图 3.9（d）为中心场与均匀应力状态的组合。

（3）由两族相互正交的光滑曲线构成的滑移线场：当圆形截面为自由表面或其作用有均布的法向载荷时，滑移线场为正交的对数螺旋线网，如图 3.9（e）所示；粗糙平行刚性板间塑性压缩时，相应于接触表面上摩擦剪应力达到最大值的那一段，滑移线场为正交的圆摆线，如图 3.9（f）所示；两个等半径圆弧构成的滑移线场称为有心扇形场，如图 3.9（g）所示。

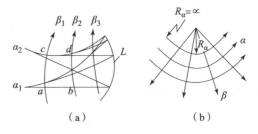

图 3.8 滑移线性质
(a) β 滑移线在 α 滑移线上的曲率中心的轨迹；
(b) 应力导数间断与曲率间断

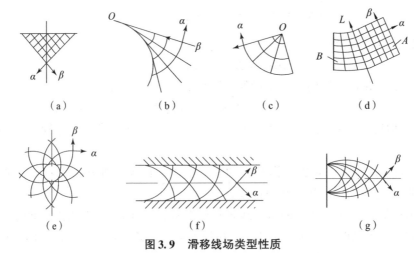

图 3.9 滑移线场类型性质
(a) 均匀应力状态；(b) 包络线；(c) 中心场；(d) 中心场与均匀应力状态组合；
(e) 对数螺旋线网；(f) 正交圆摆线；(g) 有心扇形场

4. 滑移线场的建立

用滑移线法求解塑性成形问题时，首先需要建立变形体内的滑移线，有两种方法：数学解析法和分析推理法。

（1）数学解析法：两族特征线与两族滑移线相重合，数学上的特征线就是滑移线。

（2）分析推理法：建立滑移线场的原则是既要与实际问题接近，又要易于计算。

3.4 塑性变形区的应力边界

在分析塑性变形区应力边界条件时，自由表面是最简单也是最容易寻找的应力边界形式。在塑性变形区的自由表面上，由于自由表面不能承受垂直于自由表面方向上的作用力，因此，垂直于自由表面方向上的应力分量永远是 0。所以，在平面变形条件下，根据塑性变形屈服准则，就可以确定自由表面上质点的应力分量。塑性变形区的应力边界是确定塑性变形区滑移线场中 α 滑移线和 β 滑移线的唯一方法。由于塑性变形区边界条件比较复杂，在此，仅介绍几种简单的塑性变形应力边界条件。

（1）自由表面（表面受拉应力），如图 3.10（a）所示，其应力状态及滑移线场中 ω 角为

$$\sigma_x = 2K, \quad \sigma_y = 0, \quad \tau_{xy} = 0, \quad \sigma_m = K, \quad \omega = -\pi/4$$

（2）自由表面（表面受压应力），如图 3.10（b）所示，其应力状态及滑移线场中 ω 角为

$$\sigma_x = -2K, \quad \sigma_y = 0, \quad \tau_{xy} = 0, \quad \sigma_m = -K, \quad \omega = \pi/4$$

（3）摩擦剪应力达到最大值 K 的接触表面，如图 3.10（c）所示，其应力状态及滑移线场中 ω 角为

$$\tau_{xy} = K, \quad \sigma_x = 0, \quad \sigma_y = 0, \quad \sigma_1 = K, \quad \sigma_2 = -K, \quad \sigma_m = 0, \quad \omega = 0$$

（4）摩擦剪应力达到最大值 $-K$ 的接触表面，如图 3.10（d）所示，其应力状态及滑移线场中 ω 角为

$$\tau_{xy} = -K, \quad \sigma_x = 0, \quad \sigma_y = 0, \quad \sigma_1 = -K, \quad \sigma_2 = K, \quad \sigma_m = 0, \quad \omega = \pi/2$$

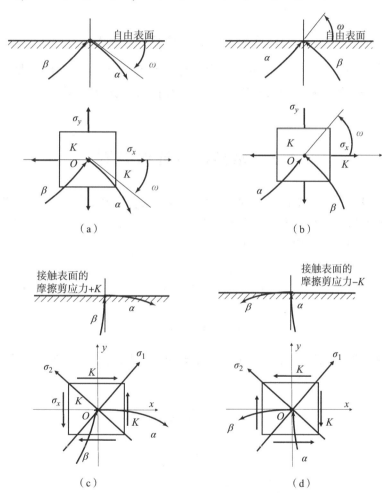

图 3.10 滑移线场特殊应力边界条件

(a) 自由表面（表面受拉应力）；(b) 自由表面（表面受压应力）；
(c) 摩擦剪应力为 K 的接触表面；(d) 摩擦剪应力为 $-K$ 的接触表面

（5）摩擦剪应力为某一中间值的接触表面，如图 3.11 所示。

一般情况下，摩擦剪应力的值要小于最大剪应力，如图 3.11 所示，这种情况计算时比较复杂，但其是最接近实际情况的，计算精度也是最好的。

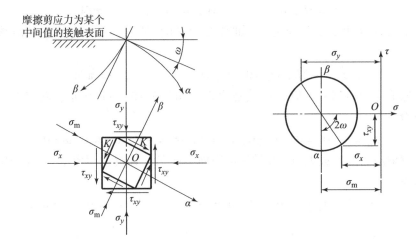

图 3.11 剪应力 τ_{xy} 为某一中间值的接触表面

摩擦剪应力为某一中间值的接触表面上，$\tau_{xy} = \tau(\tau < K)$，$\sigma_x = 2K$ 或者（$\sigma_x = -2K$），$\sigma_y = 0$，$\sigma_m = K$（或者 $-K$）。其滑移线场中的滑移线与边界表面形成一个角度，$0° < \alpha < 90°$。

3.5 格林盖尔速度方程

格林盖尔速度方程给出了沿滑移线上速度分量的变化特性。用此方程可以求解速度场，以便用来分析塑性区内的位移和应变问题，以及校核滑移线（必要时）是否全部满足应力和速度边界条件。根据增量理论可以得到

$$\begin{cases} \dot{\varepsilon}_x = \dfrac{\partial \dot{u}_x}{\partial x} = \dot{\lambda}(\sigma_x - \sigma_m) \\ \dot{\varepsilon}_y = \dfrac{\partial \dot{u}_y}{\partial y} = \dot{\lambda}(\sigma_y - \sigma_m) \end{cases} \quad (3.23)$$

若沿着滑移线网格取微元体，且分别以滑移线 α、β 的切线代替 x、y 轴，则有 $\sigma_x = \sigma_y = \sigma_m$，于是有

$$\begin{cases} \dot{\varepsilon}_x = \dfrac{\partial \dot{u}_x}{\partial x} = 0 \\ \dot{\varepsilon}_y = \dfrac{\partial \dot{u}_y}{\partial y} = 0 \end{cases} \quad (3.24)$$

即

$$\begin{cases} \dot{\varepsilon}_\alpha = \dfrac{\partial \dot{u}_x}{\partial S_\alpha} = 0 \\ \dot{\varepsilon}_\beta = \dfrac{\partial \dot{u}_y}{\partial S_\beta} = 0 \end{cases} \quad (3.25)$$

这说明沿滑移线的线应变速率等于 0，也即沿滑移线方向不产生相对伸长或压缩。基于

这样的概念可导出速度方程式。

设 P 点的速度为 V，沿 x、y 轴的速度分量为 V_x、V_y，沿滑移线 α、β 的切线方向的速度分量为 V_α、V_β，如图3.12所示，于是有

$$\begin{cases} V_x = V_\alpha\cos\omega - V_\beta\sin\omega \\ V_y = V_\alpha\sin\omega + V_\beta\cos\omega \end{cases} \quad (3.26)$$

从而可推导出沿滑移线的速度方程式为

$$\left(\frac{\partial V_x}{\partial x}\right)_{\omega=0} = \frac{\partial V_\alpha}{\partial S_\alpha} - V_\beta\frac{\partial \omega}{\partial S_\alpha} = 0$$

$$\left(\frac{\partial V_y}{\partial y}\right)_{\omega=0} = \frac{\partial V_\beta}{\partial S_\beta} + V_\alpha\frac{\partial \omega}{\partial S_\beta} = 0$$

或 $\left.\begin{array}{l} dV_\alpha - V_\beta d\omega = 0（沿\alpha线）\\ dV_\beta + V_\alpha d\omega = 0（沿\beta线）\end{array}\right\} \quad (3.27)$

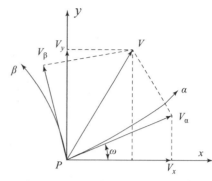

图 3.12 塑性区内一点的速度分量

3.6 滑移线法应用举例

滑移线理论在塑性加工中的应用主要是求解塑性变形力。采用滑移线法解题的步骤如下。

第一步，建立滑移线场，确定 x、y 坐标轴。

第二步，在自由表面取一点，分析应力状态，确定 α 滑移线与 β 滑移线，确定 σ_{xa}、σ_{ya}、σ_{ma}。

第三步，确定滑移场 α 滑移线及与 x 轴夹角，即 ω_a。

第四步，应用汉基方程求未知点的平均应力 σ_m：

$$\begin{cases} \sigma_{ma} - 2K\omega_a = \sigma_{mb} - 2K\omega_b = \xi & （沿同一条\alpha线）\\ \sigma_{ma} + 2K\omega_a = \sigma_{mb} + 2K\omega_b = \eta & （沿同一条\beta线）\end{cases}$$

第五步，求未知点的应力分量

$$\begin{cases} \sigma_x = \sigma_m - K\sin(2\omega) \\ \sigma_y = \sigma_m + K\sin(2\omega) \\ \tau_{xy} = K\cos(2\omega) \end{cases}$$

第六步，求工具表面受力

$$P = \int v_x dS, \quad p = \frac{1}{S}\int v_x dS, \quad 或 \quad P = \int v_y dS, \quad p = \frac{1}{S}\int v_y dS$$

3.6.1 平面压缩工艺

例题 3.1 计算平面冲头压入半无限体时的单位流动压力 p。

假设冲头表面光滑，接触面上摩擦剪应力为0，故沿 AB 边界上仅作用有均布的主应力。AD 为自由边界，且为平面。根据滑移线的特性可做出如图3.13所示的滑移线场。

解：滑移线场见图3.13，AD 边界为自由表面。

在 D 点：$\sigma_{yd} = \tau_{xy} = 0$，$\omega_d = \pi/4$。

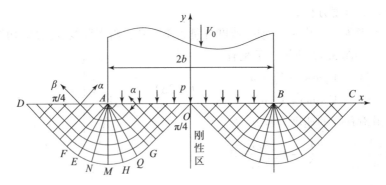

图 3.13 例题 3.1 滑移线场

由于 D 点处于塑性状态，所以必然满足屈服准则，即 $\sigma_{yd} - \sigma_{xd} = 2K$，所以 $\sigma_{xd} = -2K$。于是 $\sigma_{md} = (\sigma_x + \sigma_y)/2 = -K$。

在 O 点：$\omega_o = 3\pi/4$。

根据汉基应力方程 $\begin{cases} \sigma_m - 2K\omega = \xi \\ \sigma_m + 2K\omega = \eta \end{cases}$

从 D 到 O 是在 β 滑移线上，所以汉基应力方程形式为 $\sigma_{md} + 2K\omega_d = \sigma_{mo} + 2K\omega_o$。

计算得到 $\sigma_{mo} = \sigma_{md} + 2K(\omega_d - \omega_o) = -K + 2K\left(-\dfrac{\pi}{2}\right) = -K(1 + \pi)$。

应力分量为

$$\begin{cases} \sigma_{xo} = \sigma_{mo} - K\sin(2\omega_o) = -K(1+\pi) + K = -K\pi \\ \sigma_{yo} = \sigma_{mo} + K\sin(2\omega_o) = -K(1+\pi) - K = -K(2+\pi) \\ \tau_{xyo} = K\cos(2\omega_o) = 0 \end{cases}$$

单位流动压力为

$$p = \sigma_{yo} = -K(2+\pi)$$

在 △ADF 区：

$$\sigma_x = -2K,\ \sigma_y = 0,\ \tau_{xy} = 0$$

在 △AOG 区：

$$\sigma_x = -K\pi,\ \sigma_y = -K(2+\pi),\ \tau_{xy} = 0。$$

在 AFG 区：

$$\sigma_m = -2K\left(\dfrac{1}{2} - \dfrac{\pi}{4} + \omega\right)。$$

例题 3.2 平锤头压入半无限体属于平面变形，滑移线场如图 3.14 所示，最大剪应力为 K，试求平均流动应力 p。（忽略摩擦）

解：计算过程与例题 3.1 完全相同。计算结果为

在 △ADF 区：$\sigma_x = -2K,\ \sigma_y = 0,\ \tau_{xy} = 0$

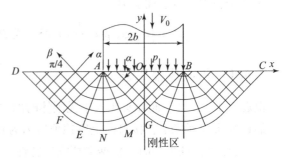

图 3.14 例题 3.2 滑移线场

在 △ABG 区：$\sigma_x = -K\pi$，$\sigma_y = -K(2+\pi)$，$\tau_{xy} = 0$

在 AFG 区：$\sigma_m = -2K\left(\dfrac{1}{2} + \dfrac{\pi}{4} - \omega\right)$

3.6.2 平面挤压工艺

例题 3.3 平面正挤压工艺如图 3.15 所示，试计算平面正挤压变形时的平均挤压力。

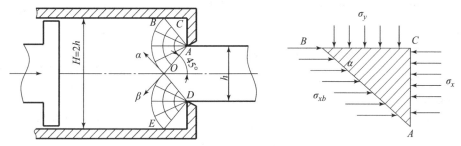

图 3.15 平面正挤压工艺

解：滑移线场如图 3.15 所示，在 AO 边界上，$\sigma_{xo} = \tau_{xyo} = 0$，$\omega_o = 3\pi/4$，$\sigma_{xo} - \sigma_{yo} = 2K\sigma_{yo} = -2K$，$\sigma_{mo} = (\sigma_x + \sigma_y)/2 = -K$。

在 AB 边界上：$\omega_b = \pi/4$。

根据汉基应力方程

$$\begin{cases} \sigma_m - 2K\omega = \xi \\ \sigma_m + 2K\omega = \eta \end{cases}$$

从 O 点到 B 点，是在 α 滑移线上，所以有 $\sigma_{mb} - 2K\omega_b = \sigma_{mo} - 2K\omega_o$，即

$$\sigma_{mb} = \sigma_{mo} + 2K(\omega_b - \omega_o) = -K + 2K\left(-\dfrac{\pi}{2}\right) = -K(1+\pi)。$$

得到应力分量

$$\begin{cases} \sigma_{xb} = \sigma_{mb} - K\sin(2\omega_b) = -K(1+\pi) - K = -K(2+\pi) \\ \sigma_{yb} = \sigma_{mb} + K\sin(2\omega_b) = -K(1+\pi) + K = -K\pi \\ \tau_{xyb} = K\cos(2\omega_b) = 0 \end{cases}$$

因此，正挤压时的变形力为

$$P = 2L\int_0^h \sigma_{xb}\,\mathrm{d}y = K(2+\pi)ABL \times 2 = K(2+\pi)hL$$

单位变形力为

$$p = \dfrac{P}{2hL} = K\left(1 + \dfrac{\pi}{2}\right)\sqrt{2}$$

例题 3.4 平面反挤压工艺如图 3.16 所示，压缩比为 50%，计算平均挤压力。

解：分析可知 OC、OB 等半径线属 α 滑移线，弧 BC 属 β 滑移线。在 OB 滑移线上的应力分量是相同的，在 OC 滑移线上的应力分量是相同的。边界 OB 上的应力分量为已知。

在 BO 边界上：

$\sigma_{yb} = \tau_{xyb} = 0$，$\omega_b = \pi/4$，$\sigma_{yb} - \sigma_{xb} = 2K$，$\sigma_{xb} = -2K$，$\sigma_{mb} = (\sigma_x + \sigma_y)/2 = -K$

在 CO 边界上：

$$\omega_c = 3\pi/4$$

汉基应力方程为

$$\begin{cases} \sigma_m - 2K\omega = \xi \\ \sigma_m + 2K\omega = \eta \end{cases}$$

从 B 到 C 是在 β 滑移线上，则有 $\sigma_{mb} + 2K\omega_b = \sigma_{mc} + 2K\omega_c$，
$\sigma_{mc} = \sigma_{mb} + 2K(\omega_b - \omega_c) = -K + 2K\left(-\dfrac{\pi}{2}\right) = -K(1+\pi)$。

应力分量为

$$\begin{cases} \sigma_{xc} = \sigma_{mc} - K\sin(2\omega_c) = -K(1+\pi) + K = -K\pi \\ \sigma_{yc} = \sigma_{mc} + K\sin(2\omega_c) = -K(1+\pi) - K = -K(2+\pi) \\ \tau_{xyc} = K\cos(2\omega_c) = 0 \end{cases}$$

平面反挤压变形时的平均单位挤压力为

$$p = K(2+\pi)。$$

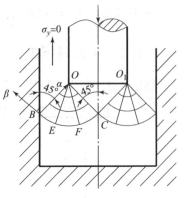

图 3.16 平面反挤压工艺

3.6.3 圆筒件拉延工艺

例题 3.5 圆筒件拉延工艺如图 3.17 所示，求变形力。

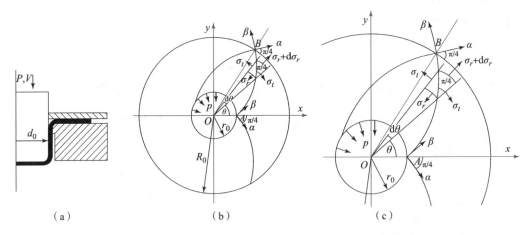

图 3.17 圆筒件拉延对数螺旋线滑移线场
(a) 圆筒件拉延工艺；(b) 对数螺旋线滑移线场；(c) 滑移线场局部放大

解：建立滑移线场时，滑移线为对数螺旋线。

在对数螺旋线滑移线中，根据几何关系有 $\omega_a = -\pi/4$，$\theta_a = 0$，$\omega_b = \theta_b - \pi/4$。

根据滑移线与主应力轨迹成 45° 交角的特性，可写出滑移线方程式 $\dfrac{\mathrm{d}r}{r\mathrm{d}\theta} = \tan 45 = 1$，$\dfrac{\mathrm{d}r}{r} = \mathrm{d}\theta$，$\theta = \ln r + C$。则有 $\theta_a = \ln r_a + C$，$\theta_b = \ln r_b + C$，$\theta_b = \theta_a + \ln\left(\dfrac{r_b}{r_a}\right)$。因为 $\theta_a = 0$，所以 $\theta_b = \ln\left(\dfrac{r_b}{r_a}\right)$。

在 A 点上：$\omega_a = -\pi/4$。

在 B 点上：$\sigma_{rb}=0$，$\sigma_{\theta b}=-2K$，$\tau_{xy}=0$，$\omega_b=\theta_b-\dfrac{\pi}{4}=\ln\left(\dfrac{r_b}{r_a}\right)-\dfrac{\pi}{4}$，$\sigma_{mb}=(\sigma_x+\sigma_y)/2=-K$。

从 A 到 B 点是在 β 滑移线上，则有

$$\sigma_{ma}+2K\omega_a=\sigma_{mb}+2K\omega_b,\quad \sigma_{ma}=\sigma_{mb}+2K(\omega_b-\omega_a)=-K+2K\ln\left(\dfrac{r_b}{r_a}\right)$$

在 A 点上有

$$\sigma_{ma}=-K+2K\ln\left(\dfrac{r_b}{r_a}\right)$$

$$\begin{cases}\sigma_{ra}=\sigma_{ma}-K\sin(2\omega_a)=-K+2K\ln\left(\dfrac{r_b}{r_a}\right)+K=2K\ln\left(\dfrac{r_b}{r_a}\right)\\ \sigma_{\theta a}=\sigma_{ma}+K\sin(2\omega_a)=-K+2K\ln\left(\dfrac{r_b}{r_a}\right)-K=-2K\left(1-\ln\left(\dfrac{r_b}{r_a}\right)\right)\\ \tau_{xya}=K\cos(2\omega_a)=0\end{cases}$$

对于拉延工艺，$2r_a=d_0$，$2r_b=D_0$，设板材厚度为 t，则得到拉延力

$$p=\dfrac{P}{\pi r_a^2}=\dfrac{2\pi r_a t\sigma_{ra}}{\pi r_a^2}=\dfrac{4Kt}{r_a}\ln\left(\dfrac{r_b}{r_a}\right)=\dfrac{8Kt}{d_0}\ln\left(\dfrac{D_0}{d_0}\right)$$

3.6.4 厚壁筒受内压变形

例题 3.6 厚壁筒受内压变形如图 3.18 所示，已知厚壁圆外径 $D=2b$，内径 $d=2a$，材料屈服应力为 $2K$，求圆筒整个剖面达到塑性变形时所需内压力。

解： 滑移线场中的滑移线为对数螺旋线场。

在对数螺旋线滑移线中，根据几何关系有 $\omega_a=\pi/4$，$\theta_a=0$，$\omega_b=\theta_b+\pi/4$。

即满足方程 $\dfrac{\mathrm{d}r}{r\mathrm{d}\theta}=\tan45°=1$，$\theta=\ln r+C$，

在边界上，$\theta_a=\ln r_a+C$，$\theta_b=\ln r_b+C$，$\theta_b-\theta_a=\ln r_b-\ln r_a=\ln\left(\dfrac{r_b}{r_a}\right)$，$\theta_b=\theta_a+\ln\left(\dfrac{r_b}{r_a}\right)$。

因为 $\theta_a=0$，所以 $\theta_b=\ln\left(\dfrac{r_b}{r_a}\right)$。

在 A 点上：$\omega_a=\pi/4$。

在 B 点上：$\sigma_{rb}=0$，$\sigma_{\theta b}=2K>0$，$\tau_{xy}=0$，$\omega_b=\theta_b+\dfrac{\pi}{4}=\ln\left(\dfrac{r_b}{r_a}\right)+\dfrac{\pi}{4}$，$\sigma_{mb}=(\sigma_x+\sigma_y)/2=K$

从 A 到 B 点是在 α 滑移线上，则有

$$\sigma_{ma}-2K\omega_a=\sigma_{mb}-2K\omega_b,$$

$$\sigma_{ma}=\sigma_{mb}-2K(\omega_b-\omega_a)=K-2K\ln\left(\dfrac{r_b}{r_a}\right)$$

在 A 点上，有

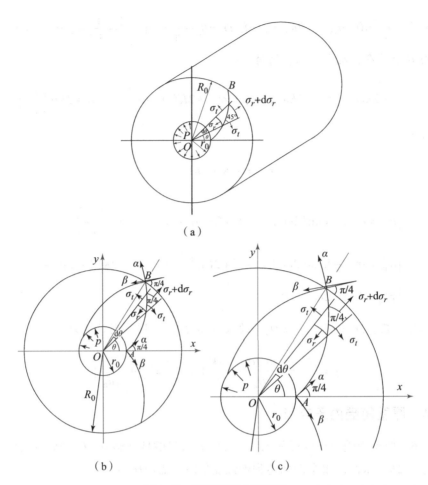

图 3.18 厚壁筒受内压变形
(a) 厚壁筒受内压变形；(b) 对数螺旋线滑移线场；(c) 滑移线场局部放大

$$\begin{cases} \sigma_{ra} = \sigma_{ma} - K\sin(2\omega_a) = K - 2K\ln\left(\dfrac{r_b}{r_a}\right) - K = -2K\ln\left(\dfrac{r_b}{r_a}\right) \\ \sigma_{\theta a} = \sigma_{ma} + K\sin(2\omega_a) = K - 2K\ln\left(\dfrac{r_b}{r_a}\right) + K = 2K\left(1 - \ln\left(\dfrac{r_b}{r_a}\right)\right) \\ \tau_{xya} = K\cos(2\omega_a) = 0 \end{cases}$$

则，受内压厚壁筒变形时的压力为 $p = \sigma_{ra} = -2K\ln\left(\dfrac{r_b}{r_a}\right)$。

3.6.5　长条形锻件开式模锻

例题 3.7　长条形锻件开式模锻（图 3.19（a））属平面应变问题，锻件本体横断面内的滑移线场如图 3.19（b）所示。试求长条形锻件的开式模锻力。长条形锻件开式模锻属平面应变问题，其滑移线场是由飞边入口处 A、E、B、C 四个角上的有心扇形场组成的。由于四个有心扇形场是对称的，因而只需研究其中之一即可。

解：为了确定变形力，必须求出滑移线场各节点的应力。在此有心扇形场中，设飞边处无摩擦阻力，则 F 点的应力为 $\sigma_{xF}=0$，根据屈服准则，有 $\sigma_{yF}=-2K(2K=\sigma_s)$，因此 $\sigma_{mF}=\sigma_{m(0,0)}=-K$。

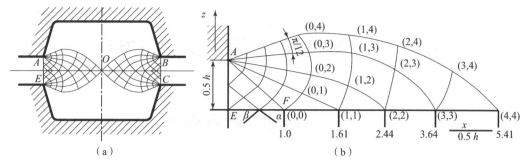

图 3.19　长条形锻件的开式模锻

(a) 开式模锻变形；(b) 开式模锻滑移线场

根据判别 α 滑移线和 β 滑移线的法则，因 $\sigma_{xF}=0$ 是最大主应力，所以 AF 半径方向是 α 族，FJ 弧是 β 族。于是根据汉基应力方程即可确定此有心扇形场各节点的应力。

在 F 点：$\sigma_{xF}=0$，$\sigma_{yF}=-2K$，$\sigma_{mF}=\sigma_{m(0,0)}=-K$

在 (0,0) 点：$\sigma_{x(0,0)}=0$，$\sigma_{x(0,0)}=-2K$，$\sigma_{mF}=\sigma_{m(0,0)}=-K$，$\omega_{(0,0)}=\dfrac{3}{4}\pi$

在 (0,1) 点：$\omega_{(0,1)}=\omega_{(0,0)}+\dfrac{1}{12}\pi=\dfrac{5}{6}\pi$，

沿 β 滑移线：$\sigma_{mF}+2K\omega_F=\sigma_{m(0,1)}+2K\omega_{(0,1)}$

在 (0,1) 点：$\omega_{(0,1)}=\omega_F+\dfrac{1}{12}\pi=\dfrac{5}{6}\pi$，$\sigma_{m(0,1)}=\sigma_{mF}+2K(\omega_F-\omega_{(0,1)})=-\left(1+\dfrac{\pi}{6}\right)K$

$$\begin{cases}\sigma_{x(0,1)}=\sigma_{m(0,1)}-K\sin(2\omega_{(0,1)})=-K\left(1+\dfrac{\pi}{6}+\dfrac{\sqrt{3}}{2}\right)\\ \sigma_{y(0,1)}=\sigma_{m(0,1)}+K\sin(2\omega_{(0,1)})=-K\left(1+\dfrac{\pi}{6}-\dfrac{\sqrt{3}}{2}\right)\\ \tau_{xy(0,1)}=K\cos(2\omega_{(0,1)})=0.5K\end{cases}$$

采用相同方法，可以求得其他节点的应力分量。各个节点的 ω 角为

$$\omega_{(0,4)}=\dfrac{13}{12}\pi,\ \omega_{(1,4)}=\pi,\ \omega_{(2,4)}=\dfrac{11}{12}\pi,\ \omega_{(3,4)}=\dfrac{10}{12}\pi,\ \omega_{(4,4)}=\dfrac{3}{4}\pi$$

$$\omega_{(0,3)}=\pi,\ \omega_{(1,3)}=\dfrac{11}{12}\pi,\ \omega_{(2,3)}=\dfrac{10}{12}\pi,\ \omega_{(3,3)}=\dfrac{3}{4}\pi$$

$$\omega_{(0,2)}=\dfrac{11}{12}\pi,\ \omega_{(1,2)}=\dfrac{10}{12}\pi,\ \omega_{(2,2)}=\dfrac{3}{4}\pi$$

$$\omega_{(0,1)}=\dfrac{5}{6}\pi,\ \omega_{(1,1)}=\dfrac{3}{4}\pi,$$

$$\omega_{(0,0)}=\dfrac{3}{4}\pi,$$

第4章 其他塑性变形理论与方法

4.1 上限法原理及应用

4.1.1 上限法原理

上限法的基本原理就是塑性变形时外力做功（或功率）等于塑性变形体内的塑性变形功（或功率），即外部功（或功率）等于内部功（或功率）。由于所确定的变形力总是大于或等于真实载荷。因此，习惯称之为上限法。

用上限法计算极限载荷的关键在于要对塑性变形区分别虚设若干个运动许可的速度场，这些速度场应满足以下3个条件：(1) 符合位移边界条件；(2) 在变形区内保持连续，不产生重叠和拉开；(3) 保持体积不变。

采用上限法计算具体塑性变形问题时，把变形体分解成若干个刚性体，设定每个刚性体内部速度分布均匀，而每个刚性体之间具有摩擦损失功（或功率），若干个刚性体之间的摩擦损失功（或功率）之和即为塑性变形体内的塑性变形功（或功率）。

上限法的基本原理是能量守恒定律，数学表达式为

$$P^* v_0 = \int_V \sigma_{ij}^* \varepsilon_{ij}^* \mathrm{d}V + \sum \int_{S_D^*} K[V_i^*] \mathrm{d}S_D^* - \int_{S_T} T_i u_i^* \mathrm{d}S \tag{4.1}$$

平面变形问题中的塑性变形可以由刚性块通过速度间断面的相对剪切而形成，于是得到求平面应变问题上限载荷的依据为

$$P^* v_0 = \sum \int_{S_D^*} K[V_i^*] \mathrm{d}S_D^*$$

$$P^* v_0 = \sum \int_{S_D^*} K[V_i^*] \mathrm{d}S_D^* = \sum K V_i S_{Di} \tag{4.2}$$

塑性变形，外力功率表示为

$$W_{\text{外}} = P v_0 \tag{4.3}$$

塑性变形内部功率表示为

$$W_{\text{内}} = \sum [V_i^*] K S_{Di}^* \tag{4.4}$$

根据能量守恒原则，外力功率等于内部功率，即

$$P^* v_0 = \sum K [V_i^*] S_{Di}^* \tag{4.5}$$

根据式 (4.5)，即可求得塑性变形时总的外力。

上限法求解塑性变形力具体的计算步骤：(1) 对于平面变形问题，把变形区分解成若干个刚性块，每个刚性块的边界上的内摩擦力为最大剪应力 K；(2) 对刚性块，画速端曲

线，确定速度间断量；（3）求变形区内摩擦损失功率；（4）根据能量守恒，外力功率等于内部功率，就可以求出总外力；（5）根据总外力可以求出单位变形力。

4.1.2 上限法应用举例

例题 4.1 平冲头压入半无限体属于平面压缩变形，如图 4.1 所示，设冲头速度为 v_0，模具光滑表面，最大剪应力为 K，试求单位面积上变形力 p。

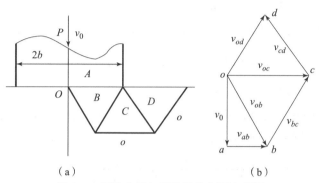

图 4.1 平冲头压入半无限体上限法求解
(a) 正三角形刚性块；(b) 速端图

解法一 塑性变形区划分刚性块为正三角形形状。

将塑性变形体分解成若干个刚性块，如图 4.1（a）所示，速端图如图 4.1（b）所示。
塑性变形区划分刚性块为正三角形，则 $l_{Ob} = l_{Oc} = l_{Od} = l_{ab} = l_{bc} = l_{cd} = b$

根据图 4.1（b）所示的速端图，得到 $v_{ob} = v_{oc} = v_{od} = v_{bc} = v_{cd} = \dfrac{2}{\sqrt{3}} v_0$，$v_{ab} = \dfrac{\sqrt{3}}{3} v_0$

已知速度断面上的最大剪应力为 K，于是有

$$Pv_0 = K(l_{Ob}v_{ob} + l_{Oc}v_{oc} + l_{Od}v_{od} + l_{bc}v_{bc} + l_{cd}v_{cd})L = 10\dfrac{bK}{\sqrt{3}}Lv_0$$

则，单位面积上的变形力为 $p = \dfrac{P}{bL} = \dfrac{10}{\sqrt{3}}K \approx 5.78K$。

解法二 塑性变形区划分刚性块为等腰直角三角形形状，如图 4.2（a）所示。

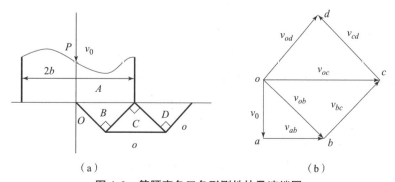

图 4.2 等腰直角三角形刚性块及速端图
(a) 等腰直角三角形刚性块；(b) 速端图

根据图 4.2（a）的几何关系，得到 $ab=b$，$Ob=bc=cd=Od=\frac{\sqrt{2}}{2}b$，$Oc=b$。

根据图 4.2（b）的速端图，得到 $v_{ab}=v_0$，$v_{ob}=v_{bc}=v_{cd}=v_{od}=\sqrt{2}v_0$，$v_{oc}=2v_0$。

如果模具表面光滑，根据功率平衡原理，得到

$$pv_0 b = K\left(4\times\frac{\sqrt{2}}{2}b\sqrt{2}v_0 + b2v_0\right) = K6bv_0$$

于是得到单位面积上的变形力为 $p=6K$。

如果模具表面摩擦力达到 K，根据功率平衡原理，得到

$$pv_0 b = K\left(bv_0 + 4\times\frac{\sqrt{2}}{2}b\sqrt{2}v_0 + b2v_0\right) = K7bv_0$$

于是得到单位面积上的变形力为 $p=7K$。

例题 4.2 平面挤压工艺如图 4.3 所示，$H=2$，$h=1$，$v_0=1$，$v_1=2$，最大剪应力为 K，试用上限法求解单位面积上的挤压力 p。

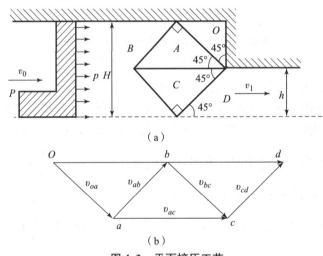

图 4.3 平面挤压工艺
（a）等腰直角三角形刚性块；（b）速端图

解：将塑性变形体分解成若干个刚性体，如图 4.3（a）所示，速端图如图 4.3（b）所示。

根据图 4.3（a）所示的几何关系，得到

$$l_{Oa}=l_{ab}=l_{bc}=l_{cd}=\sqrt{2}h, \quad l_{ac}=2h$$

根据图 4.3（b）所示的速端图，得到

$$v_{oa}=v_{ab}=v_{bc}=v_{cd}=\frac{\sqrt{2}}{2}v_0, \quad v_{ac}=v_0$$

根据功率平衡原理，得到

$$Pv_0 = K(l_{Oa}v_{Oa} + l_{ab}v_{ab} + l_{bc}v_{bc} + l_{cd}v_{cd} + l_{ac}v_{ac})$$

整理得到

$$Pv_0 = K(4l_{Oa}v_{Oa} + l_{ac}v_{ac}) = K\left(4\sqrt{2}h\frac{\sqrt{2}}{2}v_0 + 2hv_0\right) = Kv_0 6h$$

于是得到单位面积上的挤压力为 $p = \dfrac{P}{2h} = 3K$。

例题 4.3 平面挤压工艺如图 4.4 所示，$H = 2$，$h = 1$，$v_0 = 1$，$v_1 = 2$，最大剪应力为 K，试用上限法求解单位面积上的挤压力 p。

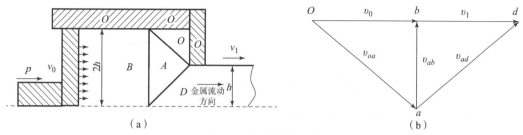

(a)　　　　　　　　　　　　　　　　　(b)

图 4.4　平面挤压问题

(a) 等腰直角三角形刚性块；(b) 速端图

解：将塑性变形体分解成若干个刚性体，如图 4.4（a）所示，速端图如图 4.4（b）所示。

根据图 4.4（a）所示的几何关系，得到
$$l_{Oa} = l_{ad} = \sqrt{2}h, \quad l_{ab} = 2h$$

根据图 4.4（b）所示的速端图，得到
$$v_{oa} = v_{ad} = \sqrt{2}v_0, \quad v_{ab} = v_0$$

根据功率平衡原理，得到
$$Pv_0 = K(l_{Oa}v_{Oa} + l_{ad}v_{ad} + l_{ab}v_{ab} +)L = KL(2\sqrt{2}h\sqrt{2}v_0 + 2hv_0) = 6hv_0KL$$

整理得到 $P = 6hKL$。

于是单位面积上的挤压力为 $p = \dfrac{P}{2hL} = 3K$。

例题 4.4 平面变形正挤压工艺如图 4.5 所示，试求平面正挤压单位面积上的挤压力 p。（假设坯料与模具接触面上无摩擦，变形区参考滑移线场设计成由 4 个刚性三角形组成。假设最大的塑性变形区长度为 x。因为模具进出口尺寸之比为 $H/h = 2$，所以出口速度 $v_i = 2v_0$。）

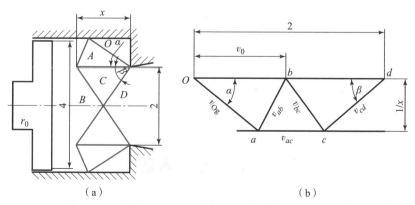

(a)　　　　　　　　　　　　　　　　　(b)

图 4.5　平面正挤压上限解模型

(a) 三角形刚性体；(b) 速端图

解：由于变形体上下对称，因此只研究变形体上半部分即可。

将塑性变形体分解成若干个刚性体，如图 4.5（a）所示，速端图如图 4.5（b）所示。根据图 4.5（a）所示的几何关系，得到

$$\overline{OA} = \frac{1}{\sin\alpha}, \quad \overline{AC} = x, \quad \overline{CD} = \frac{1}{\sin\beta},$$

$$\overline{AB} = \sqrt{\overline{AO}^2 + \overline{AC}^2 - 2\overline{AO} \times \overline{AC}\cos\alpha} = \sqrt{\frac{1}{\sin^2\alpha} + x^2 - 2x\cot\alpha}$$

$$\overline{BC} = \sqrt{\overline{AC}^2 + \overline{CD}^2 - 2\overline{AC} \times \overline{CD}\cos\beta} = \sqrt{\frac{1}{\sin^2\beta} + x^2 - 2x\cot\beta}$$

根据图 4.5（b）所示的速端图，得到

$$v_{oa} = \frac{1}{x} \times \frac{1}{\sin\alpha}, \quad v_{ab} = \frac{\overline{AB}}{x}, \quad v_{bc} = \frac{\overline{BC}}{x}, \quad v_{cd} = \frac{\overline{CD}}{x} = \frac{1}{x\sin\beta}$$

$$v_{ac} = 2 - v_{oa}\cos\alpha - v_{cd}\cos\beta = 2 - \frac{1}{x}\cot\alpha - \frac{1}{x}\cot\beta$$

根据功率平衡原理，得到

$$Pv_0 = K(v_{oa}\overline{OA} + v_{ab}\overline{AB} + v_{bc}\overline{BC} + v_{cd}\overline{CD} + v_{ac}\overline{AC}) \times 2$$

$$P = \frac{2K}{x}\left(2\cos^2\alpha + 2\cos^2\beta + 4x^2 - \frac{3x}{\tan\alpha} - \frac{3x}{\tan\beta}\right)$$

上式取极值的条件为

$$\begin{cases} \dfrac{\partial f(\alpha,\beta,x)}{\partial x} = 0 \\ \dfrac{\partial f(\alpha,\beta,x)}{\partial \alpha} = 0 \\ \dfrac{\partial f(\alpha,\beta,x)}{\partial \beta} = 0 \end{cases}$$

所以得到

$$\begin{cases} \dfrac{1}{\sin^2\alpha} + \dfrac{1}{\sin^2\beta} = 2x^2 \\ x = \dfrac{4}{3\tan\alpha} \\ x = \dfrac{4}{3\tan\beta} \end{cases}$$

解之，得到 $x = \sqrt{\dfrac{16}{7}}$，$\alpha = \beta \approx 41.4°$。

于是单位面积上的挤压力为 $p = \sqrt{7}K \approx 2.64K$。

4.2 微分方程求解法

应力平衡微分方程和塑性条件联立求解，可以得到关于应力的微分方程，解微分方程，可以得到塑性变形区的应力分布规律，这种方法称为微分方程求解法。这是一种比较准确的

数学解析法。

将应力平衡微分方程和塑性条件进行联解，以求出物体塑性变形时的应力分布，进而求得变形力。在联解过程中，积分常数根据自由表面和接触表面上的边界条件确定，必要时还须利用应力与应变的关系式及变形连续方程。

例题 4.5 平面压缩变形如图 4.6 所示，采用平衡微分方程和塑性条件联立求解的方法，求解塑性变形区应力分量。

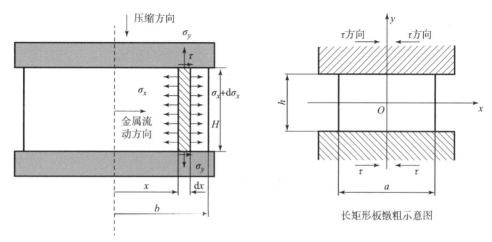

图 4.6 平面压缩变形

解：根据平面变形时的应力平衡微分方程式，可以得到

$$\begin{cases} \dfrac{\partial \sigma_x}{\partial x} + \dfrac{\partial \tau_{yx}}{\partial y} = 0 \\ \dfrac{\partial \tau_{xy}}{\partial x} + \dfrac{\partial \sigma_y}{\partial y} = 0 \end{cases} \quad (4.6)$$

方程两边求导数，得到

$$\begin{cases} \dfrac{\partial^2 \sigma_x}{\partial x \partial y} + \dfrac{\partial^2 \tau_{yx}}{\partial y^2} = 0 \\ \dfrac{\partial^2 \tau_{xy}}{\partial x^2} + \dfrac{\partial^2 \sigma_y}{\partial y \partial x} = 0 \end{cases} \quad (4.7)$$

由式 (4.7) 可以得到

$$\dfrac{\partial^2 (\sigma_x - \sigma_y)}{\partial x \partial y} = \dfrac{\partial^2 \tau_{xy}}{\partial x^2} - \dfrac{\partial^2 \tau_{yx}}{\partial y^2} \quad (4.8)$$

平面变形时的屈服准则满足密席斯屈服准则，即

$$\sigma_x - \sigma_y = \pm 2\sqrt{K^2 - \tau_{xy}^2} \quad (4.9)$$

将式 (4.9) 代入式 (4.8)，得到

$$2\dfrac{\partial^2 \sqrt{K^2 - \tau_{xy}^2}}{\partial x \partial y} = \dfrac{\partial^2 \tau_{xy}}{\partial x^2} - \dfrac{\partial^2 \tau_{yx}}{\partial y^2} \quad (4.10)$$

假设剪应力只与 y 有关，与 x 无关，则有

$$\dfrac{\partial^2 \tau_{xy}}{\partial x \partial y} = \dfrac{\partial^2 \tau_{xy}}{\partial x^2} = 0,\ 2\dfrac{\partial^2 \sqrt{K^2 - \tau_{xy}^2}}{\partial x \partial y} = 0 \quad (4.11)$$

将式（4.11）代入式（4.10），可以得到

$$\frac{d^2 \tau_{yx}}{dy^2} = 0 \tag{4.12}$$

对式（4.12）进行积分，得到

$$\tau_{yx} = C_1 y + C_2 \tag{4.13}$$

根据边界条件 $\tau_{xy}|_{y=0} = 0$ 和 $\tau_{xy}|_{y=H/2} = -\tau$（$\tau$ 为表面摩擦力，取正值），得到：$C_1 = -\frac{2\tau}{H}$，$C_2 = 0$。代入式（4.13）中，得到

$$\tau_{xy} = -\frac{2\tau}{H} y$$

即

$$\frac{d\tau_{xy}}{dy} = \frac{\partial \tau_{xy}}{\partial y} = -\frac{2\tau}{H} \tag{4.14}$$

将式（4.14）代入式（4.6）得到

$$\begin{cases} \dfrac{\partial \sigma_x}{\partial x} - \dfrac{2\tau}{H} = 0 \\ \dfrac{\partial \sigma_y}{\partial y} = 0 \end{cases} \tag{4.15}$$

对式（4.15）进行积分后，得到

$$\begin{cases} \sigma_x = \dfrac{2\tau}{h} x + \varphi_1(y) \\ \sigma_y = \varphi_2(x) \end{cases} \tag{4.16}$$

将式（4.16）代入 $\sigma_x - \sigma_y = 2\sqrt{K^2 - \tau_{xy}^2}$，得到

$$\frac{2\tau}{H} x + \varphi_1(y) - \varphi_2(x) = 2\sqrt{K^2 - \frac{4\tau^2}{H^2} y^2}, \tag{4.17}$$

整理得到

$$\varphi_2(x) - \frac{2\tau}{H} x = \varphi_1(y) - 2\sqrt{K^2 - \frac{4\tau^2}{H^2} y^2} \tag{4.18}$$

对于任意的 x 和 y 值，只有当左右端均等于常数时式（4.18）才能永远成立，即

$$\begin{cases} \varphi_2(x) = C + \dfrac{2\tau}{H} x \\ \varphi_1(y) = C + 2\sqrt{K^2 - \dfrac{4\tau^2}{H^2} y^2} \end{cases} \tag{4.19}$$

将式（4.19）代入式（4.16）后，得到

$$\begin{cases} \sigma_x = \dfrac{2\tau}{H} x + 2\sqrt{K^2 - \dfrac{4\tau^2}{H^2} y^2} + C \\ \sigma_y = \dfrac{2\tau}{H} x + C \end{cases} \tag{4.20}$$

根据边界条件 $\sigma_x|_{x=b,y=0}=0$，得到 $C=-\dfrac{2b}{H}\tau-2K$，代入式（4.20）后得到

$$\begin{cases}\sigma_x=\dfrac{2\tau}{H}x+2\sqrt{K^2-\dfrac{4\tau^2}{H^2}y^2}-\dfrac{2\tau}{H}b-2K\\ \sigma_y=\dfrac{2\tau}{H}x-\dfrac{2\tau}{H}b-2K\end{cases} \quad (4.21)$$

经过整理，得到平面压缩变形时的塑性变形区应力分量为

$$\begin{cases}\sigma_x=-\left[2K+\dfrac{2\tau}{H}(b-x)-2\sqrt{K^2-\dfrac{4\tau^2}{H^2}y^2}\right]\\ \sigma_y=-\left[2K+\dfrac{2\tau}{H}(b-x)\right]\end{cases} \quad (4.22)$$

式（4.22）的计算结果中，σ_y 的表达式与采用主应力法的计算结果相同。

则，总的变形力为

$$P=2\int_0^b \sigma_y \mathrm{d}x=2\int_0^b\left[\dfrac{2\tau}{H}(b-x)+2K\right]\mathrm{d}x=4Kb+\dfrac{2b^2\tau}{H} \quad (4.23)$$

单位面积上的平均变形力为

$$p=\dfrac{P}{2b}=2K+\dfrac{b\tau}{H} \quad (4.24)$$

如果在粗糙平板下镦粗或热镦时，可近似取 $|\tau|=K$，则单位流动压力为

$$p=\dfrac{P}{2b}=2K+\dfrac{bK}{H} \quad (4.25)$$

对于光滑模具表面，可近似取 $|\tau|=0$，则单位流动压力为

$$p=2K \quad (4.26)$$

4.3 功率平衡法

功率平衡法的基本原理是外力功率等于塑性变形功率与边界损失功率之和，即

$$\dot{W}_0=\dot{W}_p+\dot{W}_i \quad (4.27)$$

其中，外力功率 $\dot{W}_0=p\pi R^2 V_0$，塑性变形功率 $\dot{W}_p=\int_V R_{eL}\bar{\dot{\varepsilon}}\mathrm{d}V$，边界损失功率 $\dot{W}_i=\int_s \tau_f V_r \mathrm{d}s$。

功率平衡法求解步骤：（1）根据体积不变规律求解位移场或速度场；（2）根据位移场或速度场求解应变场或应变速率场；（3）根据应变场或应变速率场求解塑性变形功（或功率）；（4）根据功率平衡法的基本原理列出功（或功率）方程；（5）求解塑性变形力。

例题4.6 图4.7所示为圆柱体镦粗应力分布，求解圆柱体镦粗变形的单位变形力。

解：圆柱体镦粗变形时的位移场为

$$\begin{cases}u_r=f_1(r,\theta,z)\\ u_z=f_3(r,\theta,z)\end{cases}$$

速度场为

$$\begin{cases} v_r = f_1(r,\theta,z) \\ v_Z = f_3(r,\theta,z) \end{cases}$$

根据体积不变规律,得到

$$\pi R^2 dH = [\pi(R+dR)^2 - \pi R^2] \times (H-dH) \approx 2\pi R dR H = 2\pi R H dR$$

因此得到 $RdH = 2HdR$,对于速度场,则有 $RV_0 = 2Hv_{rmax}$。即

$$v_{rmax} = \frac{v_0 R}{2H}$$

对于任意位置的 r 方向的速度有

$$v_r = \frac{rV_0}{2H}$$

而在 z 方向上的速度场为

$$v_z = -\frac{V_0}{H}z$$

则速度场为

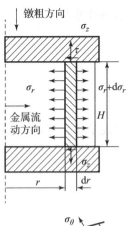

$$\begin{cases} v_r = \dfrac{rv_0}{2H} \\ v_z = -\dfrac{v_0}{H}z \end{cases} \tag{4.28}$$

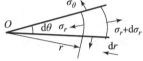

图 4.7 圆柱体镦粗应力分布

则应变速率场为

$$\begin{cases} \dot{\varepsilon}_r = \dfrac{\partial v_r}{\partial r} = \dfrac{v_0}{2H} \\ \dot{\varepsilon}_\theta = \dfrac{v_r}{r} = \dfrac{v_0}{2H} \\ \dot{\varepsilon}_z = \dfrac{\partial v_z}{\partial z} = -\dfrac{v_0}{H} \\ \dot{\varepsilon}_{ij}(i \neq j) = 0 \end{cases} \tag{4.29}$$

满足体积不变,则 $\dot{\varepsilon}_r + \dot{\varepsilon}_\theta + \dot{\varepsilon}_z = 0$。

$$\bar{\dot{\varepsilon}} = \sqrt{\frac{2}{3}(\dot{\varepsilon}_r^2 + \dot{\varepsilon}_\theta^2 + \dot{\varepsilon}_z^2 + 2\dot{\varepsilon}_{rz}^2)} = \frac{v_0}{H} \tag{4.30}$$

根据功率平衡原理,得到

$$p\pi R^2 v_0 = \int_v R_{eL} \bar{\dot{\varepsilon}} dv + 2\int_0^R \tau_f v_r 2\pi r dr = R_{eL}\frac{v_0}{H}\pi R^2 H + 2\int_0^R \tau_f \frac{rv_0}{2H} 2\pi r dr$$

于是单位面积上的变形力为

$$p = R_{eL} + \frac{2\tau_f R}{3H} \tag{4.31}$$

式中,R 为圆柱体半径,mm;H 为圆柱体高度,mm;τ_f 为表面摩擦力,MPa;R_{eL} 为材料屈服极限,MPa。

例题 4.7 图 4.8 为圆筒形件拉深工艺,忽略一切摩擦,求解变形力。已知,D_0 为拉深坯料外径,mm;d_0 为圆筒形件外径,mm;R_{eL} 为材料屈服极限,MPa;v_0 为拉深冲头速度,

mm/s；v_r 为变形区任意处的 r 方向速度，mm/s；t 为板料厚度，mm。

解：根据体积不变 $\pi d_0 t v_0 = 2\pi r t(-v_r)$，得到

$$v_r = -\frac{d_0}{2r} v_0$$

假设板料厚度不变，则得到 $v_z = 0$，则得到速度场

$$\begin{cases} v_r = -\dfrac{d_0}{2r} v_0 \\ v_z = 0 \end{cases} \quad (4.32)$$

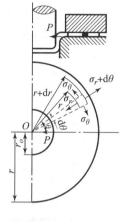

图4.8 圆筒形件拉深

得到应变速率场

$$\begin{cases} \dot{\varepsilon}_r = \dfrac{\partial v_r}{\partial r} = \dfrac{d_0}{2r^2} v_0 \\ \dot{\varepsilon}_\theta = \dfrac{v_r}{r} = -\dfrac{d_0}{2r^2} v_0 \\ \dot{\varepsilon}_z = \dfrac{\partial v_z}{\partial z} = 0 \\ \dot{\varepsilon}_{ij}(i \neq j) = 0 \end{cases} \quad (4.33)$$

根据体积不变，得到 $\dot{\varepsilon}_r + \dot{\varepsilon}_\theta + \dot{\varepsilon}_z = 0$，则

$$\overline{\dot{\varepsilon}} = \sqrt{\frac{2}{3}(\dot{\varepsilon}_r^2 + \dot{\varepsilon}_\theta^2 + \dot{\varepsilon}_z^2 + 2\dot{\varepsilon}_{rz}^2)} = \frac{d_0 v_0}{\sqrt{3} r^2} \quad (4.34)$$

由功率平衡法得到：

$$p \pi d_0 t v_0 = \int_v R_{eL} \overline{\dot{\varepsilon}} dv = \int_{r_0}^{R_0} R_{eL} \frac{d_0 v_0}{\sqrt{3} r^2} 2\pi r dr t = R_{eL} \frac{d_0 v_0 t}{\sqrt{3}} 2\pi \int_{r_0}^{R_0} \frac{1}{r^2} r dr = R_{eL} \frac{2\pi d_0 v_0 t}{\sqrt{3}} \ln \frac{R_0}{r_0}$$

圆筒形件拉深单位变形力为

$$p = R_{eL} \frac{2}{\sqrt{3}} \ln \frac{R_0}{r_0} = R_{eL} \frac{2}{\sqrt{3}} \ln \frac{D_0}{d_0} \quad (4.35)$$

如果考虑模具表面摩擦力 τ_f，则根据功率平衡原理得到

$$p \pi d_0 t v_0 = \int_v R_{eL} \overline{\dot{\varepsilon}} dv + \int_0^{R_0} 2\tau_f 2\pi r v_r dr = \int_{r_0}^{R_0} R_{eL} \frac{d_0 v_0}{\sqrt{3} r^2} 2\pi r dr t + \int_0^{R_0} 2\tau_f 2\pi r \frac{d_0}{2r} v_0 dr$$

$$p \pi d_0 t v_0 = = R_{eL} \frac{d_0 v_0 t}{\sqrt{3}} 2\pi \int_0^{R_0} \frac{1}{r^2} r dr + + 2\pi \tau_f d_0 R_0 v_0 = R_{eL} \frac{2\pi d_0 v_0 t}{\sqrt{3}} \ln \frac{R_0}{r_0} + 2\pi \tau_f d_0 R_0 v_0$$

圆筒形件拉深时单位变形力为

$$p = R_{eL} \frac{2}{\sqrt{3}} \ln \frac{R_0}{r_0} = R_{eL} \frac{2}{\sqrt{3}} \ln \frac{D_0}{d_0} + \tau_f \frac{D_0}{t} \quad (4.36)$$

4.4 管材挤压变形力计算模型

1. 挤压变形特点

管材挤压加工技术具有很多优点,如可降低原材料的消耗、零件的力学性能高、生产效率高、工件晶粒组织致密、可降低生产成本等。对于一些形状复杂的对称零件,采用管材挤压加工技术效果特别明显,可以获得较高的尺寸精度和表面光洁度。

2. 挤压工艺参数确定

以高温合金 GH4169 管材为例,制定其挤压工艺参数,即:挤压变形温度 1 120 ℃,模具预热温度 350 ℃,挤压比 4~8,挤压速度 60~100 mm/s,挤压坯料外径 D_0 = 85 mm、内径 D_i = 26 mm、高度 h = 150~250 mm,润滑剂采用专用玻璃润滑剂。图 4.9 为高温合金 GH4169 挤压管材。

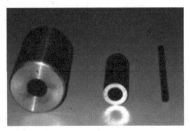

图 4.9 高温合金 GH4169 挤压管材

3. 管材挤压力能参数物理模型

在进行管材挤压工艺模具设计时,需要准确计算挤压变形力参数,以保证模具结构及模具材料的选择合理。本节介绍如何采用主应力法确定管材挤压变形时挤压力的理论计算公式。

假设变形区为球形速度场,变形力计算模型见图 4.10,变形力包括以下几部分:变形区塑性变形力;变形区金属与挤压套之间的摩擦力;变形区金属与挤压针之间的摩擦力;变形区金属与挤压套之间的正压力;未变形区(待变形区)金属与挤压套之间的摩擦力(如果润滑效果好,此部分摩擦力可以忽略)。在微元体 x 方向上受力平衡。

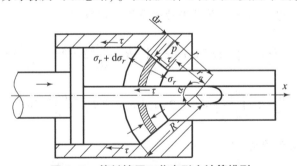

图 4.10 管材挤压工艺变形力计算模型

球形速度场正压力 σ_r 在 x 方向上的分量为

$$P_{x1} = -(\sigma_r + \mathrm{d}\sigma_r)\pi[(r+\mathrm{d}r)\sin\alpha]^2 + \sigma_r\pi(r\sin\alpha)^2 \tag{4.37}$$

变形区金属与挤压套之间的正压力在 x 方向上的分量为

$$P_{x2} = -2\pi r dr p \sin^2\alpha \quad (4.38)$$

变形区金属与挤压套之间（摩擦因数 μ_1）的摩擦力在 x 方向上的分量为

$$P_{x3} = -2\pi r d\mu_1 p \sin\alpha\cos\alpha \quad (4.39)$$

变形区金属与挤压针之间（摩擦因数 μ_2）的摩擦力在 x 方向上的分量为

$$P_{x4} = -2\pi r d\mu_2 p \sin\alpha \quad (4.40)$$

根据静力平衡理论，得到在 x 方向上受力平衡，即

$$P_{x1} + P_{x2} + P_{x3} + P_{x4} = 0 \quad (4.41)$$

根据塑性条件 $\sigma_r + p = S$，将式（4.37）~（4.40）代入式（4.41），并整理得

$$\frac{d\sigma_r}{(2k_1-2)\sigma_r - 2k_1 S} = \frac{dr}{r} \quad (4.42)$$

式中，$k_1 = 1 + \mu_1/\tan\alpha + \mu_2/\sin\alpha$。对式（4.42）进行积分得

$$\sigma_r = Cr^{2(k_1-1)} + S\frac{k_1}{k_1-1} \quad (4.43)$$

设 r_e 为变形区球形速度场最小曲率半径；R 为变形区球形速度场最大曲率半径。根据边界条件：当 $r = r_e$ 时，$\sigma_r = 0$，得

$$\sigma_r = -\frac{Sk_1}{k_1-1}\left[\left(\frac{r}{r_e}\right)^{2(k_1-1)} - 1\right] \quad (4.44)$$

因为 $r > r_e$，$k_1 > 1$，则 $\sigma_r < 0$，即 σ_r 为压应力。在以下计算时 σ_r 取正值。当 $r = R$ 时，压应力为

$$\sigma_r|_{r=R} = \frac{Sk_1}{k_1-1}\left[\left(\frac{R}{r_e}\right)^{2(k_1-1)} - 1\right] \quad (4.45)$$

总变形力为

$$F = \frac{1}{4}\pi(D_0^2 - d_0^2)\sigma_r|_{r=R} \quad (4.46)$$

将 $r_e = d_0/(2\sin\alpha)$、$R = D_0/(2\sin\alpha)$、式（4.45）代入式（4.46）得

$$F = \frac{1}{4}\pi(D_0^2 - D_i^2)\frac{Sk_1}{k_1-1}\left[\left(\frac{D_0}{d_0}\right)^{2(k_1-1)} - 1\right] \quad (4.47)$$

平均变形力为

$$p = \frac{4F}{\pi D_0^2} = \frac{D_0^2 - D_i^2}{D_0^2}\frac{Sk_1}{k_1-1}\left[\left(\frac{D_0}{d_0}\right)^{2(k_1-1)} - 1\right] \quad (4.48)$$

式中，σ_r 为变形区单位挤压力，MPa；S 为屈服应力，MPa；D_0、D_i 分别为挤压坯料外径和内径，mm；d_0、d_i 分别为挤压管材外径和内径，mm，$d_i = D_i$；α 为挤压凹模锥半角。

4. 实验验证

将式（4.47）的管材挤压力计算模型应用于镁合金管材挤压成形中，得到的理论计算结果与实验值相吻合，相对误差小于15%，如图4.11所示。将式（4.47）的管材挤压变形力计算模型应用于高温合金管材挤压成形中，得到的理论计算结果与实验值相吻合，相对误差小于20%，如图4.12所示，其中，坯料为 $\phi 85 \times 31.5$，挤压管材为 $\phi 36 \times 7$。

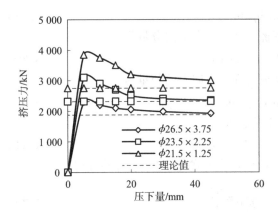

图 4.11 镁合金管材挤压变形力计算结果

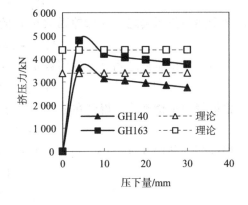

图 4.12 高温合金管材挤压变形力计算结果

4.5 关于屈服准则应用的探讨

主应力法是求解塑性变形力的重要方法之一。采用主应力法求解平面变形的塑性变形力时，根据屈雷斯加屈服准则，得到平面变形时的屈服准则表达式为

$$|\sigma_x - \sigma_y| = 2\sqrt{K^2 + \tau_{xy}^2} \tag{4.49}$$

如果摩擦剪应力很小，可以忽略不计，因此式（4.49）可以简化为

$$|\sigma_x - \sigma_y| = 2K \tag{4.50}$$

如何去掉绝对值符号则是主应力法求解塑性变形力的主要问题。去掉绝对值符号的前提是保证等式左边是正值。以下介绍去掉绝对值符号的方法。

1. 应力分量取绝对值

采用主应力法求变形力时，如果应力分量方向能够确定，则在受力图上注明力的方向，这样在求解过程中，应力分量应该取绝对值。

由于塑性变形时体积不变，因此有 $\varepsilon_x + \varepsilon_y = 0$，假设 ε_x 为拉伸应变，ε_y 为压缩应变，则有 $\sigma_x > \sigma_y$。屈服准则形式见表 4.1。

2. 应力分量取代数值

采用主应力法求变形力时，如果应力分量方向不能确定，则在受力图上力的方向均设为拉应力，这样在求解过程中，应力分量应该取代数值，计算结果为正时为拉应力，否则为压应力。

由于塑性变形时体积不变，因此有 $\varepsilon_x + \varepsilon_y = 0$，假设 ε_x 为拉伸应变，ε_y 为压缩应变，则有 $\sigma_x > \sigma_y$。屈服准则形式见表 4.1。

表 4.1 平面变形时不同条件下的屈服准则形式（设 $\varepsilon_x > 0$）

应力状态	σ_x	σ_y	屈服准则（取绝对值时）	屈服准则（取代数值时）
两向拉应力	正	正	$\sigma_x - \sigma_y = R_{eL}$	
两向压应力	负	负	$\sigma_y - \sigma_x = R_{eL}$	$\sigma_x - \sigma_y = R_{eL}$
一向拉应力，一向压应力	正	负	$\sigma_x + \sigma_y = R_{eL}$	

3. 应用实例——圆柱体轴对称镦粗变形

圆柱体轴对称镦粗是典型而又简单的塑性变形工艺。

如果 σ_r 与 σ_y 均为代数值，则圆柱体轴对称镦粗时的微元体应力分布见图 4.13。图中 σ_r 与 σ_y 方向均设为正方向，即设 σ_r 与 σ_y 均为拉伸应力。根据应力平衡微分方程式及屈服条件，得到

$$\begin{cases} \dfrac{d\sigma_r}{dr} - \dfrac{2\tau}{H} = 0 \\ \sigma_r - \sigma_y = 2K \end{cases} \tag{4.51}$$

解之得

$$\sigma_y = -\left[2K + \dfrac{2\tau}{H}(R_0 - r)\right] \tag{4.52}$$

显然，式中的 σ_y 永远是负值，说明图 4.13 中 σ_y 的方向与实际方向相反，说明 σ_y 实际是压缩应力。

如果 σ_r 与 σ_y 均为绝对值，则圆柱体轴对称镦粗时的微元体应力分布见图 4.14，图中 σ_r 与 σ_y 方向已标明。根据应力平衡微分方程式及屈服条件，得到

$$\begin{cases} \dfrac{d\sigma_r}{dr} + \dfrac{2\tau}{H} = 0 \\ \sigma_y - \sigma_r = 2K \end{cases}$$

解之得

$$\sigma_y = 2K + \dfrac{2\tau}{H}(R_0 - r) \tag{4.53}$$

显然，式（4.52）与式（4.53）的结果完全一致。

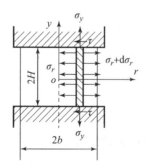

图 4.13　圆柱体镦粗应力分布（代数值）　　图 4.14　圆柱体镦粗应力分布（绝对值）

4. 应用实例——厚壁筒受内压塑性变形

如果 σ_r 与 σ_θ 均为代数值，厚壁筒受内压时的微元体应力分布见图 4.15，图中 σ_r 与 σ_θ 方向设为正方向。根据应力平衡微分方程式及屈服条件，得到

$$\begin{cases} \dfrac{d\sigma_r}{dr} + \dfrac{\sigma_r - \sigma_\theta}{r} = 0 \\ \sigma_\theta - \sigma_r = 2K \end{cases}$$

解之得

$$\sigma_r = -2K\ln\left(\frac{D}{d_0}\right) \tag{4.54}$$

如果 σ_r 与 σ_t 均为绝对值，厚壁筒受内压时的微元体应力分布见图 4.16，图中 σ_r 与 σ_t 方向已标明。根据力平衡微分方程式及屈服条件，得到

$$\begin{cases} \dfrac{d\sigma_r}{dr} + \dfrac{\sigma_r + \sigma_\theta}{r} = 0 \\ \sigma_\theta + \sigma_r = 2K \end{cases}$$

解之得

$$\sigma_r = 2K\ln\left(\frac{D}{d_0}\right) \tag{4.55}$$

显然，式（4.54）和式（4.55）的结果完全一致。以上实例证明了表 4.1 所列屈服准则的表达形式是正确的。

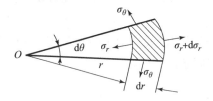
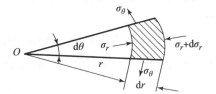

图 4.15　厚壁筒受内压时微元体应力分布（代数值）

图 4.16　厚壁筒受内压时微元体应力分布（绝对值）

5. 结论

（1）采用主应力法求变形力时，如果应力分量方向不能确定，则受力图上力的方向均设为拉应力（正方向）。这样在求解过程中，应力分量应该取代数值，屈服准则为 $\sigma_x - \sigma_y = R_{eL}$（如果 $\varepsilon_x > 0$），计算结果为正时为拉应力，否则为压应力。

（2）如果应力分量方向能够确定，则受力图上力的方向均为实际方向。在求解过程中，应力分量应该取绝对值，如果 $\varepsilon_x > 0$，屈服准则为：$\sigma_x - \sigma_y = R_{eL}$（$\sigma_x$ 与 σ_y 均为拉应力）；$\sigma_y - \sigma_x = R_{eL}$（$\sigma_x$ 与 σ_y 均为压应力）；$\sigma_x + \sigma_y = R_{eL}$（$\sigma_x$ 与 σ_y 均为分别为拉压应力）。σ_x 与 σ_y 计算结果一定为正。

4.6　滑移线法中 ω 角确定原则

1. 滑移线法求变形力的基本步骤

滑移线法是求解塑性变形力参数的方法之一。塑性变形体内各点最大剪应力的轨迹称为滑移线。由于最大剪应力成对正交，因此滑移线在变形体内成两族互相正交的线网，组成所谓滑移线场。

滑移线法就是针对具体的变形工序或变形过程，首先建立滑移线场，然后利用滑移线的某些特性求解塑性成形问题，如确定变形体内的应力分布、计算变形力、分析变形和决定毛坯的合理外形、尺寸等。

严格地说，滑移线法仅适用于处理理想刚塑性体的平面应变问题。但对于主应力互为异号的平面应力状态问题、简单的轴对称问题以及有硬化的材料，也可推广应用。

2. α 滑移线与 x 轴夹角 ω 的确定原则

汉基应力方程也可以写成另外形式：$\sigma_{ma} - \sigma_{mb} = \pm 2K(\omega_a - \omega_b)$，$|\omega_{ab}| = |\omega_a - \omega_b|$，沿同一条 α 滑移线取"+"，沿同一条 β 滑移线取"−"，由此可见，$|\omega_{ab}|$ 越大，则平均应力变化越大，在计算时要选取 $|\omega_{ab}|$ 最小值。一般情况下，α 滑移线与 x 轴夹角 ω 有 ω_a 和 ω_b 小于 π [图 4.17（a）]、ω_a 和 ω_b 大于 π [图 4.17（b）]、$|\omega_a|$ 和 $|\omega_b|$ 小于 π [图 4.17（c）] 3 种形式。

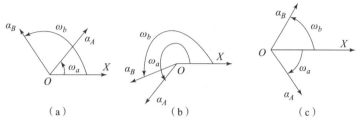

图 4.17 α 滑移线与 x 轴夹角 ω

(a) ω_a 和 ω_b 小于 π；(b) ω_a 和 ω_b 大于 π；(c) $|\omega_a|$ 和 $|\omega_b|$ 小于 π

由图 4.17 可见，3 种情况均满足

$$|\omega_{ab}| = |\omega_a - \omega_b| < \pi \tag{4.56}$$

因此在利用滑移线法求解变形力时，对于两点 A、B，确定 α 滑移线与 x 轴夹角 ω 原则是：（1）同时沿逆时针或顺时针；（2）$|\omega| < \pi$；（3）$|\omega_{ab}| < \pi$。须保证 A、B 两点的 $|\omega_{ab}| < \pi$，如果（1）条件不能满足式（4.56），则采用（2）条件来满足式（4.56）的条件。

3. 应用实例

以平面正挤压为例分析 α 滑移线与 x 轴夹角 ω 确定原则。平面正挤压可以认为是平面变形，其滑移线场见图 4.18。

对于图 4.18 所示的平面正挤压滑移线场，x 轴位置不同，则 ω_a 和 ω_b 的取值不同，见图 4.19。

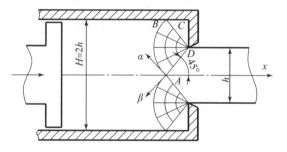

图 4.18 平面正挤压滑移线场

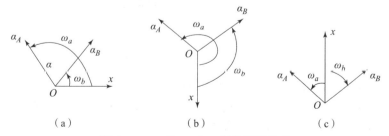

图 4.19 ω_a 和 ω_b 与 x 轴位置的关系

(a) x 轴水平；(b) x 轴垂直向下；(c) x 轴垂直向上

对于图 4.19（a），在边界上一点 A 的应力状态为

$$\sigma_{xa} = 0,\ \sigma_{ya} = -2K,\ \sigma_{ma} = (\sigma_x + \sigma_y)/2 = -K,\ \omega_a = 3\pi/4$$

在工具表面上与坯料相接触的点 B 的应力状态为

$$\omega_b = \pi/4, \ |\omega_{ab}| = |\omega_a - \omega_b| < \pi$$

根据汉基应力方程（沿 α 滑移线）有

$$\sigma_{ma} - 2K\omega_a = \sigma_{mb} - 2K\omega_b$$

则

$$\sigma_{mb} = \sigma_{ma} + 2K(\omega_b - \omega_a) = -(1+\pi)K$$

点 B 的应力分量为

$$\begin{cases} \sigma_{xb} = \sigma_{mb} - K\sin(2\omega_b) = -(2+\pi)K \\ \sigma_{yb} = \sigma_{mb} + K\sin(2\omega_b) = -\pi K \\ \tau_{xy} = K\cos(2\omega_b) = 0 \end{cases}$$

变形力为

$$P = \sigma_{xb}hL = -(2+\pi)KhL$$

平均变形力为

$$p = \frac{P}{2hL} = -(1+0.5\pi)K$$

对于图 4.19（b），在边界上一点 A 的应力状态为

$$\sigma_{xa} = 0, \ \sigma_{ya} = -2K, \ \sigma_{ma} = (\sigma_x + \sigma_y)/2 = -K, \ \omega_a = 5\pi/4$$

在工具表面上与坯料相接触的点 B 的应力状态为

$$\omega_b = 3\pi/4, \ |\omega_{ab}| = |\omega_a - \omega_b| < \pi$$

根据汉基应力方程（沿 α 滑移线）有

$$\sigma_{ma} - 2K\omega_a = \sigma_{mb} - 2K\omega_b, \ |\omega_{ab}| = |\omega_a - \omega_b| < \pi$$

则

$$\sigma_{mb} = \sigma_{ma} + 2K(\omega_b - \omega_a) = -(1+\pi)K$$

点 B 的应力分量为

$$\begin{cases} \sigma_{xb} = \sigma_{mb} - K\sin(2\omega_b) = -\pi K \\ \sigma_{yb} = \sigma_{mb} + K\sin(2\omega_b) = -(2+\pi)K \\ \tau_{xy} = K\cos(2\omega_b) = 0 \end{cases}$$

变形力为

$$P = \sigma_{yb}hL = -(2+\pi)KhL$$

平均变形力为

$$p = \frac{P}{2hL} = -(1+0.5\pi)K$$

对于图 4.19（c），在边界上一点 A 的应力状态为

$$\sigma_{xa} = 0, \ \sigma_{ya} = -2K, \ \sigma_{ma} = (\sigma_x + \sigma_y)/2 = -K, \ \omega_a = \pi/4$$

在工具表面上与坯料相接触的点 B 的应力状态为

$$\omega_b = -\pi/4, \ |\omega_{ab}| = |\omega_a - \omega_b| < \pi$$

根据汉基应力方程（沿 α 滑移线）有

$$\sigma_{ma} - 2K\omega_a = \sigma_{mb} - 2K\omega_b, \ |\omega_{ab}| = |\omega_a - \omega_b| < \pi$$

则

$$\sigma_{mb} = \sigma_{ma} + 2K(\omega_b - \omega_a) = -(1+\pi)K$$

点 B 的应力分量为

$$\begin{cases} \sigma_{xb} = \sigma_{mb} - K\sin(2\omega_b) = -\pi K \\ \sigma_{yb} = \sigma_{mb} + K\sin(2\omega_b) = -(2+\pi)K \\ \tau_{xy} = K\cos(2\omega_b) = 0 \end{cases}$$

变形力为

$$P = \sigma_{yb}hL = -(2+\pi)KhL$$

平均变形力为

$$p = \frac{P}{2hL} = -(1+0.5\pi)K$$

针对 3 种 x 轴,对于图 4.19（a）、（b），采用 ω_a 和 ω_b 同时沿逆时针或顺时针计算,图 4.19（c）采用 ω_a 和 ω_b 满足 $|\omega|<\pi$,以上计算结果相同。

4. 结论

利用滑移线法求解变形力时,确定 α 滑移线与 x 轴夹角 ω 的原则是依次满足下列 3 个条件：（1）同时沿逆时针或顺时针；（2）保证 $|\omega|<\pi$；（3）保证 $|\omega_{ab}|<\pi$。即保证 A、B 两点的 $|\omega_{ab}|<\pi$,如果（1）条件不能满足式（4.56），则采用（2）条件来满足式（4.56）的条件。

4.7 材料本构关系模型

4.7.1 一般形式

材料本构关系是指变形材料的流动应力与热力参数的关系,它表征材料变形过程中的动态响应。本构关系是利用刚塑性有限元方法对材料变形过程进行数值模拟的前提条件,是变形热力参数选择及设备吨位确定的主要依据,也是利用耗散结构理论确定稳定区所需的动力学方程。

常用的本构关系类型有两种,即唯象型本构关系和机理型本构关系。唯象型本构关系建立在大量的实验观测数据之上,这些数据是在特定的、能表现出变形特征的变形温度及应变速率范围内测得的。对这些数据进行分析,可得出本构关系模型。这种方法利用可测宏观参量来描述动力学行为,直观性强、便于工程应用。应用这种方法建立的是一个经验方程,但方程的结果在特定的变形工艺参数范围内还是比较准确的。机理型本构关系侧重于描述变形过程的微观机理,其建立在原子和分子模型描述的微观机制上。显然,唯象型本构关系比较简单,适用于塑性加工过程的数值模拟。

一般的工程金属材料,由于其变形机制非常复杂,而且往往具有变形温度和应变速率敏感性,所以,通常采用实验测量一定应变速率、变形温度范围内的流动应力数据,再根据这些数据建立相应的本构方程。由于材料在塑性加工过程中的动态响应是材料内部组织演化过程引起的硬化和软化过程综合作用的结果,故本构关系是高度非线性的,不存在普遍适用的构造方法。

在高温情况下,金属材料发生塑性变形时的流动应力与应变速率、变形温度、变形程度有关。金属材料的热加工变形和高温蠕变一样都是热激活过程,其热变形行为可用稳态变形阶段的应变速率（$\dot{\varepsilon}$）、变形温度（T）和流变应力（σ）之间的关系进行描述。对不同材料高温塑性变形的研究发现，在低应力水平下，稳定流变应力 σ 和应变速率 $\dot{\varepsilon}$ 之间的关系可用指数关系进行描述，见式（4.57）。

$$\dot{\varepsilon} = A\sigma^n \tag{4.57}$$

式中，A、n 为与变形温度无关的常数。

在高应力水平下，流变应力 σ 和应变速率 $\dot{\varepsilon}$ 之间满足幂指数关系，见式（4.58）。

$$\dot{\varepsilon} = A\exp(\beta\sigma) \tag{4.58}$$

式中，A、β 为与变形温度无关的常数。

依据材料的变形特点，本构关系式可表示为并联概率模型

$$\sigma = \sigma_0 \times f_1(\bar{\varepsilon}) \times f_2(\dot{\bar{\varepsilon}}) \times f_3(T) \tag{4.59}$$

式中，σ 为屈服应力，MPa；σ_0 为初始屈服应力，MPa；$f_1(\bar{\varepsilon})$，$f_2(\dot{\bar{\varepsilon}})$，$f_3(T)$ 分别为等效应变、等效应变速率和变形温度的函数。

在1957年，Fields 和 Bachofen 研究了大量金属材料之后，提出了一个含有应变以及应变速率与流变应力的本构关系模型（称为FB模型），见式（4.60）。

$$\sigma = A\varepsilon^n \left(\frac{\dot{\varepsilon}}{\dot{\varepsilon}_0}\right)^m \tag{4.60}$$

式中，m 为应变速率敏感系数；n 为加工硬化指数。

Takuda 等利用 FB 模型提出了 AZ31 镁合金关于流变应力关系的模型，并提出了变形温度对热变形的影响，给方程增加了相应的参数加以修正，模型形式见式（4.61）。

$$\sigma = A(T)\varepsilon^{n(\dot{\varepsilon},T)} \left(\frac{\dot{\varepsilon}}{\dot{\varepsilon}_0}\right)^{m(T)} \tag{4.61}$$

式（4.61）的应用条件是应变为 $0.05 \sim 0.7$、应变速率为 $0.01 \sim 1\ s^{-1}$、变形温度为 $433 \sim 573\ K$。

为了吻合镁合金在热变形条件下的加工软化情况，张先宏等引入了含有软化因子的流变应力关系模型，见式（4.62）。

$$\sigma = A\varepsilon^n \dot{\varepsilon}^m e^{(bT+s\varepsilon)} \tag{4.62}$$

式中，m 为应变速率敏感系数；n 为加工硬化指数；b 为系数；s 为应变软化因子，并且有 $s<0$。

咸奎峰等将修正后的 FB 模型与张先宏等的模型作为条件，对 AZ31 镁合金板材温热变形单向拉伸实验数据进行数值分析，得出以下结论：在材料均匀变形阶段，FB 修正模型较为适用；然而在软化阶段，张先宏的模型描述更加准确。

张庭芳等通过对不同实验结果进行分析，提出软化因子关系模型中的软化因子 s 是一个能够随着变形温度以及应变速率的变化而变化的变量，并且就此提出非常软化因子公式并对式（4.62）进行了再次修正，同时提出了一个镁合金流变应力模型，该模型能够应用的变形温度范围更宽、应变速率范围更大，模型表达式见式（4.63）。

$$\sigma = A\varepsilon^n \dot{\varepsilon}^m \exp(bT - d \times \ln(10\ 000\dot{\varepsilon})/\ln(T) \times \varepsilon) \tag{4.63}$$

式中，d 为常数。

在位错动力学研究方面，Johnson 和 Cook 在 1983 年建立了本构关系模型（称为 JC 模型），该模型能够在大变形、高应变速率以及高温条件下应用，其一般表达式见式（4.64）。

$$\sigma = (A + B\varepsilon^n)\left[1 + C\ln\left(\frac{\dot{\varepsilon}}{\dot{\varepsilon}_0}\right)\right]\left[1 - \left(\frac{T - T_r}{T_m - T_r}\right)^m\right] \tag{4.64}$$

式中，$\dot{\varepsilon}_0$ 为初始应变速率；$\dot{\varepsilon}$ 为应变速率；T 为绝对温度；T_r 为参考温度；T_m 为熔点温度；A、B、C、m 和 n 为待定参数。

Khan 等对 JC 模型参数加以优化，优化后的模型能够在较宽的温度范围和较广的应变速率范围内使用，修正后模型见式（4.65）。

$$\sigma = [A + B(1 - \ln\dot{\varepsilon}/\ln D_0^p)^{n_1}\varepsilon^{n_1}]e^{C\ln\dot{\varepsilon}}\left[1 - \left(\frac{T - T_r}{T_m - T_r}\right)^m\right] \tag{4.65}$$

式中，D_0^p 为上限应变速率，经验认为 $D_0^p = 10^6\ \text{s}^{-1}$；$A$、$B$、$C$、$m$、$n_0$ 和 n_1 为待定参数。

4.7.2 双曲正弦本构关系模型

目前，广泛应用的材料本构关系模型是由 Sellars 和 Tegart 提出的包含变形激活能 Q、应变速率 $\dot{\varepsilon}$ 和变形温度 T 的双曲正弦形式的 Arrhenius 方程，见式（4.66）。

$$\dot{\varepsilon} = A[\sinh(\alpha\sigma)]^n\exp\left(-\frac{Q}{RT}\right) \tag{4.66}$$

式中，σ 为流变应力，MPa；$\dot{\varepsilon}$ 为应变速率，s^{-1}；Q 为变形激活能，J/mol，与材料有关；α 为应力水平参数；n 为应力指数；T 为变形温度，K；R 为气体常数，$R = 8.314\ \text{J}/(\text{mol}\cdot\text{K})$；$A$ 为与材料有关的常数；Q、A、n 与变形温度无关。

双曲正弦模型 $\sinh(x) = (e^x - e^{-x})/2$，经过 Thaler 展开后得到

$$\sinh(x) = \frac{e^x - e^{-x}}{2} = x + \frac{x^3}{3!} + \frac{x^5}{5!} + \frac{x^7}{7!} + \cdots$$

当 $x \leq 0.5$ 时，忽略三次项以上的项，则 $\sinh(x) \approx x$，其相对误差小于 4.2%；当 $x \geq 2.0$ 时，忽略 e^{-x} 项，则 $\sinh(x) \approx e^x/2$，其相对误差小于 1.9%。因此，Arrhenius 方程中的双曲正弦函数可以简化成线性函数或指数函数形式，即式（4.66）可以简化为式（4.67）和式（4.68）的形式。

当 $\alpha\sigma \leq 0.5$ 时

$$\dot{\varepsilon} = A_1\sigma^n\exp\left(-\frac{Q}{RT}\right) \tag{4.67}$$

当 $\alpha\sigma \geq 2.0$ 时

$$\dot{\varepsilon} = A_2\exp(\alpha n\sigma)\exp\left(-\frac{Q}{RT}\right) \tag{4.68}$$

将式（4.66）、（4.67）、（4.68）整理得到材料本构关系模型，见式（4.69）。

$$\begin{cases}\dot{\varepsilon} = A_1\sigma^n\exp\left(-\dfrac{Q}{RT}\right), & \alpha\sigma \leq 0.5 \\ \dot{\varepsilon} = A_2\exp(\alpha n\sigma)\exp\left(-\dfrac{Q}{RT}\right), & \alpha\sigma \geq 2.0 \\ \dot{\varepsilon} = A[\sinh(\alpha\sigma)]^n\exp\left(-\dfrac{Q}{RT}\right), & \text{所有值}\end{cases} \tag{4.69}$$

式中，$A_1 = A\alpha^n$；$A_2 = A/2^n$；$\dot{\varepsilon}$ 为应变速率，s^{-1}；Q 为变形激活能，J/mol，与材料有关；σ 为流变应力，MPa；n，应力指数；T 为绝对变形温度，K；R 为气体常数，$R = 8.314 \text{ J}/(\text{mol} \cdot \text{K})$；$A$ 为与材料有关的常数。

在变形温度不变的条件下，Q、T、A 均为常数。根据式（4.67）和式（4.68）可以确定 n 和 α 的计算公式，见式（4.70）和式（4.71）。

$$n = \frac{\partial \ln \dot{\varepsilon}}{\partial \ln \sigma} \tag{4.70}$$

$$\alpha = \frac{1}{n} \frac{\partial \ln \dot{\varepsilon}}{\partial \sigma} \tag{4.71}$$

在变形温度变化的条件下，Q 随变形温度的变化而变化，系数 α、n、A 均是常数，根据式（4.69）可以得到 Q 的计算式，见式（4.72）。A 值可以由式（4.69）求得。

$$Q = Rn \frac{d\{\ln[\sinh(\alpha\sigma)]\}}{d(1/T)} \tag{4.72}$$

根据材料真实应力-应变曲线，以及式（4.70）~（4.72），即可求系数 n、α、Q、A 的值，代入式（4.69）中，即可得到材料本构关系模型。

4.7.3 AZ31 镁合金本构关系模型

1. 真实应力-应变曲线

对 AZ31 镁合金材料进行等应变速率热拉伸实验，变形温度分别为 250、300、350 ℃，应变速率分别为 0.01、0.10、1.00 s^{-1}，变形程度均为 50%，测得真实应力-应变曲线如图 4.20 所示。在应力-应变曲线的初始部分，曲线的斜率随变形温度的升高而降低，随着变形量的增大，曲线上升缓慢，达到一定应变后，曲线开始缓慢下降，之后趋于水平状态。这表明，变形的初始阶段处于微应变阶段，加工硬化占主导，镁合金仅发生部分的动态回复和再结晶，加工硬化作用远大于软化作用，从而引起应力值的急剧上升。随着变形过程的进行，曲线上升缓慢，达到一定应变，出现下降趋势，说明动态再结晶的发生增加了软化的作用，使流变应力下降，随变形的进一步进行，流变应力趋于稳定水平线。

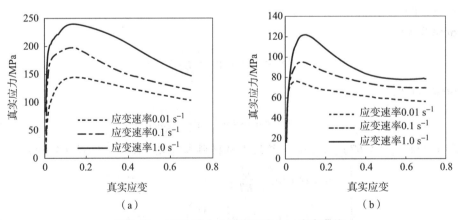

图 4.20 AZ31 镁合金的真实应力-应变曲线

(a) 变形温度 250 ℃；(b) 变形温度 350 ℃

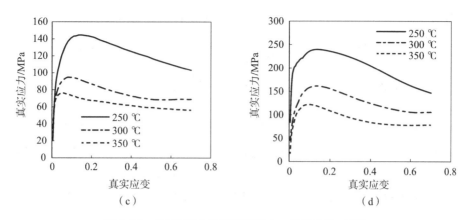

图 4.20　AZ31 镁合金的真实应力 – 应变曲线（续）

(c) 应变速率 0.01 s^{-1}；(d) 应变速率 1.0 s^{-1}

2. 本构方程的建立

根据图 4.20 所示的实验数据，绘制 $\ln\dot{\varepsilon} - \ln\sigma_p$、$\ln\dot{\varepsilon} - \sigma_p$ 和 $\ln[\sinh(\alpha\sigma)] - 1/T$ 的曲线，见图 4.21。根据式（4.70）~（4.72），图 4.21 的实验测试结果，可以得到 $n = 9.13$，$\alpha = 0.008\,1$，$Q = 252\,218$ J/mol，$A = 5.718 \times 10^{20}$，$A_1 = 19.286$，$A_2 = 9.009 \times 10^{17}$。

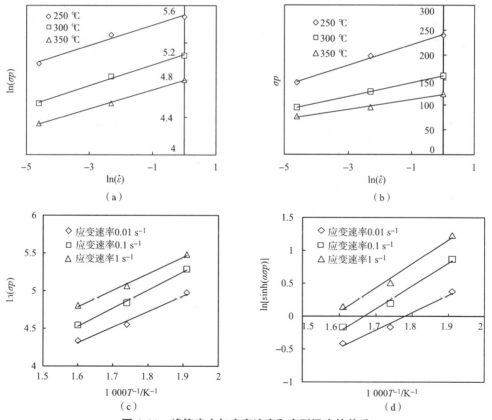

图 4.21　峰值应力与应变速率和变形温度的关系

(a) $\ln\dot{\varepsilon} - \ln\sigma_p$；(b) $\ln\dot{\varepsilon} - \sigma_p$；(c) $\ln(\sigma_p) - 1\,000T^{-1}$；(d) $\ln[\sinh(\alpha\sigma_p)] - 1\,000T^{-1}$

将上述参数代入式（4.69）中，即可得到 AZ31 镁合金的本构关系模型，见式（4.73）。

$$\begin{cases} \dot{\varepsilon} = 19.286\sigma^{9.13}\exp\left(-\dfrac{252\ 218}{RT}\right), & \alpha\sigma \leqslant 0.5 \\ \dot{\varepsilon} = 9.009 \times 10^{17}\exp(0.073\ 8\sigma)\exp\left(-\dfrac{252\ 218}{RT}\right), & \alpha\sigma \geqslant 2.0 \\ \dot{\varepsilon} = 5.718 \times 10^{20}\left[\sinh(0.008\ 1\sigma)\right]^{9.13}\exp\left(-\dfrac{252\ 218}{RT}\right), & \text{所有值} \end{cases} \quad (4.73)$$

式（4.73）的本构模型计算值与实验数据相吻合，如图 4.22 所示。通过对计算结果与实验结果进行分析，该本构关系模型的计算结果与实验结果之间的相对误差小于 13%。式（4.73）的 AZ31 镁合金本构关系模型的适用条件为变形温度范围 250～350 ℃、应变速率范围 0.01～1.0 s^{-1}。

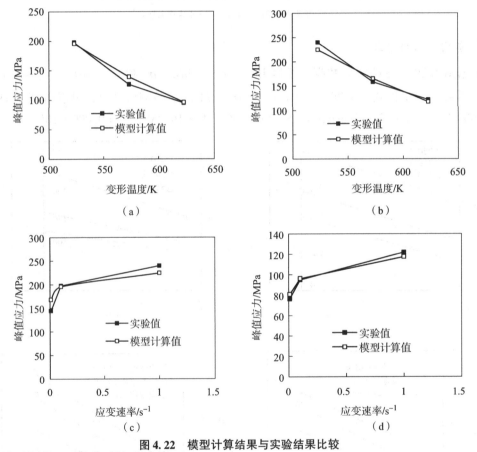

图 4.22　模型计算结果与实验结果比较

(a) 应变速率 0.1 s^{-1}；(b) 应变速率 1 s^{-1}；(c) 变形温度 523 K；(d) 变形温度 623 K

习 题

1. 解释基本概念：塑性变形、材料塑性、热变形、冷变形、超塑性、应力、剪应力、主应力、主剪应力、主平面、等效应力、应变、剪应变、主应变、主剪应变、等效应变、位移场、速度场、平面变形状态、平面应变状态、平面应力状态、轴对称变形状态、应力张量、应力偏张量、应力球张量、应变张量、加工硬化、滑移线、位错、变形抗力、π 平面。

2. 材料塑性指标有哪些？

3. 什么是材料成型？材料成型方法有哪些？

4. 提高材料塑性的方法有哪些？

5. 试述影响材料塑性的外部因素及影响规律。

6. 试述塑性变形时应变分量 ε_{ij} 与位移分量（u_x、u_y、u_z）之间的关系。

7. 简述两种屈服准则并写出表达式，说明其在空间的几何表达形式。

8. 塑性变形时，应力分量与应变分量满足什么关系？

9. 写出一般应力状态下的应力张量表达式，并在三维空间内的微元体上注明各个应力分量的位置及方向。

10. 写出一般应力状态下的应力张量表达式，并说明其作用。

11. 写出三向应力状态下的应力平衡微分方程。

12. 写出平面应力状态下的应力平衡微分方程。

13. 试述塑性变形特点。

14. 试述均匀滑移线场的特点。

15. 均匀滑移线场中一点的应力分量有什么特征？

16. 什么是滑移线？滑移线的特点是什么？

17. 画出一般材料真实应力-应变曲线，并标明弹性极限、屈服极限、强度极限的位置。

18. 试述材料真实应力-应变曲线的形式及测试方法。

19. 试证明：沿滑移线的线应变速率等于0。

20. 试证明：平面变形时，应变为0的坐标方向上的应力等于平均应力。

21. 试求单向压缩变形时的位移场、应变场（已知端点压缩微小量 ΔH）。

22. 试述理想刚塑性材料模型的特点。

23. 试述刚塑性材料模型的特点。

24. 试证明：当两族滑移线为正交直线时，滑移线场的各点应力分量（σ_x、σ_y、τ_{xy}）都相等。

25. 试分析塑性区自由表面上应力边界的应力状态，并确定 α 滑移线和 β 滑移线。

26. 试论述密席斯屈服准则在空间的屈服轨迹，并证明之。

27. 试推导汉基应力方程。

28. 如果 σ_2 为中间主应力，试将密席斯屈服准则表达式转化为 $|\sigma_1 - \sigma_3| = \beta R_{eL}$（即将 $\bar{\sigma} = \sqrt{\dfrac{1}{2}\left[(\sigma_1 - \sigma_2)^2 + (\sigma_2 - \sigma_3)^2 + (\sigma_3 - \sigma_1)^2\right]} = R_{eL}$ 转化为 $|\sigma_1 - \sigma_3| = \beta R_{eL}$）。

29. 设某物体内的应力场为

$$\begin{cases} \sigma_x = -6xy^2 + c_1 x^3 \\ \sigma_y = -\dfrac{3}{2} c_2 xy^2 \\ \tau_{xy} = -c_2 y - c_3 x^2 y \\ \sigma_z = \tau_{yz} = \tau_{zx} = 0 \end{cases}$$

试求系数 c_1、c_2、c_3。（提示：应力场必须满足平衡方程。）

30. 某质点处于平面变形状态下，现已知其中的应力（MPa）分量 $\sigma_x = 20$，$\sigma_y = -40$，$\tau_{xy} = -30$，其余未知。试利用应力莫尔圆求出其主应力、主轴方向、主剪应力及最大剪应力。

31. 设物体在变形过程中某一极短时间内的位移场为：$u_x = (10 + 0.1xy + 0.05z) \times 10^{-4}$
$u_y = (5 - 0.05x + 0.1yz) \times 10^{-4}$，$u_z = (10 - 0.1xyz) \times 10^{-4}$

试求：点 A（1，1，1）的应变分量、应变张量及球张量、主应变、主应变方向和等效应变。

32. 试判断下列各应变场能否存在。

（a）$\varepsilon_x = xy^2$，$\varepsilon_y = x^2 y$，$\varepsilon_z = xy$，$\gamma_{xy} = 0$，$\gamma_{yz} = \dfrac{1}{2}(z^2 + y)$，$\gamma_{zx} = \dfrac{1}{2}(x^2 + y^2)$

（b）$\varepsilon_x = x^2 + y^2$，$\varepsilon_y = y^2$，$\varepsilon_z = 0$，$\gamma_{xy} = 2xy$，$\gamma_{yz} = \gamma_{zx} = 0$

33. 某物体处于平面变形状态，在无应变方向表面上的某点，用电阻应变片测得与 x 轴成 $0°$、$45°$、$90°$ 的 3 个方向上的正应变为 ε_0、ε_{45}、ε_{90}，试求应变分量、主应变及其方向。

34. 已知刚塑性体中某点的应力（单位 MPa）状态如图所示，$\sigma_x = 20$，$\sigma_y = -10$，$\sigma_z = 5$，$\tau_{zx} = \tau_{xz} = 0$，$\tau_{xy} = \tau_{yx} = 26$。试确定过该点的 α、β 滑移线，并定出 ω、K 和 σ_x 值。

35. 已知塑性变形区的滑移线场如图所示，其中 α 滑移线是直线族，β 滑移线是一族同心圆弧，又 $K = 40 \text{ N/mm}^2$，C 点的静水应力为 $(\sigma_m)_C = -60 \text{ Pa}$。试求 D 点的应力状态（σ_x、σ_y、τ_{xy}、σ_1、σ_2 和 σ_3）并画出空间方位图。

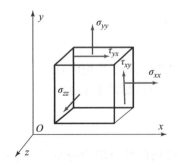

第 34 题图

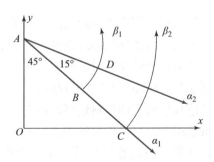

第 35 题图

36. 已知纯剪切平面应变状态 $\boldsymbol{\varepsilon}_{ij} = \begin{bmatrix} 0 & \varepsilon_{yx} \\ \varepsilon_{xy} & 0 \end{bmatrix}$，试画出应变莫尔圆，并注明主应变、主剪应变的位置。

37. 已知纯剪切平面应力状态 $\boldsymbol{\sigma}_{ij} = \begin{bmatrix} 0 & \tau_{yx} \\ \tau_{xy} & 0 \end{bmatrix}$，试画出应力莫尔圆，并注明主应力、主剪应力的位置。

38. 已知 $Oxyz$ 坐标系中物体内某点的坐标为（4，3，-12），其应力分量为 $\boldsymbol{\sigma}_{ij} = \begin{bmatrix} 100 & 40 & -20 \\ 40 & 50 & 30 \\ -20 & 30 & -10 \end{bmatrix}$，求出其主应力、主轴方向、主剪应力、最大剪应力、应力偏张量及球张量、八面体应力和等效应力。

39. 已知一点的平面应力张量为 $\boldsymbol{\sigma}_{ij} = \begin{bmatrix} 100 & -50 \\ -50 & 0 \end{bmatrix}$，求其主应力分量和最大剪应力，试画出应力莫尔圆，并注明主应力、主剪应力的位置。

40. 已知一点的平面应力状态为 $\boldsymbol{\sigma}_{ij} = \begin{bmatrix} 100 & 50 \\ 50 & 0 \end{bmatrix}$，求其主应力分量和最大剪应力，试画出应力莫尔圆，并注明主应力、主剪应力的位置。

41. 已知平面应力张量为 $\boldsymbol{\sigma}_{ij} = \begin{bmatrix} 50 & 100 \\ 100 & 50 \end{bmatrix}$，求其主应力分量和最大剪应力，试画出应力莫尔圆，并注明主应力、主剪应力的位置。

42. 已知平面应力张量为 $\boldsymbol{\sigma}_{ij} = \begin{bmatrix} 50 & -100 \\ -100 & 50 \end{bmatrix}$，求其主应力分量和最大剪应力，试画出应力莫尔圆，并注明主应力、主剪应力的位置。

43. 已知平面应力张量为 $\boldsymbol{\sigma}_{ij} = \begin{bmatrix} 0 & 50 \\ 50 & 0 \end{bmatrix}$，求其主应力分量和最大剪应力，试画出应力莫尔圆，并注明主应力、主剪应力的位置。

44. 已知平面应力张量为 $\boldsymbol{\sigma}_{ij} = \begin{bmatrix} 0 & -50 \\ -50 & 0 \end{bmatrix}$，求其主应力分量和最大剪应力，试画出应力莫尔圆，并注明主应力、主剪应力的位置。

45. 设某点应力状态 $\boldsymbol{\sigma}_{ij} = \begin{bmatrix} 5 & 0 & -5 \\ 0 & -5 & 0 \\ -5 & 0 & 5 \end{bmatrix}$，试写出应力张量，求其主应力分量和最大剪应力。

46. 已知一点的应力状态为 $\boldsymbol{\sigma}_{ij} = \begin{bmatrix} 0 & 20 & 0 \\ 20 & 0 & 0 \\ 0 & 0 & 10 \end{bmatrix}$，试求其主应力分量和最大剪应力。

47. 已知一点的应力状态为 $\boldsymbol{\sigma}_{ij} = \begin{bmatrix} 10 & 0 & 10 \\ 0 & -10 & 0 \\ 10 & 0 & 10 \end{bmatrix}$，试求主应力分量、最大主剪应力。

48. 已知一点的应力张量为 $\sigma_{ij} = \begin{bmatrix} -7 & -4 & 0 \\ -4 & -1 & 0 \\ 0 & 0 & -4 \end{bmatrix}$，求其主应力分量和最大剪应力。

49. 设某点应力状态为 $\sigma_{ij} = \begin{bmatrix} 4 & 2 & 3 \\ 2 & 6 & 1 \\ 3 & 1 & 5 \end{bmatrix}$，求其主应力分量和最大剪应力。

参 考 文 献

[1] 刘全坤. 材料成形基本原理 [M]. 北京：机械工业出版社，2012.
[2] 吴树森. 材料成形原理 [M]. 北京：机械工业出版社，2008.
[3] 雷玉成，汪建敏，贾志宏. 金属材料成型原理 [M]. 北京：化学工业出版社，2010.
[4] 闫洪，周天瑞. 材料成形原理 [M]. 北京：清华大学出版社，2009.
[5] 陈平昌. 材料成形原理 [M]. 北京：机械工业出版社，2003.
[6] 王仲仁. 塑性加工力学 [M]. 北京：机械工业出版社，2001.
[7] 汪大年. 金属塑性成形原理 [M]. 北京：机械工业出版社，1982.
[8] 赵洪运. 材料成形原理 [M]. 北京：国防工业出版社，2009.
[9] 周美玲. 材料工程基础 [M]. 北京：北京工业大学出版社，2001.
[10] 蒋成禹. 材料加工原理 [M]. 哈尔滨：哈尔滨工业大学出版社，2001.
[11] 曹乃光. 金属塑性加工原理 [M]. 北京：冶金工业出版社，1983.
[12] 马怀宪. 金属塑性加工学 [M]. 北京：冶金工业出版社，1991.
[13] 万胜狄. 金属塑性成形原理 [M]. 北京：机械工业出版社，1995.
[14] 赵志业. 金属塑性加工力学 [M]. 北京：冶金工业出版社，1987.
[15] 张强. 金属塑性加工物理场 [M]. 沈阳：东北大学出版社，1991.
[16] 周纪华. 金属塑性变形抗力 [M]. 北京：机械工业出版社，1988.
[17] 王忠堂，齐广霞，张士宏，等. 关于《塑性加工力学》几个问题的探讨 [J]. 高校教育研究，2008，(16)：132.
[18] 王忠堂，梁海成，李文，等.《材料成型原理》课程建设与改革 [J]. 高校教育研究，2008，(5)：223-224.
[19] 王忠堂，张士宏，齐广霞. 滑移线场 α 族线与 x 轴夹角 ω 的探讨 [J]. 塑性工程学报，2005，12（1）：68-70.
[20] Wang Zhongtang, Wang Lingyi. Deformation force model of indentation – flattening compound deformation technology [J]. Advances in Engineering Research, 2017, 114: 189-192.
[21] 王忠堂，郑杰，张士宏，许沂. 管材挤压力能参数物理模型 [J]. 塑性工程学报，2003，10（4）：49-51.
[22] 王忠堂，张士宏，齐广霞，等. AZ31 镁合金热变形本构方程 [J]. 中国有色金属学报，2008，18（11）：1977-1982.
[23] Fields D S, Backofen W A. Determination of strain hardening characteristics by torsion testing [J]. Proceeding of American Society for Testing and Materials, 1957, 57: 1259-

1272.

[24] Takuda H, Morishita T, Kinoshita T, et al. Modeling of formula for flow stress of a magnesium alloy AZ31 sheet at elevated temperatures [J]. Journal of Materials Processing Technology, 2005, (164 - 165): 1258 - 1262.

[25] Gordon R J, William H C. Fracture characteristics of three metals subjected to various strains, strain rates, temperatures and pressures [J]. Engineering Fracture Mechanics, 1985, 21 (1): 31 - 48.

[26] Khan A S, Liang R. Behaviors of three BCC metal over a wide range of strain rates and temperatures: experiments and modeling [J]. International Journal of Plasticity, 1999, 15 (1): 1089 - 1109.

[27] Yarita I, Naoi T, Hashizume T. Stress and strain behaviors of Mg alloy AZ31 in plane strain compression [J]. JSME International Journal, Series A: Solid Mechanics and Material Engineering, 2006, 48 (4): 299 - 304.

[28] Carl M, Korzekwa C, Cerreta Ellen, et al. A comparison of the mechanical response high purity magnesium and AZ31 magnesium alloy [J]. Journal of The Minerals Metals & Materials Society, 2004, 56 (11): 31 - 32.

[29] Hao Hai, Maijer M, Wells A. Prediction and measurement of residual strains in a DC cast AZ31 magnesium billet [J]. Journal of The Minerals Metals & Materials Society, 2004, 56 (11): 136.

[30] Abu - Farha Fadi K, Khraisheh Marwan K. Deformation characteristics of AZ31 Magnesium alloy under various forming temperatures and strain rates [J]. Journal of The Minerals Metals & Materials Society, 2004, 56 (11): 287.

[31] Sellars C M, Mctegart W J. On the mechanism of hot deformation [J]. ACTA Metallurgica. 1966, 14: 1136 - 1138.

[32] Liu Dong, Luo Zijian. New constitutive relationship for TC11 alloy [J]. Journal of Northwestern Polytechnical University, 1996, 14 (1): 158 - 160.

[33] Liu Q. Fu Z. Wu S. New constitutive relationship for alloy TC11 [J]. Journal of Materials Engineering and Performance, 1997, 6 (4): 545 - 548.

[34] Daniel J W. The influence of grain size and composition on slow plastic flow in FeAl between 1 100 and 1 400 K [J]. Materials Science and Engineering, 1986, 77: 103 - 113.

[35] 聂蕾, 李付国, 方勇. TC4 合金的新型本构关系 [J]. 航空材料学报, 2001, 21 (3): 13 - 18.

[36] 罗子健, 杨旗, 姬婉华. 考虑变形热效应的本构关系建立方法 [J]. 中国有色金属学报, 2000, 10 (6): 804 - 808.

[37] 张庭芳, 黄菊花, 范洪春. 镁合金高温流变应力实验及其数学模型研究 [J]. 塑性工程学报. 2008, 15 (5): 17 - 21.

[38] 咸奎峰, 张辉, 陈振华. AZ31 镁合金板温拉深流变应力行为研究 [J]. 锻压技术,

2006, 31 (3): 46-49.

[39] 张先宏, 崔振山, 阮雪榆. 镁合金塑性成形技术——AZ31B 成形性能及流变应力 [J]. 上海交通大学学报, 2003, 37 (12): 1874-1877.

[40] 张士宏, 王仲仁, 王铎. 一种新型平板壳体的整体胀球过程有限元模拟与实验研究 [J]. 哈尔滨工业大学学报, 1992 (5): 15-66.

[41] 王仲仁, 苑世剑, 滕步刚. 无模液压胀球原理与关键技术 [M]. 哈尔滨: 哈尔滨工业大学出版社, 2014.

第二篇
液态成形原理

第二章

地域性如态度

第5章 液态金属凝固基础

凝固是液态金属转变成固态金属的过程，因而液态金属的特性必然会影响凝固过程。液态金属凝固过程中发生的一些现象，如结晶、溶质的传输、晶体长大、气体溶解和析出、非金属夹杂物的形成、金属体积变化等都与液态金属结构及其性质有关。研究和了解液态金属的结构和性质，是分析和控制金属凝固过程的基础。

5.1 液态金属的结构与性质

5.1.1 金属的膨胀与熔化

1. 晶体中的原子结合

晶体的结构和性能主要决定于组成晶体的原子结构和它们之间的相互作用力与热运动。不同的晶体，其结合力的类型和大小是不同的，但在任何晶体中，两个原子间的相互作用力或相互作用势能与它们之间距离的关系在定性上是相同的。晶体中原子的相互作用分为吸引作用和排斥作用两大类。吸引作用在远距离是主要的，而排斥作用在近距离是主要的。在某一适当距离时，两者作用抵消，原子处于稳定状态。原子间存在着作用力之间和能量之间的平衡关系，在一定温度下，这些作用力和能量的大小与原子之间的距离有关。

如图5.1所示为双原子模型，其中 A 原子固定，B 原子自由。当 A、B 两个原子间的距离 $R=R_0$ 时，引力与斥力相等，B 原子所受合力 F 为0，即相互作用力等于0（$F=0$），此时达到平衡，R_0 为平衡位置，势能 W 最低，B 原子处于最稳定的状态。当 $R<R_0$ 时，随着 A、B 两个原子间距离的缩短，斥力比引力增长得快，B 原子受到的合力体现为 A 原子的斥力，而且随着距离的缩短，斥力增加很快，受斥力场的作用，势能也随之增加。从力的作用看，斥力趋向于把 B 原子推向 R_0 处；从能量观点看，B 原子趋向于降低势能。当 $R>R_0$ 时，B 原子受到的合力体现为 A 原子的引力，势能也倾向于使两原子趋向于接近；并且当 $R=R_1$ 时，吸引力最大，对应能量曲线的拐点；$R>R_1$ 时，吸引力开始减小，势能向最大值转变。偏离平衡位置会引起原子所受的引力和斥力不平衡，势能升高，最后仍使原子趋向于势能最低的平衡位置。在平衡位置两侧，势能升高，称为势垒，势垒的最大值为 Q，称之为激活能（结合能或键能）。势垒之间的低能区称之为势阱。

2. 金属的加热膨胀

晶体中原子并不是固定不动的，只要温度高于热力学温度零度，每个原子皆在平衡位置附近振动，即热振动。从双原子模型（图5.1）可以看出，势能与原子间距离的关系曲线是极不对称的：向右是水平渐近线，向左是垂直渐近线。当温度升高，能量从 W_0 变化至 W_1、W_2、W_3、W_4 时，原子间距对应地由 R_0、R_1、R_2、R_3、R_4。原子间距将随温度的升高而增大，即产生热膨胀，如图 5.2 所示。但是，这种膨胀只改变原子间的距离并不改变原子间排列的相对位置。

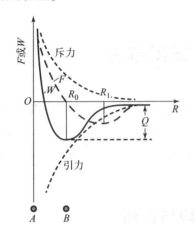

图 5.1 双原子作用模型

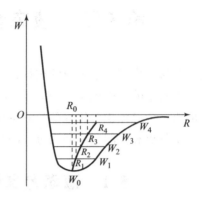

图 5.2 加热时原子间距和原子势能的变化

除了原子间距的增大造成金属膨胀外，自由点阵（空穴）的产生也是造成金属膨胀的原因。在实际晶体中，原子间相互作用后，将产生一定大小的势垒（Q），如图 5.3 所示。势垒的存在限制了原子的活动范围，使其在一定的节点上主要以振动的形式活动。

随着温度的升高，总有一部分原子的能量会高于势垒，这样这部分原子就可以克服周围原子的势垒，跑到金属的表面或原子之间的间隙中去，原子离开点阵后，留下的自由点阵称为空穴。空穴会造成局部区域势垒下降，使得邻近的原子进入空穴的位置，这

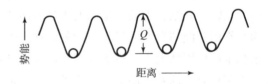

图 5.3 原子间势能示意（对称的周期势场）

样造成空穴的移动。温度越高，原子的能量越高，产生的空穴数目也就越多，从而造成金属体积膨胀。在熔点附近，空穴的数目可以达到原子总数的 1%。

3. 金属的熔化

实验证明，金属的熔化是从晶界开始的。晶界上原子排列相对不规则，许多原子偏离平衡位置，具有较高的势能。把金属加热到熔点附近时，离位原子数大为增加，达到激活能的原子数增加，当这些原子的数量达到一定值时，在晶界处的原子就跨越势垒而处于激活状态。晶粒内部，也有相当数量的原子频频跳跃、离位，空穴数大为增加。接近熔点时，晶界上的原子则可能脱离原晶粒表面，向邻近晶粒跳跃，晶粒逐渐失去固定形状与尺寸，造成晶粒间的相对流动，称之为晶界黏滞流动。此时，金属处于熔化状态。

将金属进一步加热，其温度不会升高，但晶粒表面原子跳跃更频繁。晶粒进一步瓦解为小的原子集团和游离原子，形成时而集中、时而分散的原子集团、游离原子和空穴。此时，金属由固态变为液态，金属的体积突然膨胀 3%～5%；金属的其他性质如电阻、黏性发生突变；金属吸收大量的热能（熔化潜热），而金属的温度不升高。由熔点温度的固态变为同温度的液态时，金属要吸收大量的热量，称为熔化潜热。

固态金属的加热熔化完全符合热力学条件。外界提供的热能，除因原子间距增大体积膨

胀而做功外，还增加体系的内能。在恒压下存在的关系式为

$$E_q = \mathrm{d}(U+pV) = \mathrm{d}U + p\mathrm{d}V = \mathrm{d}H \tag{5.1}$$

式中，E_q 为外界提供的热能；U 为内能；$p\mathrm{d}V$ 为膨胀功；$\mathrm{d}H$ 为热焓的变化，即熔化潜热。

在等温等压下，由式（5.1）得熔化时熵值的变化为

$$\mathrm{d}S = \frac{E_q}{T} = \frac{1}{T}(\mathrm{d}U + p\mathrm{d}V) \tag{5.2}$$

式中，T 为热力学温度，K。

$\mathrm{d}S$ 值的大小描述了金属由固态变成液态时，原子由规则排列变成非规则排列的紊乱程度。

5.1.2 液态金属的结构

可以通过两种方法研究金属的液态结构，一是间接方法，即通过固液、固气转变后的一些物理性质的变化，判断液态原子的结合状态；二是直接方法，即通过液态金属的 X 射线分析液态原子的排列情况。

1. 液态金属热物理性质

1）熔化潜热与汽化潜热

表 5.1 为某些金属在熔化和汽化时的热物理性质变化，从表中可以看出，金属的汽化潜热远大于其熔化潜热，以铝和铁为例，铝的汽化潜热是熔化潜热的 27 倍多，铁的汽化潜热是熔化潜热的 22 倍多。这意味着固态金属原子完全变成气态比完全熔化所需的能量大得多。即金属由固态转变为气态时，原子间结合键几乎全部被破坏；由固态转变为液态时，原子间结合键只破坏了一部分。

表 5.1 某些金属在熔化和汽化时的热物理性质变化

金属	晶体结构	熔点 /℃	沸点 /℃	熔化潜热 ΔH_m/(kJ·mol^{-1})	汽化潜热 ΔH_b/(kJ·mol^{-1})	$\dfrac{\Delta H_b}{\Delta H_m}$
Ag	fcc	1 234	2 436	11.30	250.62	22.18
Al	fcc	933	2 753	10.45	290.93	27.85
Au	fcc	1 336	3 223	12.79	341.92	26.74
Ba	bcc	1 002	2 171	7.75	141.51	18.26
Be	hcp	1 556	2 757	11.72	297.64	25.40
Ca	fcc/hcp	1 112	1 757	8.54	153.64	17.99
Cd	hcp	594	1 038	6.39	99.48	15.57
Co	fcc/hcp	1 768	3 201	16.19	376.60	23.26
Cr	bcc	2 130	2 945	16.93	344.26	20.33
Cu	fcc	1 356	2 848	13.00	304.30	23.41
Fe	fcc/bcc	1 809	3 343	15.17	339.83	22.40
Mg	hcp	923	1 376	8.69	133.76	15.39
Mn	bcc/fcc	1 517	2 335	12.06	226.07	18.75
Ni	fcc	1 726	3 187	17.47	369.25	21.14
Pb	fcc	600	2 060	4.77	177.95	37.31
W	bcc	3 680	5 936	35.40	806.78	22.79
Zn	hcp	693	1 180	7.23	114.95	15.90

2) 体积与熵值的变化

金属由固态转变为气态时，其体积无限膨胀；由固态转变为液态时，其体积增加3%~5%，即原子平均间距增加1%~1.5%。表5.2为几种金属熔化时的体积变化，可见大多数金属都有3%~5%的膨胀。

表5.2 几种金属熔化时的体积变化

金属	晶体结构	熔点/℃	熔化时的体积变化/%
Al	fcc	660	6.0
Au	fcc	1 063	5.1
Ni	fcc	1 453	4.5
Zn	hcp	420	4.2
Cu	fcc	1 083	4.15
Mg	hcp	650	4.1
Cd	hcp	321	4.0
Ti	hcp/bcc	1 680	3.7
Pb	fcc	327	3.6
Fe	fcc/bcc	1 537	3.0

熵值的变化是系统结构紊乱度变化的度量，金属由固态变为液态的熵值增加比由液态转变为气态的熵值增加要小得多。金属在固态时原子呈规则排列的有序结构，而气态下则是原子完全混乱的无序结构。表5.3为几种金属的熵值变化，可见金属由熔点温度的固态变为同温度的液态的熵变比其从室温加热至熔点的熵变要小。从表5.1~5.3中的几个热物理参数的变化情况来看，可以认为液态金属与固态金属的结构是相似的，这也间接说明了液态金属的结构接近固态金属，而与气态金属差别较大。

表5.3 几种金属的熵值变化

金属	从25 ℃到熔点熵值的变化 $\Delta S/(J \cdot K^{-1})$	熔化时熵值变化 $\Delta S_m/(J \cdot K^{-1})$	$\Delta S_m/\Delta S$
Cd	4.53	2.46	0.54
Zn	5.45	2.55	0.47
Al	7.51	2.75	0.37
Mg	7.54	2.32	0.31
Cu	9.79	2.30	0.24
Au	9.78	2.21	0.23
Fe	15.50	2.00	0.13

2. X射线结构分析

如同研究固态金属的结构一样，将X射线衍射运用到液态金属的结构分析上，可以找出液态金属的原子间距和配位数，并证实其近程有序的结构。只是液态金属只能存在于熔点以上,大多数金属的熔点又远高于室温,再加上液态金属本身不能保持一定的形状而需要放置在容器中,这给液态金属结构的衍射实验研究带来了很大困难。液态金属结构衍射分析的数据少,成熟程度远没有固态金属的高。

图 5.4 为根据衍射资料绘制的 700 ℃时液态铝中原子分布曲线,表示铝中某一选定的原子周围的原子密度分布状态。r 为以选定原子为中心的一系列球体的半径,$4\pi r^2 \rho \mathrm{d}r$ 表示围绕所选定原子的半径为 r、厚度为 $\mathrm{d}r$ 的一层球壳中的原子数。$\rho(r)$ 为球面上的原子密度。直线和曲线分别表示固态铝和 700 ℃的液态铝中原子的分布规律。固态铝中的原子位置是固定的,仅在平衡位置做热振动,故球壳上的原子数显示出是某一固定的数值,呈现为一条条的直线。每一条直线都有明确的位置和峰值(原子数),如图 5.4 中直线 3 所示。若 700 ℃液态铝是理想的、均匀的非晶质液体,其中原子排列完全无序,则其原子分布密度为抛物线 $4\pi r^2 \rho_0$,如图 5.4 中曲线 2 所示。但实际 700 ℃的液态铝的原子分布情况如图 5.4 中曲线 1,这是一条由窄变宽的条带,是连续非间断的。条带的第一个峰值和第二个峰值接近固态的峰值,此后就接近于理想液体的原子平均密度分布曲线 2 了,这说明原子已无固定的位置。液态铝中的原子

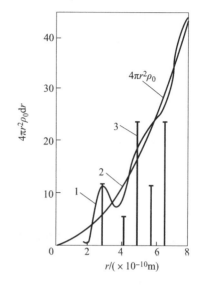

图 5.4 700 ℃时液态铝中原子分布曲线
1—实际液态铝原子分布;2—理想液态铝原子分布;3—固态铝的原子分布

的排列在几个原子间距的小范围内,与其固态铝原子的排列方式基本一致,而远离选定原子后就完全不同于固态了。液态铝的这种结构称为近程有序、远程无序结构。而固态铝的原子结构为远程有序。

近程有序结构的配位数的计算式为

$$N = \int_0^{r_1} 4\pi r^2 \rho \mathrm{d}r \tag{5.3}$$

式中,r_1 是原子分布曲线上靠近选定原子的第一个峰谷的位置。

表 5.4 为用 X 射线衍射一些固态和液态金属的原子结构参数。固态金属铝和液态铝的原子配位数分别为 12 和 10~11,而原子间距分别为 0.286 nm 和 0.298 nm。气态铝的配位数可认为是 0,原子间距为无穷大。

表 5.4　X 射线衍射所得液态和固态金属结构参数

金属	温度/℃	液态		固态	
		原子间距/nm	配位数	原子间距/nm	配位数
Li	400	0.324	10[①]	0.303	8
Na	100	0.383	8	0.372	8
Al	700	0.298	10~11	0.286	12
K	70	0.464	8	0.450	8
Zn	460	0.294	11	0.265,0.294	6+6[②]

续表

金属	温度/℃	液态		固态	
		原子间距/nm	配位数	原子间距/nm	配位数
Cd	350	0.306	8	0.297, 0.330	6+6[②]
Sn	280	0.320	11	0.302, 0.315	4+2[②]
Au	1 100	0.286	11	0.288	12
Bi	340	0.332	7~8	0.309, 0.346	3+3[③]

注：①其配位数虽增大，但密度仍很小。

②这些原子的第一、二层近邻原子非常相近，两层原子都算配位数，但以"+"号表示区别，在液态金属中两层合一。

③固态结构较松散，熔化后密度增大。

X射线衍射所得到的有关参数有力地证明：在熔点和过热度不大（一般高于熔点100~300 ℃）时，液态金属的结构接近固态金属而与气态金属差别较大。

3. 液态金属的结构

由前述分析可知，金属在熔化后以及在熔点以上不高的温度范围内，液态金属的结构有以下特点。

（1）原子间仍保持较强的结合能，因此原子的排列在较小距离内仍具有一定的规律性，且其平均原子间距增加不大。

（2）在熔化时，原子间的结合已受到部分破坏，因此其排列的规律性仅保持在较小的范围内，这个范围约为十几个到几百个原子组成的集团。固体是由许多晶粒组成的，液体则是由许多原子集团组成，在原子集团内保持固体的排列特征，而在原子集团之间的结合则受到很大破坏，这种仅在原子集团内的有序排列即为近程有序排列。

（3）由于液体中原子热运动的能量较大，其能量起伏也大，每个原子集团内具有较大动能的原子能克服邻近原子的束缚（原子间结合能造成的势垒），除了在集团内产生很强的热运动（产生空穴及扩散等）外，还能成簇地脱离原有集团而加入别的原子集团，或组成新的原子集团。因此，所有原子集团都处于瞬息万变的状态，时而长大，时而变小，时而产生，时而消失，犹如在不停顿地"游动"。

（4）原子集团之间距离较大，比较松散，犹如存在空穴。既然原子集团是在"游动"，同样，空穴也在不停地"游动"。这种"游动"不是原有的原子集团和原有的空穴在液体中各处移动，而是此处的原子集团和空穴在消失的同时，在另一地区又形成新的原子集团和新的空穴。

（5）原子集团的平均尺寸、"游动"速度都与温度有关。温度越高，则原子集团的平均尺寸越小，"游动"速度越快。由于能量起伏，各原子集团的尺寸也是不同的。

综上所述可以认为，纯金属的液态结构是由原子集团、游离原子、空穴或裂纹组成的。原子集团由数量不等的原子组成，其大小为 10^{-10} m 数量级，在此范围内，仍具有一定的规律性，即近程有序。原子集团间的空穴或裂纹内分布着排列无规则的游离原子。这样的结构不是静止的，而是处于瞬息万变的状态，即原子集团、空穴或裂纹的大小、形态及分布及热运动的状态都处于无时无刻不在变化的状态。液态金属中存在着很大的能量起伏。

纯金属在工程中的应用极少，在材料成形过程中也很少使用纯金属。即使平常所说的化学纯元素，其中也包含着其他杂质元素。实际的液态金属（特别是材料成形过程中所使用的液态合金）具有两个特点：一是化学元素的种类多；二是过热度不高，一般为 100～300 ℃。各种元素的加入，除影响原子间的结合力外，还会发生物理的或化学的反应，同时在材料成形过程中还会混入一些杂质。实际的液态金属的结构是极其复杂的，但纯金属的液态结构具有普遍的意义。综合来说，实际的液态金属是由各种成分的原子集团、游离原子、空穴、裂纹、杂质及气泡组成的"混浊"的液体。所以，实际液态金属除了存在能量起伏（或称温度起伏）外，还存在成分起伏（或称浓度起伏）和结构起伏（或称相起伏）。能量起伏表示原子间的能量不均匀性。结构起伏是指液体中大量不停"游动"着的局域有序原子集团时聚时散、此起彼伏。浓度起伏是指同种元素及不同元素之间的原子间结合力存在差别，结合力较强的原子容易聚集在一起，把别的原子排挤到别处，表现为"游动"原子团之间存在着成分差异。3 个起伏影响液态金属的凝固过程，从而对产品的质量产生重要的影响。

5.1.3 液态金属的性质

液态金属有各种性质，在此仅阐述与材料成形过程关系特别密切的两个性质（即液态金属的黏度和表面张力）以及它们在材料成形过程中的作用。

1. 液态金属的黏度

1）黏度的实质

液态金属由于原子间作用力大为削弱，且其中存在大量空穴，其活动性比固态金属要大得多。当外力 $F(x)$ 作用于液态表面时，并不能使液体整体一起运动，而只有表层液体发生运动，而后带动下一层液体运动，以此逐层进行，其速度分布如图 5.5 所示，第一层的速度 v_1 最大，第二层速度 v_2、第三层速度 v_3 依次减小，最后速度 v 等于 0。这说明层与层之间存在内摩擦力。

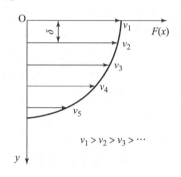

图 5.5 力作用于液面各层的速度

设 y 方向的速度梯度为 $\dfrac{\mathrm{d}v_x}{\mathrm{d}y}$，根据牛顿液体黏滞定律 $F(x) = \eta A \dfrac{\mathrm{d}v_x}{\mathrm{d}y}$，得

$$\eta = \frac{F(x)}{A\dfrac{\mathrm{d}v_x}{\mathrm{d}y}} \tag{5.4}$$

式中，η 为液体的动力黏度；A 为液层接触面积。

富林克尔在关于液体结构的理论中，对黏度作了数学处理，表达式为

$$\eta = \frac{2t_0 k_\mathrm{B} T}{\delta^3}\exp\left(\frac{U}{k_\mathrm{B}T}\right) \tag{5.5}$$

式中，t_0 为原子在平衡位置的振动时间；k_B 为玻尔兹曼常数；U 为原子离位激活能；δ 为相邻原子平衡位置的平均距离；T 为热力学温度。

由式（5.5）可知，黏度与原子离位激活能 U 成正比，与其平均距离的三次方 δ^3 成反

比,这二者都与原子间的结合力有关,因此黏度本质上是原子间的结合力。

黏度在流体力学中有两个概念:一是动力黏度,如式(5.5)所表示;另一个是运动黏度,其表达式为

$$\nu = \frac{\eta}{\rho} \tag{5.6}$$

式中,ν 为运动黏度;ρ 为液体的密度。

式(5.6)表明,动力黏度相同而密度不同时,其运动黏度不同,密度大者,运动黏度小。密度大则惯性大,这意味着流体中的质点保持自身运动方向的倾向性大,亦即流体的紊流倾向性大。

2)黏度的影响因素

影响液态金属黏度的主要因素是温度、化学成分和夹杂物。

(1)温度。由式(5.5)可知,液态金属的黏度在温度不太高时,指数项的影响是主要的,黏度与温度成反比;当温度很高时,指数项接近于1,黏度与温度成正比,这时已接近气态情况。图5.6为一些金属的动力黏度与温度的关系。因此,一般而言,对一定成分的合金,其液态金属的黏度随着温度的升高而降低。

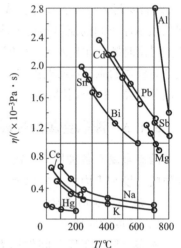

图 5.6 金属的动力黏度与温度的关系

(2)化学成分。黏度反映原子间结合力的强弱,与熔点有共性。难熔化合物的液体的黏度较高,而熔点低的共晶成分合金的黏度低。这是由于难熔化合物的结合力强,在冷却至熔点之前已开始原子聚集。对于共晶成分合金,异类原子之间不发生结合,而同类原子聚合时,由于异类原子存在所造成的阻碍,使它们的聚合变得缓慢,晶胚的形成延后,故黏度较非共晶成分合金的黏度低。图 5.7 为 Fe–C 合金黏度随 C 含量和温度变化的等黏度线,图 5.8 为 Al–Si 合金黏度随 Si 含量和温度变化的等黏度线。

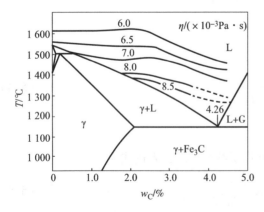

图 5.7 Fe–C 合金黏度随 C 含量和温度变化的等黏度线

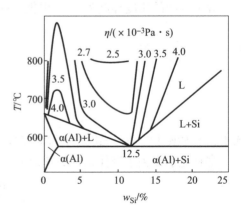

图 5.8 Al–Si 合金黏度随 Si 含量和温度变化的等黏度线

(3) 非金属夹杂物。液态金属中呈固态的非金属夹杂物使液态金属的黏度增加，例如，钢中的硫化锰、氧化铝和氧化硅等。这是因为夹杂物的存在使液态金属成为不均匀的多相体系，液体流动时内摩擦力增加。夹杂物愈多，对黏度影响愈大。同时，夹杂物的形态对黏度也有影响。材料成形过程中的液态金属一般要进行冶金处理（如孕育、变质、晶粒细化、净化处理等），这对黏度也有显著影响。如铝硅合金进行变质处理后细化了初生硅或共晶硅，从而使黏度降低。

3) 黏度在材料成形过程中的意义

(1) 对液态金属净化的影响。液态金属中存在各种夹杂物及气泡等，必须尽量除去。否则会影响材料或成形件的性能，甚至发生灾难性的后果。杂质及气泡与金属液的密度不同，一般比金属液小，会受到浮力而上浮，其脱离的动力为

$$P = V(\rho_1 - \rho_2)g = V(\gamma_1 - \gamma_2) \tag{5.7}$$

式中，P 为动力；V 为杂质体积；ρ_1 为液态金属密度；ρ_2 为杂质密度；g 为重力加速度；γ_1 为液态金属重度；γ_2 为杂质重度。

杂质在 P 的作用下产生运动，一运动就会有阻力。试验指出，在最初很短的时间内，杂质以加速度进行，往后便开始均匀运动。根据斯托克斯原理，半径 0.1 cm 以下的球形杂质的阻力 P_C 可由下式确定

$$P_C = 6\pi r v \eta \tag{5.8}$$

式中，r 为球形杂质半径；v 为运动速度。

杂质匀速运动时，$P_C = P$，故

$$6\pi r v \eta = V(\gamma_1 - \gamma_2)$$

由此可求出杂质上浮速度

$$v = \frac{2r^2(\gamma_1 - \gamma_2)}{9\eta} \tag{5.9}$$

式 (5.9) 即为著名的斯托克斯 (Stokes) 公式。

在材料加工成型过程中，应用斯托克斯原理，为了精炼除去非金属夹杂物和气泡，一方面金属液需要加热到较高的过热度，以降低黏度、加快夹杂物和气泡的上浮速度。另一方面在用直接气泡吹入法制备金属多孔材料时，为了防止气泡上浮脱离，需要向液态金属中加入大量的氧化物等颗粒状增稠剂，提高金属液的黏度，防止气泡逸出，才能成功制备气孔均匀分布的多孔材料。

(2) 对液态合金流动阻力的影响。流体的流态分层流和紊流（也称为湍流），流态由雷诺数 Re 的大小来决定。雷诺数是一无量纲数，是判断管道内流动的流体是层流流动还是紊流流动的判据。一般地，根据流体力学，$Re > 2\,320$ 为紊流，$Re < 2\,320$ 为层流。Re 的数学表达式为

$$Re = \frac{Dv\rho}{\eta} = \frac{Dv}{\nu} \tag{5.10}$$

式中，D 为管道直径；v 为流体流速；η 为动力黏度；ν 为运动黏度；ρ 为流体密度。

设 f 为流体流动时的阻力系数，则有

$$f_{层} = \frac{32}{Re} = \frac{32}{Dv\rho}\eta \tag{5.11}$$

$$f_{紊} = \frac{0.092}{Re^{0.2}} = \frac{0.092}{(Dv\rho)^{0.2}}\eta^{0.2} \tag{5.12}$$

从以上二式可知，$f_{层} \propto \eta$，而 $f_{紊} \propto \eta^{0.2}$。可见，当液体以层流方式流动时，阻力系数大，流动阻力大。因此，在材料成形过程中，液态金属的流动以紊流方式流动最好，由于流动阻力小，液态金属能顺利地充填型腔，故金属液在浇注系统和型腔中的流动一般为紊流。但在型腔的细薄部分，或在充型的后期，或在枝晶间的补缩，呈层流流动。总之，液态合金的黏度大，其流动阻力也大。

（3）对凝固过程中液态金属对流的影响。液态金属在冷却和凝固过程中，由于存在温度差和浓度差而产生浮力，它是液态金属对流的驱动力。当浮力大于或等于黏滞力时则产生对流，其对流强度由格拉晓夫准则度量，即

$$G_T = \frac{g\beta_T l^3 \rho^2 \Delta T}{\eta^2} \tag{5.13}$$

$$G_C = \frac{g\beta_C l^3 \rho^2 \Delta C}{\eta^2} \tag{5.14}$$

式（5.13）为温度差引起的对流强度 G_T；式（5.14）为浓度差引起的对流强度 G_C；β_T、β_C 分别为温度和浓度引起的体膨胀系数；ΔT 为温度差；ΔC 为浓度差；l 为水平方向上热端到冷端距离的一半。可见，黏度 η 愈大，对流强度愈小。液体流动对凝固组织、溶质分布、偏析、夹杂物的聚集等均有影响。

2. 液态金属的表面张力

1）表面张力的实质

液体或固体同空气或真空接触的面叫表面。表面具有特殊的性质，由此产生一些表面特有的现象，称为表面现象，如荷叶上晶莹的水珠呈球状，雨水总是以滴状的形式从天空落下。总之，一小部分的液体单独在大气中出现时，力图保持球状形态，说明总有一个力的作用使其趋向球状，表现为液体表面有收缩的趋势，这个力称为表面张力，即沿液体表面并与表面平行、力图使表面缩小的一种张力。表面张力方向与液体表面相切，垂直作用在表面周界线上，并指向液面内侧。

以液-气界面为例来揭示界面现象的实质。液体内部的任一分子或原子，受周围分子或原子的作用力是对称的，处于力的平衡状态，如图 5.9（a）所示。处于液体表面层上的分子或原子，情况则不一样。因液体的密度远大于空气的密度，故气体对它的作用力远小于液体内部对它的作用力，表面层上的分子或原子处于不平衡的受力不均匀，如图 5.9（b）所示，结果产生指向液体内部的合力 F，这就是表面张力产生的根源。

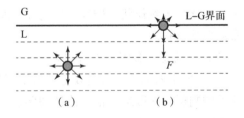

图 5.9 位置不同的分子或原子作用力模型
(a) 位于液体内部；(b) 位于液体表面

可见，表面张力是质点（分子或原子）间作用力不平衡引起的。表面张力实质上是质点（分子或原子）间作用力。

由物理化学相关知识可知，表面自由能（简称为表面能）是产生新的单位面积表面时系统自由能的增量。设恒温、恒压下表面自由能的增量为 ΔG_b，表面自由能为 σ。当使表面

积增加 ΔA 面积时，外界对系统所做的功为 $\Delta W = \sigma \Delta A$。当外界所做的功仅用来抵抗表面张力而使系统表面积增大所消耗的能量时，该功的大小则等于系统自由能的增量，即

$$\Delta W = \sigma \Delta A = \Delta G_b$$

$$\sigma = \frac{\Delta G_b}{\Delta A} \tag{5.15}$$

$$\sigma = \frac{\Delta W}{\Delta A} = \frac{N \times m}{m^2} = \frac{N}{m} \tag{5.16}$$

由式（5.15）可见，表面自由能即单位面积上的自由能。根据式（5.16），表面自由能又可以理解为物体表面单位长度上作用着的力，即表面张力。表面自由能与表面张力从不同角度描述同一表面现象。虽然表面张力与表面自由能是不同的物理概念，其大小完全相同，单位也可以互换，通常表面张力的单位为 N/m，表面能的单位为 J/m²。

从广义而言，任一两相（固 – 固、固 – 液、固 – 气、液 – 气、液 – 液）的交界面称为界面，因而出现了界面张力、界面自由能。因此，表面能或表面张力是界面能或界面张力的一个特例。界面能或界面张力的表达式为

$$\sigma_{AB} = \sigma_A + \sigma_B - W_{AB} \tag{5.17}$$

式中，σ_A、σ_B 分别是 A、B 两物体的表面张力；W_{AB} 为两个单位面积界面系向外作的功，或是将两个单位面积结合或拆开时外界所做的功，也叫黏附功。由式（5.17）可知，两相间的作用力越大，W_{AB} 越大，则界面张力越小。

衡量界面张力的标志是润湿角（又称为接触角），图 5.10 中的 θ 为润湿角。界面张力达到平衡时，存在

$$\sigma_{SG} = \sigma_{LS} + \sigma_{LG} \cos\theta$$

$$\cos\theta = \frac{\sigma_{SG} - \sigma_{LS}}{\sigma_{LG}} \tag{5.18}$$

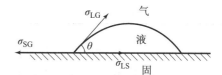

图 5.10 润湿角 θ 与界面张力

式中，σ_{SG} 为固 – 气界面张力；σ_{LS} 为液 – 固界面张力；σ_{LG} 为液 – 气界面张力。

可以看出，润湿角 θ 的值与界面张力 σ_{SG}、σ_{LS} 和 σ_{LG} 的相对值有关，不同润湿角 θ 下的润湿情况如图 5.11 所示。

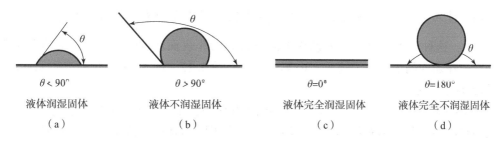

图 5.11 不同润湿角 θ 下的润湿情况

(a) $\theta < 90°$；(b) $\theta > 90°$；(c) $\theta = 0°$；(d) $\theta = 180°$

（1）当 $\sigma_{SG} > \sigma_{LS}$ 时，$\cos\theta$ 为正值，即 $\theta < 90°$，通常把 θ 为锐角的情况，称为液体能润湿固体，且 θ 越小，润湿性越好。$\theta = 0°$ 时，液体在固体表面铺展成薄膜，称为液体完全润湿固体。

(2) 当 $\sigma_{SG} < \sigma_{LS}$ 时，$\cos\theta$ 为负值，即 $\theta > 90°$，此情况下，液体倾向于形成球状，称为液体不润湿固体。$\theta = 180°$ 时，液体形成完整球体，称为液体完全不润湿固体。

润湿角是可测定的，其中常用的有静滴法。此法是将液体液滴落在洁净光滑的试样表面上，待达到平衡后，拍照放大，直接测出润湿角 θ，并可通过 θ 角计算相应的液 – 固界面张力。

2）影响界面张力的因素

影响液态金属界面张力的因素主要有熔点、温度和溶质元素。

(1) 熔点。界面张力的实质是质点间的作用力，故原子间结合力大的物质，其熔点、沸点高，则表面张力往往就大。材料成形过程中常用的几种金属的表面张力与熔点的关系如表 5.5 所示。

表 5.5 几种金属的熔点和表面张力间的关系

金属	熔点/℃	表面张力/($\times 10^{-3} N \cdot m^{-1}$)	液态时的密度/($g \cdot cm^{-3}$)
Zn	420	782	6.57
Mg	650	559	1.59
Al	660	914	2.38
Cu	1 083	1 360	7.79
Ni	1 453	1 778	7.77
Fe	1 537	1 872	7.01

(2) 温度。大多数金属和合金，如 Al、Mg、Zn 等，其表面张力随着温度的升高而降低。这是因为温度升高而使液体质点间的结合力减弱所致。但对于铸铁、碳钢、铜及其合金则相反，即温度升高，表面张力反而增加，其原因仍待研究。

(3) 溶质元素。溶质元素对液态金属表面张力的影响分两大类。使表面张力降低的溶质元素，即 $\dfrac{d\sigma}{dc} < 0$ 的元素，这种溶质对该金属来说称为液态金属的表面活性元素，并且具有正吸附作用。正吸附是指溶质在表面的浓度大于溶质在内部的浓度，如钢液和铸铁液中的 S 即为表面活性元素，也称正吸附元素。另一类是能使液态金属表面张力增加的溶质，即 $\dfrac{d\sigma}{dc} > 0$ 的元素，这种溶质对该金属来说称为液态金属的非表面活性元素，并且具有负吸附作用，即溶质在表面的浓度小于溶质在内部的浓度。图 5.12 ~ 图 5.14 为几种溶质元素对 Al、Mg 和铸铁液表面张力的影响。

加入某些溶质后之所以能改变液态金属的表面张力，是因为加入溶质后改变了液态金属表面层质点的力场分布不对称程度。而溶质元素之所以具有正（或负）吸附作用，是因为自然界中系统总是向减少自由能的方向自发进行。表面活性物质跑向表面会使自由能降低，故它具有正吸附作用；而非表面活性物质跑向液态金属内部会使自由能降低，故它具有负吸附作用。

第5章 液态金属凝固基础

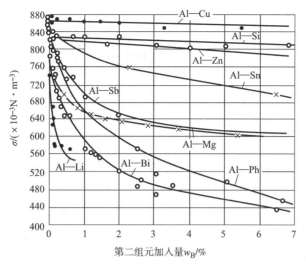

图 5.12 Al 中加入第二组元后表面张力的变化

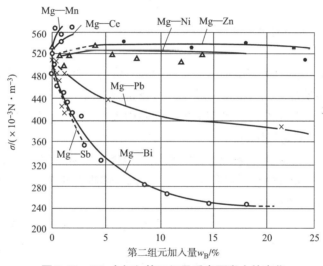

图 5.13 Mg 中加入第二组元后表面张力的变化

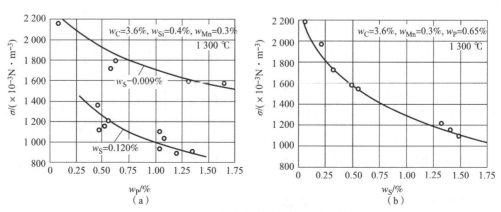

图 5.14 P、S、Si 含量对铸铁表面张力的影响

(a) P 含量的影响；(b) S 含量的影响

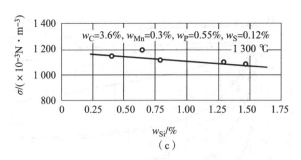

图 5.14　P、S、Si 含量对铸铁表面张力的影响（续）

(c) Si 含量的影响

费伦克尔提出了金属表面张力的双层电子理论，认为正负电子构成的双电层产生一个势垒，正负离子之间的作用力构成了对表面的压力，有缩小表面面积的倾向。费伦克尔提出的表面张力数学表达式为

$$\sigma = \frac{4\pi e^2}{R^3} \tag{5.19}$$

式中，e 为电子电荷；R 为原子间的距离。可见表面张力与电荷的平方成正比，与原子间距离的立方成反比。

当溶质元素的原子体积大于溶剂的原子体积时，将使溶剂晶格严重歪曲，势能增加。而体系总是自发地维持低能态，因此溶质原子将被排挤到表面，造成表面溶质元素的富集。体积比溶剂原子小的溶质原子容易扩散到晶体的间隙中去，也会造成同样的结果。

3）表面张力引起的附加压力

由物理化学知识可知，由于表面张力的作用，液体在细管中将产生如图 5.15 所示的现象。A 处液体的质点受到气体质点的作用力 f_1、液体内部质点的作用力 f_2 和管壁固体质点的作用力 f_3。显然 f_1 是比较小的。

第一种情况，当 $f_3 > f_2$ 时，即固体质点对液体质点有大的亲和力。对力进行合成，得出总的合力 F，其方向指向固体且垂直于液面，这样，可以看出液面与固-液界面的夹角 θ 为锐角，$\theta < 90°$。此时，界面张力的作用将使液体沿着固体表面铺开，这就形成了固、液之间润湿的情况，如图 5.15（a）所示。

第二种情况，当 $f_3 < f_2$ 时，即固体质点对液体质点的作用力小于液体质点之间的作用力。合成后的总力 F' 指向液体内部，与 F' 方向垂直的液面同固-液界面之间的夹角 θ 为钝角，$\theta > 90°$。此时界面张力将使液面缩为球形，形成了固、液之间不润湿的情况，如图 1.15（b）所示。

由于表面张力的作用产生了一附加压力 p。当固、液互相润湿时，p 有利于液体的充填，否则反之。附加压力 p 的

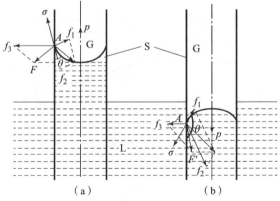

图 5.15　附加压力的形成过程

(a) 固、液润湿；(b) 固、液不润湿

数学表达式为

$$p = \sigma\left(\frac{1}{r_1} + \frac{1}{r_2}\right) \tag{5.20}$$

式中，r_1 和 r_2 分别为液体曲面上两个相互垂直弧线的曲率半径。此式称为拉普拉斯公式。由表面张力产生的附加压力叫拉普拉斯压力。

因表面张力而产生的曲面为球面时，即 $r_1 = r_2 = r$ 时，附加压力 p 为

$$p = \frac{2\sigma}{r} \tag{5.21}$$

根据数学上的规定，凸面的曲率半径取正值，凹面的曲率半径取负值。所以，凸面的附加压力指向液体，凹面的附加压力指向气体，即附加压力总是指向球面的球心，如液面凸起（不润湿），附加压力为正值；液面下凹（润湿），附加压力为负值，如图 5.16 所示。

附加压力 p 与曲率半径 r 的大小成反比，曲率半径越小，液体受到的附加压力越大；附加压力 p 与表面张力 σ 成正比，液体的表面张力大，产生的附加压力也较大。

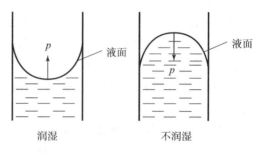

图 5.16 表面张力引起的附加压力

表面张力通常在大体积系统中显示不出作用，但在微小体积系统，特别是在显微体积范围内将会显示很大的作用。当管道半径很小时，将产生很大的附加压力，这会对液态成形（铸造）过程液态合金的充型性能和铸件表面质量产生很大影响。因此，浇注薄小铸件时必须提高浇注温度和压力，以克服附加压力的阻碍。

液态成形过程中所用的铸型或涂料材料的选择是比较严格的。首先所选择的材料与液态合金应是不润湿的，如采用 SiO_2、Cr_2O_3 和石墨砂等材料，在这些细小砂粒之间的缝隙中，产生阻碍液态合金渗入的附加压力，从而使铸件表面光洁。

在铸造过程中，砂粒之间的毛细管直径甚至会小到 0.001 mm，此时表面张力将对是否产生机械黏砂产生决定作用。金属凝固后期，枝晶之间存在的液膜小至 10^{-6} mm，表面张力对铸件凝固过程的补缩状况将对是否出现热裂缺陷有重大的影响。

总之，界面现象影响到液态成形的整个过程。晶体成核及生长、疏松、热裂、夹杂及气泡等铸造缺陷都与界面张力关系密切。

在熔焊过程中，熔渣与合金液的界面作用会对焊接质量产生重要影响。熔渣与合金液如果是润湿的，就不易将其从合金液中去除，可能导致焊缝处产生夹杂缺陷。

5.2　晶体的形核

5.2.1　晶体生长的热力学条件

液态金属的凝固过程是一个系统自由能降低的自发过程。1 mol 物质系统的吉布斯自由能变化 ΔG_V 可表示为

$$\Delta G_V = G_L - G_S = (H_L - TS_L) - (H_S - TS_S)$$
$$= (H_L - H_S) - T(S_L - S_S) = L - T\Delta S \tag{5.22}$$

式中，G_L 和 G_S 分别为液相和固相自由能；H_L 和 H_S 分别为液相与固相热焓；S_L 和 S_S 分别为液态熵和固态熵；ΔS 为熔化熵；T 为热力学温度；L 为结晶潜热。

固相自由能、液相自由能与温度的关系曲线如图 5.17 所示，纯金属液、固两相体积自由能 G_L 和 G_S 均随温度的升高而降低，液相自由能 G_L 随温度的变化率大于固相自由能 G_S 随温度的变化率。由于斜率不同，两条曲线必然相交，交点所对应的温度为 T_m，即为平衡结晶温度或熔点。

当 $T = T_m$ 时，$G_L = G_S$，液、固两相处于平衡状态；当 $T > T_m$ 时，$G_L < G_S$，液相处于自由能更低的稳定状态，结晶不能进行；只有当 $T < T_m$ 时，$G_L > G_S$，结晶才可能自发进行。这时，两相自由能差值 ΔG_V 就构成了相变（结晶）的驱动力。

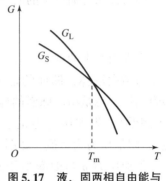

图 5.17　液、固两相自由能与温度的关系

平衡状态时，由式（5.22）得

$$\Delta G_V = L - T_m \Delta S = 0$$
$$\Delta S = \frac{L}{T_m} \tag{5.23}$$

将式（5.23）代入（5.22）得

$$\Delta G_V = \frac{L(T_m - T)}{T_m} = \frac{L\Delta T}{T_m} \tag{5.24}$$

式中，ΔT 为过冷度，其定义为金属的理论凝固温度 T_m 与实际凝固温度 T 之差。

对于给定的金属，L 和 T_m 均为定值，故 ΔG_V 仅与 ΔT 有关。因此，液态金属凝固的驱动力是由过冷提供的，过冷度越大，凝固驱动力也就越大。过冷度为 0 时，驱动力就不复存在。所以液态金属不会在没有过冷的情况下凝固。

在相变驱动力 ΔG_V 或 ΔT 作用下，液态金属开始凝固。凝固过程不是在一瞬间完成的，首先是产生结晶核心，然后是核心的长大直至相互接触为止。但形核和核心的长大不是截然分开的，而是同时进行的，即在晶核长大的同时又会产生新的结晶核心。新的结晶核心又同已形成的晶核一起长大，直至凝固结束。

凝固过程总的来说是因体系自由能降低自发进行的，但在该过程中，自由能一方面增加，另一方面又降低。当能量降低起主要作用时，凝固过程就进行；当能量增加起主要作用时，就发生熔化现象。凝固过程中产生的固-液界面使体系的自由能增加，以致产生凝固的阻力。

根据相变动力学理论，液态金属中原子在结晶过程中的能量变化如图 5.18 所示，高能态的液态原子变成低能态的固态原子，必须越过能态更高的高能态 ΔG_A 区，高能态区即为固态晶粒与液态相间的界面。界面具有界面能，它使体系的自由能增加。形核或晶体的长大，是液态原子不断地经过界面向固态晶粒堆积的过程，是固-液界面不断地向前推进的过程。这样，只有液态金属中那些具有高能态的原子，或者说被激活的原子才能越过高能态的界面变成固体中的原子，从而完成凝固过程。ΔG_A 称为动力学能障，之所以称为动力学能障，是因为单从热力学考虑，此时液相自由能已高于固相自由能，固相为不稳定态，相变应该没有能障，但要使液相原子具有足够的能量越过高能界面，还需动力学条件。因此，液态金属凝固过程中必须克服热力学和动力学能障两个能障。

热力学能障与动力学能障皆与界面状态密切相关。热力学能障 ΔG_V 是由被迫处于高自由能过渡状态下的界面原子所产生的，它能直接影响到系统自由能的大小，界面自由能即属于这种情况，对形核过程影响颇大。动力学能障 ΔG_A 是由金属原子穿越界面过程所引起的，它与驱动力的大小无关，而仅取决于界面的结构与性质，激活自由能即属于这种情况，在晶体生长过程中具有更重要的作用。

整个液态金属的结晶过程就是金属原子在相变驱动力的驱使下，不断借助成分起伏、相起伏和能量起伏作用来克服热力学和动力学能障，并通过形核和生长方式而实现转变的过程。

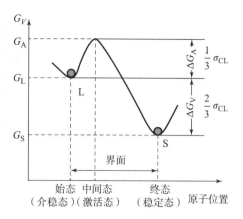

图 5.18　金属原子在结晶过程中的自由能变化

5.2.2　均质形核

液态金属凝固时的形核有两种方式，一种是依靠液态金属内部自身的结构自发地形核，称为均质形核；另一种是依靠外来夹杂物提供的异质界面非自发地形核，称为异质形核。

1. 均质形核（均匀形核）

给定体积的液态金属在一定的过冷度 ΔT 下，若其内部产生 1 个核心，并假设晶核为球形，则体系吉布斯自由能的变化为

$$\Delta G_{\text{均}} = -\frac{4}{3}\pi r^3 \Delta G_V + 4\pi r^2 \sigma_{\text{CL}} \tag{5.25}$$

式中，r 为球形核心的半径；σ_{CL} 为固相核心与液态金属间的界面能。

由式（5.25）可以看出，形核时体系自由能的变化由两部分构成，第一项为体积自由能的降低；第二项为界面自由能的升高。当 r 很小时，第二项起支配作用，体系自由能总的倾向是增加的，此时形核过程不能发生；只有当 r 增加到某一临界值 r^* 后，第一项才起主导作用，使体系自由能降低，形核过程才能发生，如图 5.19 所示。故 $r < r^*$ 的原子集团在液相中是不稳定的，会溶解甚至消失。只有 $r > r^*$ 的原子集团才是稳定的，可成为核心。r^* 称为晶核的临界半径，与形核位置无关。也就是说，只有大于 r^* 的原子集团才能稳定地形核。r^* 可由式（5.25）求得，对式（5.25）求导数并令其等于 0，即 $\dfrac{\mathrm{d}\Delta G_{\text{均}}}{\mathrm{d}r} = 0$，则

$$-4\pi r_{\text{均}}^{*2} \Delta G_V + 8\pi r_{\text{均}}^* \sigma_{\text{CL}} = 0$$

$$r_{\text{均}}^* = \frac{2\sigma_{\text{CL}}}{\Delta G_V} \tag{5.26}$$

将式（5.24）代入式（5.26）可得

$$r_{\text{均}}^* = \frac{2\sigma_{\text{CL}}}{L} \frac{T_{\text{m}}}{\Delta T} \tag{5.27}$$

对于给定的金属，由于 σ_{CL}、T_{m} 和 L 均为常数，故 r^* 反比于 ΔT，如图 5.20 所示。液态

金属中存在着各种尺寸的原子集团,温度愈高,原子的振幅将会愈大,原子间的结合愈弱,因而原子集团的最大尺寸 r_{max} 愈小,图5.20中也表示出了这种关系。这两条曲线的交点便是形成 r^* 所需的过冷度(即均质形核的临界过冷度) ΔT^* [约为 $(0.18 \sim 0.20) T_m$]。因此,必须有足够的过冷度,才能使过冷液态金属中含有达到临界尺寸的晶核,使其开始形核。

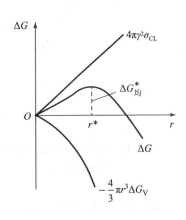
图 5.19 $\Delta G - r$ 曲线

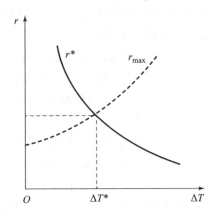
图 5.20 r^* 和 r_{max} 随 ΔT 的变化

将式(5.24)和式(5.27)代入式(5.25),得到相应于 r^* 的临界形核功为

$$\Delta G_{均}^* = \frac{16}{3}\pi \frac{\sigma_{CL}^3}{L^2} \frac{T_m^2}{\Delta T^2} = \frac{1}{3} A^* \sigma_{CL} \tag{5.28}$$

式中,$A^* = 4\pi r^{*2}$ 为临界晶核的表面积,可知均质形核的临界形核功的大小为临界晶核表面能的1/3,它是均质形核所必须克服的能量障碍,如图5.19所示。$r = r^*$ 时,ΔG 达到最大值。液态金属在一定的过冷度下,临界晶核必由相起伏提供,临界形核功由能量起伏提供。

2. 均质形核速率

形核速率为单位时间、单位体积内生成固相核心的数目。$r = r^*$ 时,晶核处于介稳定状态,既可以溶解,也可长大。当 $r > r^*$ 时才能成为稳定的核心,即在 $r > r^*$ 的原子集团上附加一个或一个以上的原子即成为稳定核心。其形核速率 $I_{均}$ 为

$$I_{均} = f_0 N^* \tag{5.29}$$

式中,N^* 为单位体积内液相中 $r = r^*$ 的原子集团数目;f_0 为单位时间内转移到一个晶核上去的原子数目。

$$f_0 = N_S v p \exp\left(-\frac{\Delta G_A}{k_B T}\right) \tag{5.30}$$

$$N^* = N_L \exp\left(-\frac{\Delta G_{均}^*}{k_B T}\right) \tag{5.31}$$

式中,N_L 为单位体积液相中的原子数;N_S 为固-液界面紧邻固体核心的液体原子数;v 为液体原子振动频率;p 为液体原子被固相接受的概率;$\Delta G_{均}^*$ 为临界形核功;ΔG_A 为液体原子扩散激活能;k_B 为玻尔兹曼常数。将式(5.30)、式(5.31)代入式(5.29)得

$$I_{均} = N_S v p N_L \exp\left[-\left(\frac{\Delta G_A + \Delta G_{均}^*}{k_B T}\right)\right] = k_1 \exp\left[-\left(\frac{\Delta G_A + \Delta G_{均}^*}{k_B T}\right)\right] \tag{5.32}$$

式中,$k_1 = N_S v p N_L$。

式 (5.32) 由两项组成：$\exp\left(-\dfrac{\Delta G^*_{均}}{k_B T}\right)$，由于形核功 $\Delta G^*_{均}$ 随着过冷度的增大而减小，故随着过冷度的增大，此项迅速增大，形核速率相应增大。$\exp\left(-\dfrac{\Delta G_A}{k_B T}\right)$，由于过冷度增大时原子热运动减弱，此项很快减小，故形核速率相应减小。

上述两项矛盾因素的综合作用，使形核速率随过冷度 ΔT 变化的曲线上出现一个极大值。过冷度开始增大时，前一项的贡献大于后一项，这时形核速率随过冷度的增加而急剧增大；但当过冷度过大时，液体的黏度迅速增大，原子的活动能力迅速降低，后一项的影响大于前者，故形核速率下降。金属原子的活动能力强，不易出现极大值，但当冷却速率极快，过冷度极大时，其也可以在形核速率极小的状态下凝固，得到非晶态金属。当冷却速率达 $10^5 \sim 10^6$ K/s 时，即可得到非晶态金属。在普通铸造条件下，不存在如此快的冷却速率。

均质形核所需过冷度很大，大量试验表明，均质形核过冷度约为金属熔点的 0.18～0.20 倍，即使对熔点较低的纯铝来说，需要过冷度亦达 195 ℃左右。但是，实际上金属结晶的过冷度常为十几分之一到几分之一摄氏度，远小于均质形核所需过冷度的数值。这说明了均质形核的局限性。均质形核之所以较难实现，是因为在实际金属的结晶过程中一般很难完全排除外来界面的影响，从而无法避免异质形核过程。以提纯后纯度很高的液态金属为例，假定其中杂质含量只有 10^{-8} 数量级，即每 10^8 个原子中会有 1 个夹杂原子，则每立方厘米的液态金属中仍约有 10^{15} 个杂质原子。假定杂质都以边长为 1 000 个原子直径的立方体形式出现，则在每立方厘米的液态金属中将有约 10^6 个质点。即使固态杂质原子仅占总数的 0.1%～1%，则每立方厘米液态金属中仍将有约 $10^3 \sim 10^4$ 个质点，这些质点在形核所涉及的微观区域内将提供数量巨大的外来界面。这些质点不同程度地对形核过程起着"催化"作用，促进液态金属在更小的过冷度下进行异质形核，从而使得均质形核在一般情况下几乎无法实现。

虽然实际生产中几乎不存在均质形核，但其原理仍是液态金属凝固过程中形核理论的基础。其他的形核理论也是在均质形核的基础上发展起来的，因此有必要学习和掌握它。

5.2.3 异质形核

1. 异质形核（非均质形核、非均匀形核）

实际液态金属或合金中存在着大量既不熔化又不溶解的高熔点夹杂物（如氧化物、氮化物、碳化物等）可以作为形核的基底。晶核即依附于其中一些夹杂物的界面形成，其模型如图 5.21 所示。假设晶核在界面上形成球冠状，达到平衡时则有

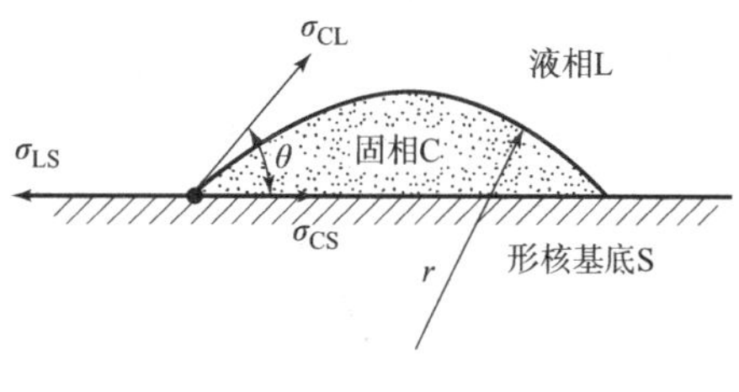

$$\sigma_{LS} = \sigma_{CS} + \sigma_{CL}\cos\theta \quad (5.33)$$

图 5.21 异质形核模型

式中，σ_{LS}、σ_{CL}、σ_{CS} 分别为液相与基底、晶核与液相、晶核与基底间的界面张力；θ 为润湿角。

该系统吉布斯自由能的变化为

$$\Delta G_{异} = -V_C \Delta G_V + A_{CS}(\sigma_{CS} - \sigma_{LS}) + A_{CL}\sigma_{CL} \quad (5.34)$$

式中，V_C 为球冠的体积，即固态核心的体积；A_{CS} 为晶核与夹杂物（基底）间的界面面积；A_{CL} 为晶核与液相的界面面积。

式 (5.34) 中各项参数的计算如下：

$$V_C = \int_0^\theta \pi (r\sin\theta)^2 \mathrm{d}(r - r\cos\theta) = \frac{\pi r^3}{3}(2 - 3\cos\theta + \cos^3\theta) \tag{5.35}$$

$$A_{CL} = \int_0^\theta 2\pi r\sin\theta (r\mathrm{d}\theta) = 2\pi r^2 (1 - \cos\theta) \tag{5.36}$$

$$A_{CS} = \pi (r\sin\theta)^2 = \pi r^2 (1 - \cos^2\theta) \tag{5.37}$$

将式（5.35）、(5.36)、(5.37) 代入式 (5.34) 得

$$\Delta G_{异} = \left(-\frac{4}{3}\pi r^3 \Delta G_V + 4\pi r^2 \sigma_{CL}\right)\left(\frac{2 - 3\cos\theta + \cos^3\theta}{4}\right) \tag{5.38}$$

上式右边第一项为均质形核临界功 $\Delta G_{均}^*$，第二项为润湿角 θ 的函数，令

$$f(\theta) = \frac{2 - 3\cos\theta + \cos^3\theta}{4} = \frac{(2 + \cos\theta)(1 - \cos\theta)^2}{4} \tag{5.39}$$

$$\Delta G_{异} = \Delta G_{均}^* f(\theta) \tag{5.40}$$

对式 (5.38) 求导，并令 $\dfrac{\mathrm{d}\Delta G_{异}}{\mathrm{d}r} = 0$，可求出

$$r_{异}^* = \frac{2\sigma_{CL}}{L}\frac{T_m}{\Delta T} \tag{5.41}$$

$$\Delta G_{异}^* = \frac{16}{3}\pi \frac{\sigma_{CL}^3}{L^2}\frac{T_m^2}{\Delta T^2} f(\theta) = \Delta G_{均}^* f(\theta) = \frac{1}{3}A^* \sigma_{CL} f(\theta) \tag{5.42}$$

由上可知，均质形核和异质形核的临界晶核尺寸相同，但异质核心只是球体的一部分，它所包含的原子数比均质球体核心少得多，所以异质形核阻力小。异质形核的临界形核功与均质形核的临界形核功之间仅相差 $f(\theta)$。$f(\theta)$ 是决定异质形核的一个重要参数，与晶核的形状有关，称为形状因子，它取决于润湿角 θ 的大小。由于 θ 取值在 0～180°范围内，因此，$f(\theta)$ 在 0～1 范围内变化，如图 5.22 所示。作为比较，在图 5.23 (a) 中同时给出了 $\Delta G_{异}^*$ 和 $\Delta G_{均}^*$。

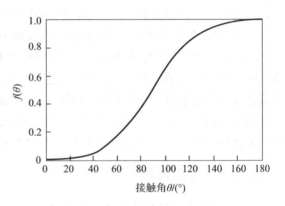

图 5.22 $f(\theta)$ 与润湿角 θ 之间的关系

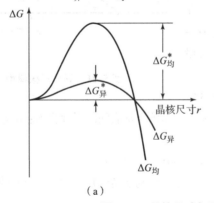

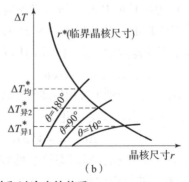

图 5.23 晶核尺寸与形核功和过冷度的关系

(a) 形核功与晶核尺寸的关系；(b) 形核过冷度与润湿角及晶核尺寸的关系

当 $\theta = 180°$ 时，$f(\theta) = 1$，因此 $\Delta G_{异}^* = \Delta G_{均}^*$。这就是说，当结晶相完全不润湿基底时，球冠晶核实际上是一个与均质晶核无任何区别的球体，因此基底不起促进形核的作用，液态金属只能进行均质形核，形核所需的临界过冷度最大。

当 $\theta = 0°$ 时，$f(\theta) = 0$，因此 $\Delta G_{异}^* = 0$。这就是说，当结晶相与基底完全润湿时，球冠晶核已不复存在。基底是现成的晶面，结晶相可以不必通过形核而直接在其表面上生长，故其形核功为零，基底有最大的促进形核作用。

以上是两种极端情况。一般情况下 $0 < \theta < 180°$，$0 < f(\theta) < 1$，故 $\Delta G_{异}^* < \Delta G_{均}^*$，因而基底都具有促进形核的作用，异质形核比均质形核更容易进行，如图 5.23 所示。θ 越小，球冠的相对体积也就越小，所需的原子数也越少，形核功也越低，异质形核过程也就越易进行。可见，异质形核出现临界晶核所必需的过冷度 $\Delta T_{异}^*$（即临界过冷度）要小于均质形核的临界过冷度 $\Delta T_{均}^*$。θ 小，$f(\theta)$ 值也小，异质形核的临界形核功就越小，临界过冷度就越小，即其形核能力愈强，如图 5.23（b）所示。$f(\theta)$ 是决定异质形核的一个重要参数。

临界晶核是依靠过冷熔体中的相起伏提供的。临界形核功是由过冷熔体的能量起伏所提供。异质形核与均质形核形成临界晶核所需的能量起伏和相起伏在本质上是一致的，形核功和临界晶核半径则是从能量和物质两个方面反映临界晶核的形成条件。

2. 异质形核速率

异质形核速率的理论推导结果在形式上和均质形核速率公式（5.32）的推导相似，其表达式为

$$I_{异} = A\exp\left[-\left(\frac{\Delta G_{\mathrm{A}} + \Delta G_{异}^*}{k_{\mathrm{B}}T}\right)\right] \tag{5.43}$$

式中，A 为常数；$\Delta G_{异}^*$ 为异质形核的形核功，根据式（5.42）可知，$\Delta G_{异}^* \leqslant \Delta G_{均}^*$，因此，在一般情况下，异质形核的速率大于均质形核速率，即 $I_{异} > I_{均}$。

结合式（5.42）和式（5.43）分析可知，异质形核速率与下列因素有关。

1) 过冷度

过冷度越大则形核速率越大。形核速率随过冷度 ΔT 的变化曲线如图 5.24 所示。图 5.24（a）为均质形核和异质形核过程中的 ΔG^* 随过冷度的变化；图 5.24（b）为在假定 ΔG^* 的临界值相同时所对应的形核速率。

在形核临界过冷度 ΔT^* 范围内，由于形核功数值过大，$I_{异}$ 基本保持为 0；当过冷度达到临界过冷度时，晶核几乎以不连续的方式突然出现，然后曲线迅速上升直至结晶过程结束。由于 $\Delta G_{异}^* \leqslant \Delta G_{均}^*$，所以 $I_{异}$ 曲线总在 $I_{均}$ 曲线以左。θ 越小，大量形核的临界过冷度就越小，$I_{异}$ 曲线就越接近纵坐标轴。

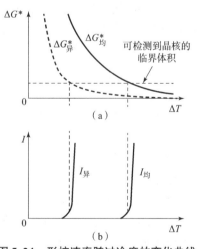

图 5.24 形核速率随过冷度的变化曲线

(a) 均质形核和异质形核过程中的 ΔG^* 随过冷度的变化；(b) 在假定 ΔG^* 的临界值相同时所对应的形核速率

2) 界面

界面由夹杂物的特性、形态和数量来决定。如果夹杂物基底与晶核润湿，则形核速率

大。当界面两侧夹杂物和晶核的原子排列方式相似，原子间距相近，或在一定范围内成比例，就可能实现界面共格对应。共格对应关系用点阵失配度 δ 来衡量，其表达式为

$$\delta = \frac{|a_S - a_C|}{a_C} \times 100\% \tag{5.44}$$

式中，a_S、a_C 分别为夹杂物、晶核原子间的距离。$\delta \leqslant 5\%$ 时，为完全共格，形核能力强；$5\% < \delta < 25\%$ 时，为部分共格，夹杂物基底有一定的形核能力；$\delta \geqslant 25\%$ 时，为不共格，夹杂物基底无形核能力。δ 是选择形核剂的理论依据。如 Mg 和 α-Zr，面心六方晶格 Mg 的晶格常数 $a = 0.320\ 9$ nm，$c = 0.512\ 0$ nm，$T_m = 650\ ℃$；α-Zr 的晶格常数 $a = 0.322\ 0$ nm，$c = 0.513\ 3$ nm，$T_m = 1\ 850\ ℃$。根据式（5.44），α-Zr 和 Mg 完全共格，所以 α-Zr 可作为 Mg 的强形核剂。

对于平面基底的夹杂物而言，其促进异质形核的能力取决于结晶相与其之间的润湿角 θ 的大小。对于非平面基底的固相，其界面几何形状对形核能力也有影响。图 5.25 为在 3 个形状不同的基底形成的晶核，它们具有相同的润湿角，界面的曲率半径相同，但 3 个晶核的体积却不一样，即 3 个晶核所包含的原子数不同：凸面上形成的晶核所需要的原子数量最多，平面上次之，凹面上最少。可见，

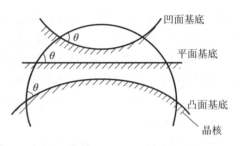

图 5.25 不同形状界面下的异质形核

即使是同一种物质的基底，其促进异质形核的能力也随界面曲率的方向和大小的不同而不同；凹界面基底的形核能力最强，平界面基底次之，凸界面基底最弱。对凸界面基底而言，其促进异质形核的能力随界面曲率的增大而减小；凹界面基低刚好相反。

3）液态金属的过热温度

异质核心的熔点比液态金属的熔点高。但当液态金属的过热温度接近或超过异质核心的熔点时，将使异质核心熔化或使其表面的活性消失，失去夹杂物应有特性，从而减少活性夹杂物数量，使形核速率降低。

5.2.4 形核控制

形核过程的控制包括促进形核、抑制形核和选择形核 3 个不同方面。

1）促进形核

在普通铸件和铸锭的凝固中，人们通常希望获得细小的等轴晶组织以提高力学性能。为此，常常采用各种特殊措施促进形核，提高形核速率。如增大冷却速率，在大的过冷度下形核；利用浇注过程的液流冲击造成型壁上形成的晶粒脱落；添加晶粒细化剂，促进异质形核；采用振动、电磁搅拌、超声振动等措施使已经形成的树枝晶粒破碎，获得大量的结晶核心，最终形成细小的等轴晶组织。

2）抑制形核

为了获得单晶，或实现大过冷度下的凝固，或使形核过程完全被抑制而得到非晶态材料，需要抑制晶核的形成。由于形核伴随着原子的迁移，是在一定的时间内完成的，因而快速冷却是抑制形核的途径之一；但冷却速率必须足够大，否则液态合金反而会获得较大的过冷度，使形核速率增大。去除液相中的固相质点是抑制异质形核的主要途径，常用的方法是

循环过热法和熔融玻璃净化法。此外，坩埚表面可能成为异质形核的基底，采用悬浮熔炼或熔融玻璃隔离是抑制形核的必要措施。

3) 选择形核

当合金在远离热力学平衡的大过冷度下凝固时，某些在低温下才会形成的非平衡相可能达到形核条件而优先于平衡相发生形核并长大。因此，通过控制形核温度或加入适合于特定相的形核剂（润湿角 θ 小）激励某特定相优先形核，可实现凝固过程相的选择。

5.3 晶体的生长

5.3.1 固 – 液界面的微观结构

晶体的微观长大是液体原子向固 – 液界面不断堆砌的过程，原子堆砌的方式取决于固 – 液界面的微观结构。晶体的生长是原子向生长表面堆砌的过程，界面的结构对原子的堆砌方式和堆砌的速度有很大的影响，从而影响晶体的微观生长方式、生长速度和最终形态。

1. 分类

根据杰克逊（Jackson）提出的界面结构理论，固 – 液界面的结构从原子尺度来看，可分为两大类：粗糙界面与平整界面（光滑界面）。

1) 粗糙界面

界面固相一侧约50%左右的点阵位置被固相原子所占据，这些原子散乱地随机分布在界面上，从原子尺度上来看是粗糙的、高低不平的，称为粗糙界面。大部分金属属于这种结构。粗糙界面也称为"非小晶面"或"非小平面"，如图5.26（a）所示。

2) 平整界面（光滑界面）

界面固相一侧的点阵位置几乎全部被固相原子所占据（或者几乎全是空位），从原子尺度上来看是光滑平整的。非金属及化合物大多属于这种结构。平整界面也称"小晶面"或"小平面"，如图5.26（b）所示。

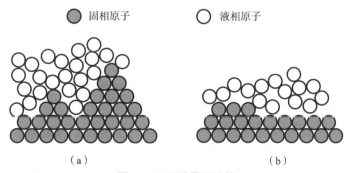

图 5.26 两种界面结构
(a) 粗糙界面；(b) 光滑界面

2. 两种界面结构类型的判据

杰克逊认为，界面的平衡结构应是界面自由能最低的结构。如果在界面上随机地添加固相原子，其界面自由能 ΔG_S 的相对变化量 $\dfrac{\Delta G_S}{Nk_B T_m}$ 可用表示为

$$\frac{\Delta G_\mathrm{S}}{Nk_\mathrm{B}T_\mathrm{m}} = ax(1-x) + x\ln x + (1-x)\ln(1-x) \tag{5.45}$$

式中，a 为杰克逊因子；N 为固-液界面上可能供原子占据的位置数目；x 为固-液界面上固相原子所占位置的分数，即界面原子实际占据率，界面上沉积原子的概率；k_B 为玻尔兹曼常数。

对于不同的 a 值，可以作出 $\dfrac{\Delta G_\mathrm{S}}{Nk_\mathrm{B}T_\mathrm{m}}$ 与 x 之间的关系曲线，如图 5.27 所示。由图可知，其形状随着 a 的不同而变化。故界面自由能最低的平衡结构也随 a 的不同而不同。当 $a \le 2$ 时，$\dfrac{\Delta G_\mathrm{S}}{Nk_\mathrm{B}T_\mathrm{m}}$ 在 $x = 0.5$ 处具有最低值，即界面上的平衡结构中应有 50% 左右的点阵位置为固相原子占据，因此粗糙界面是稳定的。大多数金属的 $a \le 2$，属于粗糙界面结构。当 $a > 2$ 时，$\dfrac{\Delta G_\mathrm{S}}{Nk_\mathrm{B}T_\mathrm{m}}$ 在 $x = 0.95$ 和 $x = 0.05$ 处具有最低值，即界面上的平衡结构或者是界面位置几乎全部被原子占据，或者几乎全是空位，这时平整界面是稳定的。一般非金属的 $a > 2$，属于平整界面结构。

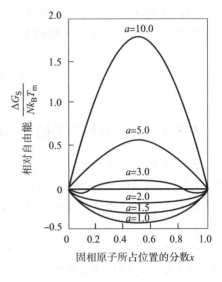

图 5.27 不同 a 值下的 $\dfrac{\Delta G_\mathrm{S}}{Nk_\mathrm{B}T_\mathrm{m}}$ - x 曲线

5.3.2 晶体生长方式和生长速度

晶体的生长方式和生长速率由固-液界面的微观结构决定。

1. 连续生长——粗糙界面的生长

对于粗糙的固-液界面，界面上固相原子占据 50% 左右的位置，有 50% 左右的空位可接受原子，许多空位可作为液体中的原子往上堆砌的台阶，这种台阶不仅存在于一个原子层内，而且存在于几个原子层内。原子堆砌时受到前方和侧面固相原子的作用，比较稳定，不易脱落或弹回。晶体在生长过程中，界面上的台阶始终存在，因此液体中的原子可单个进入空位与晶体连接，界面沿其法线方向前进，液体中的原子可以在界面上各个地方均匀而连续地生长，称为连续生长（或垂直生长），如图 5.28 所示。

这种生长方式的特点为：生长的动力学过冷度很小，$\Delta T_\mathrm{k} = 0.01 \sim 0.05\ \mathrm{K}$；生长速度很快，主要为原子的扩散和结晶潜热的导出速度所决定，

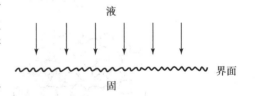

图 5.28 粗糙界面上原子的堆砌

前者决定了液体中原子向界面上集中并跳跃到界面上的速度，后者决定了使界面前沿总保持一个使界面得以生长的动力学过冷度 ΔT_k。

过冷度增大时，生长速度也增大。二者的关系为

$$R_1 = \mu_1 \Delta T \tag{5.46}$$

式中，R_1 为生长速度；μ_1 为连续生长的系数。

连续生长的结果是：晶体的棱角不很分明，在金相观察时，晶体的表面是光滑的。

2. 侧向生长——平整界面的生长

平整的生长界面具有很强的晶体学特征，都是特定的密排晶面，这种晶面上，原子间的结合较强，原子不易脱落，界面保持比较完整。不过，在这样的界面上，原子难以往上堆砌，即使堆砌上后也不稳定，容易脱落，因此首先要求在界面上形成台阶，以便原子在其侧面堆砌。当现有台阶的侧面铺满后，必须出现新的台阶，才能进行新一层的生长。这种生长方式是通过台阶的侧面生长，如图 5.29 所示，以使界面向前推进。

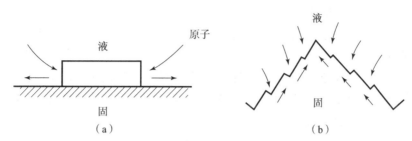

图 5.29 平整界面的生长
(a) 平整界面的生长方式；(b) 平整界面晶体生长表面的侧向生长方式

台阶的来源可以是界面上的二维形核，或是界面上的晶体缺陷，晶体缺陷在晶体生长中起着很重要的作用。这种生长方式有以下特点。

（1）二维形核可以通过不同途径进行。一种是液体中先形成较大的原子集团，其中原子的排列方位与界面相同，并同时落到界面上，其概率较小，速度很慢。另一种是原子先各自落到界面上，有的停留一段时间后返回液相，有的则沿着表面运动而聚集在一起，达到一定尺寸后才能稳定而成为二维晶核。这两种方式都要求较大的过冷度，才能使液体中有较多的大尺寸原子集团，而且落到界面上的原子数也大为增多以利于二维形核。过冷度增大则形核速度加快。

（2）液体中的原子可在粗糙界面上到处堆砌，而对平整界面只能堆砌在台阶侧面，其概率比前者小得多，所以其生长速度较慢。二维形核越多，台阶在界面上密度越大，则生长速度越快。因此，当界面缺陷的数量不多时，晶体的生长主要取决于二维形核，故平整界面生长所需的动力学过冷度 $\Delta T_k = 1 \sim 2$ K，比粗糙界面大几十倍。

平整界面生长速度与过冷度的关系为

$$R_2 = \mu_2 \exp\left(-\frac{b}{\Delta T}\right) \tag{5.47}$$

式中，μ_2、b 均为系数。

由于各特定的生长表面在生长过程中始终保持平整，所形成的晶体是以许多小平面为生长表面的多面体，这种晶体棱角分明，称为多面体晶体，其生长方式称为小平面生长。粗糙界面生长形成的表面光滑的晶体则称为非多面体晶体。

3. 从缺陷处生长

在通常情况下，多面体晶体的生长速度比通过二维形核的理论生长速度快很多，因为当冷却速度较快、液体中杂质元素较多和温度起伏较大时，晶体生长时总要形成种种生长缺陷，这些缺陷所造成的界面台阶使原子容易向上堆砌，因而使生长速度大为加快。晶体生长中产生的缺陷类型与晶体结构有关，其中对晶体生长过程影响较大的是螺型位错和孪晶，后者又分为旋转孪晶和反射孪晶。

1）螺型位错生长

螺型位错形成的生长台阶如图 5.30 所示。

螺型位错的形成，使界面上出现现成的生长台阶，原子在台阶上堆砌时，台阶便绕位错线而旋转。台阶每旋转一周，界面便生长一个原子层。在生长过程中，螺型位错的台阶不会消失，可以保证界面沿螺型位错线连续生长。

由于避免了二维形核，界面又能连续生长，因此，界面的生长速度便大大加快。但是，在螺型位错生长时，原

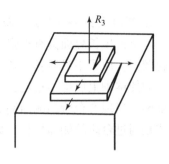

图 5.30 螺旋位错生长台阶及晶体生长方式

子仍然只能堆砌在台阶部分，而不是在界面上任何部位，其生长速度仍比粗糙界面的生长速度慢，台阶多则生长速度快。过冷度增大，界面上形成的螺型位错密度大，台阶也多，生长速度大为加快，其生长速度与过冷度的关系为

$$R_3 = \mu_3 \Delta T^2 \tag{5.48}$$

式中，μ_3 为系数。

已经证明，无论在熔体中、气相中或溶液中，晶体生长时常发生螺型位错生长。螺型位错生长在铸铁中石墨基面（0001）的生长中起着很大作用，在片状或球状石墨的生长表面常可看到螺型位错生长的六角形凸台。

可以看出，螺型位错的生长方式仍是台阶的侧向生长，但其却可使界面得以连续生长。

2）旋转孪晶生长

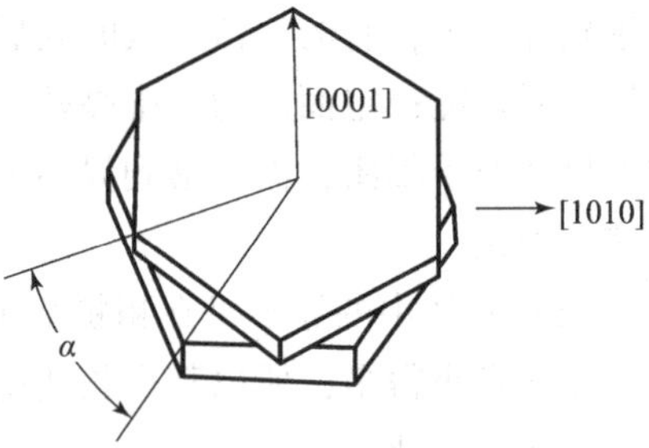

旋转孪晶一般容易产生于层状结构的晶体中，在石墨晶体生长中也起着重要作用。石墨晶体具有以六角网络为基面的层状结构，基面之间的结合较弱，在生长过程中原子排列的层错，好像使上下层之间产生一定角度的旋转（图 5.31），构成旋转孪晶。孪晶的旋转边界上存在许多台阶可供碳原子堆砌，使石墨晶体侧面 [10$\bar{1}$0] 向生长大为加快而成片状。

图 5.31 石墨旋转孪晶及其边界所形成的生长台阶

3）反射孪晶生长

面心立方晶体生长时以（111）为表面，原子在（111）面上排列产生的层错发展后容易形成反射孪晶——原子的排列以孪晶面（111）为"反射"状。孪晶的边界是以（111）面组成的凹坑（图 5.32），原子易在凹坑处形核、铺开，且此凹坑在生长过程中不易消失，从而使孪晶方向的生长加快。Si、Ge 晶体中的孪晶凹坑生长机理已为实验所证实。

4. 生长速度的比较

3 种主要生长方式的生长速度比较如图 5.33 所示。

生长速度最快的是粗糙界面的连续生长，因为它的现成台阶分散在界面上，液体中的原子可以在界面各处堆砌和连续生长。螺型位错的生长速度小于前者，过冷度增大时，界面上螺型位错增多，界面生长速度加快。在小的过冷度下，具有平整界面结构的物质，其长大按螺型位错方式进行；但在大的过冷度下，其长大将按粗糙界面的连续长大方式进行；而以形

成二维晶核方式进行的长大,在任何情况下,其可能性都是很小的。这是因为在过冷度很小时,二维晶核不可能形成;当过冷度增大时,又易于按连续生长方式进行。

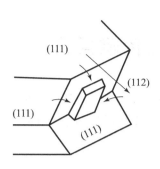

图 5.32　面心立方晶体反射孪晶及凹坑边界

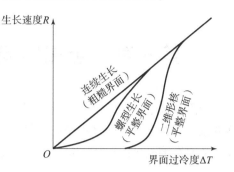

图 5.33　生长方式的生长速度与界面过冷度的关系

5.3.3　晶体的生长方向和生长表面

晶体的生长方向和生长表面的特性与界面的性质有关。粗糙界面是一种各向同性的非晶体学界面,原子在界面各处堆砌的能力相同,因此在相同的过冷度下,界面各处的生长速度均相等,晶体的生长方向与热流方向相平行,在显微尺度下有着光滑的生长表面。平整界面具有很强的晶体学特征,由于不同晶面族上原子密度和晶面间距的不同,故液相原子向上堆砌的能力也各不相同,因此在相同的过冷度下,各族晶面的生长速度也必然不同。一般而言,液相原子比较容易向排列松散的界面上堆砌,因而在相同的过冷度下,松散面的生长速度比密排面的生长速度大,这样生长的结果是:快速生长的松散面逐渐隐没,晶体表面逐渐为密排面所覆盖,如图 5.34 所示。故在显微尺度下,晶体的生长表面由一些棱角分明的密排小晶面所组成。由于密排面的界面能最低,因此这种生长表面也是符合界面能最低原理的。同时,由于密排面的侧向生长速度最大,因此,当过冷度不变时,晶体的生长方向是由密排面相交后的棱角方向所决定的。

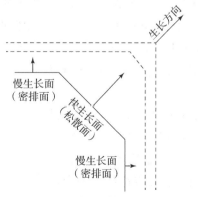

图 5.34　生长表面逐渐为密排面所覆盖的过程

第6章 金属凝固过程中的传输问题

金属凝固过程中，常常伴随着金属液的流动、液态金属和周围介质间的热量交换以及物质转移现象。液态金属凝固过程中的传热和传质过程以及液态金属的流动会影响晶体的形核和生长，从而影响凝固组织，决定铸件的质量。

6.1 液态金属的充型能力与流动性

铸造生产的主要特点是直接将液态金属浇入铸型并在其中凝固和冷却而得到铸件。液态金属充型过程是铸件形成的第一个阶段，一些铸造缺陷（如浇不足、冷隔等）是在充型不利的情况下产生的。为了获得优质铸件，必须掌握和控制充型过程。液态金属充填铸型通常是在纯液态情况下充满型腔，也有边充型边结晶的情况（即结晶状态下的流动）。在液态金属充满型腔后，金属液的流动并没有完全停止，还要进行液态金属收缩和补偿。

6.1.1 充型能力与流动性的基本概念

液态金属充满铸型型腔，获得形状完整、轮廓清晰的铸件的能力，称为液态金属充填铸型的能力，简称为充型能力。液态金属的充型能力首先取决于金属本身的流动能力，同时又受外界条件（如铸型性质、浇注条件、铸件结构等因素）的影响，是各种因素的综合反映。

液态金属本身的流动能力简称为流动性，流动性定义为液态金属由于凝固而停止流动前的流长，它由液态金属的成分、温度、杂质含量等决定，而与外界因素无关。

流动性对于排除液态金属中的气体和杂质、凝固过程中的补缩、防止开裂以及获得优质的铸件产品有着重要的影响。液态金属的流动性越好，气体和杂质越易于上浮，使金属液得以净化。良好的流动性有利于防止疏松、热裂等缺陷的出现。液态金属的流动性越好，其充型能力就越强，反之，其充型能力就差。充型能力可以通过外界条件来改变。

液态金属的流动性可用试验的方法进行测定，最常用的是浇注螺旋流动性试样来测定，如图6.1所示。通常在相同的条件下浇注各种金属的流动性试样，以试样的长度表示该金属的流动性，并以所测得的金属流动性表示金属的充型能力。因此，可以认为金属的流动性是确定条件下的充型能力。

在实际中，是将试样的结构和铸型性质固定不变，在相同的浇注条件下，例如在液相线以上相同的过热

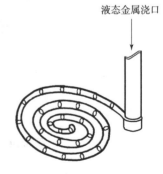

图6.1 液态金属螺旋形流动性试验示意

度或在同一浇注温度下，浇注各种合金的流动性试样，以试样的长度来表示该合金的流动性。由于影响液态合金充型能力的因素很多，很难对各种合金在不同的铸造条件下的充型能力进行比较，所以，常常用上述固定条件下所测得的合金流动性来表示合金的充型能力。表6.1 为常用合金的流动性数据。

表6.1　常用合金的流动性（螺旋形试样，截面 8 mm × 8 mm）

合金	造型材料	浇注温度/℃	螺旋线长度/mm
铸铁 $w_{(C+Si)}$ = 6.2%	砂型	1 300	1 800
$w_{(C+Si)}$ = 5.9%	砂型	1 300	1 300
$w_{(C+Si)}$ = 5.2%	砂型	1 300	1 000
$w_{(C+Si)}$ = 4.2%	砂型	1 300	600
铸钢 w_C = 0.4%	砂型	1 600	100
	砂型	1 640	200
铝硅合金	金属型（300 ℃）	680 ~ 720	700 ~ 800

6.1.2　液态金属的停止流动机理

在充型过程中，当液态金属由于冷却凝固析出固相堵塞充型通道时，流动就会停止。金属的种类不同，凝固方式和通道阻塞方式也不同。

纯金属、共晶成分合金及结晶温度范围很窄的合金停止流动的机理示意图如 6.2 所示。在金属的过热热量未散尽之前为纯液态流动［图 6.2（a）］为Ⅰ区。金属液继续流动，冷的前端在型壁上凝固结壳［图 6.2（b）］，而后的金属液是在被加热的通道中流动，冷却强度下降。由于液流通过Ⅰ区终点时，尚有一定的过热度，将已经凝固的壳重新熔化，为Ⅱ区。所以，该区是先形成凝固壳，又被完全熔化。Ⅲ区是未被完全熔化而保留下来的一部分固相区，在该区的终点金属液耗尽过热热量。在Ⅳ区，液相和固相只有相同的温度——结晶温度，由于在该区的起点处结晶较早，断面上结晶完毕也较早，往往在它附近发生堵塞［图 6.2（c）］。当从型壁向中心生长的晶体相互接触时，金属的流动通道被堵塞，流动停止。流股前端的中心部位继续凝固，形成缩孔。

结晶温度范围很宽合金停止流动的机理如图 6.3 所示。这种合金，在过热热量未散失之前也是纯液态流动［图 6.3（a）］。随流动继续向前，液态金属的温度降至合金的液相线以下，液流中开始析出晶体，晶体顺流前进并不断长大。液流前端由于不断与型壁接触，冷却最快，析出晶粒的数量最多，使金属液的黏度增大，流速减慢［图 6.3（b）］。当晶粒数量达到某一临界值时，便结成一个连续的网络。当液流的压力不能克服此网络的阻力时，即发生堵塞而停止流动［图 6.3（c）］。

合金的结晶温度范围越宽，枝晶就越发达，液流前端析出相对较少的固相，即在相对较短的流动时间内，液态金属便停止流动。因此，合金的结晶温度范围越宽，其充型能力越低。试验表明，在液态金属的前端析出 15% ~ 20% 的固相量时，流动就停止。

中等结晶温度范围的合金停止流动的机理可采用叶荣茂等提出的一般工业用铸造合金停止流动的通用模式，如图 6.4 所示。

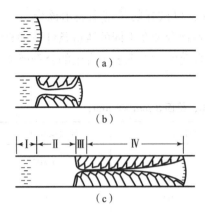

图 6.2　纯金属、共晶成分合金及
结晶温度范围很窄的合金的停止流动机理
(a) 纯液态流动；(b) 凝固结壳；(c) 停止流动

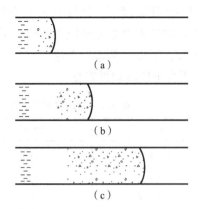

图 6.3　结晶温度范围很宽的
合金的停止流动机理
(a) 纯液态流动；(b) 析出更多晶体；(c) 停止流动

在金属的过热热量未散尽之前为纯液态流动，如图 6.4 (a) 所示，称为Ⅰ区。液态金属继续向前流动，当液流前端外层的金属达到液相线温度时，便开始结晶形核，从型壁开始形成等轴晶，继而缩颈、脱落，称此过程的区域为Ⅱ区。在这一区域处于型壁处的金属，其温度在液相线和固相线之间，但液流前端可能会因急剧冷却而凝固结壳，如图 6.4 (b) 所示。后续的金属液在被加热的型腔中流动，因铸型冷却能力下降，故金属也尚有一定的过热度，会把原来的形核区和结壳区熔化，而在型壁上形成的晶粒会颈缩脱落随液流前进。因此形核区和结壳区是先形成后又被熔化，而向前移动。图 6.4 (c) 的Ⅲ区是未被熔化而保留下来的固相区，在这一区域内凝固壳层内部有许多脱落下来并聚集在一起的晶粒和枝晶，形成了结壳堵塞状态。Ⅲ区内金属温度下降，黏度剧增，凝固层内表面粗糙，毛细管阻力以及晶粒间的

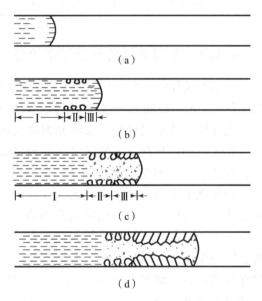

图 6.4　一般工业用铸造合金停止流动
的通用模式示意
(a) 纯液态流动；(b) 凝固结壳；
(c) 结壳堵塞；(d) 停止流动

连接等综合作用，从而使金属停止流动，如图 6.4 (d) 所示。

对一般的工业用合金而言，可以认为金属流股因冷却而停止流动的典型情况是具有Ⅰ、Ⅱ、Ⅲ区。纯金属的停止流动机理和宽结晶温度范围的合金的停止流动机理，可以认为是金属凝固停止流动的通用模式的特例。

6.1.3　液态金属充型能力的计算

液态金属在过热情况下充填型腔，与型壁之间发生热交换，是不稳定的传热过程，也

是不稳定的流动过程。从理论上对液态金属的充型能力进行计算很困难。为了简化计算，人们作了各种假设。下面介绍其中的一种计算方法，可以比较简明地表述液态金属的充型能力。

假设用某液态金属浇注圆形截面的水平试棒，在一定的浇注条件下，液态金属的充型能力以其能流过的长度 l 来表示，即

$$l = vt \tag{6.1}$$

式中，v 为在静压头作用下液态金属在型腔中的平均流速；t 为液态金属自进入型腔到停止流动的时间（见图 6.5）。

由流体力学相关知识可知

$$v = \mu \sqrt{2gH} \tag{6.2}$$

式中，H 为液态金属的静压头高度；μ 为流速系数。

关于流动时间的计算，根据液态金属不同的停止流动机理，有不同的算法。

对于纯金属或共晶成分合金，凝固方式呈逐层凝固，其是由于液流末端之前的某处与从型壁向中心生长的晶粒相接触，通道被堵塞而停止流动的。

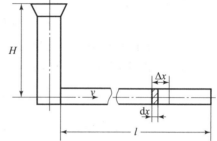

图 6.5　计算充型能力的物理模型

所以，对于这类液态金属的停止流动时间 t，可以近似地认为是试样从表面至中心的凝固时间，可根据热平衡方程求出，凝固时间的计算公式可参见式（6.51）。

对于宽结晶温度范围的合金，即体积凝固方式的合金，其液流前端不断地与冷的型壁表面接触，冷却最快，最先析出晶粒，当晶粒数量达到某一临界分数值 K 时，便发生阻塞而停止运动。这类液态金属停止流动的时间 t 可以分为两个阶段：第一阶段为从浇注温度 T_P 降温到液相线温度 T_L 时液态金属流动的时间 t_1，在此阶段只是液态金属温度不断地降低至液相线温度，是纯液态流动，合金的流动性好；第二阶段为从液相线温度 T_L 降温到停止流动时的温度 T_K 时液态金属流动的时间 t_2，这一阶段液态金属与前端已析出的固相晶粒一起流动。在这种情况下，t 可通过建立热平衡方程求解。为使问题简化，作如下假设：①铸型与液态金属接触表面的温度在浇注过程中不变；②液态金属在型腔中以等速流动；③液流断面上各点温度是均匀的；④热量按垂直于型壁的方向传导，不考虑对流与辐射，沿液流方向无对流。

第一阶段液态金属的流动时间 t_1 的求解：距液流端部 Δx 的 dx 元段，在 dt 时间内通过表面积 dA 散发出的热量，等于该时间内液态金属温度下降 dT 放出的热量，其热平衡方程式为

$$\alpha(T - T_{20})dAdt = -dV\rho_1 c_1 dT \tag{6.3}$$

式中，T 为 dx 元段的液态金属的温度，℃；T_{20} 为铸型的初始温度，℃；dA 为 dx 元段与铸型相接触的表面积，m^2；t 为时间，s；dV 为元段的体积，m^3；ρ_1 为液态金属的密度，kg/m^3；c_1 为液态金属的比热容，$J/kg \cdot ℃$；α 为传热系数，$W/m^2 \cdot ℃$。

$$\frac{dV}{dA} = \frac{Fdx}{Pdx} = \frac{F}{P} \tag{6.4}$$

式中，F 为试样的断面积，m^2；P 为断面周长，m。

$$\mathrm{d}t = -\frac{F\rho_1 c_1}{P\alpha} \frac{\mathrm{d}T}{(T-T_{20})} \tag{6.5}$$

当 $t = \Delta x/v$ 时，$T = T_P$；$T = T_L$ 时，$t = t_1$；上式积分后得

$$t_1 = \frac{F\rho_1 c_1}{P\alpha} \ln \frac{T_P - T_{20}}{T_L - T_{20}} + \frac{\Delta x}{v} \tag{6.6}$$

式中，T_L 为合金的液相线温度，℃；T_P 为合金的浇注温度，℃。

第二阶段液态金属的流动时间 t_2 的求解：液态金属继续向前流动时开始析出固相，此时热平衡方程式为

$$\alpha(T - T_{20})\mathrm{d}A\mathrm{d}t = -\mathrm{d}V\rho_1^* c_1^* \mathrm{d}T \tag{6.7}$$

式中，ρ_1^* 为合金在 T_L 到 T_K（停止流动温度）温度范围内的密度，近似地取 $\rho_1^* = \rho_1$；c_1^* 为合金在 T_L 到 T_K 温度范围内的当量比热容，近似地取

$$c_1^* = c_1 + \frac{KL}{T_L - T_K} \tag{6.8}$$

式中，K 为液态金属停止流动时液流前端的固相数量；L 为合金的结晶潜热，J/kg。

$$\mathrm{d}t = -\frac{F\rho_1 c_1^*}{P\alpha} \frac{\mathrm{d}T}{(T-T_{20})} \tag{6.9}$$

当 $t = t_1$ 时，$T = T_L$；$t = t_2$ 时，$T = T_K$，上式积分后得

$$t_2 = \frac{F\rho_1 c_1^*}{P\alpha} \ln \frac{T_L - T_{20}}{T_K - T_{20}} \tag{6.10}$$

液态金属总的流动时间 $t = t_1 + t_2$，即

$$t = \frac{F\rho_1}{P\alpha}\left(c_1^* \ln \frac{T_L - T_{20}}{T_K - T_{20}} + c_1 \ln \frac{T_P - T_{20}}{T_L - T_{20}}\right) + \frac{\Delta x}{v} \tag{6.11}$$

液态金属的充型能力 l 为

$$l = vt = v\frac{F\rho_1}{P\alpha}\left(c_1^* \ln \frac{T_L - T_{20}}{T_K - T_{20}} + c_1 \ln \frac{T_P - T_{20}}{T_L - T_{20}}\right) + \Delta x \tag{6.12}$$

将对数项展开取第一项

$$\ln \frac{T_L - T_{20}}{T_K - T_{20}} \approx \frac{T_L - T_{20}}{T_K - T_{20}}, \qquad \ln \frac{T_P - T_{20}}{T_L - T_{20}} \approx \frac{T_P - T_{20}}{T_L - T_{20}}$$

并近似地以 $(T_L - T_{20})$ 代替 $(T_K - T_{20})$，即

$$c_1^* \ln \frac{T_L - T_{20}}{T_K - T_{20}} + c_1 \ln \frac{T_P - T_{20}}{T_L - T_{20}} = \frac{KL + c_1(T_P - T_K)}{T_L - T_{20}}$$

略去 Δx 项，得到

$$l = v\frac{F\rho_1}{P\alpha} \frac{KL + c_1(T_P - T_K)}{T_L - T_{20}} \tag{6.13}$$

液态金属的流动长度为

$$l = \mu\sqrt{2gH}\frac{F\rho_1}{P\alpha}\frac{KL + c_1(T_P - T_K)}{T_L - T_{20}} \tag{6.14}$$

式（6.14）半定量地描述了液态金属的充型能力。

6.1.4 影响充型能力的因素及促进措施

影响充型能力的因素主要是通过两个途径发生作用的,一是影响金属与铸型之间的热交换条件,从而改变液态金属的流动时间;二是液态金属在铸型中的流体力学条件,从而改变液态金属的流速。为了便于分析,将影响液态金属充型能力的因素归纳为四类。

第一类——金属性质方面的因素,包括:金属的密度 ρ_1,金属的比热容 c_1,金属的热导率 λ_1,金属的结晶潜热 L,金属的黏度 η,金属的表面张力 σ,金属的结晶特点。

第二类——铸型性质方面的因素,包括:铸型的蓄热系数 b_2,铸型的密度 ρ_2,铸型的比热容 c_2,铸型的热导率 λ_2,铸型的温度 T,铸型的涂料层,铸型的发气性和透气性。

第三类——浇注条件方面的因素,包括:液态金属的浇注温度 T_P,液态金属的静压头高度 H,外力场(压力、真空、离心、振动等)。

第四类——铸件结构方面的因素,包括:铸件的折算厚度 $R\left(R=\dfrac{V(铸件的体积)}{S(铸件的散热表面积)}\right.$ 或 $R=\dfrac{F(铸件的断面积)}{P(铸件断面的周长)}\Bigg)$,铸件结构的复杂程度。

上述因素中,主要因素的影响以及提高充型能力的相应措施如下。

1. 金属性质方面的影响

这类因素是内因,决定了金属本身的流动能力(即流动性)。

1)合金的成分

如图 6.6 所示为 Pb–Sn 合金流动性与成分之间的关系。可以看出,合金的流动性与其成分之间存在着一定的规律性。在流动性曲线上,对应着纯金属、共晶成分的地方出现最大值,而有结晶温度范围的地方流动性下降且在最大结晶温度范围附近出现最小值。合金成分对流动性的影响主要是由成分不同时,合金的结晶特点不同造成的,可根据前述的液态金属停止流动机理进行分析。

2)结晶潜热

结晶潜热约占液态金属含热量的 85%～90%,但是,它对不同类型合金的流动性的影响是不同的。纯金属和共晶成分的合金在固定温度下凝固,在一般的浇注条件下,结晶潜热能够发挥作用,是估计流动性的一个重要因素。凝固过程中释放的结晶潜热越多,则凝固进行得越缓慢,流动性就越好。将具有相同过热度的纯金属浇

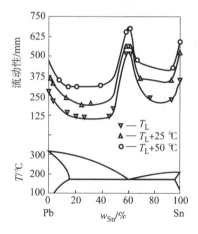

图 6.6 Pb–Sn 合金流动性与成分之间的关系

入冷的金属型试样中,其流动性与结晶潜热相对应,Pb 的流动性最差,Al 的流动性最好,Zn、Sb、Cd、Sn 则居于中间。

对于宽结晶温度范围的合金,散失一部分(约 20%)潜热后,晶粒就连成网络发生堵塞而停止流动,大部分结晶潜热的作用不能发挥,所以对流动影响不大。但是,也有例外的情况,当初生晶为非金属,或者合金能在液相线温度以下呈液固混合状态在不大的压力下流动时,结晶潜热则可能是重要的影响因素。例如,在相同的过热度下,Al–Si 合金的流动性

在共晶成分处并非为最大值，而在过共晶区里继续增加（图6.7），就是因为初生 Si 相是比较规整的块状晶体，且具有较小的机械强度，不能形成坚强的网络，而能够以液固混合状态在液相线温度以下流动，结晶潜热得以发挥的结果。Si 相的结晶潜热为 141×10^4 J/kg，比 α – Al 相约大 3 倍。由于较大的结晶潜热而使流动性在过共晶区继续增长，据已有的资料，只有铸铁（石墨的潜热为 383×10^4 J/kg，比铁大 14 倍）、Pb – Sb 和 Al – Si 合金会出现这种情况。

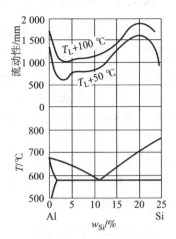

图6.7 Al – Si 合金流动性与成分及过热温度的关系

3）金属的比热容、密度和热导率

比热容和密度较大的合金，其本身含有较多的热量，在相同的过热度下保持液态的时间长，流动性好。热导率小的合金，热量散失慢，保持流动的时间长；热导率小，液态金属的温度梯度较大，倾向于逐层凝固，在凝固期间液固并存的两相区小，流动阻力小，故流动性好。

金属中加入合金元素后，一般都使热导率明显下降，使流动性上升。但是，有时加入合金元素后，初晶组织发生变化，反而使流动性下降。例如，在 Al 合金中加入少量的 Fe 或 Ni，合金的初晶变为发达的枝晶，并出现针状 $FeAl$，使流动性显著下降。在 Al 合金中加入 Cu，结晶温度范围扩大，也降低流动性。

4）液态金属的黏度

液态金属的黏度与其成分、温度、夹杂物的含量和状态等有关。根据流体力学分析，黏度对层流运动的流速影响较大，对紊流运动的流速影响较小。实际测得，金属液在浇注系统中或在试样中的流速除停止流动前的阶段外都大于临界速度，呈紊流运动。在这种情况下，黏度对流动性的影响不明显。在充型的最后很短的时间内，由于通道截面积缩小，或由于液流中出现液固混合物时，特别是在此时因温度下降而使黏度显著增加时，黏度对流动性才表现出较大的影响。

5）表面张力

造型材料一般不被液态金属润湿，即润湿角 $\theta > 90°$。故液态金属在铸型细薄部分的液面是凸起的，而由表面张力产生一个指向液体内部的附加压力，阻碍对该部分的充填。所以，表面张力对薄壁铸件、铸件的细薄部分和棱角的形成有影响。型腔越细薄，棱角的曲率半径越小，表面张力的影响越大。为了克服附加压力的阻碍，必须在正常的充型压头上增加一个附加压头。液态金属充填铸型尖角处的能力除与金属的表面张力 σ 有关外，还与铸型的激冷能力有关。在激冷作用较大的铸型中，可在合金中加入表面活性元素或采用特殊涂料，以降低表面张力 σ 或润湿角 θ。在激冷能力较小或预热的铸型中，如果浇注终了时在尖角处的合金仍为液态，直浇道中的压头则能克服附加压力，而获得足够清晰的铸件轮廓。

如果液态金属表面上有能溶解的氧化物，如铸铁和铸钢中的氧化亚铁，则能润湿铸型。这时附加压力是负值，有助于金属液向细薄部分充填，同时也有利于金属液向铸型砂粒之间的空隙中渗透，促进铸件表面黏砂的形成。

综上所述，为提高液态金属的充型能力，在金属方面可采取以下措施。

1) 正确选择合金成分

在不影响铸件使用性能的情况下,可根据铸件大小、厚薄和铸型性质等因素,将合金成分调整到实际共晶成分附近,或选用结晶温度范围小的合金。对某些合金进行变质处理使晶粒细化,也有利于提高其充型性。

2) 合理选择熔炼工艺

正确选择原材料,去除金属上的锈蚀、油污,合金熔炼时所用熔剂烘干;在熔炼过程中尽量使金属液不接触或少接触有害气体;对某些合金充分脱氧或精炼去气;减少其中的非金属夹杂物和气体。多次熔炼的铸铁和废钢,由于其中含有较多的气体,应尽量减少用量。

对钢液进行脱氧时,先加硅铁后再加锰铁会形成大量细小的尖角形 SiO_2,不易清除,钢液流动性很差。先加锰铁后再加硅铁是正确的,此时,脱氧产物主要是低熔点的硅酸盐,数量较少,也容易清除,钢液的流动性好。

"高温出炉,低温浇注"是一项成功的生产经验。高温出炉能使一些难熔的固体质点熔化,未熔的质点和气体在浇包中的镇静阶段有机会上浮而使金属净化,从而提高金属液的流动性。图 6.8 为铁水的过热度与流动性的关系。

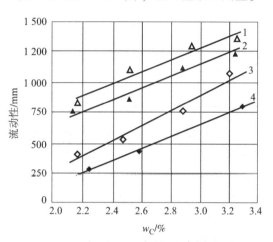

图 6.8　铁水的过热度与流动性的关系

曲线	1	2	3	4
出炉温度/℃	1 650	1 540	1 540	1 430
浇注温度/℃	1 540	1 540	1 430	1 430

2. 铸型性质方面的因素

铸型的阻力影响金属的充型速度,铸型与金属的热交换强度影响金属液保持流动的时间。所以,铸型性质方面的因素对金属液的充型能力有重要影响。同时,调整铸型性质来改善金属的充型能力,也往往能得到较好的效果。

1) 铸型的蓄热系数

铸型的蓄热系数 b_2 表示铸型从其中的金属中吸取并储存于本身中热量的能力。蓄热系数越大,铸型的激冷能力就越强,金属液于其中保持液态的时间就越短,充型能力越差。表 6.2 为几种铸型材料的蓄热系数。

表 6.2　几种铸型材料的蓄热系数

材料	温度 T_2/℃	密度 ρ_2 /(kg·m^{-3})	比热容 c_2 /(J·(kg·℃)$^{-1}$)	热导率 λ_2 /(W·(m·℃)$^{-1}$)	蓄热系数 b_2 /(×10^{-4}J·(m^2·℃·s$^{1/2}$)$^{-1}$)
铜	20	8 390	385.2	392	3.67
铸铁	20	7 200	669.9	37.2	1.34
铸钢	20	7 850	460.5	46.5	1.3
人造石墨		1 560	1 356.5	112.8	1.55

续表

材料	温度 T_2/℃	密度 ρ_2 /(kg·m^{-3})	比热容 c_2 /(J·(kg·℃)$^{-1}$)	热导率 λ_2 /(W·(m·℃)$^{-1}$)	蓄热系数 b_2 /(×10^{-4}J·(m^2·℃·s$^{1/2}$)$^{-1}$)
砂	1 000	3 100	1 088.6	3.5	0.344
铁屑	20	3 000	1 046.7	2.44	0.28
黏土型砂	20	1 700	837.4	0.84	0.11
黏土型砂	900	1 500	1 172.3	1.63	0.17
干砂	900	1 700	1 256	0.58	0.11
湿砂	20	1 800	2 302.7	1.28	0.23
耐火黏土	500	1 845	1 088.6	1.05	0.145
锯末	20	300	1 674.7	0.174	0.029 6
烟黑	500	200	837.4	0.035	0.007 6

在金属型铸造中，经常采用涂料调整铸型材料的蓄热系数，为使金属型浇道和冒口中的金属液缓慢冷却，常在一般的涂料中加入蓄热系数很小的石棉粉。

在砂型铸造中，利用烟黑涂料解决大型薄壁铝镁合金铸件的成形问题，已在生产中收到效果。砂型的蓄热系数与造型材料的性质、型砂成分的配比、砂型的紧实度等因素有关。

2）铸型的温度

预热铸型能减小金属与铸型的温差，从而提高其充型能力。例如，在金属型中浇注铝合金铸件，将铸型温度由 340 ℃提高到 520 ℃，在相同的浇注温度（760 ℃）下，螺旋线长度则由 525 mm 增加到 950 mm。用金属型浇注灰铸铁铸件时，铸型的温度不但影响充型能力，而且影响铸件是否出现白口组织。在熔模铸造中，为得到清晰的铸件轮廓，可将型壳焙烧到 800 ℃以上进行浇注。

3）铸型中的气体

铸型有一定的发气能力，能在金属液与铸型之间形成气膜，从而减小流动的摩擦阻力，利于充型。

根据实验，湿型中加入质量分数小于 6% 的水和小于 7% 的煤粉时，液态金属的充型能力提高，高于此值时型腔中气体反压力增大，充型能力下降，如图 6.9 所示。型腔中气体反压力较大的情况下，金属液可能浇不进去，或者在浇口杯、顶冒口中出现翻腾现象，甚至飞溅出来伤人。所以，铸型中的气体对充型能力影响很大。

减小铸型中气体反压力的途径有两条：一是适当降低型砂中的含水量和发气物质的含量，亦即减小砂型的发气性；另一条途径是提高砂型的透气性，在砂型上扎透气孔，

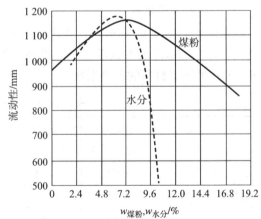

图 6.9 铸型中的水分和煤粉含量对低硅铸铁充型能力的影响

或在离浇注端最远部位或最高部位设通气冒口,增加砂型的排气能力。

可见,提高液态金属的充型能力,从铸型方面可采用蓄热系数小的铸型来提高金属液的充型能力;采用预热铸型,减小金属与铸型的温差;控制铸型中气体反压力等。

3. 浇注条件方面的因素

1) 浇注温度

浇注温度对液态金属的充型能力有决定性的影响。浇注温度越高,充型能力越好,如图6.10所示。在一定的温度范围内,充型能力随浇注温度的提高而直线上升。超过某界限后,由于金属吸气多,严重氧化,充型能力的提高幅度越来越小。在比较低的浇注温度下,铸钢 [图6.10(b)] 的流动性随碳含量的增加而提高,浇注温度提高时,碳的影响减弱。

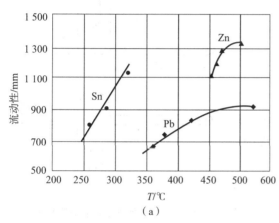 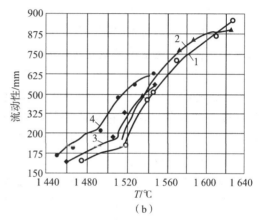

(a) (b)

图6.10 液态金属的流动性与温度的关系

(a) 纯金属;(b) 铸钢

1—$w_C=0.2\%$,$w_{Mn}=0.29\%$,$w_{Si}=0.61\%$;2—$w_C=0.3\%$,$w_{Mn}=0.26\%$,$w_{Si}=0.56\%$

3—$w_C=0.39\%$,$w_{Mn}=0.32\%$,$w_{Si}=0.80\%$;4—$w_C=0.72\%$,$w_{Mn}=0.32\%$,$w_{Si}=0.67\%$

对于薄壁铸件或流动性差的合金,利用提高浇注温度改善充型能力的措施,在生产中经常采用,也比较方便。但是,随着浇注温度的提高,铸件的一次结晶组织粗大,容易产生缩孔、疏松、黏砂、裂纹等缺陷,因此必须综合考虑。

根据生产经验,一般铸钢的浇注温度为 1 520 ~ 1 620 ℃,铝合金为 680 ~ 780 ℃。薄壁复杂铸件取上限,厚大铸件取下限。灰铸铁件的浇注温度可参考表6.3的数据。

表6.3 灰铸铁件的浇注温度

铸件壁 /mm	~4	4 ~ 10	10 ~ 20	20 ~ 50	50 ~ 100	100 ~ 150	>150
浇注温度/℃	1 450 ~ 1 360	1 430 ~ 1 340	1 400 ~ 1 320	1 380 ~ 1 300	1 340 ~ 1 230	1 300 ~ 1 200	1 280 ~ 1 180

2) 充型压头

液态金属在流动方向上所受的压力越大,充型能力就越好。在生产中,用加大金属液静压头的方法提高充型能力,也是经常采取的工艺措施。用其他方式外加压力,如压铸、低压铸造、真空吸铸等,也都能提高金属液的充型能力。

3) 浇注系统的结构

浇注系统的结构越复杂,流动阻力越大,在静压头相同的情况下,充型能力就越差。在铝镁合金铸造中，为使金属流动平稳，常采用蛇形、片状的直浇道，流动阻力大，充型能力显著下降。在铸件上常用的阻流式、缓流式浇注系统也影响金属液的充型能力。浇口杯对金属有净化作用，但是其中的液态金属散热很快，使充型能力降低。

在设计浇注系统时，必须合理地布置内浇道在铸件上的位置，选择合适的浇注系统结构和各组元（直浇道、横浇道和内浇道）的断面积，否则，即使金属液有较好流动性，也会产生浇不足、冷隔等缺陷。

可见，提高液态金属的充型能力，从浇注条件方面可采取适当提高浇注温度，加大充型压头，改善浇注系统等措施。

4. 铸件结构方面的因素

衡量铸件结构特点的因素是铸件的折算厚度和复杂程度，它们决定了铸型型腔的结构特点。

1) 折算厚度（换算厚度、当量厚度、模数）

如果铸件的体积相同，在同样的浇注条件下，折算厚度大的铸件，由于它与铸型的接触面积相对较小，热量散失比较缓慢，则充型能力较强。铸件的壁越薄，折算厚度就越小，充型能力就越差。

铸件壁厚相同时，铸型中水平壁和垂直壁相比较，垂直壁容易充满，如图 6.11 所示。因此，对薄壁铸件应正确选择浇注位置。

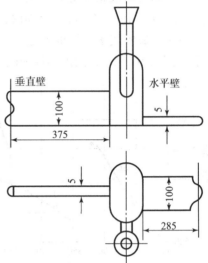

图 6.11 铸件水平壁和垂直壁的充型情况（铸钢，$T_{浇} = 1\,550\ ℃$）

2) 铸件的复杂程度

铸件结构复杂、厚薄部分过渡面多，则型腔结构复杂，流动阻力大，铸型的充型能力就差。

6.2 凝固过程中的液体流动

6.2.1 凝固过程中液体流动的分类

液态金属凝固过程中的液体流动主要包括自然对流和强迫对流。凝固过程中液体的流动对传热、传质过程、凝固组织及铸件质量有着重要的影响。

1. 自然对流

凝固过程中的自然对流包括浮力流和凝固收缩引起的流动。

浮力流是最基本、最普通的对流方式，它是由凝固过程中的溶质再分配、传热和传质引起的液相密度不均匀造成的，其中，密度小的液相将发生上浮，而密度大的液相下沉，称为双扩散对流。浮力是对流的驱动力，当浮力大于液体的黏滞力时，就会产生对流。

液相中任意一点的密度 ρ 可表示为

$$\rho = \rho_0 [1 - \beta_T (T - T_0) - \beta_C (C - C_0)] \tag{6.15}$$

式中，β_T、β_C 分别为热膨胀系数和溶质膨胀系数；ρ_0 为当温度为 T_0、溶质质量分数为 C_0 时的液相密度；T 为液相当前温度；C 为液相当前溶质质量分数。

图 6.12 表示垂直凝固界面前对流条件与方式。对应于两种不同的液相密度分布，由图 6.12 (b) 可产生图 6.12 (c) 和 6.12 (d) 所示的液相对流方式。

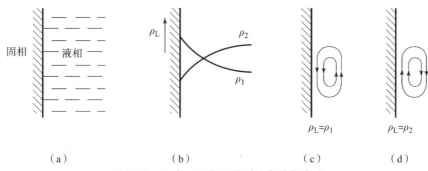

图 6.12　垂直凝固界面前对流条件与方式
(a) 凝固界面；(b) 液相密度分布；(c) 对流方式 1；(d) 对流方式 2

图 6.13 表示水平凝固界面前对流条件与方式。如果液相密度自下而上逐渐减小，液相稳定，不会产生明显的液相流动。反之，如果液相密度自下而上逐渐增大，则液相是不稳定的，将形成如图 6.13 (d) 所示的对流胞。凝固收缩引起的对流主要发生在枝晶间。

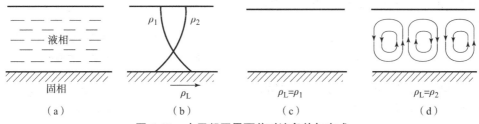

图 6.13　水平凝固界面前对流条件与方式
(a) 凝固界面；(b) 液相密度分布；(c) 对流方式 1；(d) 对流方式 2

2. 强迫对流

在凝固过程中可以通过各种方式驱动液体流动，对凝固组织形态和传热、传质条件进行控制。强迫对流是由于液体受到各种方式的驱动力而产生的流动，如电磁搅拌、机械搅动、铸型振动及外加电磁场等。

6.2.2　凝固过程中液相区的液体流动

凝固过程液相区内液体流动的基本方程仍然是通用的流体力学的三大方程，即动量方程、能量方程和连续方程。根据研究对象的几何形状可采用直角坐标系、圆柱坐标系或球面坐标系。需要注意的是有关物理参数随温度的变化情况。对于合金，这些物理参数也是溶质质量分数的函数，因此，对凝固过程中流动的研究往往不能孤立地研究流场，而需要考虑流场与传热、传质过程的耦合。这是典型的双扩散对流问题。凝固过程液体的流动通常都是非稳态的，在凝固过程极其缓慢的条件下可以近似地采用稳态的假设。下面以仅考虑稳定热源的情况下（T_2 和 T_1 保持不变）讨论垂直凝固界面前和水平凝固界面前的液相流动。

1. 垂直凝固界面前液相流动

针对两个相互距离为 $2l$ 的无限大平行平板之间液体流动的简化模型（如图 6.14 所示），

讨论垂直凝固界面前液相流动的基本情况。冷板可以看作是凝固界面，此处液体的温度和溶质质量分数分别为 T_1 和 C_1，热板处液体的温度和溶质质量分数分别为 T_2 和 C_2。设温度、溶质质量分数及密度在热板和冷板之间为线性分布。在此条件下，两板之间中心处液体的流速为 0。以两板之间中心线为原点建立图 6.14（a）所示的直角坐标系。在两板之间的任意位置，单位体积由于密度变化所产生的浮力 F_r 为

$$F_r = \rho(T,C)g - \rho_0 g \tag{6.16}$$

式中，g 为重力加速度。

将式（6.15）代入式（6.16）得出

$$F_r = \rho_0 g[\beta_T(T-T_0) + \beta_C(C-C_0)] - \rho_0 g$$
$$= \frac{1}{2}\rho_0 g(\beta_T \Delta T + \beta_C \Delta C)\left(\frac{y}{l}\right) \tag{6.17}$$

式中，$\Delta T = T_2 - T_1$；$\Delta C = C_2 - C_1$。

根据牛顿黏滞性定律，单位体积上液体流动的黏滞阻力 F_V 为

$$F_V = \eta \frac{\partial^2 u_x}{\partial y^2} \tag{6.18}$$

式中，η 为动力黏度；u_x 为 x 方向的液体流速。

由动量平衡条件 $F_r = F_V$ 得出

$$\eta \frac{\partial^2 u_x}{\partial y^2} = \frac{1}{2}\rho_0 g(\beta_T \Delta T + \beta_C \Delta C)\left(\frac{y}{l}\right) \tag{6.19}$$

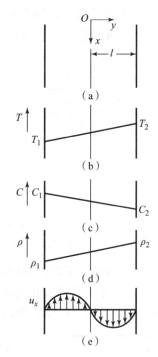

图 6.14　无限大平行冷壁和热壁之间的对流条件与对流方式
（a）坐标系；（b）温度分布；
（c）溶质质量分数分布；
（d）密度分布；（e）x 方向流速曲线

式（6.19）求解的边界条件为：$y = \pm l$ 时，$u_x = 0$；$y = 0$ 时，$u_x = 0$。可求出式（6.19）的解为

$$u_x = \frac{1}{12}\left(\frac{g\beta_T l^3 \rho^2 \Delta T}{\eta^2} + \frac{g\beta_C l^3 \rho^2 \Delta C}{\eta^2}\right)(\varphi^3 - \varphi) \tag{6.20}$$

式中，$\varphi = y/l$ 为相对距离或无量纲距离。

同时将 u_x 表达成无量纲速度（雷诺数 Re），由于

$$Re = \frac{lu_x}{\nu} = \frac{lu_x \rho}{\eta} \tag{6.21}$$

式中，$\nu = \eta/\rho$ 为运动黏度。将式（6.20）代入到式（6.21），得

$$Re = \frac{1}{12}(G_T + G_C)(\varphi^3 - \varphi) \tag{6.22}$$

其中

$$G_T = \frac{g\beta_T l^3 \rho^2 \Delta T}{\eta^2} \tag{6.23}$$

$$G_C = \frac{g\beta_C l^3 \rho^2 \Delta C}{\eta^2} \tag{6.24}$$

式(6.23)中，G_T 为温度格拉晓夫数，即温度差引起的对流强度，式(6.24)中，G_C 为溶质格拉晓夫数，即浓度差产生对流强度。垂直凝固界面前液体的流动速度是由 G_T 和 G_C 决定的。

2. 水平凝固界面前液相流动

液态金属内，在垂直方向上存在着温度梯度或浓度梯度时，同样会因密度差而产生浮力，当浮力大于黏滞力时，即会产生自然对流。

水平凝固界面前的对流强度可用瑞利数 Ra 来表征，瑞利数是一个无量纲参数，它代表浮力与黏滞力的比值，可作为垂直方向因温度差或浓度差引起对流的判据。温度的瑞利数为

$$Ra_T = \frac{\beta_T g h^3 \Delta T}{\alpha \nu} \tag{6.25}$$

溶质的瑞利数为

$$Ra_C = \frac{\beta_C g h^3 \Delta C}{D_L \nu} \tag{6.26}$$

式中，α 为热扩散系数；D_L 为液相溶质扩散系数；h 为液相区的高度；ΔT、ΔC 分别为凝固界面与液相表面的温度和溶质质量分数的差值。

已有的研究结果表明，液体的上界面为自由界面的情况下，当 $Ra_T(Ra_C) > 1100$ 时，对流开始形成；当 $Ra_T(Ra_C) < 10^8$ 时，保持层流；当 $Ra_T(Ra_C) > 10^8$ 时，将产生紊流。

6.2.3 液态金属在枝晶间的流动

宽结晶温度范围的合金，凝固过程中会产生发达的树枝晶，形成大范围的液相与固相的共存区域(糊状区)，液体会在两相区的枝晶之间流动。液体在枝晶间流动的驱动力来自三个方面：凝固时的收缩，由于液体成分变化引起的密度改变，以及液体和固体冷却时各自收缩所产生的力。枝晶间液相密度不均匀产生的浮力和凝固收缩引起的补缩液流是凝固过程中两相区内液相流动的主要形式。枝晶间的距离一般在 10 μm 量级，从流体力学的观点来看，可将枝晶间液体的流动作为多孔性介质的流动处理。但要考虑到液体的流量随时间而减少，而且还要考虑到固、液两相密度不同及散热降温的影响。因此，液体在枝晶间的流动远比流体在多孔介质中的流动复杂得多。

枝晶凝固过程两相区液体的流动，在宏观尺度上可用达西定律计算，其形式为

$$u = -\frac{K}{\eta f_L}(\nabla p + \rho_L g) \tag{6.27}$$

式中，u 为液相的流速；K 为介质的渗透率；∇p 为压力梯度；f_L 为液相体积分数；η 为液体的动力黏度；ρ_L 为液相密度；g 为重力加速度。达西定律反映了压力场与流场的关系，其中压力包括液态金属的静压力、凝固收缩产生的抽吸力以及其他外力场的作用力。

研究表明，两相区内的渗透率 K 主要决定液相体积分数 f_L 的大小。

当 $f_L > 0.245$ 时

$$K = \lambda_1 f_L^2 \tag{6.28a}$$

当 $f_L < 0.245$ 时

$$K = \lambda_2 f_L^6 \tag{6.28b}$$

式中，λ_1、λ_2 为实验常数。

由式（6.28b）可以看出，在凝固后期，固相分数很大时，渗透率 K 随液相体积分数的减小而迅速减小，流动会变得极其困难。宽结晶温度范围的合金，其树枝晶发达，凝固过程最后的收缩往往得不到液流的补充，而形成收缩缺陷（即疏松），导致产品的力学性能、耐压防渗漏性能、腐蚀性能等的降低。这也是宽结晶温度范围的合金不能轻易用于压力密封件的原因。因此，宽结晶温度范围的合金液态成形时，要特别注意补缩。

6.3 凝固过程中的热量传输

传热有 3 种基本方式：导热、对流和辐射换热。在凝固过程中，金属的过热热量和凝固潜热主要是以导热的方式通过铸型向周围环境散热，传热强度影响到铸件中的温度分布和凝固方式。此外，缩孔、疏松、变形、裂纹等缺陷也与传热或温度分布关系密切。因此，了解材料成形过程中的传热规律并合理利用是必要的。

6.3.1 铸件凝固传热的数学模型

铸件的凝固过程是一个不稳定的导热过程，铸件凝固过程的数学模型符合不稳定导热偏微分方程。根据传热学知识可知，对于一个三维导热的铸件，傅里叶导热微分方程式的一般形式为

$$\frac{\partial T}{\partial t} = \frac{\lambda}{\rho c}\left(\frac{\partial^2 T}{\partial x^2} + \frac{\partial^2 T}{\partial y^2} + \frac{\partial^2 T}{\partial z^2}\right) + \rho Q = \alpha\left(\frac{\partial^2 T}{\partial x^2} + \frac{\partial^2 T}{\partial y^2} + \frac{\partial^2 T}{\partial z^2}\right) + \rho Q \quad (6.29)$$

式中，$\alpha = \frac{\lambda}{c\rho}$ 为热扩散率，m^2/s；λ 为热导率，$W/(m \cdot K)$；ρ 为密度，kg/m^3；c 为比热容，$J/(kg \cdot K)$；T 为温度，K；t 为时间，s；$Q = Q(x,y,z)$ 为热源项，是物体内部的热源密度，W/kg。式（6.29）中的温度场不仅是空间的函数，而且也是时间的函数，这样的温度场称为不稳定温度场。

如果温度只是空间的函数，而不随时间而变化，即 $\frac{\partial T}{\partial t} = 0$，这样的温度场称为稳定温度场，式（6.29）则为

$$\alpha\left(\frac{\partial^2 T}{\partial x^2} + \frac{\partial^2 T}{\partial y^2} + \frac{\partial^2 T}{\partial z^2}\right) + \rho Q = 0 \quad (6.30)$$

傅里叶导热微分方程描述的是导热的普遍规律，用它来分析和研究凝固过程中的导热问题时，附加上凝固时的一些特殊条件，即可求解。液态金属凝固过程中的导热属于不稳定导热，一般情况下，导热微分方程的解较为复杂，并难于获得数学解析解，但可以用来解决一些特殊问题，例如形状简单的物体，如大平板、长圆柱、球体等，它们的温度场是一维的，可以得到解析解。

6.3.2 铸件凝固温度场

1. 铸件凝固过程中热作用的特点

铸造过程中，液态金属一旦进入铸型，就开始了铸件与铸型间的热作用。热作用的特点决定着铸件的性能。铸件凝固过程中热作用是极其复杂的，在金属充型过程中，流体

力学条件对热交换产生实质性影响,即金属的流动特点影响热交换。计算表明,液态金属在型腔中流动时,其雷诺数 $Re \geq 2\,300$,即呈紊流。这有利于液态金属的充填,也有利于温度的均匀。因此可以认为在液态金属充满铸型的时刻,整个铸型中液态金属的温度是均匀的;随着温度的下降,铸件开始凝固,凝固壳层从冷却表面产生、长大,已凝固的壳层进一步冷却,热量从最热的中心流经凝固层再传导给低温的铸型;并且中心从某一时刻开始接近凝固温度。可见,凝固过程的温度分布是铸件中心温度最高,远离铸件-铸型界面的铸型温度最低,如图 6.15 所示。T_1、T_2、T_i 分别为铸件、铸型、铸件-铸型界面温度;α_1、λ_1、c_1、ρ_1 和 α_2、λ_2、c_2、ρ_2 分别为合金和铸型的热物性参数。

温度分布除随时间变化外,还与铸件和铸型的热物性参数、铸件的凝固温度范围、结晶潜热、铸件-铸型界面的接触情况、铸型的结构等因素有关,在建立铸件凝固温度场数学模型时应考虑这些因素的影响。

2. 数学解析法求铸件凝固温度场

利用数学解析法求解凝固过程中的传热问题时需要简化,为此作如下假设:①金属的结晶温度范围很小,可以忽略不计;②不考虑结晶潜热;③铸件的热物性参数和铸型的热物性参数不

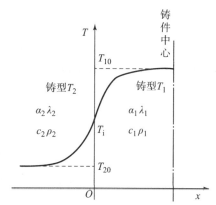

图 6.15 凝固过程中铸件及铸型温度分布

随温度变化;④铸件与铸型紧密接触、无间隙,传热方式为导热。以下建立半无限大平板铸件的温度场数学模型。

假设一半无限大铸件在砂型中凝固,铸件和铸型的材质是均匀的,合金液瞬间充满并停止流动,铸件和铸型的初始温度分别为 T_{10} 和 T_{20}。

首先建立坐标,将原点设在铸件-铸型的分界面上(如图 6.15 所示),此时铸件和铸型任一点的温度与坐标 y、z 无关,为一维导热,则傅里叶导热微分方程为

$$\frac{\partial T}{\partial t} = \alpha \frac{\partial^2 T}{\partial x^2} \tag{6.31}$$

其通解为

$$T = C + D\mathrm{erf}\left(\frac{x}{2\sqrt{\alpha t}}\right) \tag{6.32}$$

式中,$\mathrm{erf}(x)$ 为误差函数;T 为时间 t 时的铸件或铸型内距界面为 x 处的温度;C、D 为不定积分常数。对于铸件,其通解为

$$T_1 = C_1 + D_1 \mathrm{erf}\left(\frac{x}{2\sqrt{\alpha_1 t}}\right) \tag{6.33}$$

边界条件:$x=0(t>0)$ 时,$T_1 = T_2 = T_i$,得 $C_1 = T_i$;初始条件:$t=0$,$T_1 = T_{10}$,得 $D_1 = T_i - T_{10}$。将 C_1、D_1 代入式(6.33)得铸件温度场方程式为

$$T_1 = T_i + (T_i - T_{10})\mathrm{erf}\left(\frac{x}{2\sqrt{\alpha_1 t}}\right) \tag{6.34}$$

同理,对于铸型,其通解为

$$T_2 = C_2 + D_2 \mathrm{erf}\left(\frac{x}{2\sqrt{\alpha_2 t}}\right) \tag{6.35}$$

边界条件：$x=0(t>0)$ 时，$T_2 = T_1 = T_i$，得 $C_2 = T_i$；初始条件：$t=0$，$T_2 = T_{20}$，得 $D_2 = T_{20} - T_i$。将 C_2、D_2 代入式（6.35）得铸型温度场方程式为

$$T_2 = T_i + (T_{20} - T_i)\mathrm{erf}\left(\frac{x}{2\sqrt{\alpha_2 t}}\right) \tag{6.36}$$

利用热流的连续性（即铸件放出的热量等于铸型吸收的热量）可求铸件-铸型界面温度 T_i：

$$\lambda_1 \left[\frac{\partial T_1}{\partial x}\right]_{x=0} = \lambda_2 \left[\frac{\partial T_2}{\partial x}\right]_{x=0} \tag{6.37}$$

对式（6.34）、（6.36）在 $x=0$ 处求导得

$$\left[\frac{\partial T_1}{\partial x}\right]_{x=0} = \frac{T_i - T_{10}}{\sqrt{\pi \alpha_1 t}} \tag{6.38}$$

$$\left[\frac{\partial T_2}{\partial x}\right]_{x=0} = \frac{T_{20} - T_i}{\sqrt{\pi \alpha_2 t}} \tag{6.39}$$

将式（6.38）、（6.39）代入式（6.37）得

$$T_i = \frac{b_1 T_{10} + b_2 T_{20}}{b_1 + b_2} \tag{6.40}$$

式中，$b_1 = \sqrt{\lambda_1 c_1 \rho_1}$ 为铸件的蓄热系数；$b_2 = \sqrt{\lambda_2 c_2 \rho_2}$ 为铸型的蓄热系数。

将式（6.40）代入式（6.34）、（6.36）分别得铸件和铸型距离界面 x 处的温度分布方程为

$$T_1 = \frac{b_1 T_{10} + b_2 T_{20}}{b_1 + b_2} + \frac{b_2 T_{20} - b_2 T_{10}}{b_1 + b_2} \mathrm{erf}\left(\frac{x}{2\sqrt{\alpha_1 t}}\right) \tag{6.41}$$

$$T_2 = \frac{b_1 T_{10} + b_2 T_{20}}{b_1 + b_2} + \frac{b_1 T_{10} - b_1 T_{20}}{b_1 + b_2} \mathrm{erf}\left(\frac{x}{2\sqrt{\alpha_2 t}}\right) \tag{6.42}$$

3. 测温法测温度场

1）温度场

测温法测温度场是通过向被测物中安放热电偶来实现的，其要点是放置热电偶位置的选择和数据处理。以无限长圆柱铸件（Al-42.4%Zn）为例，沿径向隔一定距离放置热电偶，如图6.16（a）所示，其中，1为边缘，6为中心。图6.16（b）为由仪器直接记录的 $T-t$ 曲线。

铸件温度场的绘制方法：以温度为纵坐标，以离开铸件表面向中心的距离为横坐标，将图6.16（b）中同一时刻各测温点的温度值分别标注在图6.16（c）的相应点上，连接各标注点即得到该时刻的温度场。以此类推，则可以绘制不同时刻铸件断面上的温度场。图6.16（c）为根据图6.16（b）中曲线做出的 $t_1 = 2.3$ min、$t_2 = 4.4$ min 时圆柱铸件横截面的温度场，从曲线可以看出，铸型中的液态金属几乎同时从浇注温度很快降至凝固温度，$t_1 = 2.3$ min 时，铸件1、2、3、4位置已凝固，5、6位置为液态，保持在凝固温度上，在曲线上表现为平台；$t_2 = 4.4$ min 时，铸件全部凝固。可见，凝固由表及里逐层到达铸件中心。

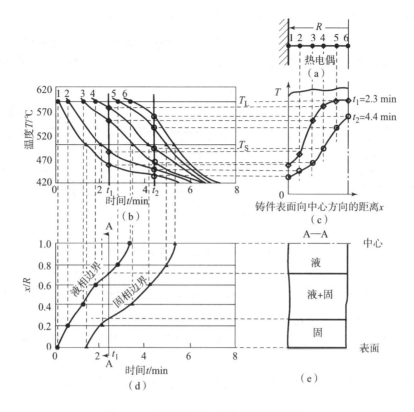

图 6.16 无限长圆柱试样测温及结果处理
(a) 热电偶位置；(b) $T-t$ 曲线；(c) 断面温度场；(d) 动态凝固曲线；(e) 断面凝固结构

2) 凝固动态曲线

将图 6.16（b）中给出的液相线与固相线温度直线与 $T-t$ 曲线各交点分别标注在 $x/R - t$ 坐标系上，再将各液相线的交点和各固相线的交点分别相连，即得到液相线边界和固相线边界，二者组成动态凝固曲线，如图 6.16（d）所示。纵坐标中的 x 为铸件表面向中心的距离，分母 R 是圆柱体半径。因凝固是从铸件表面向中心推进的，所以 $x/R=1$ 表示凝固至中心。图 6.16（e）是根据动态凝固曲线绘制的圆柱体铸件横断面在 t_1 时刻的凝固结构，包括液相、液相+固相和固相 3 个区。在动态凝固曲线上，液相边界与固相边界的纵向距离愈宽时，则该铸件的凝固范围也愈宽。

3) 铸件的凝固方式及其影响因素

一般将铸件的凝固方式分为 3 种类型：逐层凝固方式、体积凝固方式（或称糊状凝固方式）和中间凝固方式。铸件的凝固方式取决于凝固区域的宽度。

恒温下结晶的金属，在凝固过程中其铸件断面上的凝固区域宽度等于 0，断面上的固体和液体由一条界线（凝固前沿）清楚地分开。随着温度的下降，固体层不断加厚，逐步到达铸件中心，这种情况为逐层凝固方式，如图 6.17（a）所示。如果合金的结晶温度范围很小，或铸件断面温度梯度很大时，铸件断面的凝固区域则很窄，也属于逐层凝固方式，如图 6.17（b）所示。

如果合金的结晶温度范围很宽，如图 6.17（c）所示；或铸件断面温度梯度小（即温度场较平坦），如图 6.17（d）所示，铸件凝固的某一段时间内，其凝固区域很宽，甚至贯穿整个铸件断面，这种情况为体积凝固方式，或称为糊状凝固方式。

如果合金的结晶温度范围较窄，如图 6.17（e）所示；或铸件断面的温度梯度较大，如图 6.17（f）所示，铸件断面上的凝固区域宽度介于前二者之间时，则属于中间凝固方式。

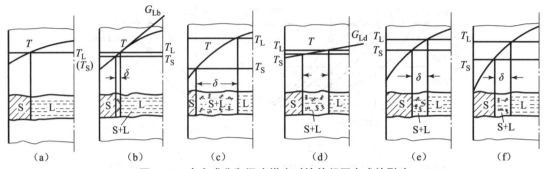

图 6.17　合金成分和温度梯度对铸件凝固方式的影响
（a）逐层凝固 1；（b）逐层凝固 2；（c）体积凝固 1；（d）体积凝固 2；（e）中间凝固 1；（f）中间凝固 2

凝固区域的宽度可以根据凝固动态曲线上的液相边界与固相边界之间的纵向距离直接判断，因此，这个距离的大小是划分凝固方式的准则。如果两条曲线重合在一起（即恒温下结晶的金属），或者其间距很小，则趋向于逐层凝固方式；如果二曲线的间距很大，则趋向于体积凝固方式。

由上述可知，铸件断面凝固区域的宽度是由合金的结晶温度范围和温度梯度两个量决定的。

1）合金结晶温度范围的影响

在铸件断面温度梯度相近的情况下，凝固区域的宽度取决于合金的结晶温度范围，而合金的结晶温度范围与其成分密切相关，可根据相图预测不同成分合金的结晶温度范围。

2）铸件断面上温度梯度的影响

当合金成分确定后，合金的结晶温度范围即确定，铸件断面的凝固区域宽度则取决于温度梯度。温度梯度很大的温度场，可以使宽结晶温度范围的合金成为中间凝固方式，甚至成为逐层凝固方式；很平坦的温度场，可以使窄结晶温度范围的合金成为体积凝固方式。所以，温度梯度是凝固方式的重要调节因素。

当合金的液相线温度和固相线温度相差很大时，此时凝固范围很宽，则为体积凝固方式，如图 6.17（c）所示。但是，当温度梯度较小时，如图 6.17（b）和图 6.17（d）的合金成分相同，但后者的冷却速度慢，温度梯度小（$G_{Ld} < G_{Lb}$），导致铸件的凝固方式由逐层凝固方式转变成体积凝固方式。温度梯度可表示为

$$G_L = \frac{T_L - T_S}{\delta} \tag{6.43}$$

因此，凝固区域的宽度 δ 为

$$\delta = \frac{T_L - T_S}{G_L} \tag{6.44}$$

所以，温度梯度 G_L 小导致凝固范围 δ 大。

一般地，具有逐层凝固方式的铸件，其凝固过程中容易补缩，组织致密，铸件性能好；具有体积凝固方式的铸件，不易补缩，易产生疏松、夹杂、开裂等缺陷，铸件性能差。

6.3.3 铸件凝固时间

铸件的凝固时间是指液态金属充满铸型的时刻至凝固完毕所需要的时间。单位时间内凝固层增长的厚度为凝固速度。

铸件的凝固控制，实质上是采取相应的工艺措施控制铸件各部分的凝固速度。所以，在设计冒口和冷铁时需要对铸件的凝固时间进行估算，以保证冒口具有合适的尺寸和正确地布置冷铁。对于大型或重要铸件，为了掌握其打箱时间，也需要对凝固时间进行估算。

确定铸件凝固时间的方法有计算法、试验法和数值模拟法，在此只阐述理论计算法，并以无限大平板铸件为例计算凝固时间。

1. 计算法

根据图 6.15，已知铸型的温度分布方程为

$$T_2 = T_i + (T_i - T_{20}) \mathrm{erf}\left(\frac{x}{2\sqrt{a_2 t}}\right) \tag{6.45}$$

对上式在 $x = 0$ 处求导，得

$$\left[\frac{\partial T_2}{\partial x}\right]_{x=0} = \frac{T_{20} - T_i}{\sqrt{\pi a_2 t}} \tag{6.46}$$

根据傅里叶导热定律 $q = -\lambda (\mathrm{d}T/\mathrm{d}x)$，可以求出通过铸型界面的热流密度 q_2（单位面积的热流量，$\mathrm{W/m^2}$）为

$$q_2 = \lambda_2 \times \left(-\frac{T_{20} - T_i}{\sqrt{\pi a_2 t}}\right) = \frac{\lambda_2 (T_i - T_{20})}{\sqrt{\pi a_2 t}} = \frac{b_2 (T_i - T_{20})}{\sqrt{\pi t}} \tag{6.47}$$

将上式积分后得铸型单位面积在时间 t 内所吸收的热量 Q_2 为

$$Q_2 = \frac{2 b_2}{\sqrt{\pi}} (T_i - T_{20}) \sqrt{t} \tag{6.48}$$

在时间 t 内，铸件通过表面积 A_1 散出的热量，亦即铸型通过整个工作表面积 A_1 吸收的总热量为

$$Q_2' = \frac{2 A \times b_2}{\sqrt{\pi}} (T_i - T_{20}) \sqrt{t} \tag{6.49}$$

在同一时间内铸件所放出的热量（包括放出的凝固潜热）为

$$Q_1 = V_1 \rho_1 [L + c_1 (T_P - T_S)] \tag{6.50}$$

式中，V_1 为铸件体积；ρ_1 为铸件的密度；c_1 为液态金属的比热容；T_P 为浇注温度；T_S 为固相线温度；L 为结晶潜热。

根据界面处传热的连续性，铸件放出的热量全部由铸型吸收，即 $Q_1 = Q_2'$，得到

$$\sqrt{t} = \frac{\sqrt{\pi} \rho_1 [L + c_1 (T_P - T_S)]}{2 b_2 (T_i - T_{20})} \times \frac{V_1}{A_1} \tag{6.51}$$

如前所述，在计算铸件温度场时，为便于数学处理作了许多假设，因此引用其结论计算出来的凝固时间是近似的，可供参考。同时，下述的经验计算法至今仍在科学研究和生产中应用。

2. 经验计算法——平方根定律

设在时间 t 内半无限大平板铸件凝固厚度为 $\xi (\xi = V_1/A_1)$，则由式（6.51）整理后可得

$$\xi = \frac{2 b_2 (T_i - T_{20})}{\sqrt{\pi} \rho_1 [L + c_1 (T_P - T_S)]} \sqrt{t} \tag{6.52}$$

令

$$K = \frac{2b_2(T_i - T_{20})}{\sqrt{\pi}\rho_1 [L + c_1(T_P - T_S)]}$$ (6.53)

得

$$t = \frac{\xi^2}{K^2}$$ (6.54)

式（6.54）为著名的平方根定律的数学表达式，即凝固时间与凝固层厚度的平方成正比，式中 K 为凝固系数，由试验测定。表 6.4 列出了几种合金的凝固系数。

表 6.4 几种合金的凝固系数

材料	铸型	凝固系数 $K/(\text{cm} \cdot \text{min}^{1/2})$
灰铸铁	砂型	0.72
	金属型	2.2
可锻铸铁	砂型	1.1
	金属型	2.0
铸钢	砂型	1.3
	金属型	2.6
黄铜	砂型	1.8
	金属型	3.6
铸铝	砂型	—
	金属型	3.1

平方根定律适用于大型平板类铸件及凝固温度区间窄的合金铸件，其计算结果与实际情况接近；对于短而粗的杆和矩形，由于边角效应的影响，计算结果一般比实际凝固时间长 10%~20%。这说明平方根定律虽然有其局限性，但它揭示了凝固过程的基本规律。平方根定律是计算铸件凝固时间的基本公式，许多其他的计算方法都是在其基础上发展起来的。

3. 折算厚度法则

体积为 V_1、表面积为 A_1 的铸件，其凝固时间的计算由式（6.51）给出，将式（6.53）代入式（6.51），并令 $R = \frac{V_1}{A_1}$（定义为折算厚度或铸件模数），则得

$$t = \frac{R^2}{K^2}$$ (6.55)

式（6.55）即为计算铸件凝固时间的折算厚度法则，它也可以直接由平方根定律导出。由于折算厚度法则考虑了铸件的形状这个主要因素，所以它更接近实际，是对平方根定律的修正和发展。式（6.55）适用于计算任意形状铸件的凝固时间。

由式（6.55）可知，铸件的形状对凝固时间有重要的影响，凝固时间同时还受铸件结构、热物性参数、浇注条件的影响。

6.4 凝固过程中的传质

6.4.1 凝固过程的溶质再分配

二元合金凝固过程中溶质的再分配具有典型和普遍的意义。在二元合金的凝固过程中，由于各组元在液相和固相中化学位的变化，析出的固相成分将不同于周围液相，因而固相的析出将导致周围液相成分的变化并在液相和固相内造成成分梯度，从而引起扩散现象，发生溶质的再分配。描述液态金属凝固过程中溶质再分配的关键参数是溶质分配系数 k，k 的定义为凝固过程中固 - 液界面固相侧溶质质量分数 C_S 与液相中溶质质量分数 C_L 之比，即

$$k = \frac{C_S}{C_L} \tag{6.56}$$

假设合金相图中的液相线、固相线为直线，则溶质分配系数不随温度变化。凝固过程溶质分配的平衡条件包含着两个方面的内容：(1) 凝固界面上溶质迁移的平衡；(2) 固相和液相内部扩散的平衡。对应于平衡凝固、近平衡凝固和非平衡凝固，溶质分配系数分为 3 种类型，即平衡溶质分配系数 k_0、近平衡溶质分配系数 k_e 和非平衡溶质分配系数 k_a。对应于这 3 种情况的固 - 液界面附近的溶质分布如图 6.18 所示。

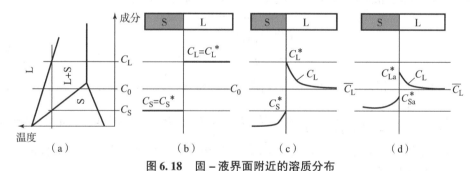

图 6.18 固 - 液界面附近的溶质分布

(a) 相图；(b) 平衡凝固；(c) 近平衡凝固；(d) 非平衡凝固

C_S—固相溶质质量分数；C_L—液相溶质质量分数；C_S^*—平衡凝固条件下界面上固相一侧的溶质质量分数；
C_L^*—平衡凝固条件下界面上液相一侧的溶质质量分数；C_{Sa}^*—非平衡凝固条件下界面上固相一侧的溶质质量分数；
C_{La}^*—非平衡凝固条件下界面上液相一侧的溶质质量分数；L—液相；S—固相；
* 表示在固 - 液界面上的值 ― 表示平均成分

1. 平衡溶质分配系数 k_0

在极其缓慢的凝固过程中，凝固界面附近的溶质迁移及固、液相内的溶质扩散均是充分的，这一过程称为平衡凝固。在平衡凝固条件下，固相的溶质质量分数和液相的溶质质量分数之比定义为平衡溶质分配系数 k_0。在热力学范围内可计算 k_0，其表达式为

$$k_0 = \frac{f^L}{f^S} \exp\left[\frac{\mu_0^L(p_0, T) - \mu_0^S(p_0, T)}{RT}\right] \tag{6.57}$$

式中，f^L、f^S 分别为溶质元素在液相和固相中的活度因数，是温度的函数；$\mu_0^L(p_0, T)$、$\mu_0^S(p_0, T)$ 分别为溶质元素在液相和固相中的标准化学位；R 为气体常数；p_0 为标准大气压；T 为热力学温度。

按照相图,当凝固进行到温度 T^* 时,固-液界面处平衡共存的固、液相溶质质量分数分别为 C_S^*、C_L^*,在界面平衡条件下,T^*、C_S^*、C_L^* 三者之间存在着严格的对应关系,即

$$k_0 = \frac{C_S^*}{C_L^*} \tag{6.58}$$

对于不同的相图(或相图的不同部分),k_0 值可以小于 1,如图 6.19(a)所示;也可以大于 1,如图 6.19(b)所示。

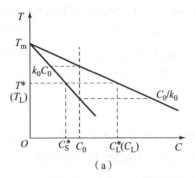
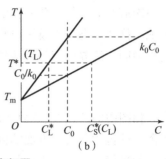

图 6.19 不同类型的平衡相图

(a) $m_L < 0$,$k_0 < 1$;(b) $m_L > 0$,$k_0 > 1$

液相线斜率 m_L、液相线温度 T_L、纯金属熔点 T_m 与成分 C_L 的关系为

$$\begin{cases} m_L = \dfrac{\mathrm{d}T}{\mathrm{d}C} = \dfrac{T_L - T_m}{C_L} \\ T_L = T_m + m_L C_L \end{cases} \tag{6.59}$$

假设液相线和固相线为直线(斜率分别为 m_L 和 m_S),虽然 C_S^*、C_L^* 随温度变化而不同,但 $k_0 = \dfrac{C_S^*}{C_L^*} = \dfrac{(T_m - T^*)/m_S}{(T_m - T^*)/m_L} = \dfrac{m_L}{m_S} =$ 常数,此时,k_0 与温度及成分无关,故不同温度和成分下的 k_0 为定值。$k_0 < 1$ 时,k_0 越小,固相线、液相线张开程度越大,开始凝固时与凝固结束时的固相成分差别越大,最终凝固组织的成分偏析越严重。

如图 6.19(a)所示,若合金原始成分为 C_0,平衡条件下,开始凝固析出的固相成分为 $k_0 C_0$,凝固结束时固相成分为 C_0,最终固相与开始凝固的固相在成分上的比值为 $1/k_0$,该比值随 k_0 减小而增大。实际中,凝固的最终固相与开始凝固的固相成分差别比上述比值更大。因此,$k_0 < 1$ 时,k_0 值越小,成分偏析越严重。$k_0 > 1$ 时,k_0 越大,成分偏析越严重。所以常将 $|1 - k_0|$ 称为偏析系数。

实际合金 k_0 的大小受压力、合金类别及成分、微量元素的影响。此外,由于实际液相线及固相线不为直线,所以凝固中 k_0 值随温度的改变而改变。

2. 近平衡凝固的有效溶质分配系数 k_e

当凝固速率稍快时,凝固界面上的溶质迁移仍达到平衡,即 $\dfrac{C_S^*}{C_L^*} = k_0$,但固相和液相内部的扩散不能充分进行。如不考虑液相充分混合的情况,则在固-液界面附近形成图 6.18(c)所示的溶质分布。这一凝固过程称为近平衡凝固。近平衡凝固过程的有效溶质分配系数 k_e 定义为界面处固相的溶质质量分数 C_S^* 与溶质富集层以外的液相溶质质量分数 $\overline{C_L}$ 之比,即

$$k_e = \frac{C_S^*}{C_L}$$ (6.60)

生产中通常的冷却条件下,铸件的热扩散率约为 10^{-6} m²/s 数量级,但溶质原子在液态合金中的扩散系数只有 10^{-9} m²/s,特别在固态合金中的扩散系数只有 10^{-12} m²/s,可见溶质扩散进程远落后于凝固进程。

普通的工业条件下,冷却速度可达 10^3 ℃/s。在这样的冷却条件下,液态合金凝固时,固-液界面两侧大范围内溶质的扩散是不均匀的,但在近邻固-液界面的局部范围内,溶质的扩散是充分的,满足平衡凝固条件。

有效溶质分配系数研究的基础是平衡溶质分配系数 k_0 和固、液相内的扩散动力学,其计算式为

$$k_e = \frac{k_0}{k_0 + (1-k_0)\exp\left(-\frac{v}{D_L}\delta\right)}$$ (6.61)

式中,v 为凝固速率(即凝固界面推进速率);D_L 为溶质在液相中的扩散系数;δ 为凝固界面前扩散边界层的厚度。可见,当 D_L 趋近于 ∞,或 δ 趋近于 0,或 v 趋近于 0 时,k_e 趋近于 k_0。

3. 非平衡溶质分配系数 k_a

随着凝固速率的进一步加快,不仅固相和液相内部的溶质来不及充分扩散,凝固界面上的溶质迁移也将偏离平衡,即 $k_a = \frac{C_S^*}{C_L^*} \neq k_0$,凝固将完全在非平衡条件下进行。非平衡溶质分配系数 k_a 定义为界面处固相和液相的实际溶质质量分数之比,见图 6.18(d),它是一个偏离 k_0,向 1 趋近的值。

6.4.2 平衡凝固时的溶质再分配

对于平衡溶质分配系数 $k_0 < 1$ 的情况($k_0 > 1$ 的情况可以类推),如图 6.20 所示,设初始成分为 C_0 的合金,长度为 l 的一维体自左至右定向单相凝固,并且冷却速度缓慢,溶质在固相和液相中都充分均匀扩散,液相中的温度梯度 G_L 保持固-液界面为平面生长,此时完全按平衡相图凝固,图 6.20(a)为平衡相图。

为了便于分析,采用质量为 1 单位、等截面的微元体进行研究。凝固过程中,微元体由一个方向向另一个方向逐渐发生凝固,固相质量分数 f_S 与液相质量分数 f_L,在任何时刻都满足以下关系

$$f_S + f_L = 1$$ (6.62)

当温度达到合金的液相线 T_L 时开始凝固,析出固体的成分为 $k_0 C_0$,此时固相的溶质含量低于 C_0,液相中的溶质含量几乎不变,近似为 C_0,如图 6.20(b)。根据平衡凝固的条件,自固体中析出的溶质向液体中扩散并即刻达到均匀。温度降低,固-液界面向前推进,固相、液相成分分别沿相图的固相线和液相线变化。同样,因为溶质在固体和液体中充分扩散,固相和液相始终保持均匀成分,且不断升高。继续凝固时,不论固相还是液相,其溶质都是富集的。在温度 T^* 时,C_S^* 与 C_L^* 平衡,由于固相和液相中的溶质的扩散是充分的(如图 6.20(c)所示),此时整个固相的成分都变成 C_S^*,而整个液相成分都变成 C_L^*,即 $C_S^* = \overline{C}_S$;$C_L^* = \overline{C}_L$。最

后，当温度下降到 T_S 时，合金完全凝固成为 C_0 成分的、均一的固相，如图 6.20（d）所示。

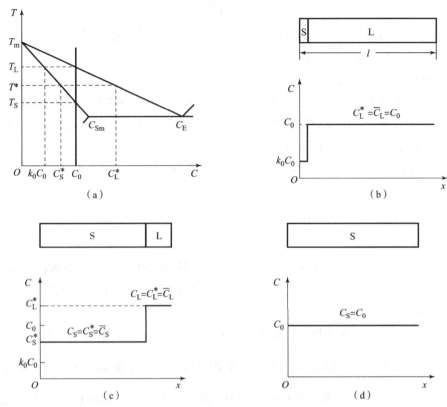

图 6.20　平衡凝固过程的溶质再分配
(a) 平衡相图；(b) 凝固初期；(c) 凝固过程中；(d) 凝固终了

温度 T^* 时，根据溶质原子守恒关系，可以写出

$$f_S C_S + f_L C_L = C_0 \tag{6.63}$$

式中，f_S、f_L 分别为固相和液相的质量分数。由于 $f_L = 1 - f_S$，可将式（6.63）写成

$$f_S = \frac{C_0 - C_L}{C_S - C_L} \tag{6.64}$$

式（6.64）即为杠杆定律。将 $C_L = \dfrac{C_S}{k_0}$ 及 $f_L = 1 - f_S$ 代入式（6.63），得

$$\begin{cases} C_S = \dfrac{k_0 C_0}{1 - f_S(1 - k_0)} \\ C_L = \dfrac{C_0}{k_0 + f_L(1 - k_0)} \end{cases} \tag{6.65}$$

式（6.65）即为平衡凝固时的溶质再分配的数学模型。可见，平衡凝固时溶质再分配与凝固过程的动力学条件（液体冷却速度、固 - 液界面推进速度等）无关，仅取决于凝固合金的热力学参数 k_0。此时，完成溶质再分配的动力学条件充分满足，所以尽管在凝固进行过程中也存在溶质的再分配，但凝固完成后固相具有与原始液体相同的均匀成分 C_0。

在实际生产中，平衡凝固条件几乎是不可能遇到的，因为溶质的扩散系数只有温度扩散系数的 $10^{-3} \sim 10^{-5}$ 倍，特别是溶质在固相中的扩散系数更小，因此，当溶质还未来得及扩散时,温度早已降低很多,而使固-液界面大幅向前推进,新成分的固相又已结晶出来。因此,在实际生产中,对于一般的合金来说,其凝固过程是很难达到平衡状态的。对于那些原子半径比较小的间隙原子(如C、N、O)来说,由于其固相扩散系数较大,可以近似地认为,在通常的铸造条件下,平衡凝固是适用的。

6.4.3 近平衡凝固时的溶质再分配

1. 固相无扩散、液相均匀混合的溶质再分配

由于溶质在液相内的扩散系数(约为 10^{-5} cm²/s)比固体内的(约为 10^{-8} cm²/s)大几个数量级,故可忽略固相内的扩散。溶质在液相中充分扩散不易达到,但经扩散、对流,特别是外力的强烈搅拌可以达到均匀混合。

这一情况和前述平衡凝固的唯一差别是固相中没有溶质的扩散。如图 6.21 所示,当凝固开始时,析出的固相成分为 $k_0 C_0$,液相成分近似为 C_0,见图 6.21(b)。随着固/液界面的推进,固相成分不断升高。当温度降至 T^* 时,固相成分 C_S^* 与液相成分 C_L^* 平衡,由于固相中无扩散,所以,开始时凝固的固相成分不变,仍为 $k_0 C_0$,沿着晶体长大的方向,固相成分的变化如图 6.21(c)所示的曲线部分;而液相成分,由于均匀混合,则平均成分 $\overline{C}_L$ 与 C_L^* 相等。凝固将要结束时,固相中溶质含量为 C_{Sm}(最大固溶度),即相图中的溶质最大含量;而液相中的溶质为共晶成分 C_E(共晶成分)。

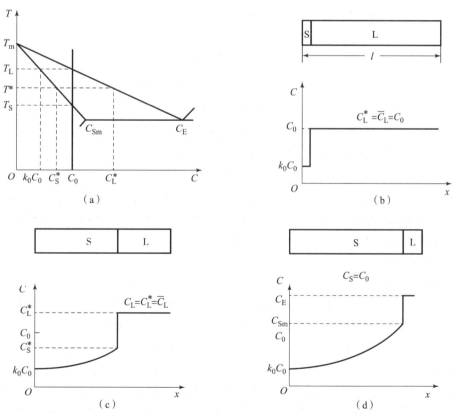

图 6.21 固相无扩散、液相均匀混合条件下凝固时的溶质再分配
(a)相图;(b)凝固初期;(c)凝固过程中;(d)凝固终了

由于固相中无扩散，所以当凝固全部结束时，固体各部分的成分是不同的。虽然其整体的平均成分为 C_0，但在每个时刻固相成分为 C_S^*。从 $C_S^* < C_0$ 到 $C_S^* = C_0$，$C_S^* > C_0$，直至 $C_S^* = C_{Sm}$ 为止。与此相应地，液相成分由 C_0 开始，与固相成分成比例地增加 $\left(C_L^* = \dfrac{C_S^*}{k_0}\right)$。由于液相中充分扩散，所以液体成分始终保持均匀，直至达到 C_E 为止。然后界面继续向前推进，最后部分（液相平均成分 $\overline{C}_L = C_E$）生长为共晶组织。

根据质量守恒原则，可以定量描述这一凝固过程。当温度为 T^* 时，如图 6.22 所示，当固-液界面向前推进一微小量，固相增加 df_S，凝固所排出的溶质量为 $(C_L - C_S^*)df_S$。这部分溶质将均匀地扩散至整个液相中，使液相中的溶质含量增加 dC_L，液相中增加的溶质质量为 $(1 - f_S)dC_L$。于是有

$$(C_L - C_S^*)df_S = (1 - f_S)dC_L \tag{6.66}$$

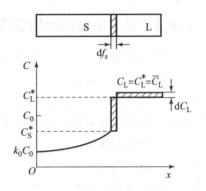

图 6.22　固相无扩散、液相均匀混合条件下凝固时的溶质再分配模型

根据相图，在固-液界面两侧，$C_L^* = \dfrac{C_S^*}{k_0}$。又因液相中的溶质为充分扩散，有 $C_L = C_L^*$，所以，整个区域内 C_L 随 C_S^* 而变化，即随时间或 f_S 而变化，将 $dC_L = \dfrac{1}{k_0}dC_S^*$ 代入式 (6.66) 得

$$C_S^*\left(\dfrac{1}{k_0} - 1\right)df_S = (1 - f_S)\dfrac{1}{k_0}dC_S^*$$

即 $(1 - k_0)C_S^* df_S = (1 - f_S)dC_S^*$。对上式积分，并根据初始条件：当 $f_S = 0$ 时，$C_S^* = k_0 C_0$，得

$$\begin{cases} C_S^* = k_0 C_0 (1 - f_S)^{(k_0 - 1)} \\ C_L = C_L^* = C_0 f_L^{(k_0 - 1)} \end{cases} \tag{6.67}$$

式 (6.67) 称为夏尔 (Scheil) 公式，又称为近平衡凝固的杠杆定律。

2. 固相无扩散、液相无对流而只有有限扩散的溶质再分配

固相中溶质不扩散，液相不对流，溶质在液相中只有有限扩散的溶质再分配如图 6.23 所示。刚开始凝固时与平衡凝固一样，即固相中溶质含量为 $k_0 C_0$，液相溶质含量为 C_0。整个凝固过程可分为起始瞬态、稳态、终止瞬态。

1) 起始瞬态

起始瞬态区也称为初始过渡区。成分为 C_0 成分的液态合金，在 T_L 开始凝固，凝固析出的固相成分为 $k_0 C_0$，由于 $k_0 C_0 < C_0$，所以一部分溶质被排挤到固-液界面上，虽然这些原子向液相中扩散而远离界面，但是扩散并不充分，在界面附近有所积累，使该处浓度大于 C_0（如图 6.23 (b) 所示中的左端），以后界面继续向前推进时，所得到的固相成分随界面处液相成分的增加而增高（如图 6.23 (c) 所示），直到界面附近液体中的成分达到 C_0/k_0（如图 6.23 (d) 所示），这时从固相中排挤到界面上的溶质原子数目和溶质原子在液体中扩散离开界面的数目相等，即达到稳定态。即当 $C_S^* = C_0$，$C_L^* = C_0/k_0$ 时，起始瞬态结束，进入稳态凝固过程。

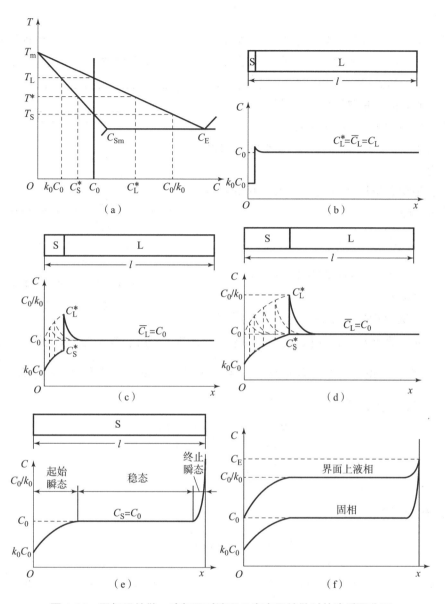

图 6.23 固相无扩散、液相无对流而只有有限扩散时的溶质再分配
(a) 相图；(b) 凝固开始；(c) 起始瞬态阶段；(d) 稳态阶段；
(e) 凝固的 3 个阶段；(f) 凝固过程固、液相成分

在初始过渡区内，固相成分从 k_0C_0 增加到 C_0，固－液界面处液相的成分从 C_0 增至 C_0/k_0，从而达到稳定态；与此同时，界面的温度达到固相线温度 T_S。

张承甫推导出了起始态固相中溶质分布的数学模型为

$$C_S = C_0 \left[1 - (1-k_0)\exp\left(-\frac{k_0 v}{D_L}x\right) \right] \tag{6.68}$$

可见，达到稳态时需要的距离 x 取决于 $\dfrac{v}{D_L}$ 和 k_0，$x = \dfrac{D_L}{vk_0}$，x 称为特征距离（即初始过渡区的长度）。

2）稳态

在稳态中，固相成分就是合金的整体成分 C_0，$C_L^* = C_0/k_0$，$C_S^* = C_0$ 并在较长时间内保持不变。此时，由于固相中排出的溶质质量与界面处向液相中扩散的溶质质量相等，界面处两相成分不变，达到稳定凝固。下面求解稳态凝固阶段固-液界面液相侧溶质分布的数学模型。

将坐标原点设在固-液界面处，即界面处 $x'=0$，如图 6.24 所示。$C_L(x')$ 取决于两个因素的综合作用。

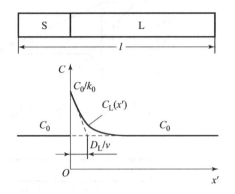

图 6.24 稳态时固-液界面液相侧溶质分布

（1）扩散引起浓度随时间的变化，由菲克第二定律决定，即

$$\frac{dC_L(x')}{dt} = -D_L \frac{d^2 C_L(x')}{dx'^2} \qquad (6.69)$$

式中，x' 为离开固—液界面的距离；D_L 为溶质在液相中的扩散系数。

（2）固-液界面向前推进引起浓度的变化。

设界面向前推进的速度（即凝固速度或晶体生长速度）为 v，溶质浓度随距离的变化量为 $\frac{dC_L(x')}{dx'}$，因此，单位时间界面向前推移 dx' 距离而造成的单位时间溶质的变化为 $v\frac{dC_L(x')}{dx'}$。

稳态下二者相等，即

$$v \frac{dC_L(x')}{dx'} = -D_L \frac{d^2 C_L(x')}{dx'^2} \qquad (6.70)$$

$$D_L \frac{d^2 C_L(x')}{dx'^2} + v \frac{dC_L(x')}{dx'} = 0 \qquad (6.71)$$

此微分方程的通解为

$$C_L(x) = A + B\exp\left(-\frac{vx'}{D_L}\right) \qquad (6.72)$$

根据边界条件，$x'=0$ 时，$C_L(0) = \frac{C_0}{k_0}$；$x'=\infty$ 时，$C_L(0) = C_0$。得 $A = C_0$，$B = \frac{1-k_0}{k_0}$。因此，有

$$C_L(x') = C_0\left[1 + \frac{1-k_0}{k_0}\exp\left(-\frac{v}{D_L}x'\right)\right] \qquad (6.73)$$

式（6.73）即为稳态时液相内溶质分布方程式，称为 Tiller 公式，该公式只适用于稳态阶段，对起始瞬态和终止瞬态不适用。Tiller 公式是一条指数衰减曲线，$C_L(x')$ 随着 x' 的增加迅速地下降至 C_0。整理式（6.73），则有

$$C_L(x') = C_0\left[1 + \frac{1-k_0}{k_0}\exp\left(-\frac{x'}{(D)_L/v}\right)\right]$$

当 $x' = \frac{D_L}{v}$ 时，$C_L = C_0\left[\frac{k_0 e + 1 - k_0}{k_0 e}\right]$，称 $\frac{D_L}{v}$ 为液相内溶质富集层的特性距离，如图 6.24 所示。

由式（6.73）可见，在相同的原始成分 C_0 下，$C_L(x')$ 曲线的形状受凝固速度 v、溶质

在液相中的扩散系数 D_L、平衡溶质分配常数 k_0 影响，如图 6.25 所示。在稳定生长阶段，v 越大，D_L 越小，k_0 越小，则在固-液界面前方溶质富集越严重，曲线越陡峭。另外，初始过渡区的长度取决于 k_0、v、D_L 的值，k_0 越大、v 越大或 D_L 越小，则初始过渡区越短；最终过渡区长度比初始过渡区的要小得多，与溶质富集层的特性距离的数量级相同。

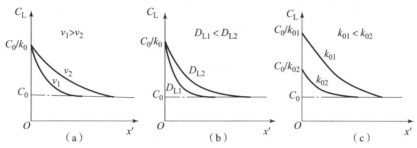

图 6.25　v、D_L 和 k_0 对稳定生长阶段 $C_L(x')$ 曲线的影响
(a) v 的影响；(b) D_L 的影响；(c) k_0 的影响

3）终止瞬态

终止瞬态区也称为最终过渡区。当凝固接近终了时，固-液界面上富集的溶质全部集中在残余的液相中，所以凝固后固相的溶质质量又有升高（如图 6.23 (e) 所示）。

实际生产中，总是希望扩大稳态区而缩小两个过渡区，以获得无偏析的材料或成型产品，讨论分析凝固过程中溶质再分配规律的意义也就在此。

3. 固相无扩散、液相有对流的溶质再分配

以上讨论的只是两种极端的情况。实际上液相既不可能达到完全均匀混合，同时也必然存在着流动介质。故实际的晶体生长过程总是介于两者之间。在紧靠固-液界面的前方，存在着一薄层流速作用不到的液体，称为扩散边界层。在边界层以内，溶质原子只能通过扩散进行传输（静止无对流）。在边界层以外，液相可以借助于流动（对流或搅拌）而达到完全混合。其溶质再分配特点（如图 6.26 (b) 所示）同样也介于上述两种极端情况之间。这情况下，边界层的厚度 δ 对溶质再分配规律起着决定性的作用，δ 随着流动作用的增强而减小，当流动作用非常强，以致 δ 趋近于 0 时，其溶质分配规律与液相中完全混合时相同，如图 6.26 (a) 所示。当流动作用极其微弱，从而使 δ 趋近于 ∞ 时，其溶质分配规律接近于液相中仅有有限扩散的传质情况，如图 6.26 (c) 所示。下面求溶质再分配的数学模型，在液相中部分混合的情况下，在固-液界面处的液相中存在一扩散边界层，在该层内只靠扩散传

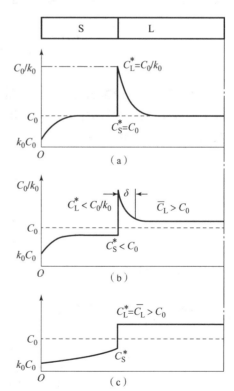

图 6.26　液相传质条件对溶质再分配规律的影响
(a) δ 趋近于 0；(b) 一般情况；(c) δ 趋近于 ∞

质，在达到稳定态后的方程式为

$$D_L \frac{d^2 C_L(x')}{dx'^2} + v \frac{dC_L(x')}{dx'} = 0$$

其边界条件为：(1) $x' = 0$ 时，$C_L = C_L^* \neq C_0 k_0$，$C_L^* < C_0 k_0$。这是由于扩散边界层外存在有对流，从而使稳定态时的液相最大溶质浓度 C_L^* 低于 $C_0 k_0$。(2) $x' = \delta$ 时，$C_L = C_0$（当液相容积足够大时）；$C_L = \overline{C_L}$（当液相容积有限时）。方程式的通解为

$$C_L(x) = A + B\exp\left(-\frac{vx'}{D_L}\right)$$

代入边界条件，得

$$A = C_L^* - \frac{C_L^* - C_0}{1 - \exp\left(-\frac{v}{D_L}\delta\right)}, \qquad B = \frac{C_L^* - C_0}{1 - \exp\left(-\frac{v}{D_L}\delta\right)}$$

将 A、B 代入，得

$$\frac{C_L(x') - C_0}{C_L^* - C_0} = 1 - \frac{1 - \exp\left(-\frac{v}{D_L}x'\right)}{1 - \exp\left(-\frac{v}{D_L}\delta\right)} \tag{6.74}$$

如果液相容积有限，则溶质扩散层 δ 以外的液相成分在凝固过程中不是固定于 C_0 不变，而是逐渐提高的，以其平均值 $\overline{C_L}$ 表示，这样上式可写成

$$\frac{C_L(x') - \overline{C_L}}{C_L^* - \overline{C_L}} = 1 - \frac{1 - \exp\left(-\frac{v}{D_L}x'\right)}{1 - \exp\left(-\frac{v}{D_L}\delta\right)} \tag{6.75}$$

式（6.75）为平面凝固时液相内溶质分布表达式的通式，它描述了溶质富集层内溶质浓度随 x' 的变化。该式可同样适用于液相中只有扩散及液相中完全混合的情况。在液相中只有扩散的情况下，式中，$\delta = \infty$，$\overline{C_L} = C_0$，$C_L^* = C_0/k_0$，即

$$\frac{C_L(x') - C_0}{C_0/k_0 - C_0} = \exp\left(-\frac{v}{D_L}x'\right)$$

即

$$C_L(x') = C_0\left[1 - \frac{1 - k_0}{k_0}\exp\left(-\frac{v}{D_L}x'\right)\right]$$

在液相中完全混合的情况下，δ 趋近于 0，由于 $x' < \delta$，所以 x' 趋近于 0，$\exp\left(-\frac{v}{D_L}x'\right) \approx 1 - \frac{v}{D_L}x'$，$\exp\left(-\frac{v}{D_L}\delta\right) \approx 1 - \frac{v}{D_L}\delta$，式（6.75）可写为

$$\frac{C_L(x') - \overline{C_L}}{C_L^* - \overline{C_L}} = 1 - \frac{1 - \exp\left(-\frac{v}{D_L}x'\right)}{1 - \exp\left(-\frac{v}{D_L}\delta\right)} = 1 - \frac{1 - \left(1 - \frac{v}{D_L}x'\right)}{1 - \left(1 - \frac{v}{D_L}\delta\right)} = 1 - \frac{\frac{v}{D_L}x'}{\frac{v}{D_L}\delta}$$

δ 趋近于 0，$x' = \delta$，所以 $\frac{C_L(x') - \overline{C_L}}{C_L^* - \overline{C_L}} = 1 - 1 = 0$，即

$$C_L(x') = \overline{C_L}$$

下面求达到稳态时的 C_L^* 和 C_S^*。达到稳态时，凝固排出的溶质等于扩散至液相中的溶质，即

$$v A \mathrm{d}t (C_L^* - C_S^*) = -D_L \left. \frac{\mathrm{d}C_L(x')}{\mathrm{d}x'} \right|_{x'=0} A \mathrm{d}t$$

则

$$v(C_L^* - C_S^*) = -D_L \left. \frac{\mathrm{d}C_L(x')}{\mathrm{d}x'} \right|_{x'=0}$$

对式（6.74）求导，得

$$D_L \left. \frac{\mathrm{d}C_L(x')}{\mathrm{d}x'} \right|_{x'=0} = -v \frac{C_L^* - C_0}{1 - \exp\left(-\frac{v}{D_L}\delta\right)}$$

$$C_L^* - C_S^* = \frac{C_L^* - C_0}{1 - \exp\left(-\frac{v}{D_L}\delta\right)}$$

将 $C_S^* = k_0 C_L^*$ 代入整理，得

$$C_L^* = \frac{C_0}{k_0 + (1 - k_0) \exp\left(-\frac{v}{D_L}\delta\right)} \tag{6.76}$$

$$C_S^* = \frac{k_0 C_0}{k_0 + (1 - k_0) \exp\left(-\frac{v}{D_L}\delta\right)} \tag{6.77}$$

式（6.76）由 Burton、Prim、Clichter 等导出，它在工程上是有用的，这是由于它将凝固中的液体成分与合金原始成分及晶体生长条件（生长速度 v 和反映搅拌激烈程度的 δ）联系了起来。整理式（6.77）可得

$$k_e = \frac{C_S^*}{C_0} = \frac{k_0}{k_0 + (1 - k_0) \exp\left(-\frac{v}{D_L}\delta\right)} \tag{6.78}$$

式中，k_e 为溶质有效分配系数。在合金成分 C_0 一定，k_0、D_L 一定，液相容积很大的情况下，在液相部分混合的定向凝固中，达到稳定态时的固相成分 C_S^*，仅取决于 v 与 δ 值。可以看出，当液相中没有任何混合，只有扩散时，$\delta = \infty$，此时 $C_S^* = C_0$。δ 值愈小，C_S^* 值愈低，即搅拌、对流愈强时，凝固固相的稳定态成分愈低（虽然它也是均一的）。同样，生长速度 v 愈大时，C_S^* 值愈接近于 C_0；v 愈小，C_S^* 值愈小，并愈远离 C_0。液相中存在部分对流的情况下，当搅拌激烈程度增加，使 δ 变小时，为了使 C_S^* 保持不变，必须使特性距离 $\frac{D_L}{v} < \delta$，即必须增大生长速度 v。

第 7 章 单相合金与多相合金的凝固

液态合金的凝固分两大类,即单相合金凝固和多相合金凝固。单相合金是指凝固过程中只析出一个相,如固溶体、金属间化合物等,这类合金的凝固过程是最基本的,是凝固过程的基础。多相合金是指凝固过程中同时析出两个以上的不同固相,如共晶合金、包晶合金、偏晶合金。合金凝固是一个复杂的相变过程,涉及能量、质量、动量的传输以及液、固相之间的热力学平衡关系,一定成分的液态合金向固态合金转变的同时,还要进行成分的再分配。

7.1 纯金属的凝固

7.1.1 纯金属凝固过程的温度变化

纯金属凝固过程的温度变化如图 7.1 所示。可以看出,凝固过程由 4 个阶段组成:液态金属冷却降温阶段,在这个阶段,过热的液态金属释放显热,温度逐渐降低;形核阶段,液态金属凝固的驱动力是由过冷度提供的,特别是对均质形核,要求有较大的过冷度,因而温度将会降低到凝固温度以下;晶核长大,稳定的晶核形成以后,将会持续长大,不断释放出凝固潜热,导致液态金属温度升高,回复到凝固温度;固态金属降温,完全凝固后高温固态金属逐步释放显热,向常温过渡。

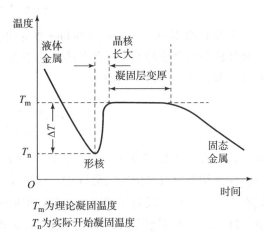

T_m 为理论凝固温度
T_n 为实际开始凝固温度

图 7.1 纯金属的冷却曲线

7.1.2 温度梯度的影响

晶体要长大,界面温度必须低于凝固温度,晶体生长也必须在过冷的条件下进行。界面上的过冷度提供了使固-液界面向液相方向推移的驱动力,使凝固得以持续进行。界面的过冷度越大,则晶体长大的驱动力越大。晶体宏观长大方式取决于界面前方液体中的温度分布,即温度梯度。液相温度梯度 G_L 表示离开固-液界面方向的液体中单位距离上的温度变化。在结晶界面前方存在两种温度梯度——正温度梯度和负温度梯度。如果在液相中的温度随着离开界面的距离增加而升高,则认为这种温度梯度为正温度梯度;反之,则为负温度梯度。当温度梯度为正时,晶体以平面方式长大;当温度梯度为负时,晶体则以树枝晶方式生长。

1. 平面方式生长

一维定向凝固过程中，若固－液界面前沿液体温度 T_L 高于界面温度 T_i，则固－液界面前方液体中的温度梯度 $G_L > 0$，为正温度梯度分布，如图 7.2 所示。

界面前方液相中的局部温度 $T_L(x)$ 和过冷度 ΔT 分别为

$$T_L(x) = T_i + G_L x \tag{7.1}$$
$$\Delta T = \Delta T_k - G_L x \tag{7.2}$$

式中，x 为液相区域离开界面的距离；T_i 为液态金属在界面处温度；ΔT_k 为动力学过冷度，是晶体生长所必需的过冷度，$\Delta T_k = T_m - T_i$。纯金属的 ΔT_k 通常很小，因此离开界面一定距离的 ΔT 也小，可忽略。可见，固－液界面前方液体过冷区域及过冷度极小。

当晶体在正的温度梯度下长大时，其凝固过程如图 7.3 所示。在固－液界面所产生的结晶潜热通过固相而散失。通过固相使热量散失的速率控制着界面推移的速率，如果界面的结晶潜热没有被排除，则界面上的温度将升高，晶体长大速度逐渐下降。最后，当温度达到凝固温度 T_m 时，晶体长大将停止下来。在正的温度梯度下长大时，如果界面的某一部分向前推移并超出总的界面位置，由于界面上的过冷度非常小（约为 0.01 K），这些突出部分就延伸到比熔点温度 T_m 更高的区域，从而使这些突出部分熔化。因此，晶体在正的温度梯度下长大时，界面的推移必定是均匀的移动，导致晶体以平面方式生长。

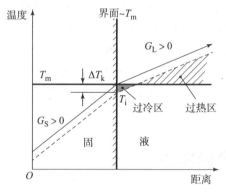

图 7.2　固－液界面前方正的温度梯度分布（$G_S > G_L > 0$）

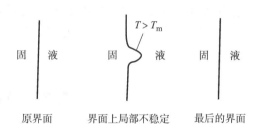

图 7.3　正温度梯度下的平面生长

2. 枝晶方式长大

一维定向凝固过程中，固－液界面前方液体中的温度梯度 $G_L < 0$，液相温度低于界面温度 T_i，为负温度梯度分布，如图 7.4 所示。界面前方液相中的局部温度 $T_L(x)$ 和过冷度分别为

$$\begin{aligned} T_L(x) &= T_i - G_L x = T_m - (T_m - T_i + G_L x) \\ &= T_m - (\Delta T_k + G_L x) \approx T_m - G_L x \end{aligned} \tag{7.3}$$
$$\Delta T = T_m - T_L(x) = \Delta T_k + G_L x \approx G_L x \tag{7.4}$$

可见固－液界面前方区域液体过冷度较大，距界面越远的液体其过冷度越大，如图 7.4 所示。

在凝固界面前方的液相中，当温度梯度为负时，其凝固过程如图 7.5 所示。液相中的温度随至界面距离的增加而降低，结晶潜热既可以通过已结晶的固相散失，也可以通过尚未结晶的液相散失。结晶潜热不仅可以通过固相的热传导而且也可以通过液相的热传导和对流而散失。也就是说，在这种情况下通过固相使潜热排除的过程不再是控制界面推移的唯一因素。而且，如果界面的一部分凸起并超过其余部分，凸起碰到的液相的温度将比原来的温度更低，因此，促使凸起部分向液相中进一步推移。

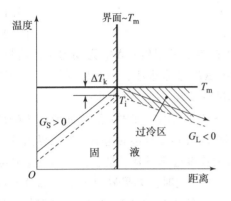 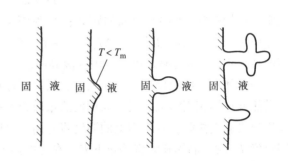

图 7.4　固－液界面前方负的温度梯度分布（$G_S > 0$，$G_L < 0$）　　　图 7.5　负温度梯度下的枝晶生长

所以，晶体在负的温度梯度下长大时，在宏观上为平面的界面是不稳定的，将被破坏并形成一系列突出的或针状的部分，向液相延伸。当针状部分突出到过冷的液相中时，每一个针状部分的长大速度并不是连续地增加，当在界面上释放的结晶潜热等于散失的热量（即达到稳定状态时），这些针状部分就保持恒定的长大速度，突出部分就成为枝晶主干。如果过冷度足够大，从一次枝晶（晶干）可以长出二次的或更高次的枝晶，通常把这种长大方式称为枝晶长大。

7.2　单相合金的凝固

7.2.1　成分过冷形成的条件与判据

1. 溶质富集引起固－液界面前方液相线温度变化

相图中的液相线是合金平衡结晶温度（熔点），该温度随合金中溶质含量而变化。固－液界面前方液相中溶质含量的富集（$k_0 < 1$）或溶质贫化（$k_0 > 1$）都将引起液相线温度的降低。如果合金的温度低于该合金的液相线温度时，则合金处于过冷状态。液相线温度 T_m 与实际结晶温度 T_n 之差即为该合金的过冷度，即 $\Delta T = T_m - T_n$。

前文对近平衡凝固不同情况下的溶质再分配规律进行了讨论，下面以液相中只有有限扩散而无对流的情况为例，讨论固－液界面前方溶质再分配与成分过冷之间的关系。

从图 7.6 可以看出，界面前方溶质浓度 $C_L(x')$ 是沿 x' 轴方向而变化的。因此合金液相线温度必然也将沿着 x' 轴方向变化。

设液相线为直线，其斜率为 m_L 为常数，令 $m_L > 0$，如图 7.7 所示，则液相线温度 $T_L(x')$ 与其对应的成分 $C_L(x')$ 之间的关系为

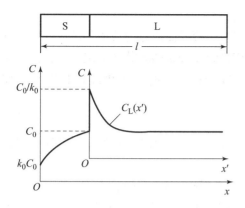

图7.6 液相只有有限扩散时的溶质再分配

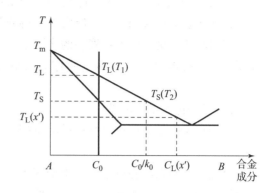

图7.7 合金的液相线温度与成分的关系

$$T_L(x') = T_m - m_L C_L(x') \tag{7.5}$$

式中，T_m 为组元 A 的熔点。界面前方液相中的溶质浓度 $C_L(x')$ 已知，将 $C_L(x') = C_0\left[1 + \dfrac{1-k_0}{k_0}\exp\left(-\dfrac{v}{D_L}x'\right)\right]$ 代入式(7.5)，则液相线温度 $T_L(x')$ 为

$$T_L(x') = T_m - m_L C_L(x') = T_m - m_L C_0\left[1 + \dfrac{1-k_0}{k_0}\exp\left(-\dfrac{v}{D_L}x'\right)\right] \tag{7.6}$$

液相线温度 $T_L(x')$ 的曲线如图7.8所示。

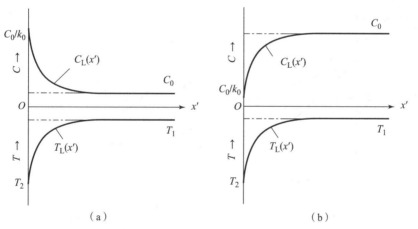

图7.8 固-液界面前方液相线温度的变化规律

(a) $k_0 < 1$；(b) $k_0 > 1$

由图7.8可知，界面处：$x' = 0$，$T_L(0) = T_m - m_L \dfrac{C_0}{k_0} = T_2$；远离界面处：$x' = \infty$，$T_L(\infty) = T_m - m_L C_0 = T_1$。

2. 固-液界面前方成分过冷的形成

1）热过冷与成分过冷的区别

对纯金属而言，在固定的温度下结晶，其过冷状态仅与界面前方液相的温度有关，过冷度的大小取决于液相的实际温度。金属凝固时所需的过冷度若完全由热扩散控制，这样的过冷称为热过冷，其过冷度称为热过冷度。纯金属凝固时就是热过冷。热过冷度 ΔT_h 为理论

凝固温度 T_m 与实际凝固温度 T_n 之差,即 $\Delta T_h = T_m - T_n$。

合金在近平衡凝固中,溶质发生了再分配,在固-液界面前方的液相侧形成了溶质富集区,其过冷状态由界面前方液相的实际温度和液相线温度分布两者共同决定。这种由固-液界面前方溶质再分配引起的过冷称为成分过冷,成分过冷同时受传热过程和传质过程的制约。

2) 成分过冷形成的条件

以固相无扩散而液相只有扩散的单相合金 ($k_0 < 1$) 凝固为例,说明凝固过程中成分过冷的形成。

合金在近平衡凝固过程中,由于液相成分的不同,导致理论凝固温度的变化。界面处溶质含量最高,离界面越远溶质含量越低,如图 7.9 (b) 所示。平衡液相线温度 $T_L(x')$ 的变化趋势则相反,其在界面处最低;离界面越远,液相线温度越高;最后接近原始成分合金的凝固温度 T_1,如图 7.9 (c)、(d) 所示。固-液界面前方液相在凝固过程中产生溶质富集,这将导致液相凝固温度发生改变,与界面前方实际温度相比产生差异,从而有可能引起过冷。在图 7.9 (c) 的情况下,固-液界面前方液相中没有成分过冷区存在;而在图 7.9 (d) 的情况下,固-液界面前方液相中存在成分过冷(图中阴影区所示)。此时,界面在生长过程中一旦出现扰动,向液相中凸出,原保持平面生长的稳定状态便被打破,因为凸出部位液相中的过冷度更大,从而发展成胞状或树枝状的生长界面。溶质再分配使固-液界面前方溶质成分发生变化,液相线温度相应地发生变化,从而使合金在正温度梯度下也能实现过冷。

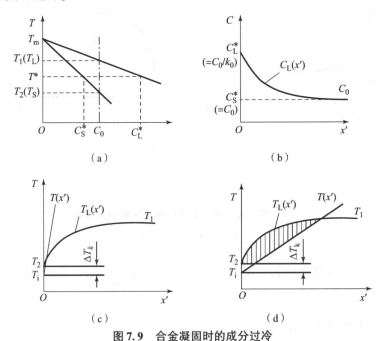

图 7.9 合金凝固时的成分过冷

(a) 相图;(b) 固-液界面前方液相中溶质富集;(c) 无成分过冷;(d) 有成分过冷

3. 形成成分过冷的判据

根据前述分析可知,产生成分过冷需要具备两个条件:一是固-液界面前方溶质的富集引起溶质再分配，液相线温度随离开固－液界面的距离 x' 的增大而上升；二是固－液界面前方液相的实际温度分布，或温度分布梯度 G_L 必须达到一定的值，即 G_L（界面前方液相的实际温度梯度）须小于液相线在界面处的斜率，如图 7.10 所示。

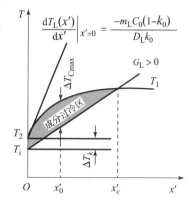

图 7.10　固－液界面前方液相中成分过冷的形成

下面推导成分过冷的判据，形成成分过冷的条件为

$$G_L < \frac{dT_L(x')}{dx'}\bigg|_{x'=0} = \frac{-m_L C_0 (1-k_0)}{D_L k_0}$$

已知 $T_L(x') = T_m - m_L C_L(x')$

$$C_L(x') = C_0 \left[1 + \frac{1-k_0}{k_0} \exp\left(-\frac{v}{D_L} x'\right)\right]$$

所以有

$$\frac{dT_L(x')}{dx'} = -m_L \frac{dC_L(x')}{dx'}$$

$$\frac{dC_L(x')}{dx'} = \frac{C_0(1-k_0)}{k_0}\left(-\frac{v}{D_L}\right)$$

$$\frac{dT_L(x')}{dx'} = -m_L \frac{C_0(1-k_0)}{k_0}\left(-\frac{v}{D_L}\right)$$

$$G_L < -m_L \frac{C_0(1-k_0)}{k_0}\left(-\frac{v}{D_L}\right)$$

$$\frac{G_L}{v} < \frac{m_L C_0 (1-k_0)}{D_L k_0} \tag{7.7}$$

式（7.7）即为查默斯（Chalmers）等提出的成分过冷的判据，它给出了成分过冷产生的临界条件。当判据条件成立时，固－液界面前方必然存在成分过冷；反之则不会出现成分过冷。

把 $C_L(x')$ 换成溶质再分配表达式的通式，即式（6.75），则可以得到成分过冷判据的通式。对式（6.75）求导，代入式（7.7），得

$$\frac{G_L}{v} < -\frac{m_L}{D_L} C_0 \frac{1}{\frac{k_0}{1+k_0} + \exp\left(-\frac{v}{D_L}\delta\right)} \tag{7.8}$$

7.2.2　成分过冷的过冷度

成分过冷的过冷度为

$$\Delta T_C = T_L(x') - T(x') \tag{7.9}$$

液相的实际温度分布为 $T(x') = T_i + G_L x'$。

单相合金定向凝固，固－液界面为平面，液相中只有扩散而无对流，达到稳态时，界面处 $C_L(0) = \frac{C_0}{k_0}$，则有

$$T_i = T_m - m_L \frac{C_0}{k_0}$$

则 $T_m = T_i + m_L \frac{C_0}{k_0}$

$$T_L(x') = T_m - m_L C_L(x')$$

$$T_L(x') = T_i + m_L \frac{C_0}{k_0} - m_L C_0 \left[1 + \frac{1-k_0}{k_0} \exp\left(-\frac{v}{D_L} x'\right) \right]$$

所以

$$\Delta T_C = T_L(x') - T(x') = \frac{m_L C_0 (1-k_0)}{k_0} \left[1 - \exp\left(-\frac{v}{D_L} x'\right) \right] - G_L x' \qquad (7.10)$$

求 ΔT_C 的最大值。令 $\frac{\mathrm{d}\Delta T_C}{\mathrm{d}x'} = 0$，则得到最大成分过冷度处的 x_0' 为

$$x_0' = \frac{D_L}{v} \ln \frac{m_L C_0 (1-k_0)}{G_L D_L k_0}$$

把 x_0' 代入 ΔT_C 中，得到最大成分过冷的过冷度 ΔT_{Cmax}

$$\Delta T_{Cmax} = \frac{m_L C_0 (1-k_0)}{k_0} - \frac{G_L D_L}{v} \left[1 + \ln \frac{v m_L C_0 (1-k_0)}{G_L D_L k_0} \right] \qquad (7.11)$$

令 $\Delta T_C = 0$ 求得成分过冷区的宽度。首先将 $\exp\left(-\frac{v}{D_L} x'\right)$ 展成泰勒级数并取其前三项，则有

$$\exp\left(-\frac{v}{D_L} x'\right) \approx 1 - \frac{v}{D_L} x' + \frac{1}{2} \left(\frac{v}{D_L} x'\right)^2$$

由 $\Delta T_C = 0$，得

$$x_c' = \frac{2 D_L}{v} - \frac{2 k_0 G_L D_L^2}{m_L C_0 (1-k_0) v^2} \qquad (7.12)$$

由式 (7.7)、(7.10)、(7.12) 可见，成分过冷的产生以及成分过冷的过冷度 ΔT_C 与成分过冷区宽度 x_c' 的大小既取决于凝固过程中的工艺条件（即界面前方液相的温度梯度 G_L 和晶体的生长速率 v），也与合金本身的性质（如溶质在液相中的扩散系数 D_L、液相线斜率 m_L、溶质元素的平衡分配系数 k_0、溶质元素的含量 C_0 的大小）有关。v、C_0 和 m_L 越大，G_L、D_L 越小，k_0 偏离 1 越远，则成分过冷的过冷度就越大，成分过冷区越宽；反之亦然。

又因为

$$T_1 - T_2 = (T_m + m_L C_0) - \left(T_m + \frac{m_L C_0}{k_0}\right) = \frac{m_L C_0 (1-k_0)}{k_0} \qquad (7.13)$$

故以上各式中的 $\frac{m_L C_0 (1-k_0)}{k_0}$ 项均可用 $(T_1 - T_2)$ 项取代。这就是说，单相合金 C_0、m_L 与 k_0 对成分过冷的影响可以归结为结晶温度范围大小的作用。因此，在相同的条件下，宽结晶温度范围的合金更易获得大的成分过冷。反之成分过冷就小，甚至不形成成分过冷。

热过冷与成分过冷之间的根本区别是热过冷仅受传热过程的制约，成分过冷同时受传热过程和传质过程的制约。如果令式 (7.7)、式 (7.10) 中的 $C_0 = 0$，则成分过冷判据就变成

为热过冷的判据，ΔT_C 的表达式则变成为 ΔT_h 的表达式。因此，在晶体生长过程中，界面前方的热过冷只不过是成分过冷在 $C_0 = 0$ 时的一个特例而已，两者在本质上是一致的，它们影响着晶体的生长过程。

7.2.3 成分过冷对单相合金凝固过程的影响

纯金属在正温度梯度下为平面生长方式，在负温度梯度下为枝晶生长方式。成分过冷对一般单相合金结晶过程的影响与热过冷对纯金属的影响本质上是相同的，但由于其同时受到传质过程的制约，因此情况更为复杂。对合金，在正温度梯度下且无成分过冷时，同纯金属一样，界面为平面形态；在负温度梯度下，也与纯金属一样，为树枝状，合金的树枝状生长还与溶质再分配有关。但合金在正的温度梯度时，合金晶体的生长方式还会由于溶质再分配而产生多样性：当稍有成分过冷时为胞状生长，随着成分过冷的增大（即温度梯度的减小），晶体由胞状晶变为柱状晶、柱状枝晶。当成分过冷进一步发展时，生长着的界面前方的液相内相继出现新的晶核并不断长大，则合金的宏观结晶状态还会发生由柱状枝晶的外生生长到等轴枝晶的内生生长的转变。下面将对此逐一进行分析。

1. 无成分过冷的平面生长

如图 7.11 所示，当一般单相合金晶体生长符合条件式（7.14）时，界面前方不存在成分过冷。因此，界面将以平面方式长大。

$$\frac{G_L}{v} \geq \frac{m_L C_0 (1 - k_0)}{D_L k_0} \quad \left(\text{或} \frac{G_L}{v} \geq \frac{T_1 - T_2}{D_L}\right) \quad (7.14)$$

在这种情况下，除了在晶体生长初始过渡阶段和最终过渡阶段界面要发生相应的温度和成分变化外，在整个稳定生长阶段，其生长过程与纯金属的平面生长没有本质区别。宏观平坦的界面是等温的，并以恒定的平衡成分向前推进。生长的结果是在稳定生长区内获得成分完全均匀的单相固溶体柱状晶甚至单晶体。

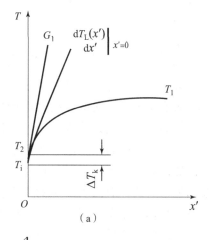

纯金属和一般单相合金稳定生长阶段的界面生长速度 v 可由界面处的热量关系导出。由于界面是等温的，故必然有

$$G_S \lambda_S = G_L \lambda_L + v \rho L \quad (7.15)$$

式中，λ_S、λ_L 分别为固、液两相的导热系数；G_S、G_L 分别为固、液两相在界面处的温度梯度；ρ 为合金的密度（近似看作常数）；L 为结晶潜热。由此可得

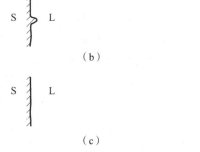

图 7.11 界面前方无成分过冷的平面生长
(a) 无成分过冷；(b) 局部不稳定的界面；
(c) 最终稳定的界面

$$v = \frac{G_S \lambda_S - G_L \lambda_L}{\rho L} \quad (7.16)$$

对纯金属晶体的平面生长，$G_L > 0$，故其生长速度 $v_{(纯平)} < \frac{G_S \lambda_S}{\rho L}$；对一般单相合金晶体

的平面生长，G_L 受式（7.14）的约束，故其生长速度 $v_{(单平)} < \dfrac{G_S\lambda_S}{\rho L - \dfrac{m_L C_0 (1-k_0)}{D_L k_0}\lambda_L}$

$\left(或 \dfrac{G_S\lambda_S}{\rho L - \dfrac{T_1-T_2}{D_L}\lambda_L}\right)$。可见，由于平面生长应以界面前方不出现过冷为前提，其生长速度不能超过某一极限值。显然，在 G_S、λ_S、ρ、L 与 λ_L 相同的情况下，确保一般单相合金平面生长的极限生长速度要比纯金属的小得多。

总之，与纯金属相比，由于一般单相合金晶体生长同时受到传热与传质过程的影响，因此，只有在更高的温度梯度 G_L 和更低的界面生长速度 v 下，才能实现稳定的平面生长。合金的结晶温度范围（T_1-T_2）越宽（或者说 C_0 和 $|m_L|$ 越大，k_0 偏离 1 越远），则成分过冷的过冷度就越大，成分过冷区越宽；扩散系数 D_L 越大，实现平面生长的工艺控制要求就越严。

2. **窄成分过冷区的胞状生长**

如图 7.12 所示，当一般单相合金晶体生长条件符合式（7.17）时，界面前方存在着一个窄的成分过冷区。

$$\dfrac{G_L}{v} \leq \dfrac{m_L C_0(1-k_0)}{D_L k_0} \quad \left(或 \leq \dfrac{T_1-T_2}{D_L}\right) \quad (7.17)$$

成分过冷区的存在，破坏了平面界面的稳定性。这时宏观平坦界面偶然扰动而产生的任何凸起都必将面临较大的过冷而以更快的速度进一步长大，同时不断向周围液相中排出溶质（$k_0<1$）。由于相邻凸起之间的凹入部位的溶质浓度比凸起前端增加得更快，而凹入部位的溶质扩散到液相深处较凸起前端更为困难，因此，凸起快速长大导致了凹入部位溶质的进一步富集。溶质富集降低了凹入部位液态合金的液相线温度和过冷度，抑制凸起的横向生长速度并形成一些由低熔点物质汇集区所构成的网络状沟槽。而凸起前端的生长则由于成分过冷区宽度的限制，不能自由地向液相前方伸展。当由于溶质的富集而使界面各处的液相成分达到相应温度下的平衡成分时（严格地说，是相应温度比液相成分所确定的平衡温度低 ΔT_k 时），界面形态趋于稳定。这样，在窄成分过冷区的作用下，不稳定的平坦界面就破裂成一种稳定的、由许多近似于旋转抛物面的凸出圆胞和网络状的凹陷沟槽所构成的新的界面形态，称为胞状界面。以胞状界面向前推进的生长方式称为胞状生长。胞状生长的结果是形成胞状晶。对于一般金属而言，圆胞显示不出特定的晶面，如图 7.13 所示，Fe-C-Ni-Cr 合金定向凝固时，界面出现许多的胞状晶。

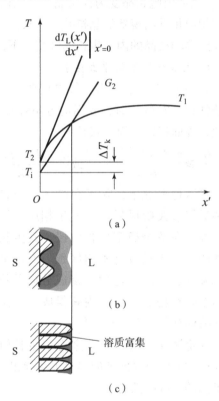

图 7.12 窄成分过冷区的胞状生长
(a) 窄成分过冷区的形成；
(b) 平面界面在成分过冷作用下失去稳定；
(c) 稳定的胞状界面形态的形成

利用倾液法可以清晰地看到胞状界面的结构形态。试验表明，胞状界面的成分过冷区的宽度约在 0.01~0.1 cm 之间，随着成分过冷的增大，胞状晶由不规则状态变成规则状态，最后变成树枝晶。胞状晶的生长方向垂直于固-液界面，与热流方向相反，与晶体学取向无关。可认为胞状晶是一种亚结构。

图7.13 Fe-C-Ni-Cr 合金定向凝固界面的扫描电镜照片

小平面生长的胞状界面的形成过程与上述情况相同，只不过凸起前端不是近似旋转抛物面的圆胞，而是棱角分明的多面体。

3. 较宽成分过冷区的柱状枝晶生长

在胞状生长中，晶胞凸起垂直于等温面生长，其生长方向与热流方向相反而与晶体学特性无关，如图 7.14（a）所示。随着 $\dfrac{G_L}{v}$ 的减小和 C_0 的增加，界面前方的成分过冷区逐渐加宽，凸起晶胞将向熔体伸展更远。凸起前端近似于旋转抛物面的界面由于溶质的析出而在熔体中面临着新的成分过冷，逐渐变得不稳定；凸起前端逐渐偏向于某一择优取向（立方晶系为 <100>），而界面也开始偏离原有的形状，并出现具有强烈晶体学特性的凸缘结构，如图 7.14（b）所示；当成分过冷区进一步加宽时，凸起前端所面临的新的成分过冷也进一步加强，凸缘上开始形成短小的锯齿状二次分枝，如图 7.14（c）所示，胞状生长就转变为柱状枝晶生长，如图 7.14（d）所示。如果成分过冷区足够大，二次分枝在随后的生长中又会在其前端形成三次分枝。与此同时，继续伸向熔体的主干前端又会有新的二次分枝形成。这样不断分枝的结果，是成分过冷区内迅速形成了树枝晶的骨架，如图 7.15 所示。此后随着等温面的向前推移，一次分枝继续不断地向前伸展、分裂。在构成枝晶骨架的固-液两相区内，随着分枝的生长，剩余液相中的溶质不断富集，熔点不断降低，致使分枝周围熔体的过冷很快消失，分枝便停止分裂和延伸。由于没有成分过冷的作用，分枝侧面往往以平面生长的方式完成凝固过程。

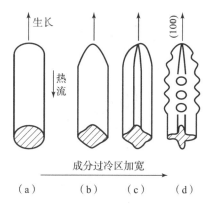

图7.14 胞状生长向枝晶生长的转变
（a）胞状生长；（b）凸缘结构；
（c）二次分枝；（d）柱状枝晶生长

与纯金属在 $G_L<0$ 条件下的柱状枝晶生长不同，单相合金的柱状晶生长是在 $G_L>0$ 条件下进行的。柱状枝晶生长如同平面生长和胞状生长一样，是一种热量通过固相散失的约束生长。等温面的前进约束着枝晶前端以一定速度向液相中推进，而溶质元素在液相中的扩散则支配着枝晶的生长行为。在生长过程中，主干彼此平行地沿着与热流相反的方向延伸，相邻主干的高次分枝往往互相连接排列成方格网状，构成柱状枝晶特有的板状阵列，从而使材料的各项性能表现出强烈的各向异性。

4. 宽成分过冷区的自由枝晶生长

如图 7.16 所示，当界面前方成分过冷区进一步加宽时，成分过冷度的极大值 $\Delta T_{C\max}$ 将大于熔体中异质形核所需要的过冷度 $\Delta T_异$，于是在柱状枝晶生长的同时，处于成分过冷区域的液态金属中将发生新的形核过程，所形成的晶核将在过冷的液态金属中自由生长成为树枝晶，称为自由树枝晶，也称为等轴晶。这些等轴晶的生长阻碍了柱状树枝晶的单向延伸，此后的凝固过程便成为等轴晶不断向液体内部推进的过程。

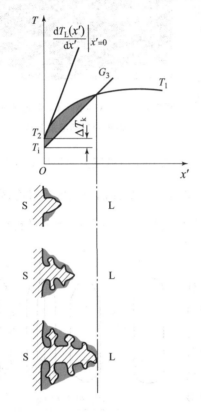

图 7.15 柱状枝晶生长过程

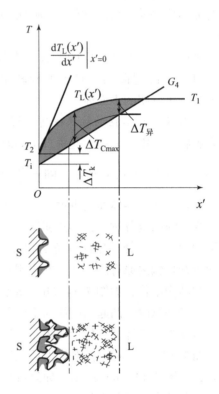

图 7.16 从柱状枝晶的外延生长
转变为等轴枝晶的内生生长

在液体内部自由形核并生长的晶体，从自由能的角度考虑应该是球体，因为对于一定的体积而言，球体的表面积最小，而实际上形成的晶体却为树枝晶，这是因为在稳定状态下，平衡的结晶形态并非球形，而是近似于球形的多面体，如图7.17（a）、（b）所示。晶体的界面总是由界面能较小的晶面所组成，所以，对于多面体晶体，那些宽而平的面总是界面能较小的晶面，而窄小的棱和角则为界面能较大的晶面。非金属晶体界面具有强烈的晶体学特征，其平衡态的初生晶体近于球形。在实际凝固条件下，多面体棱角前沿液相中的溶质浓度梯度较大，其扩散速度较大；而宽大平面前沿液相中的溶质浓度梯度较小，扩散较慢。这样一来，晶体棱角处生长速度快，宽大平面处则生长速度慢。因此，初始近于球形的多面体逐渐长成星形，如图7.17（c）所示；又从星形再生出分枝而成为树枝晶，如图7.17（d）、（e）所示。

就合金的宏观结晶状态而言，平面生长、胞状生长和柱状枝晶生长皆属于一种晶体自型壁形核，然后由外向内单向延伸的生长方式，称为外生生长。等轴晶在熔体内部自由生长的方式则称为内生生长。

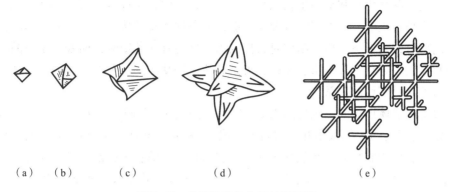

图 7.17　八面体晶体向树枝晶转变

(a) 多面体 1；(b) 多面体 2；(c) 星形的面体；(d) 树枝晶 1；(e) 树枝晶 2

可见，成分过冷区的进一步加大促使了外生生长向内生生长的转变。显然，这个转变是由成分过冷度的大小和外来质点异质形核的能力这两个因素所决定的。大的成分过冷度和强形核能力的外来质点都有利于内生生长和等轴晶的形成。

5. 枝晶的生长方向和枝晶间距

从上面的分析可知，枝晶的生长具有鲜明的晶体学特征，其主干和分枝的生长方向均与特定的晶向相平行。图 7.18 为立方晶系枝晶生长方向。一些晶系的枝晶生长方向见表 7.1。

小平面生长的枝晶结构特征易于理解。以立方晶系为例，其生长表面均被慢速生长的密排面（111）所包围，由 4 个（111）面相交而成的椎体尖顶所指方向就是枝晶的生长方向。然而迄今尚未提出完善的理论，把非小面生长的粗糙界面的非晶体学性质与其枝晶生长中的鲜明的晶体学特征联系起来。

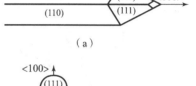

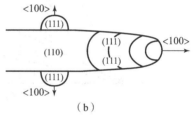

图 7.18　立方晶系枝晶的生长方向

(a) 小平面生长；(b) 非小平面生长

表 7.1　枝晶生长方向

晶体结构	面心立方	体心立方	密排六方	体心正方
枝晶生长方向	<100>	<100>	<$10\bar{1}0$>	<110>

枝晶间距是指相邻同次分枝间的垂直距离，是树枝晶组织细化程度的表征，一般用金相观察测得的各相邻同次分枝间的距离来表示。枝晶间距越小，组织就越细密，分布于其间的元素偏析范围也就越小，铸件越容易经过热处理而均匀化，并且显微疏松和非金属夹杂物也更加细小分散，有利于提高铸件性能。通常有一次枝晶间距 d_1 和二次枝晶间距 d_2 两种。前者是柱状枝晶的重要参数，后者对柱状枝晶和等轴晶均有重要意义。一般认为

$$d_1 = a\left(\frac{1}{G_L v}\right)^{n_1}, \qquad d_2 = b\left(\frac{\Delta T_S}{G_L v}\right)^{n_2} \tag{7.18}$$

式中，a、b 为与合金性质有关的常数；G_L 为测量枝晶间距部位凝固期间界面液相一侧的温度梯度；v 为界面的生长速度；ΔT_S 为该处的实际凝固温度范围；指数 $n_1 \approx 1/2$、$n_2 \approx 1/3$。

实践表明，胞状生长和平面生长只存在于严格控制生长条件 G_L/v 和合金成分 C_0 的单向结晶或单晶生长过程中，而大多数合金在一般铸造条件下总是按枝晶生长方式结晶，并且往往呈现出高度分枝的形态。枝晶结构对铸件的力学性能有显著影响，而残存于枝晶间且饱含溶质的液相，则是导致铸件偏析、疏松、夹杂和热裂等缺陷的重要原因。因此，枝晶生长和铸件质量有着十分密切的关系。

成分过冷对晶体形貌的影响如图 7.19 所示。平面晶是溶质浓度 $C_0 = 0$ 的特殊情况。溶质浓度一定时，随着 G_L 的减小和 v 的增大；或 G_L 和 v 一定时，随着 C_0 的增大，晶体形貌由平面晶依次转变成胞状晶、胞状树枝晶、柱状树枝晶和等轴树枝晶。随着成分过冷度的增加（相当于 G_L/v 的减小），单相合金由平面生长转变成胞状生长，再到柱状枝晶生长，如图 7.20 所示。

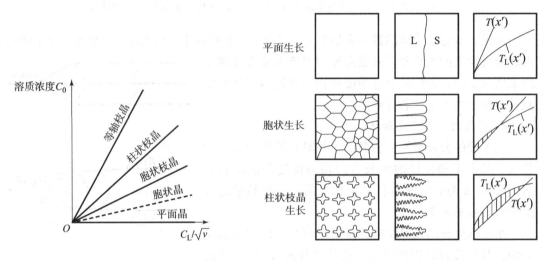

图 7.19 $G_L/\sqrt{v}$ 和 C_0 对单相合金晶体形貌的影响

图 7.20 成分过冷对单相合金晶体形貌的影响

7.3 多相合金的凝固

多相合金的凝固主要包括共晶合金、偏晶合金和包晶合金的凝固。偏晶合金和包晶合金的凝固相对简单。共晶合金是工业上应用最为广泛的一类合金，其组织形态以两相（或多相）从液体中同时共生生长为特征，因此，共晶合金的凝固过程及组织都呈现出多样性和复杂性。

7.3.1 共晶合金的凝固

1. 共晶组织的特点和共晶合金的分类

共晶结晶形成的两相混合物具有多样的组织形态。这种两相混合物宏观形态（即共晶体的形状）与分布的形成原因与单相合金晶体类似，并随着结晶条件的改变也呈现从平面生长、胞状生长到枝晶生长，从柱状晶（共晶群体）到等轴晶（共晶团）的不同变化。其微观形态（即共晶体内两相析出物）的形状与分布，则与组成相的结晶特性、组成相在结晶过程中的相互作用以及具体条件有关。在众多的复杂因素中，共晶两相生长中的固-液界面结构在很大程度上决定着其微观形态的基本特征。

共晶合金的组织与组成相的特征和两相的耦合情况有关，并受凝固条件的影响，因而要比单相合金的凝固组织复杂得多。根据组成相的晶体学特性，可将共晶合金分为规则共晶和非规则共晶两大类。

规则共晶由金属-金属相或金属-金属间化合物相（即非小平面-非小平面相）组成，组成相的显微形态为规则的棒状或层片状，如图7.21所示。

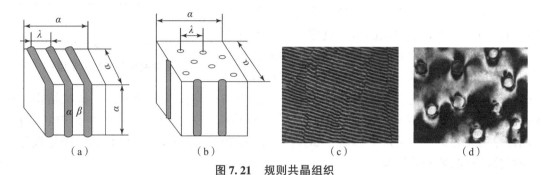

图 7.21 规则共晶组织

(a) 层片状1；(b) 棒状1；(c) 层片状2；(d) 棒状2

(1) 规则共晶以棒状还是以层片状生长，由两个组成相的界面能来决定，且符合界面能最小原理。当共晶组织中两个组成相的界面能是各向同性时，则当某一相的体积分数小于 $1/\pi$ 时，容易出现棒状结构。因为在相间距 λ 一定的情况下，棒状结构的相间面积最小，界面能最低。当固-液界面的界面能呈现强烈的各向异性时，则形成层片状结构，其长大因素决定热流方向和两组元在液相中的扩散。溶质在横向扩散，使两相的长大相互依存。共晶结晶时，两相并排地长大，且其生长方向与固-液界面保持宏观上的平面界面。

(2) 非规则共晶一般由金属-非金属（非小平面-小平面）相和非金属-非金属（小平面-小平面）相组成，其组织形态根据凝固条件的不同而变化。小平面相的各向异性导致晶体长大具有强烈的方向性，固-液界面为特定的晶面，在共晶生长过程中，固-液界面不是平整的，而是极不规则的。

当共晶组织中的两个相均为非小平面相时才有可能形成规则共晶。如果两相中有一相为小平面相则将形成非规则共晶。

2. 共晶合金的结晶方式

根据相图，在平衡条件下，只有共晶成分的合金才能获得100%的共晶组织。在近平衡凝固条件下，即使非共晶成分的合金，当合金液过冷到两相液相线的延长线所包围的影线区域时，液相内两组元达到过饱和，提供了共晶结晶的驱动力（过冷），两相具备了同时析出的条件，但一般总是某一相先析出，然后再在其表面上析出另一相，于是便开始了两相的竞相析出的共晶凝固过程，最后得到100%的共晶组织。近平衡凝固条件下非共晶成分合金获得的共晶组织称为伪共晶组织，影线区为共晶共生区，如图7.22所示。研究表明，在不同的结晶条件下，由于共晶两相在竞相析出过程中所表现出的相互关系不同，共晶合金可以采取共生生长或离异生长的方式进行结晶。领先相的结晶特性、另一相在其表面的形核能力以及两相的生长速度对共晶合金的结晶方式起着决定性的作用。

1) 共晶合金的共生生长

实践表明，大多数共晶合金在一般情况下是按共生生长的方式进行结晶的。结晶时，后析出相依附于领先相表面析出，形成具有两相共同生长界面的双相核心；然后依靠溶质原子在界面前沿两相间的横向扩散，两相互相不断地为相邻的另一相提供生长所需的组元而使两相彼此合作地一起向前生长。两相共同生长的固－液界面称为共生界面。形成具有共生界面的双相核心的过程是共生共晶的形核过程；两相彼此合作地一起向前生长称为共生生长，是共生共晶的生长过程。生长的结果是形成了两相交迭、紧密掺合的共晶体。领先相独立形核、并在自由生长条件下长大的共晶体具有球团形辐射状结构，称为共晶团；如果领先相属于初生相的一部分，则共晶团为近似于扇形的半辐射状结构；共晶体也可在约束生长条件下形成（如共晶合金的单向结晶等），这时得到的则是被称为共晶群体的柱状共晶体组织。

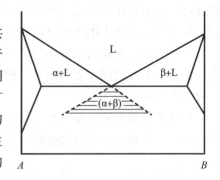

图 7.22　共晶合金相图及共晶共生区（热力学型）

2) 共晶合金的共生区

如前所述，共生生长应该满足两个基本条件：一是共晶两相应有相近的析出能力，并且后析出相易于在领先相的表面形核，从而形成具有共生界面的双相核心；二是界面前沿溶质原子的横向扩散应能保证共晶两相的等速生长，使共生生长得以进行。只有当合金液过冷到一定的温度和成分范围内，才能满足以上条件。也就是说，共生生长只能发生在某一特定的温度和成分范围内，在平衡状态图上称为共生区，如图 7.23 影线区所示。

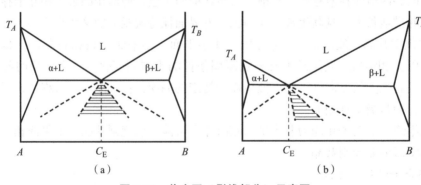

图 7.23　共生区（影线部分）示意图

(a) 对称型；(b) 非对称型

如果仅从热力学观点考虑共晶共生区，应如图 7.22 所示，其完全由平衡相图的液相线外推延长后构成。只要合金液过冷到影线区域内都能发生共晶结晶。此影线区域称为伪共晶区，以此可解释非共晶成分合金结晶时获得共晶组织的不平衡结晶现象。然而共生共晶的结晶过程不仅与热力学因素有关，而且在很大程度上还取决于两相在结晶动力学上的差异。因此，实际共晶共生区取决于共晶生长的热力学因素和动力学因素的综合影响。实际上共晶合金的共生区与单从热力学观点考虑的伪共晶区之间存在一定程度的偏离。根据偏离程度的不同，共生区可分为两大类。

(1) 对称型共生区。如图 7.23 (a) 所示，当组成共晶的两个组元熔点相近、两条液相线形状彼此对称时，共晶两相的性质相近，在共晶成分附近的析出能力相当，因而易形成彼此依附的双相核心；同时两相在共晶成分附近的扩散能力也接近，因而也易保持等速的合作生长。因此其共生区也以共晶成分为轴线左右对称。过冷度越大，则共生区就越宽。大部分非小平面-非小平面共晶合金的共生区属于此类型。

(2) 非对称型共生区。如图 7.23 (b) 所示，当共晶的两个组元熔点相差较大、两条液相线不相对称、共晶点往往偏向于低熔点组元一侧时，共晶两相的性质相差较大。由于浓度起伏和扩散的原因，共晶成分附近的低熔点相在非平衡结晶条件下较高熔点相更容易析出，其生长速度也更快。因此结晶时往往容易出现低熔点组元一侧的初生相。为了满足共生生长所需的基本条件，就需要合金液在含有更多高熔点组元成分的条件下进行共晶转变。因而其共生区失去对称性而偏向于高熔点组元一侧。两相性质差别越大，则偏离程度就越大。大部分非小平面-小平面共晶合金的共生区属于此类型。

实际上，共晶共生区的形状并非如图 7.22 和图 7.23 所示的那样简单，而是随着液相温度梯度、初生相及共晶相的长大速度和温度的关系等因素变化而呈现出多样的复杂变化。如图 7.24 所示，对称型的非小平面-非小平面共晶在液相温度梯度 G_L 为正且较大时，呈现出铁砧式的共晶共生区。可见，当晶体生长速度较小时，单向凝固的合金可以获得以平界面生长的共晶组织。随着长大速度或成分过冷度的增大，共晶组织将依次转变为胞状共生共晶、树枝状共生共晶以及粒状共生共晶（等轴晶）。

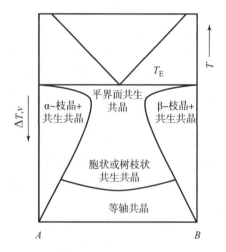

图 7.24 非小平面-非小平面共晶共生区

共生区的概念是现代共生共晶结晶理论的一个重要组成部分，它把建立在纯粹热力学基础上的平衡状态图概念与非平衡共晶结晶动力学过程联系起来。通过共生区不仅可以解释诸如非共晶成分的合金可以结晶成 100% 的共晶组织，而共晶成分的合金结晶时反而得不到 100% 共晶组织等非平衡结晶现象，而且还有助于对共生生长和离异生长这两种不同共晶结晶方式作进一步的分析和探讨。共生区的概念与平衡图并不矛盾。在无限缓慢的冷却条件下，共生区退缩到共晶点，合金液即按平衡图所示的规律进行结晶。

3) 离异生长和离异共晶

合金液可以在一定成分条件下通过直接过冷而进入共生区，也可以在一定过冷条件下通过初生相的生长使液相成分发生变化而进入共生区。合金液一旦进入共生区，两相就能借助于共生生长的方式进行共晶结晶，从而形成共生共晶组织。然而研究表明，在共晶转变中也存在着合金液不能进入共生区的情况。在这种情况下，共晶两相没有共同的生长界面，它们各以不同的速度独立生长。也就是说，两相的析出在时间上和空间上都是彼此分离的，因而形成的组织没有共生共晶的特性。这种非共生生长的共晶结晶方式称为离异生长，所形成的组织称为离异共晶，如图 7.25 所示。

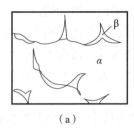 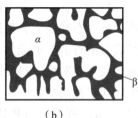 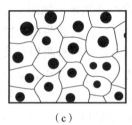

（a） （b） （c）

图 7.25　几种离异共晶组织

(a) 组织 1；(b) 组织 2；(c) 组织 3

在下述情况下，共晶合金将以离异生长的方式进行结晶，并形成几种形态不同的离异共晶组织。

（1）由于以下两种原因造成一相大量析出，而另一相尚未开始结晶时，将形成晶间偏析型离异共晶组织。

一是由系统本身的原因造成一相大量析出。当合金成分偏离共晶点很远时，初生相长得很大，共晶成分的残留液体很少，类似于薄膜分布于枝晶之间。当共晶转变时，一相就在初生相的枝晶上继续长出，而把另一相单独留在枝晶间，如图 7.25（a）所示。

二是由另一相的形核困难引起一相大量析出。合金偏离共晶成分，则初生相长得较大。如果另一相不能以初生相为衬底而形核，或因液体过冷倾向大而使该相析出受阻时，初生相就继续长大而把另一相留在枝晶间，如图 7.25（b）所示。

合金成分偏离共晶成分越远、共晶反应所需的过冷度越大，则越容易形成上述两种离异共晶。

（2）当领先相被另一相的晕圈所封闭时，将形成领先相呈球团状结构的离异共晶组织。

在共晶结晶过程中，有时第二相环绕领先相表面生长而形成一种镶边外围层，此外围层称为晕圈。一般认为，晕圈的形成是因两相在形核能力和生长速度上的差别所致。因此，在两相性质差别较大的非小平面-小平面共晶合金中更容易出现这种晕圈组织。这时领先相往往是高熔点的非金属相，金属相则围绕领先相形成晕圈。如果领先相的固-液界面是各向异性的，第二相只能将其慢生长面包围住，而其快生长面仍能突破晕圈包围并与熔体相接触，则晕圈是不完整的。这时两相仍能组成共同的生长界面而以共生生长方式进行结晶，如图 7.26（a）。灰铸铁中的片状石墨与奥氏体的共生生长则属此类。如果领先相的固-液界面全部是慢生长面，从而能被快速生长的第二相晕圈所封闭时，则两相与熔体之间没有共同的生长界面，只有形成晕圈的第二相与熔体相接触，如图 7.26（b）所示，所以领先相的生长只能依靠原子通过晕圈的扩散进行，最后形成领先相呈球团状结构的离异共晶组织，如图 7.25（c）所示。典型例子是球墨铸铁的共晶转变。

3. 非小平面-非小平面共晶合金的凝固（规则共晶凝固）

非小平面-非小平面共晶合金的两相性质相近，具有大致对称的共生区。两相生长中的固-液界面都是各向同性、连续生长的非晶体学界面，故决定界面生长的因素是热流的传输和两组元在液相中的扩散，界面本身则始终处于局部平衡状态中。因此，这类共晶合金在一般情况下均按典型的共生生长方式进行结晶。生长中由于两相彼此合作的性质，每一相的生长都受到另一相存在的影响，故两相并排析出且垂直于固-液界面长大，形成了两相规则排列的层片状、棒状（纤维状）或介于两者之间的条带（碎片状）共生共晶组织。在特殊情

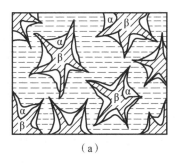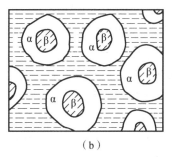

图 7.26　共晶结晶时的晕圈组织

(a) 不完整晕圈下的共生生长；(b) 封闭晕圈下的离异生长

况下，这类共晶合金也能形成晶间偏析型离异共晶组织。

1) 层片状共晶组织的形成

层片状共晶组织是最常见的非小平面-非小平面共生共晶组织。在该组织中，共晶两相呈层片状交叠结构并沿生长方向延伸。下面以球状共晶团为例，讨论层片状共晶组织的形成过程。如图 7.27 所示，设共晶转变开始时，熔体首先通过独立形核析出领先相 α 固溶体小球。α 相的析出一方面促使界面前沿 B 组元原子不断富集，另一方面又为新相析出提供了有效衬底，从而导致 β 相固溶体在 α 相球面上析出。在 β 相析出过程中，A 组元原子不仅向小球径向前方的熔体中排出，而且也向与小球相邻的侧面方向（球面方向）排出。由于两相性质相近，从而促使 α 球依附于 β 相的侧面长出分枝；α 相分枝生长又反过来促使 β 相沿着 α 相的球面与分枝的侧面迅速铺展并进一步导致 α 相产生更多的分枝。如此交替进行，就形成了具有两相沿着径向并排生长的球形共生界面双相核心。这就是共生共晶的形核过程。显然，领先相表面一旦出现第二相则可通过这种彼此依附、交替生长的方式产生新的层片来构成所需的共生界面，而不需要每个层片重新形核。这种方式称为搭桥。可见层片状共晶结晶是通过搭桥方式完成其形核过程的。研究证明，这也是一般非小平面-非小平面共生共晶的形核方式。

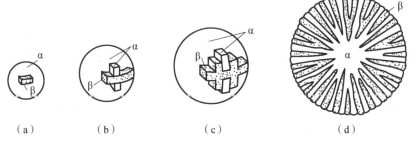

图 7.27　层片状共晶结晶形核过程示意图

(a) β 相开始析出；(b) α 相长出分枝；(c) 更多分枝产生；(d) 双相核心剖面图

在共生生长过程中，两相各向其界面前沿排出另一组元原子。只有将这些原子及时扩散开，界面才能不断生长。如图 7.28 所示，溶质原子可以向液体内部 y 方向作纵向扩散，也可以沿界面 x 方向作横向扩散。扩散速度正比于溶质的浓度梯度，而浓度梯度又取决于扩散距离和浓度差。在 y 方向，扩散距离与边界层厚度 δ 相当。在自然对流条件下，δ 约为

1 mm。两组元的浓度差分别为 $(\Delta C_{L\alpha})_y = C_{L\alpha} - C_E$ 和 $(\Delta C_{L\beta})_y = C_E - C_{L\beta}$。在 x 方向，扩散距离等于相邻两相层片厚度之和的一半，即图 7.28 中的 $(S_\alpha + S_\beta)$，其数值一般小于 5×10^{-3} mm。两组元的浓度差皆为 $(\Delta C_L)_x = C_{L\alpha} - C_{L\beta}$。这样，$x$ 方向的扩散距离只有 y 方向的约 0.5%，而其浓度差却大约是 y 方向的两倍。因此横向扩散速度大约要比纵向扩散速度大 400 倍。可见，在共生生长过程中横向扩散是主要的，纵向扩散一般可忽略不计。共晶两相通过横向扩散不断排走界面前沿积累的溶质，且又互相提供生长所需的组元，彼此合作、相互促进，并排快速向前生长。在共生界面液相一侧形成如图 7.28（d）所示的成分分布。由于横向扩散的主导作用，这种成分不均匀的分布仅存在于界面前沿极薄的一层液体中，其数量级与层片的平均厚度 $(S_\alpha + S_\beta)$ 相当。在此范围内，成分沿 y 方向波动的幅度随着离开界面距离的增大而迅速减小，如图 7.28（e）所示。当 $y = (S_\alpha + S_\beta)$ 时，液相成分仍然保持着均匀的共晶成分 C_E，如图 7.28（f）所示。

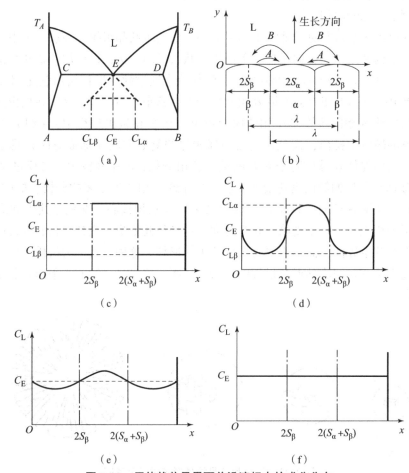

图 7.28 层片状共晶界面前沿液相内的成分分布

(a) 共晶两相界面处的液相成分；(b) 界面前沿的溶质扩散；(c) 两相固-液界面处（$y=0$）液相浓度差的形成；
(d) 界面处（$y=0$）由横向扩散而形成的成分分布；(e) 在界面前沿 $y = 0.2(S_\alpha + S_\beta)$ 处的成分分布；
(f) 在界面前沿 $y = (S_\alpha + S_\beta)$ 处的成分分布

同一相层片之间的中心距离称为层间距，用 λ 表示，它在数值上等于相邻两相层片厚度之和，如图 7.28（b）所示，即 $\lambda = 2(S_\alpha + S_\beta)$。层间距 λ 是度量组织细化程度的参量，λ

的大小与生长速度 v 有关。为了保持共生界面的稳定生长，共生两相在任一瞬间向界面前沿排出的溶质数量应该等于同时间内通过扩散而输走的溶质数量。因此，一定的生长速度必然对应着一定的横向扩散速度。当生长速度发生变化时，横向扩散速度也必须进行相应的调整。这种调整是通过改变横向扩散距离，也就是通过改变层间距 λ 的大小来进行的。生长速度越快，排出的溶质数量就越多，因而所要求的横向扩散速度也就越大，故此层间距 λ 也就越小。理论计算和实验数据都证明了 λ 与 v 之间关系为

$$\lambda \propto v^{-\frac{1}{2}} \tag{7.19}$$

在球状共晶团生长过程中，随着球形共生界面的增大，层间距 λ 也逐渐增大。为了保持与一定生长速度相适应的层间距，两相在生长过程中还会不断地生长出新的层片。新层片的共生生长就是在不断通过搭桥方式分枝出新的层片，又不断通过横向扩散而向前生长的过程中进行的。由此可见，共晶团内部两个组成相是各自连接在一起的。每一个相的许多层片都是由同一个晶体所长出的种种分枝。或者说，一个共晶团是由两个高度分枝的晶体互相依附、互相掺和而成的。共晶团的这种结构特点已为 X 射线和电子衍射结果所证实。

2）棒状共晶组织的形成

棒状共晶是另一种常见的非小平面 - 非小平面共生共晶组织。在该组织中，一个组成相以棒状或纤维状形态沿着生长方向规则地分布在另一相的连续基体中，形成棒状共晶组织。棒状共晶与层片状共晶的结晶过程基本上相似，决定其组织形态的基本因素是两个固相之间的总界面能以及第三组元（杂质）的存在。

（1）共晶组织中两相间总界面能的影响。相间总界面能是支配上述两种组织形态的重要因素。在相同条件下，共晶合金总是倾向于结晶成总界面能最低的组织形态。总界面能 E 等于两相间各界面的面积 A_i 与其相应的单位界面能 $(\sigma_{\alpha\beta})_i$ 的乘积之和，即 $E = \sum_i A_i (\sigma_{\alpha\beta})_i$。当界面各向同性时，$\sigma_{\alpha\beta}$ 为常数，则总界面能完全取决于两相间的界面总面积，即 $E = \sigma_{\alpha\beta} \sum_i A_i$。研究指出，界面总面积 $\sum_i A_i$ 的大小与两相的相对体积有关。因而共晶组织的形态将由两相所占的体积分数所决定。当某一相 α（β 亦然）的体积分数 $\frac{V_\alpha}{V_\alpha + V_\beta} < \frac{1}{\pi}$ 时，则该相呈棒状结构的界面总面积小于呈层片状结构的界面总面积，因而棒状组织的相间总界面能将低于层片状组织的相间总界面能，故结晶时倾向于形成棒状共晶组织；反之，当 $\frac{V_\alpha}{V_\alpha + V_\beta} > \frac{1}{\pi}$ 时，则由于层片状组织具有更小的界面总面积，其总界面能也低，因而结晶倾向于形成层片状共晶组织；当 $\frac{V_\alpha}{V_\alpha + V_\beta} \approx \frac{1}{\pi}$ 时，则可能形成介于二者之间的条带状组织或两者共存的混合型组织。

（2）第三组元的影响。如果第三组元在共晶两相中的平衡分配系数相差较大，则可能出现第三组元仅引起一个组成相产生成分过冷的情况。此时，产生成分过冷相的层片在生长过程中将会越过另一相层片的界面而伸入液相中。这样，通过搭桥作用，落后的一相将被生长快的一相分隔成筛网状并最终发展成棒状组织。

（3）共生界面前沿的成分过冷。如前所述，在纯二元共晶合金结晶时由于存在横向扩

散的主导作用，固-液界面前沿的成分不均匀区很薄。A、B 两组元的原子在界面前的富集层厚度仅相当于层片厚度的数量级，远小于导致单相合金成分过冷的溶质边界层厚度。因此，富集层不会引起共生界面前沿的成分过冷。在单相结晶中一般容易得到宏观平坦的共生界面。当合金中存在 $k_0 \ll 1$ 的第三组元（杂质）时，每个相在生长中都要排出这种原子，并在界面上形成富集层。这个富集层无法依靠界面上的横向扩散来消除，只能向液体内部扩散。因此，与单相合金结晶过程一样，这个富集层的厚度将达到几百个层片厚度的数量级。在适当工艺条件下（如 G_L 较小、v 较大时），富集层将使界面前方液体产生成分过冷，从而导致界面形态的改变：宏观平坦的共生界面将转变为类似于单相合金结晶时的胞状界面。在胞状生长中，共晶两相仍以垂直于界面的方式进行共生生长。故两相的层片或棒将会发生弯曲而形成扇形结构。当第三组元浓度较大或在更大的冷却速度下，成分过冷进一步扩大，胞状共晶将发展为树枝晶状共晶组织，甚至还会导致共晶合金自外生生长到内生生长的转变。

以上讨论，实际上是假定第三组元在共晶两相中的平衡分配系数是相近的。这时成分过冷所引起的界面形态的变化属于双相不稳定变化。如果第三组元在两相中的平衡分配系数相差较大，则可能引起共生生长中的单相不稳定。小的单相不稳定可以导致共晶结构的转变（如前述的层片状→棒状转变），而大的单相不稳定则可能破坏两相共生生长并导致初生相枝晶的形成。

4. 非小平面-小平面共晶合金的凝固（非规则共晶凝固）

非小平面-小平面（金属-非金属）共晶结晶与非小平面-非小平面共晶的差别是在结晶形貌上，这是由于非金属有着与金属不同的长大机制所造成的。金属的固-液界面从原子尺度看是粗糙的，界面的向前推进是连续的，而且是没有方向性的。

非金属的固-液界面从原子尺度看是光滑的，其固-液界面为一特定晶面，因此，其长大有方向性，即在某一方向上长大速度很快，而在另外方向的长大速度则很慢。因此，金属-非金属共晶的固-液界面的结晶形貌不是平直的，而是参差不齐、多角的。规则共晶凝固与非规则共晶凝固的相同点与不同点，如表7.2所示。

表7.2 规则共晶凝固与非规则共晶凝固的相同点与不同点

	规则共晶	非规则共晶
相同点	在共晶温度下，领先相在液相中独立地形核长大，之后第二相依附其上形核长大，一旦两固相同时存在时，共晶两相即按共同"合作"的方式同时长大，称为共生生长。	
不同点	凝固过程中，共生生长两相的固-液界面是等温的，两相同时齐头并进。	1. 凝固过程中，共生生长的两相固-液界面是非等温的，呈各向异性生长； 2. 两相以合作的方式一起长大，但小平面相的快速长大总是优先深入液体中，然后第二相依靠领先相生长时排出的溶质的横向扩散获得生长组元，而跟随着领先相长大，有明显的先后顺序； 3. 领先相的形态决定着共生两相的结构形态。

这类共晶合金的两相性质差别较大，共生区往往偏向于高熔点的非金属组元一侧。小平面相在共晶生长中的各向异性生长行为决定了共晶两相组织结构的基本特征。由于平整界面

本身存在着多种不同的生长机理,故这类共晶合金比非小平面-非小平面共晶合金具有更为复杂的组织形态变化,同时其对生长条件的变化也非常敏感。即使是同一种合金,在不同条件下也能形成多种形态各异、性能悬殊的共生共晶甚至离异共晶组织。最具有代表性的是Fe-C合金和Al-Si合金。

1) 非小平面-小平面共晶合金的共生生长

非小平面-小平面共晶合金结晶的热力学和动力学原理与非小平面-非小平面共晶合金相同,其根本区别在于由共晶两相在结晶特性上的巨大差异所引起的结构形态上的变化。实践证明,这种共晶合金的领先相往往是小平面生长的高熔点非金属相。在共生区偏向高熔点组元一侧的情况下,领先相的析出与生长往往引起液相成分进一步偏离共生区。因此,第二相的析出并不能立即引起两相交替搭桥生长,往往是第二相以镶边的形式迅速将领先相包围起来形成晕圈状的双相结构。

如前所述,晕圈结构的特点取决于小平面生长相生长机理并决定着共晶合金的结晶方式。如果晕圈结构是非封闭的,则随着第二相的生长,液相成分逐渐回到共生区,并以共生生长的方式进行结晶。在前述的非小平面-非小平面共晶合金的共生生长中,两相的固-液界面都是平衡且等温的,两相齐头并进、相互依存。在非小平面-小平面共晶合金的共生生长中,小平面相的固-液界面是非等温的,呈各向异性生长。共晶两相虽以合作方式一起长大,但共生界面在局部是不稳定的。小平面相的快速生长方向伸入到界面前方液体中率先进行生长,而第二相则依靠领先相生长时排出的溶质横向扩散获得生长组元,跟随领先相一起长大,因而整个固-液界面是参差不齐的。

领先相的生长形态决定着共生两相的结构形态。例如,在Fe-C合金的共生生长中,领先相石墨以旋转孪晶生长机理顺着$<10\bar{1}0>$方向呈片状生长,而奥氏体则以非封闭晕圈形式包围石墨片的$\{0001\}$面跟随石墨片一起长大。在生长中,伸入液相的石墨片前端通过旋转孪晶的作用不断改变生长方向而发生弯曲,并不断分枝出新的石墨片。奥氏体则依靠石墨片生长过程中在其周围形成的富Fe液层而迅速生长,并不断将石墨片的侧面包围起来。最终形成的共生共晶组织是在奥氏体的连续基体中生长着一簇方向与其热流方向大致相近,但分布却是高度紊乱的石墨片的两相混合体。在Al-Si合金共生生长中,当领先相Si以反射孪晶生长机理在界面前沿不断分枝生长时,形成的共生共晶组织是在α-Al的连续基体中分布着紊乱排列的板片状Si的两相混合体。当领先相Si呈三维蛛网状层片生长时,形成蛛网状结构的共生共晶组织。金相观察时,共晶组织中的Si片似乎是互不相连的独立小板片,而扫描电镜观察表明,如同Fe-C合金中的共晶石墨片一样,它们都是相互连接在一起的整体。

2) 第三组元的影响与变质处理

在非小平面-小平面共晶合金中,共晶两相的结构特征对其力学性能有非常大的影响。如前所述,共晶两相的结构特征是由小平面相的各向异性生长行为,即界面生长动力学过程所决定的。实践证明,微量第三组元的存在将极大地影响小平面相的界面生长动力学过程,从而支配着共晶两相组织结构的变化。例如,在高纯度Fe-C合金共晶凝固中,往往出现领先相石墨的$\{0001\}$面按螺旋位错生长机理沿$<0001>$方向垂直生长,形成柱状石墨结构的离异共晶组织。在一般工业用Fe-C合金中,由于氧、硫等第三组元杂质的影响,共晶石墨则以旋转孪晶生长机理沿 <10$\bar{1}$0> 方向生长，从而形成片状石墨结构的共生共晶组织。如果在这种 Fe-C 合金液中加入微量的镁等球化元素，则也可在工业用 Fe-C 合金中得到球状石墨的离异共晶组织。当该合金中同时存在其他一些被称为反球化元素的微量杂质，或者是球化元素作用不足时，则又会形成片状石墨或各种具有中间结构形态石墨的共晶组织。再如，在 Al-Si 共晶合金中加入微量 Na，可使板片状 Si 大大细化，并逐渐转变为纤维状 Si 的共晶组织。

第三组元物质对非小平面-小平面共晶合金结构形态的影响机理尚不十分清楚。在生产实践中，通过向金属液加入某些微量物质以影响晶体的生长机理，从而达到改变结构、提高力学性能的目的。这种工艺称为变质处理，已经成为控制铸件结晶组织的一种非常重要的手段。

7.3.2 偏晶合金的凝固

1. 偏晶合金的凝固

图 7.29 为具有偏晶反应 $L_1 \rightarrow \alpha + L_2$ 的相图。具有偏晶成分的合金 C_m 冷却到偏晶反应温度 T_m 以下时，即发生前述偏晶反应。反应的结果是从 L_1 中分解出固相 α 及另一成分的液相 L_2。L_2 在 α 相四周形成并把 α 相包围起来，这就像包晶反应一样，但反应过程取决于 L_2 与 α 相的润湿程度及 L_1 和 L_2 的密度差。如果 L_2 是阻碍 α 相长大的，则 α 相要在 L_1 中重新形核。然后 L_2 再包围 α 相，如此进行，直至反应终了。继续冷却时，在偏晶反应温度和图中所示的共晶温度之间，L_2 将在原有 α 相晶体上继续沉积出 α 相晶体，直到最后剩余的液相 L_2 凝固成 $(\alpha+\beta)$ 共晶。如果 α 与 L_2 不润湿或 L_1 与 L_2 密度差别较大时，会发生分层现象。如 Cu-Pb 合金，偏晶反应产物 L_2 中 Pb 较多，以致 L_2 分布在下层，α 与 L_1 分布在上层。这种合金的特点是容易产生大的偏析。

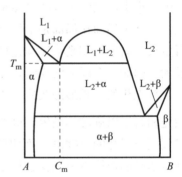

图 7.29 偏晶相图

偏晶相图中，反应产生的固相 α 的量总是大于反应产生液相 L_2 的量，这意味着偏晶中的固相要连成一个整体，而液相 L_2 则是不连续地分布在 α 相基体之中，这样，其最终组织实际上和亚共晶没有什么区别。

2. 偏晶合金的单向凝固

偏晶反应与共晶反应相似，在一定的条件下，当其以稳定态定向凝固时，分解产物呈有规则的几何分布。当其以一定的凝固速度进行时，在底部由于液相温度低于偏晶反应温度 T_m，所以 α 相首先在这里沉淀，而靠近固-液界面的液相，由于溶质的排出而使组元 B 富集，这样就会使 L_2 形核出来。L_2 是在固-液界面上形核还是在原来母液 L_1 中形核，这要取决于界面能 $\sigma_{\alpha L1}$、$\sigma_{\alpha L2}$、σ_{L1L2} 三者之间的关系。偏晶合金的最终显微形貌将要取决于以上 3 个界面能、L_1 与 L_2 的密度差以及固-液界面的推进速度。图 7.30 为液相 L_2 的形核与界面张力的关系。

以下讨论界面张力之间 3 种不同的情况。

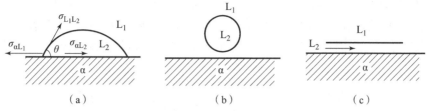

图 7.30　液相 L_2 的形核与界面张力的关系
(a) 部分润湿；(b) 不润湿；(c) 完全润湿

1) $\sigma_{\alpha L1} = \sigma_{\alpha L2} + \sigma_{L1L2}\cos\theta$

如图 7.30（a）所示，随着由下向上单向凝固的进行，α 相和 L_2 并排地长大，α 相生长时将 B 原子排出，L_2 生长时将 B 原子吸收，这就和共晶的结晶情况一样，当达到共晶温度时，L_2 转变为共晶组织，只是共晶组织中的 α 相与偏晶反应产生的 α 相合并在一起。凝固后的最终组织为在 α 相的基底上分布着棒状或纤维状的 β 相。

2) $\sigma_{\alpha L2} > \sigma_{\alpha L1} + \sigma_{L1L2}$

如图 7.30（b）所示，液相 L_2 不能在 α 固相上形核，只能孤立地在液相 L_1 中形核。在这种情况下，L_2 是上浮还是下沉，将由斯托克斯公式来决定。

（1）如果液滴 L_2 上浮速度大于固－液界面的推进速度 R，则它将上浮至液相 L_1 的顶部。在这种情况下，α 相将随温度梯度的推移，沿铸型的垂直方向向上推进，而 L_2 将全部集中到试样的顶端，其结果是试样的下部全部为 α 相，上部全部为 β 相。利用这种办法可以制取 α 相的单晶，其优点是不发生偏析和成分过冷。半导体化合物 HgTe 单晶就是利用这一原理由偏晶系 Hg－Te 制取的。

（2）如果固－液界面的推进速度大于液滴的上升速度，则液滴 L_2 将被 α 相包围，而排出的 B 原子继续供给 L_2，从而使 L_2 在长大方向拉长，使生长进入稳定态，如图 7.31 所示。在低于偏晶反应温度之后的冷却中，从 L_2 液相中将析出一些 α 相，新生的 α 相从圆柱形 L_2 的四周沉积到原有的 α 相上，这样 L_2 会变细。温度继续降低，L_2 将按共晶或包晶反应发生转变。最后的组织将是在 α 相的基体中分布着棒状或纤维状的 β 相晶体。β 相纤维之间的距离正如共晶组织中层片间距一样，取决于长大速度，即 $\lambda \propto R^{-n}$（$n = 0.5$）。

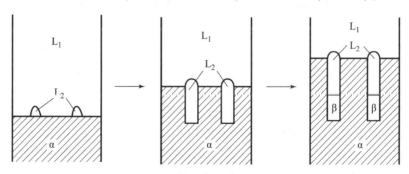

图 7.31　偏晶合金的单向凝固

图 7.32 为 Cu－Pb 偏晶合金单向凝固的显微组织。这种组织和棒状共晶几乎一样，以 Cu－Pb 合金为例，其偏晶反应为 $L_1 \rightarrow Cu + L_2$，Pb 的密度比 Cu 大，所以，L_2 液体是下沉的，由于 Cu 和 L_2 之间完全不润湿，因此，L_2 以液滴形式沉在 Cu 的表面，在界面向前推进

的过程中，L_2 也继续长大，最终组织取决于 Cu 向前推进的速度（即凝固速度）及 L_2 液滴的长大速度。凝固速度比较大时，L_2 液滴没有聚集成大滴就被 Cu 包围，两者并排前进而获得细小的纤维组织；凝固速度比较慢时，则获得比较粗大的液滴，最后形成粗大的棒状组织。

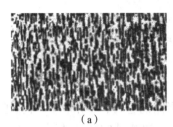 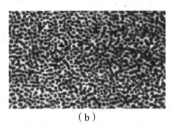

(a) (b)

图 7.32 Cu – Pb 偏晶合金单向凝固显微组织

(a) 纵剖面；(b) 横剖面

3) $\sigma_{\alpha L1} > \sigma_{\alpha L2} + \sigma_{L_1 L_2}$

此时 $\theta = 0°$，α 相和 L_2 完全润湿，如图 7.30（c）所示。这时，在 α 相上完全覆盖一层 L_2，使稳态长大成为不可能，α 相只能断续地在 $L_1 - L_2$ 界面上形成，其最终组织将是 α 相和 β 相的交替分层组织。

7.3.3 包晶合金的凝固

1. 平衡凝固

典型的包晶平衡相图如图 7.33 所示。其特点是：液相中两组元完全互溶，固相中两组元部分互溶或完全不互溶；有一对固、液相线的分配系数小于 1，另一对固、液相线的分配系数大于 1。以图中的 C_0 成分为例，在冷却到 T_1 时析出 α 相，冷却到 T_p（包晶反应温度）时发生包晶反应：$\alpha_P + L_P \rightarrow \beta_P$。在包晶反应过程中，α 相要不断分解，直至完全消失；与此同时，β 相要形核长大。β 相的形核可以 α 相为基底，也可从液相中直接形成。平衡凝固要求溶质组元在两个固相及一个液相中进行充分的扩散，但实际上穿过固、液两相区时冷却速度很快，近平衡凝固是经常出现的。

2. 近平衡凝固

在近平衡凝固时，由于溶质在固相中的扩散不能充分进行，包晶反应之前凝固出来的 α 相内部的成分是不均匀的，即树枝晶的心部溶质浓度低，而树枝晶的边缘溶质浓度高，当温度达到 T_p 时，在 α 相的表面发生包晶反应。

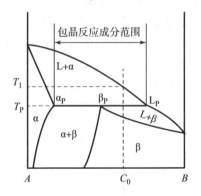

图 7.33 包晶平衡相图

从形核功的角度看，β 相在 α 相表面上非均质地形核要比在液相内部均质形核更为有利。因此，在包晶反应过程中，α 相很快被 β 相包围，此时，液相与 α 相脱离接触，包晶反应只能依靠溶质组元从液相一侧穿过 β 相向 α 相一侧进行扩散才能继续下去，因此其将受到很大抑制。当温度低于 T_p 后，β 相继续从液相中凝固。图 7.34 为近平衡凝固条件下包晶反应的示意图。图 7.35 为 Sn – Cu（$w_{Cu} = 35\%$）合金近平衡凝固后包晶反应的显微组织，图中 ε 相的初晶被 η 相包围（白色），基底为共晶组织。

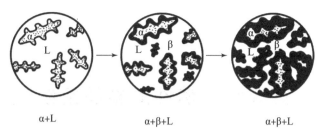

图 7.34 近平衡凝固条件下包晶反应示意

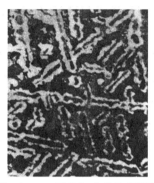

图 7.35 Sn－Cu（w_{Cu}=35%）合金近平衡凝固后显微组织

利用包晶反应促使晶粒细化是非常有效的，如向 Al 合金液中加入少量 Ti，可以形成 $TiAl_3$，当 Ti 的质量分数超过 0.15% 时将发生包晶反应

$$TiAl_3 + L \rightarrow \alpha$$

包晶反应产物 α 为 Al 合金的主体相，它作为一个包层包围着非均质核心 $TiAl_3$，由于包层对于溶质组元扩散的屏障作用，使得包晶反应不易继续进行下去，也就是包晶反应产物 α 相不易继续长大，因而获得细小的 α 晶粒组织。这种利用包晶反应而起到非均质形核的孕育作用之所以特别有效，其原因在于包晶反应提供了无污染的非均质晶核的界面。

第8章 铸件的凝固组织

8.1 铸件凝固组织的形成

铸件的凝固组织，就宏观状态而言，指的是铸态晶粒的形态、大小、取向和分布等情况；铸件微观结构的概念包括晶粒内部的结构形态，如树枝晶、胞状晶等亚结构形态，共晶团内部的两相结构形态，以及这些结构形态的细化程度等。两者表现形式不同，但其形成过程却密切相关，并对铸件的各项性能，特别是力学性能产生强烈的影响。本章重点分析铸件宏观组织的成因以及各种因素的影响，并在此基础上总结出生产中控制铸件凝固组织的有效方法。

8.1.1 铸件宏观凝固组织的特征

液态金属在铸型内凝固时，根据液态金属的成分、铸型性质、浇注和冷却条件的不同，可以得到不同的凝固组织，如图8.1所示。如图8.1（a）所示，通常情况下，铸件典型宏观凝固组织具有3个不同的晶区：表面细晶粒区（激冷区），即紧靠型壁的激冷组织，也称激冷区，由无规则排列的细小等轴晶组成；柱状晶区，由垂直于型壁、沿热流方向彼此平行排列的柱状晶粒组成；内部等轴晶区，由各向同性的等轴晶粒组成，等轴晶的尺寸往往比表面细晶粒区晶粒的尺寸大。

表面细晶粒区比较薄，只有几个晶粒厚，其余两个晶区则比较厚。事实上并不是所有的铸件都具有3个晶区的组织。铸件宏观组织中的晶区数目以及柱状晶区和等轴晶区的相对宽度都随合金性质和具体凝固条件的不同而变化。图8.1（b）为表面细等轴晶和柱状晶构成的凝固组织。在一定的条件下，可以获得完全由柱状晶构成的凝固组织，称之为"穿晶"，如图8.1（c）所示；或完全由等轴晶所组成的宏观凝固组织，如图8.1（d）所示。

对3个晶区形成机理的认识，经历过由浅到深的发展过程。过去人们曾认为，铸件中的每一个晶粒都代表着一个独立的形核过程，而铸件凝固组织的形成则是这些晶核就地生长的结果。然而这种静止的观点并没有反映出铸件凝固的全部真实过程。致使以往对3个晶区形成机理的解释中存在许多难以理解的问题。当人们发现并逐步深刻地认识到晶粒游离在铸件凝固组织形成过程中所起的重大作用以后，对于3个晶区的形成机理才有了基本明确的认识。实际上，铸件凝固过程中，由于各种因素（特别是液态金属流动作用）的影响，除直接借助于独立形核以外，还会通过其他方式在熔体内部形成大量处于游离状态的自由小晶体。其作用相当于无数的"晶核"，而铸件中的等轴晶粒则基本上是由这些"晶核"生长而成的。把脱离凝固时的固－液界面、能够游移于液体内部的晶粒称为游离晶。游离晶的形成过程及其在液流中的漂移和堆积，影响到等轴晶的数量、大小和分布状态，从而决定着铸件

图 8.1 铸件典型宏观凝固组织

(a) 有 3 个晶区的铸件宏观凝固组织；(b) 表面细等轴晶和柱状晶构成的凝固组织；
(c) 仅由柱状晶构成的凝固组织；(d) 仅由等轴晶构成的凝固组织

宏观凝固组织的特征。因此在讨论 3 个晶区的形成机理之前，必须深入研究铸件凝固过程中的晶粒游离问题。

8.1.2 凝固过程中的晶粒游离

1. 液态金属流动的作用

在液态金属成形过程中，存在着多种形式的液态金属流动。其中与晶粒游离过程有关的是液态金属在浇注过程中的流动以及液态金属在凝固期间的对流，后者分为自然对流和强迫对流。自然对流主要指的是热对流，它是由于铸型和液面的散热作用，使其附近液体温度降低、密度变大而下沉，中心部分液体则由于温度较高、密度较小而上浮所形成的一种对流。此外，由于结晶过程中的溶质再分配而引起界面前沿液体成分和密度的变化，以及由于游离晶和液态金属之间的密度差异而引起的运动，也将导致自然对流的产生，但其程度远比前者小。强迫对流一般是由于浇注过程中的注入动量在低黏度系数的液态金属中长时间作用的结果，或是由外加的电磁搅拌或机械搅拌作用所形成。

研究表明，液态金属流动对铸件凝固过程中晶粒游离的作用主要是通过影响其传热和传质过程而实现的。此外，流动本身对凝固层的机械冲刷作用也有一定程度的影响。

在传热方面，液态金属流动的宏观作用在于加速其过热热量的散失，从而使全部液态金属几乎在浇注后的瞬间很快地从浇注温度下降到凝固温度。这样就使得游离晶在液态金属内部漂移过程中得以残存而不致被熔化掉。在微观作用方面，由于液态金属的流动基本上是以紊流的形式出现的，因此伴随着流动的进行，在液态金属内部还会引起强烈的温度波动。科尔（Cole）和文加德（Winegard）以及弗莱明斯等都曾测出了液态金属中的温度波动。他们的研究指出，温度波动的大小与对流的强弱密切相关。当改变工艺条件而使液态金属内部的对流加强时，相应的温度波动也随之加大，这种温度波动对已凝固层晶体的脱落、分枝的熔断以及晶体的增殖等晶粒游离现象具有极大的影响。

在传质方面，液态金属流动的最大作用就在于导致游离晶粒的漂移和堆积，并使各种晶粒游离现象得以不断进行。同时，流动也能改变界面前沿的溶质分布状态，加速流体宏观成分的均化，但也会导致流体内部微观成分的波动。

2. 铸件凝固过程中的晶粒游离

晶粒的游离与增殖，是通过液态合金内部对流、传热和传质来实现的。液相对流促使晶粒脱落、枝晶臂折断而产生大量的小晶体；液相温度变化使枝晶重熔，或直接使液相内部形核，引起晶体增殖；凝固过程中的溶质再分配使枝晶产生缩颈，缩颈处凝固温度降低、重熔，导致游离晶粒的产生。因此，控制铸件内部的对流、传热与传质过程，能够控制晶粒的游离与增殖，从而得到性能优良的铸件。

大量试验证实，在铸件凝固过程中可能存在有下列几种形式的晶粒游离。

1) 游离晶直接来自过冷熔体中的非均质形核

在铸件浇注和凝固过程中，特别是当液态金属内部存在有大量有效形核质点的情况下，由于浇道、型壁及液面等处的激冷作用而使其附近的熔体过冷，并通过非均质形核作用在其内部形成大量处于游离状态的小晶体。当先形成的游离晶随着液流向深处漂移的时候，新过冷的熔体中又会不断地形成新的游离晶。在铸件凝固过程中，只要存在有满足非均质形核条件的过冷熔体和相应的有效形核质点，这种晶粒游离现象总是存在的。

2) 由型壁晶粒脱落、枝晶熔断和增殖所引起的晶粒游离

铸件凝固时，依附型壁形核的合金晶粒在其生长过程中必然要引起界面前方熔体中溶质浓度的重新分布。这样将导致界面前沿液态金属凝固温度的降低从而使其实际过冷度减小。溶质偏析程度越大，实际过冷度就越小，晶粒生长速度就越缓慢。由于晶体根部紧靠型壁，溶质在液体中扩散均化的条件最差，故其偏析程度最为严重，该处生长受到强烈抑制；与此同时，远离根部的其他部位则由于界面前方的溶质易于通过扩散和对流而均匀化，因此面临较大的过冷，其生长速度要快得多。这样的结果是晶体生长过程中将产生根部"缩颈"现象，生成头大根小的晶粒。在流体的机械冲刷和温度反复波动所形成的热冲击的作用下，熔点最低而又最脆弱的缩颈极易断开，晶粒自型壁脱落而导致晶粒游离（图8.2）。大野笃美利用显微镜对 Sn – 10% Bi 合金的凝固过程进行了直接观察和连续摄影，证实了凝固初期通过型壁晶粒脱落而产生的晶粒游离过程。

实际上，缩颈现象不仅存在于型壁晶粒的根部，而且也存在于树枝晶各次分枝的根部。这是因为枝干生长过程中在其侧面形成的溶质偏析层阻碍了侧面的生长，当偶然产生的凸出部分突破此层后，便进入较大的成分过冷区内，长出较粗大的分枝，在分枝根部留下缩颈。如同型壁晶粒游离过程一样，已凝固层上生长着的树枝晶的各次分枝在液流的作用下，其熔点最低且又最脆弱的根部缩颈最易熔断，并被液流卷入液体内部而产生游离。图8.3 (a) 为枝晶分枝缩颈形成示意图，图8.3 (b) 为环乙烷的枝晶，可以看出枝晶分枝和缩颈。

值得注意的是，处于自由状态下的游离晶一般都具有树枝晶结构。当它们在液流中漂移时，要不断经过不同的温度区域和浓度区域，不断受到温度波动和浓度波动的冲击，从而使

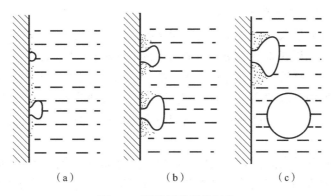

图 8.2　型壁晶粒脱落示意
（a）形核；（b）局部溶解；（c）脱落

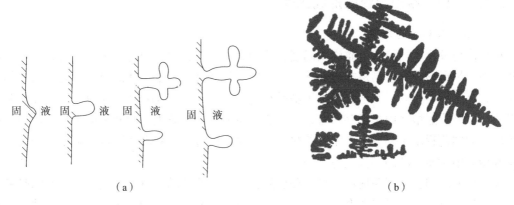

图 8.3　枝晶分枝缩颈
（a）枝晶分枝缩颈形成示意图；（b）环乙烷的枝晶

其表面处于反复局部熔化和反复生长的状态之中。这样，分枝根部缩颈就可能断开而使一个晶粒破碎成几部分，然后在低温下各自生长为新的游离晶（图8.4）。这个过程称为晶粒增殖，也是非常重要的晶粒游离现象。

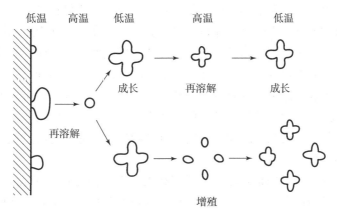

图 8.4　晶粒增殖

3) 液面晶粒沉积所引起的晶粒游离

凝固初期在液面处形成的晶粒或顶部凝固层脱落的分枝由于密度比液体大而下沉也能导致晶粒游离的产生。如果在铸型中安置一个用不锈钢丝制成的隔网，注入铝合金液后，立即把隔网中间的孔盖上，把液面处下落的游离晶挡住，则在所得的宏观组织中，隔网下方基本上是柱状晶和少量的内部等轴晶，而隔网上方则集中了大部分等轴晶，从而证实了这种晶粒游离现象的存在。一般认为，这种晶粒游离现象多发生在大型铸锭的凝固过程中，而在一般铸件凝固过程中是较少发生的。

溶质在枝晶臂根部的富集而导致缩颈的形成，这是晶粒游离的内因。但液流的冲刷则是促使晶体游离不可缺少的外部条件。晶粒游离的方式决定了铸件凝固过程中等轴晶"晶核"的来源。深入研究不同形式的晶粒游离过程，对进一步分析铸件宏观凝固组织的成因和能动地控制组织的形成过程都是十分必要的。

8.1.3 铸件凝固组织的形成机理

1. 表面细晶粒区的形成

根据传统理论，当液态金属浇入温度较低的铸型中时，型壁附近熔体由于受到强烈的激冷作用而大量形核。这些晶核在过冷熔体中迅速生长并互相抑制，从而形成了无方向性的表面细等轴晶组织。所以，常把表面细等轴晶称为"激冷晶"。传统理论认为，表面细晶粒区的形成与型壁附近熔体内是否存在有大量的非均质形核条件有关。因此表面细晶粒区的大小和等轴晶的细化程度主要取决于型壁散热条件所决定的过冷度和凝固区域的宽度，同时也与型壁和熔体中杂质微粒的形核能力有关。

现代研究表明，除了非均质形核过程以外，各种形式的晶粒游离也是形成表面细晶粒区的"晶核"来源。型壁附近熔体内部的大量形核只是表面细晶粒区形成的必要条件，而抑制铸件形成稳定的凝固壳层则为其充分条件。因为稳定的凝固壳层造成了界面处晶粒单向散热的条件，从而促使晶粒逆着热流方向择优生长而形成柱状晶。稳定的凝固壳层形成得越早，表面细晶粒区向柱状晶区转变得也就越快，表面细晶粒区也就越窄；一旦型壁晶粒互相连接而构成稳定的凝固壳层，柱状晶区就直接由凝固层向内发展，表面细晶粒区将不复存在。研究表明，对铸件形成稳定凝固壳层的抑制是通过型壁晶粒游离实现的。

如前所述，导致型壁晶粒游离的内因是晶粒根部由于溶质偏析形成的低熔点缩颈，而其外因则为液态金属的流动。大野笃美通过大量试验证实，在不存在溶质偏析的纯金属铸件中或在无对流的结晶条件下，即使借助于激冷也无法形成表面细晶粒区。相反，为了通过型壁晶粒游离抑制稳定凝固壳层的产生以确保表面细晶粒区的形成，凝固过程中必然存在有不同程度的溶质偏析现象和液态金属的对流。当然这也为其他形式的晶粒游离创造了条件。大量试验证实，表面细晶粒区中的等轴晶粒不仅直接来源于过冷熔体中的非均质形核，而且也还来自包括型壁晶粒脱落、枝晶熔断和晶粒增殖等各种形式的晶粒游离过程。至于何者更为重要，当视具体凝固条件而定。

表面细等轴晶的形成机理是：非均质形核和大量游离晶粒提供了表面细晶粒区的晶核，型壁附近产生较大过冷而大量形核，这些晶核迅速长大并且互相接触，从而形成无方向性的表面细晶粒区。

获得表面细晶粒区的条件是抑制铸型表面形成稳定的凝固壳层，一旦形成稳定的凝固壳层,则形成了有利于单向散热的条件,促使等轴晶向择优生长的柱状晶转变。铸型激冷能力的影响具有双重性:一方面可以增加型壁附近熔体的非均质形核能力,促使表面形成细小等轴晶;另一方面使靠近型壁的晶粒数量大幅增加,这些晶粒长大很快,连接而形成稳定的凝固壳层,阻止表面细晶粒区的扩大。

因此,如果在凝固开始阶段不存在强的型壁晶粒游离条件(如高的溶质含量和强烈的液态金属流动等),那么,过强的型壁激冷能力反而不利于表面细晶粒区的形成。大野笃美将 750 ℃ 的 Al – 0.1% Ti 合金浇注到用冰水激冷的不锈钢杯子中,其铸件组织由外部的柱状晶区和内部的等轴晶区组成,从而证实了上述结论。

2. 柱状晶区的形成

柱状晶区的形成开始于稳定凝固壳层的产生,而结束于内部等轴晶区的形成。因此柱状晶区的宽窄程度及存在与否取决于上述两个因素综合作用的结果。在一般情况下,柱状晶区是由表面细晶粒区发展而成的,但也可能直接从型壁处长出甚至在内部等轴晶处形成。稳定的凝固壳层一旦形成,处在凝固界面前沿的晶粒在垂直于型壁的单向热流的作用下,便转而以枝晶状单向延伸生长。各枝晶主干方向互不相同,那些主干与热流方向相平行的枝晶,较之取向不利的相邻枝晶生长得更为迅速,它们优先向内伸展并抑制相邻枝晶的生长,并在逐渐淘汰掉取向不利的晶体过程中发展成柱状晶组织,如图 8.5 所示。这个互相竞争淘汰的晶体生长过程称为晶体的择优生长。由于择优生长,在柱状晶向前发展的过程中,离开型壁的距离越远,取向不利的晶体被淘汰得就越多,柱状晶的方向就越集中,同时晶粒的平均尺寸也就越大。纯金属的凝固前沿基本上呈平面生长,故其择优生长并不明显。在纯金属的凝固过程中,假设有根部缩颈现象的晶粒沿着过冷度最大的型壁方向迅速生长而形成稳定的凝固壳,然后凝固前沿以平面生长的方式逆着热流方向向内伸展而成为柱状晶组织。当金属中逐渐掺入溶质元素后,柱状晶区的亚组织能呈现出从平面生长、胞状生长直到枝晶生长等各个阶段的结构形态。此外,当液态金属中有少

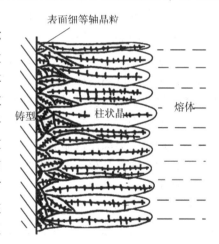

图 8.5 柱状晶择优生长示意

数游离晶偶尔被界面前沿"捕获"时,则柱状晶区中将有一些孤立的等轴晶存在。

控制柱状晶区继续发展的关键因素是内部等轴晶区的出现。如果界面前方始终不利于等轴晶的形成与生长,则柱状晶区可以一直延伸到铸件中心,直到与对面型壁长出的柱状晶相遇为止,从而形成穿晶组织。如果界面前方有利于等轴晶的产生与发展,则会阻止柱状晶区的进一步扩展而在内部形成等轴晶。

3. 内部等轴晶区的形成

从本质上说,内部等轴晶区的形成是熔体内部晶核自由生长的结果。但是,关于等轴晶晶核的来源以及这些晶核如何发展并最终形成等轴晶区的具体过程,至今仍是人们争论不休而尚未彻底解决的课题。现将有关问题分述如下。

1) 等轴晶晶核的来源

关于等轴晶晶核的来源,存在着多种理论,现讨论如下。

（1）过冷熔体非自发形核理论。随着柱状晶层向内的推移和溶质再分配，在固－液界面前沿产生成分过冷，当成分过冷的过冷度大于非自发形核所需的过冷度时，则产生晶核并长大，导致内部等轴晶的形成。

随着凝固层向内推移，固相散热能力逐渐削弱，液相中的溶质原子越来越富集，从而使界面前方成分过冷逐渐增大。当成分过冷大到足以发生非均质形核时，便导致内部等轴晶的形成。基于下述原因，一般认为该过程发生的可能性不大：第一，凝固时的热分析结果往往与以上的分析不相符合；第二，很难理解非均质形核所需要的微小过冷度为什么会直到柱状晶区已充分长大以后才能形成；第三，该理论无法解释大量有关内部等轴晶形成的试验现象。例如，将一定温度的 Al－2%Cu 合金浇入石墨铸型中，得到了由 3 个晶区组成的铸锭，但如果将该合金以相同的温度浇入中部置有一根很薄的不锈钢管的相同石墨铸型中，尽管管内外具有与前一个试验相同的温度分布规律，但得到的组织却是：管外由 3 个晶区所组成，而管内则全部为柱状晶。类似的试验结果使人怀疑直接形核理论的可靠性。但是向单向结晶的液态金属中加入形核剂而引起等轴晶形成的事实又似乎说明：当存在有大量有效形核质点的情况下，成分过冷所导致的非均质形核过程仍然可能是内部等轴晶晶核的有效来源之一。

（2）型壁晶核脱落和枝晶熔断理论。依附于型壁上的晶粒在生长过程中，由于平衡界面上溶质的再分配，对于 $k_0<1$ 的合金，将造成界面前沿液相中的浓度不断提高，而凝固温度随之下降，即实际过冷度减小，生长速度受到抑制。

由于晶体的根部紧靠型壁，它与晶体根部以外的其他部位比较，溶质扩散更为困难，生长受到抑制。所以晶体在生长过程中将在根部形成缩颈，晶体呈头大根小的姿态。晶体在受到熔体对流冲刷和温度反复波动的情况下从缩颈处断开，从而使晶体脱落而导致游离。

杰克逊等提出，生长着的柱状枝晶在凝固界面前方的熔断、游离和增殖导致了内部等轴晶晶核的形成。奥氏体枝晶前端在单向结晶条件下的熔断和游离就是一个很好的例证。而索辛等则认为，液面晶粒下雨似的沉积在柱状晶区前方的液体中则是铸锭凝固时内部等轴晶晶核的主要来源。

（3）激冷形成的晶核卷入理论。根据这一理论，无论是表面的细等轴晶，还是内部等轴晶，其晶核均来源于浇注期间和凝固初期的激冷晶体的游离，如图 8.6 所示。这些游离晶体一部分留在型壁附近形成表面细晶粒区，另一部分则随着液流漂移到铸件心部，通过增殖、长大形成内部等轴晶。

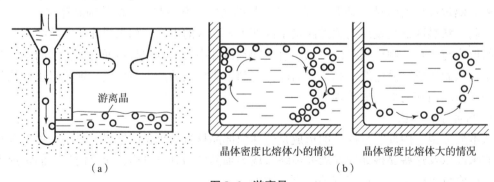

图 8.6　游离晶

(a) 铸件浇注期间形成的游离晶；(b) 凝固初期形成的激冷晶体游离

(4)"结晶雨"游离理论。铸件的凝固往往先从液面或液面与型壁接触的边缘开始。从顶部脱落的晶体因密度大而下沉,以"结晶雨"的方式进入熔体内部而成为独立的游离晶。这种情况在大型铸锭的结晶过程中普遍存在,而在一般铸件凝固过程中较少发生。

2)等轴晶区的形成过程

在承认存在有等轴晶晶核的前提下,对于这些晶核到底是通过什么途径形成内部等轴晶区这一具体问题,学界也存在着不同的看法。

(1)索辛等认为,内部等轴晶区的形成不仅要求界面前方存在等轴晶的晶核,而且还要求这些晶核长到一定的大小,并形成网络以阻止柱状晶区的生长。这样,内部等轴晶区才能形成。

(2)弗兰爵克逊则认为,内部等轴晶区的产生并不要求游离晶形成网络阻止柱状晶区的生长,而是由一部分游离晶的沉淀和一部分游离晶被侧面生长着的柱状前沿捕获后而形成的。

(3)我国有些学者认为,内部等轴晶区的形成是由于凝固界面的生长速率 R 与游离晶垂直于界面的运动速率 v 之间互相作用的结果。当两者之差远大于界面捕获游离晶所必需的临界速率 $v_{临}$(即 $R-v \gg v_{临}$)时,即可形成内部等轴晶区。

无论是关于等轴晶晶核的来源问题,还是内部等轴晶区形成的具体过程问题,上述理论与看法均有自己的实验根据,然而也受到各自实验条件的限制。虽然有关细节问题尚需进一步探讨,但是轻率地否定任何一种说法都是不可取的。目前比较统一的看法是,中心等轴晶区的形成很可能有多种途径。在一种情况下,可能是一种机理起主导作用,在另一种情况下,则可能是另一种机理起主导作用,或者是几种机理综合作用,而各自作用的大小当由具体的凝固条件所决定。

8.1.4 影响铸件宏观凝固组织形成的因素

综上所述,铸件中3个晶区的形成是相互联系、彼此制约的。稳定凝固壳层的产生决定着表面细晶粒区向柱状晶区的过渡,而阻止柱状晶区进一步发展的关键是内部等轴晶区的形成。因此,从本质上说,晶区的形成和转变是过冷熔体独立形核的能力和各种形式晶粒游离、漂移与沉积的程度这两个基本条件综合作用的结果。铸件中各晶区的相对大小和晶粒的粗细是由这个结果所决定的。凡能强化熔体独立形核,促进晶粒游离及有助于游离晶的残存与堆积的各种因素都将抑制柱状晶区的形成和发展,从而扩大内部等轴晶区的范围,并细化等轴晶组织。这些因素包括以下几个方面。

1. 金属性质

(1)强形核剂在过冷熔体中的存在。

(2)宽结晶温度范围的合金和小的温度梯度 G_L。这既能保证熔体有较宽的形核区域,也能促使较长的脆弱枝晶的形成。

(3)合金中溶质元素含量较高、平衡分配系数 k_0 值偏离1较远。因此凝固过程中树枝晶比较发达,缩颈现象也就比较严重。

(4)熔体在凝固过程中存在着长时间的、激烈的对流。

2. 浇注条件

(1)低的浇注温度。这时熔体的过热度较小,当它与浇道内壁接触时就能产生大量的游离晶。此外，低过热度的熔体也有助于已形成的游离晶的残存，这对等轴晶的形成和细化有利。

（2）合适的浇注工艺。凡能强化液流对型壁冲刷作用的浇注工艺均能扩大并细化等轴晶区（图8.7～图8.9）。大野笃美根据型壁晶体脱落对形核过程的影响，进行了一系列试验，证明利用液流对型壁的冲刷作用可以获得细小的等轴晶。

图8.7为Al-0.2%Cu合金在铸锭中心上注时所得的宏观凝固组织。由于液流没有直接冲刷型壁，只有下部出现一些细等轴晶。当液流贴型壁注入时，等轴晶区大为增加，如图8.8所示。当液流从六孔贴型壁注入时，铸锭断面上全部是细小等轴晶，如图8.9所示。可见，液流对型壁的冲刷作用对等轴晶的形成有较大影响。

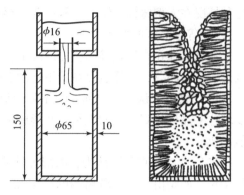

图8.7 中心上注法Al-0.2%Cu合金的宏观组织（石墨型）

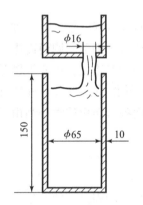 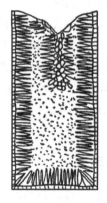 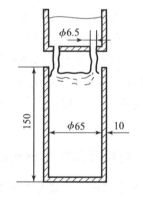 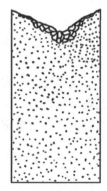

图8.8 靠近型壁上注法Al-0.2%Cu 合金的宏观组织（石墨型）

图8.9 通过六孔靠近型壁上注法 Al-0.2%Cu合金的宏观组织（石墨型）

3. 铸型性质和铸件结构

这方面的因素均与散热情况有关，但其影响却是十分复杂的。包括造型材料的热物理性质、铸型预热的温度、铸型的激冷方法等。

对于薄壁铸件而言，激冷可以使整个断面同时产生较大的过冷。铸型蓄热系数越大，整个熔体的形核能力越强。因此这时采用金属型铸造比采用砂型铸造更易获得细等轴晶的断面组织。

对于型壁较厚或导热性较差的铸件而言，铸型的激冷作用只产生于铸件的表面层。在这种情况下，等轴晶区的形成主要依靠各种形式的晶粒游离。这时，铸型冷却能力的影响是矛盾的。一方面，低蓄热系数的铸型能延缓稳定凝固壳层的形成，有助于凝固初期激冷晶的游离，同时也使内部温度梯度G_L变小，凝固区域加宽，从而对增加等轴晶有利；另一方面，它减慢了熔体过热热量的散失，不利于已游离晶粒的残存，从而减少了等轴晶的数量。通常，前者是矛盾的主导因素。因而在一般生产中，除薄壁铸件外，采用金属型铸造比砂型铸造更易获得柱状晶，特别对于高温下浇注更是如此。但砂型铸造所形成的等轴晶粒比较粗大。如果促使非均质形核与晶粒游离的其他因素，如强形核剂的存在、低的浇注温度、严重的晶粒缩颈以及强烈的熔体对流和搅拌等足以抵消其不利影响，则无论是金属型铸造还是砂型铸造，皆可获得细的等轴晶粒。当然，在相同的情况下，金属型铸造获得的等轴晶粒更为细小。

8.2 铸件凝固组织的控制

8.2.1 铸件凝固组织对铸件性能的影响

铸件的质量和性能与其凝固组织密切相关。就宏观组织而言，表面细晶粒区一般比较薄，对铸件质量和性能影响不大。铸件的质量与性能主要取决于柱状晶区与等轴晶区的比例以及晶粒的大小。

1. 柱状晶组织对铸件性能的影响

柱状晶的凝固区域较窄小，在生长过程中容易从它的前方熔体中获得液态金属的补缩。同时，其横向生长受到相邻晶体的阻碍而使横向分枝不能充分发展，分枝较细。因此，柱状晶组织致密，不容易形成疏松和晶间夹杂等宏观缺陷。但柱状晶的各项性能存在着明显的各向异性，即其纵向性能与横向性能有着明显的差别。此外，柱状晶的生长方向是与热通量平行的。因而在铸件的转角处或中心，从不同方向生长的柱状晶彼此相遇时形成的交界面，易于聚集气体和夹杂物，对铸件的性能有很大损害。

2. 等轴晶组织对铸件性能的影响

等轴晶是在成分过冷区和凝固区域较大的范围内生长而成的，它的分枝比较发达。等轴晶的晶界面积与其体积之比大于柱状晶的晶界面积与体积之比。因此，等轴晶晶界夹杂等缺陷比较分散。且等轴晶各晶粒取向具有宏观的各向同性，故其性能比较均匀和稳定。等轴晶的缺点是枝晶分枝比较发达，显微疏松较多，组织不够致密。这些缺点通常经晶粒细化加以克服。

但对于热强合金，其高温持久强度却随着晶粒细化而降低，这是因为晶界在高温下急剧破坏的缘故。此外，晶粒大小不均匀，或在一种组织中夹杂着另一种形态的晶体（例如在等轴晶组织中夹杂柱状晶），则都将对铸件的性能起损害作用。

基于上述原因，在生产中对一些本身塑性较好的有色金属及其合金和奥氏体不锈钢铸件，为使其致密度增加，往往在控制易熔杂质和进行除气处理的前提下，希望得到较多的柱状晶。对一般钢铁材料和塑性较差的有色金属及其合金铸件，特别是一般的异形件，为避免柱状晶区不利作用的危害，则希望获得较多的甚至是全部的细小等轴晶组织。对于高温下工作的零件，晶界降低其蠕变抗力，特别是垂直于拉应力方向的横向晶界是工件的最薄弱环节。通过单向结晶可以获得没有横向晶界、全部由平行于拉应力方向的柱状晶所构成的零件，使其性能和寿命大幅度地提高。除宏观状态外，凝固组织的微观结构对铸件的质量和性能也有强烈的影响。在其他条件相同时，平面生长柱状晶的质量和性能优于胞状结构的柱状晶，更胜过树枝状结构的柱状晶组织，而没有树枝状结构的球状晶组织的质量与性能则比树枝状结构的等轴晶组织更强；树枝晶的枝晶间距（特别是二次枝晶间距）越小，铸件的夹杂和缺陷越分散，致密性就越好，力学性能也就越高。共晶合金之类的多相合金，其铸件的质量与性能则更多地与其组成相间的结构和分布状态有关。因此，在合理控制宏观组织的前提下，进一步改进铸件组织的微观结构，将更有利于其质量和性能的提高。

控制铸件的宏观组织就是要控制铸件中柱状晶区和等轴晶区的相对比例。表 8.1 列出了铸件的宏观组织中获得全部等轴晶和全部柱状晶的条件。

表 8.1 铸件的宏观组织中获得全部等轴晶和全部柱状晶的条件

获得全部等轴晶的条件	获得全部柱状晶的条件
型壁冷速不能太大，因为形成稳定的凝固壳层不利于晶体游离（薄壁件除外）	激冷铸型形成稳定的凝固壳层，防止晶体游离
加偏析系数 $|1-k_0|$ 大的溶质元素产生缩颈，有利于熔断或折断	提高液态金属的纯度，减小成分过冷、缩颈和形核能力
加强液态金属的流动，促使晶体游离	减小液态金属的流动
低温浇注，使游离晶体不重熔	提高浇注温度，使游离晶体重熔

8.2.2 等轴晶组织的获得和细化

一般希望铸件获得全部细等轴晶组织。通过强化非均质生核和促进晶体游离以抑制凝固过程中柱状晶区的形成和发展，就能获得等轴晶组织。非均质晶核数目越多，晶粒游离作用越强，熔体内部就有利于游离晶的残存，则形成的等轴晶组织就越细。获得细等轴晶的主要措施如图 8.10 所示。

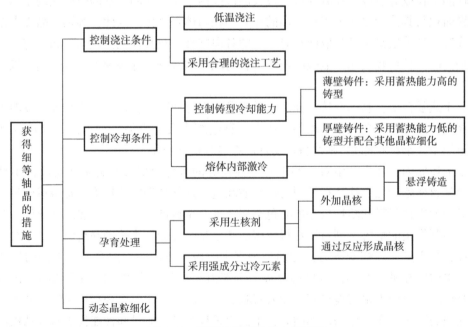

图 8.10 获得细等轴晶的主要措施

1. 控制浇注条件

1）采用较低的浇注温度

大量试验及生产实践表明，降低浇注温度是减少柱状晶、获得细等轴晶的有效措施之一，尤其对于高锰钢等导热性较差的合金而言，其效果更为显著。较低的浇注温度一方面有利于从型壁上脱落的晶粒、枝晶熔断产生的晶粒以及自由表面产生的晶粒雨更多地残存下来，减少被重新熔化的数量；另一方面，由于熔体的过热度小，易于产生较多的游离晶。这两个方面因素对等轴晶的形成和细化有利。但是浇注温度不能过低，过低的浇注温度将降低液态金属的流动性，导致浇不足和夹杂等缺陷的产生，特别是对复杂的异形铸件其危害性更大。因此降低浇注温度是有一定的限度的。

2）采用合适的浇注工艺

等轴晶的晶核来源于浇注期间和凝固初期的激冷晶体的游离，而游离晶的产生与液态金属的流动密切相关。因此，凡是能够增加液流对型壁的冲刷和促进液态金属内部产生对流的浇注工艺均能扩大并细化等轴晶区。强化液流对型壁冲刷作用的浇注工艺虽然能有效地促进细等轴晶的形成，但必须注意不要因此引起大量气体和夹杂的卷入，而导致铸件产生相应的缺陷。

2. 合理控制冷却条件

控制冷却条件的目的是形成宽的凝固区域和获得大的过冷从而促进熔体形核和晶粒游离。小的温度梯度和高的冷却速度可以满足上述要求。但就铸型的冷却能力而言，除薄壁铸件外，这两个目的不可兼得。由于高的散热速度不仅使凝固过程中温度梯度变大，而且在凝固开始时还促使稳定凝固壳层的过早形成。因此对厚壁铸件，一般总是采用冷却能力小的铸型以确保等轴晶的形成，再辅以其他晶粒细化措施以得到满意的效果。如果是采用冷却能力大的金属型则需配合更强有力的晶粒游离措施才能得到预期效果。

在合理控制冷却条件方面，一个比较理想的方案是既不使铸型有较大的冷却作用以便降低温度梯度的数值，又要使熔体能够快速冷却。悬浮铸造法能满足这一要求。悬浮铸造法就是在浇注过程中向液态金属中加入一定数量的金属粉末，这些金属粉末像极多的小冷铁一样均匀地分布于液态金属中，起着显微激冷作用，加速液态金属的冷却，促进等轴晶的形成和细化。它与通常的孕育处理的最大区别就在于金属粉末的加入量较大，一般为 2%～4%，约为通常孕育剂用量的 10 倍。但由于金属粉末的选择也需要遵循界面共格对应原则，而在液态金属凝固过程中，即将熔化掉的粉末微粒也起着非均质核心的作用，所以也可以把悬浮铸造法看成是一种特殊的孕育处理方法。

3. 孕育处理

孕育处理是向液态金属中添加少量物质以达到细化晶粒、改善组织之目的的一种方法。目前这种方法的技术术语不很统一。如在铸铁中一律称孕育，在有色合金中常称变质，在钢中则两种混用。从本质上说，孕育主要通过影响形核过程和促进晶粒游离以细化晶粒，而变质则是改变晶体的生长机理，从而影响晶体形貌。虽然它们之问存在着密切的联系和影响，然而作用各不相同。变质在改变共晶合金的非金属相的结晶形貌上有着重要的应用，而在等轴晶组织的获得和细化中采用的则是孕育方法。

1）合理选用孕育剂

加入形核剂的目的是强化非均质形核，一些金属或合金常用的形核剂如表 8.2 所示。根据形核质点的作用过程，形核剂主要有以下几类。

（1）直接作为外加晶核的形核剂。这种形核剂通常是与欲细化相具有界面共格对应的高熔点物质或同类金属、非金属碎粒。它们与欲细化相间具有较小的界面能，润湿角小，在液态金属中可直接作为有效衬底促进非自发形核。前述的悬浮铸造也可归入此类。已经证明，在高锰钢中加入锰铁、在高铬钢中加入铬铁都可以直接作为欲细化相的非均质晶核而细化晶粒并消除柱状晶组织。

表8.2 一些金属或合金常用的形核剂

金属或合金	形核剂	注释
Mg、Mg-Zr合金	Zr合金或Zr的盐类	Zr或富Zr的Mg包晶晶核
Mg-Al	C	Al_4C_3 或 $AlNAl_4C_3$
Mg-Al-Mn	$FeCl_3$	Fe-Al-Mn 或 Al_4C_3 晶核
Mg-Zn	$FeCl_3$ 或 Zn-Fe	铁的化合物晶核
铝合金	Al-Ti 或 Ti 的卤化物	TiC晶核或 $TiAl_3$ 包晶体
铝合金	Ti+B的卤化物或Al-Ti-B	TiB_2 晶核
铝合金	Al-B 或 B 的卤化物	AlB_2 晶核
铝合金	Nb	
铜合金	Fe 或 Fe 的合金	富铁包晶晶核
青铜	FeB或过渡族的氮化物或硼化物	
$Cu-Al_2Cu$ 共晶	Ti	使初生铝为晶核
Cu-7%Al	Mo、Nb、W、V	
Cu-9%Al	Bi	
低合金钢	Ti	
低合金钢	过渡族元素和碳化物	
硅钢	TiB_2	析出TiN或TiC
低合金钢	铁粉	显微激冷质点
奥氏体钢	$CaCN_2$、氮化铬和其他金属粉末	增N引起形核
铝合金	S	
铝合金	Se、Te	
Al-Si过共晶合金	Cu-P、P	细化初生硅
Fe-C（石墨）	C	通过石墨晶核细化共晶
Fe-C（石墨）-Si	C	通过石墨晶核细化共晶
灰铸铁	含铝、碱土金属或稀土的Si合金	通过析出碳化物或石墨晶核细化共晶

（2）通过与液态金属的相互作用而产生非均质晶核的形核剂，这类形核剂又分为以下几种。

①形核剂中的元素能与液态金属中的某些元素形成较高熔点的稳定的化合物。此类化合物与欲细化相间具有界面共格对应关系和较小的界面能而能促进非均质形核。如钢中加入含

V、Ti 的形核剂就是通过形成含 V 或 Ti 的碳化物和氮化物，促进非均质形核来达到增加及细化等轴晶的目的。在这种情况下，构成包晶反应的形核剂具有特别大的优越性，先析出相弥散分布在液相中，当 α 相结晶时则可作为 α 相的晶核，因此有很好的孕育效果。锆在镁中的作用就是一个显著的例子。

②通过在液相中造成很大的微区富集而迫使结晶相提前弥散析出的形核剂。如硅加入铁水中，瞬间就形成了很多富硅区，造成局部过共晶成分迫使石墨提前析出。而硅的脱氧产物 SiO_2 及硅中的某些微量元素形成的化合物可作为石墨析出的有效衬底而促进非均质形核。

（3）含强成分过冷元素的形核剂。强成分过冷元素即偏析系数 $|1-k_0|$ 大的溶质元素，其作为形核剂的作用主要是通过在生长的固－液界面前沿富集使晶粒根部或枝晶分枝根部产生细弱的缩颈，易于通过液态金属的流动与冲击而产生晶粒的游离。这类生核剂产生的强成分过冷也能强化界面前沿熔体内部的非均质形核。

强成分过冷元素的界面富集对晶体生长具有抑制作用，降低晶体生长速度，也使晶粒细化。因此，强成分过冷形核剂通过增加形核率和晶粒数量，降低晶体生长速度而使组织细化。偏析系数越大，晶体和枝晶根部越易形成缩颈，越有利于熔断或折断，形成游离晶粒；非均质形核作用强，抑制晶体生长的作用就越大，最终对组织细化的效果就越好。

大野笃美认为，等轴晶只是在凝固的开始阶段形成，之后则游离沉积。晶粒细化剂的作用在于使枝晶产生更细的缩颈，其必然导致结晶更易于游离。晶粒细化剂之所以使枝晶缩颈更细，主要在凝固过程中，由于溶质的偏析，使固－液界面前沿液体的过冷度减少，从而使晶体的长大受到抑制。

对于溶质分配系数 $k_0<1$ 的合金来说，k_0 愈小，凝固时溶质偏析愈大，溶质对晶粒细化作用愈大；对于 $k_0>1$ 的合金来说，k_0 愈大，凝固时溶质偏析愈大，溶质对晶粒的细化作用亦愈大。

可以用 $|1-k_0|$（偏析系数）来衡量溶质元素对晶粒细化作用的大小。凡偏析系数大的元素，在凝固时引起的偏析就愈大，它们对晶粒的细化作用也愈大。钢中各元素的偏析系数如表 8.3 所示。

表 8.3 钢中各元素的偏析系数

元素	$\|1-k_0\|$	元素	$\|1-k_0\|$
S	0.95~0.98	Pd	0.45
O	0.90.98	Si	0.34~0.15
B	0.95	Ni	0.20~0.26
C	0.71~0.87	Rh	0.22
P	0.50~0.87	Mn	0.15~0.20
Ti	0.50~0.86	Co	0.10
N	0.65~0.72	V	0.10
H	0.68	Al	0.08
Ta	0.57	Cu	0.33~0.05
Ca	0.44	W	0.05

从表 8.3 可知，S 在钢中的偏析系数最大，因此，大野笃美认为，在含 S 的钢中易生成等轴晶，但当加入 Mn 后，由于产生了 MnS，将 S 固定起来，从而使钢中得到粗大的柱状晶。偏析系数大的元素促进了枝晶的游离，这是在枝晶形成过程中发生的，它和形核的热力学条件无关。而在形核的热力学条件中，表面能起着重要的作用。

总之，等轴晶主要是由凝固开始阶段产生的激冷自由晶游离而成，但其晶核的形成主要靠形核剂的非自发形核，而偏析系数大的元素对自由晶的游离起促进作用。复合孕育剂比单一的形核剂有更好的效果，原因是其同时具有上述两种作用。

2) 合理确定孕育工艺

需要特别指出的是，大多数孕育剂（形核剂）的有效性与其在液态金属中的存在时间有关。试验表明，几乎所有的孕育剂都有时间效应的问题，即在处理后存在孕育衰退现象。因此孕育效果不仅取决于孕育剂的本身，而且也与孕育处理工艺密切相关。一般来说，处理温度越高，孕育衰退越快。因此在保证孕育剂均匀溶解的前提下，应尽量降低处理温度。孕育剂的粒度也要根据处理温度和具体的处理方法来选择。为了使孕育衰退的副作用降低到最小限度，人们发展了一系列后期（瞬时）孕育方法。其中包括各种形式的液流孕育法和型内孕育法，前者是借助于一定的方法使孕育剂在浇注期间随着液流一起均匀地进入铸型；后者则可通过在浇注系统内撒孕育剂粉末或安放孕育块来实现。此外在某些场合下，将含有特定孕育剂的涂料直接涂覆在型腔或砂芯的表面，可使铸件表层晶粒局部细化，从而减轻铸件的热裂倾向并提高其抗疲劳性能。例如，可用 Fe_3O_4（40%）或 TiC（20%）掺入涂料中以细化高合金钢铸件的表面晶粒。对于 Zn、Al、Mg、Pb、Cu、Sn 和 ZG1Cr18Ni9Ti 等材料可在砂型、陶瓷型、金属型中用涂料细化表面晶粒。

4. 动态晶粒细化

大量试验证实，在铸件凝固过程中，采用振动（机械振动、电磁振动、音频或超声波振动）、搅拌（机械、电磁搅拌或利用气泡搅拌）或旋转等各种方法，均能有效地缩小或消除柱状晶区，细化等轴晶组织。这些方法都涉及某种程度的物理扰动，区别仅在于产生扰动的方法不同，此过程统称为动态晶粒细化。其作用机理可能有动力形核的影响，但大多数研究者认为，已凝固晶体在外界机械冲击特别是由此而引起的内部流体激烈运动的冲击下所发生的脱落、破碎、熔断和增殖等晶粒游离过程是更重要的原因。动态晶粒细化的方法很多，仅举如下数例说明。

1) 振动

利用振动方法细化晶粒并改善铸件质量，国内外都有大量报道。除了可以采取不同的振动源外，还存在着各种不同的振动方法。例如可以直接振动铸型，也可以在浇注过程中振动浇注槽或浇口杯。对于小钢锭或形状简单的铸件，还可将振动器直接插入液态金属中进行振动。研究表明，振动频率对晶粒细化一般没有明显的作用，但振幅大小的影响却很大。此外，为了抑制稳定凝固壳层的形成以阻止柱状晶区的产生，最佳的振动开始时间应在凝固初期。对铸型振动或内部金属直接振动而言，如使振动保持在整个凝固过程中，先游离的晶粒即使熔化，新游离的晶粒仍在不断产生，故其细化效果受浇注温度的影响较小。对浇注装置的振动，只有当浇注槽或浇口杯四壁形成薄的凝固层从而能源源不断地产生游离晶粒时，才能得到满意的效果。在这种情况下，必须认真考虑浇注温度的影响。过高的浇注温度不仅不利于浇口杯中游离晶的形成，即使形成了游离晶，其也可能在铸型中被重熔，致使振动不起作用。因此，在实践中应当根据不同的振动方法通过试验合理地选用振动频率、振幅、浇注温度和相应的浇注工艺。

研究表明，除了消除柱状晶和细化等轴晶的效果外，振动还有利于加强补缩、减少偏析和排除气体与夹杂，从而使金属性能提高。表 8.4 列举了某些合金经振动结晶后的力学性能。

表 8.4 某些合金经振动结晶后的力学性能

合金	振动频率/Hz	抗拉强度/MPa	伸长率/%
ZL301	0	95	1.55
	3	103	1.75
ZL105	0	116	1.3
	3	139	2.9
铸铁（碳当量为5.75%）	0	379	2.1
	50	453	2.8
ZG45	0	584	15.2
	220	710	18.8

2）搅拌

大野笃美指出，在凝固初期，给凝固壳尚处于不稳定的部位（即型壁附近的液面）以强烈的机械搅拌，可以获得良好的细等轴晶组织。但除了连续铸造过程和铸锭以外，这种机搅拌方法很难应用于一般异形铸件的凝固过程中。相比之下，电磁搅拌则是一种适用面较广的方法。

把铸型置入类似电动机定子的旋转磁场中，铸型中的液态金属由于不断切割磁力线，将像转子一样地旋转。由于铸型是不动的，凝固层与铸型一起也不参加旋转，因此旋转的液态金属不断冲刷型壁和随后的凝固层，起着一种强烈的搅拌作用，并且可以保持在整个凝固过程中，因此具有良好的动态晶粒细化效果。从理论上说，电磁搅拌可以施加于凝固过程的任何阶段，从而使铸件的不同部分获得不同的凝固组织。

3）旋转振荡

当铸型恒速旋转时，浇入铸型的液态金属在铸型的带动下不断加速，最后以与铸型相近的速度转动。由于液体与铸型间的相对运动和液体内部的对流已被大幅抑制，故凝固时反而易形成柱状晶。但如果周期性地改变铸型的旋转方向和旋转速度，以强化液体与铸型及已凝固层之间的相对运动，则可利用液态金属的惯性力冲刷凝固界面而获得细等轴晶组织，这就是旋转振荡凝固技术。它已成功地应用于燃气轮机涡轮的整体铸造中。涡轮四周布满细薄的叶片，中部则为较厚的轮盘。如用普通方法铸造，则薄的叶片部位易形成细等轴晶，不能满足耐热性要求，而厚的轮盘本体则易形成粗大的柱状晶加等轴晶（甚至还有疏松），又不能满足强度和塑性的要求。如果采用旋转振荡技术，先将合金浇入恒速旋转的铸型中，使叶片生长成平行排列的柱状晶，然后使铸型反转 3~4 转再正转 3~4 转，如此反复进行直到凝固结束，盘体在正反振荡作用下获得了细密的等轴晶组织，从而使整铸涡轮得到了适合其工作条件的理想性能。

必须指出，各种动态晶粒细化措施对于单相合金及固溶体型初生相的良好效果已为实践所证实。但对共晶型合金来说，情况比较复杂。

8.2.3 等轴晶枝晶间距的控制

对等轴枝晶来说，每个枝晶的一次分枝彼此相交而沿径向辐射，不同枝晶间没有任何确定的位向关系，故其一次枝晶间距意义不大。一般用另一个重要参数——晶粒大小来衡量其作用。

大量研究发现，等轴晶二次枝晶间距对力学性能的影响比晶粒大小更为明显。有人甚至认为，在保证获得无疏松的致密铸件的前提下，可以通过测量二次枝晶间距来预测铸件的力学性能。二次枝晶间距的大小与晶体的结构形态无关，当然也与等轴晶晶粒大小没有必然的联系，即细的等轴晶粒并不一定意味着会具有小的二次枝晶间距。研究表明，促使二次枝晶间距细化的部分因素包含在为获得细等轴晶粒组织而采取的某些措施之中。这些措施具有双重效益，包括：薄壁铸件的快速冷却、具有显微激冷作用的悬浮铸造、强成分过冷孕育剂和稀土孕育剂的应用、低温浇注。

合理地运用上述措施，既能细化等轴晶粒，又能细化二次枝晶间距，从而有利于铸件性能的进一步提高。

需要指出的是，细化二次枝晶间距所需的高温度梯度和小的实际凝固温度范围原则上对等轴晶的形成是不利的，所以在采取这些措施的同时必须辅以促进等轴晶形成的相应措施，方可获得令人满意的效果。

8.3 定向凝固条件下的组织与控制

8.3.1 定向凝固方法

1. 炉内法

炉内法指铸件和炉子在凝固过程中都固定不动，铸件在炉子内实现定向凝固，主要有发热铸型法（EP法）和功率切断法（PD法）。

发热铸型法的装置如图8.11所示，这种方法使用绝热化合物填充在铸型侧面，并用水冷却底板来控制冷却速度，在铸型顶部覆盖发热材料。在金属液和已凝固金属中建立起自上而下的温度梯度，使铸件自下而上进行凝固，实现单向凝固。这种装置的温度梯度较小，且金属液注入铸型后温度梯度就无法控制。发热铸型法不适宜制造大型或优质铸件（如发动机高温合金叶片），但是由于其工艺简单、成本低，可用于小批量制造零件。

功率切断法是通过外面的炉子来控制功率。这种方法将保温炉的加热器分成几组，分段加热。熔融金属置

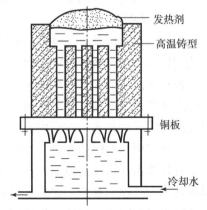

图8.11 发热铸型法装置示意

于炉内，在从底部冷却的同时，自下而上顺序关闭加热器，液态金属则自下而上逐渐凝固，从而在铸件中实现定向凝固。可以通过控制功率切断的速率来控制铸件的温度梯度，从而实现稳定的凝固速度。功率切断法的装置如图8.12所示。

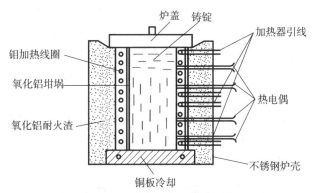

图 8.12 功率切断法装置示意

采用功率切断法时，在稳态凝固过程中，树枝晶生长前沿和结晶器（冷却源）之间的距离逐渐增大，温度梯度则随该距离的增大而减小。用叶片做试验时，温度梯度可从铸件底部的大约 15 K/cm 逐渐减小到铸件顶部的大约 2 K/cm。在这样的条件下，长度为 200 mm 的涡轮叶片实现定向凝固大约需要 2 h。通过选择合适的加热器件，可以获得较大的冷却速度，但是在凝固过程中温度梯度是逐渐减小的，致使所能允许获得的柱状晶区较短，且组织也不够理想。加之设备相对复杂，且能耗大，限制了该方法的应用。

2. 炉外法

炉外法指在凝固过程中铸件和炉子发生相对移动，铸件从炉内逐渐移出炉外。炉外法主要有在 Bridgman 晶体生长技术的基础上发展成的快速凝固法（HRS 法）、液态金属冷却法（LMC 法）等。为了克服功率切断法在加热器关闭后冷却速度慢的缺点，将铸件以一定的速度从炉中移出（或炉子移离铸件），炉子保持加热状态，而使铸件空冷。由于避免了炉膛的影响，且利用空气冷却，因而获得了较高的温度梯度和冷却速度，所获得的柱状晶间距较小，组织细密挺直，且较均匀，使铸件的性能得以提高，Bridgman 法的装置如图8.13所示。

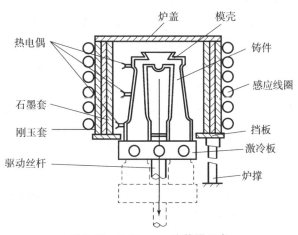

图 8.13 Bridgman 法装置示意

快速凝固法是通过辐射换热来冷却的,所能获得的温度梯度和冷却速度都很有限。为了获得更高的温度梯度和生长速度,在快速凝固法的基础上,将抽拉出的铸件部分浸入具有高导热系数、高沸点、低熔点、热容量大的液态金属中,形成了液态金属冷却法。这种方法提高了铸件的冷却速度和固-液界面的温度梯度,而且在较大的生长速度范围内可使界面前沿的温度梯度保持稳定,结晶在相对稳态下进行,能得到比较长的单向柱状晶。

上述传统定向凝固技术,不论是炉外法,还是炉内法,存在的主要问题是冷却速度太慢,即使是液态金属冷却法,其冷却速度仍不够高,使得凝固组织有充分的时间长大、粗化,以致产生严重的枝晶偏析,限制了材料性能的提高。造成冷却速度慢的主要原因是凝固界面与液相中最高温度面距离太远,固-液界面并不处于最佳位置,因此所获得的温度梯度不大。这样为了保证界面液相中没有稳定的结晶核心的形成,所能允许的最大凝固速度就有限,表8.5为不同定向凝固方法的主要冶金参数。

表8.5 不同定向凝固方法的主要冶金参数

凝固方法	温度梯度 /(K·cm^{-1})	生长速度 /(cm·h^{-1})	冷却速度 /(K·h^{-1})	局部凝固时间 /min
PD法	7~11	8~12	90	85~88
HRS法	26~30	23~27	7 001	8~12
LMC法	73~103	53~61	4 700	112~116

8.3.2 柱状晶和单晶的生长与控制

1. 柱状晶的生长与控制

柱状晶包括柱状枝晶和柱状胞晶,通常采用定向凝固技术制备柱状晶。获得定向凝固柱状晶的基本条件是液态金属凝固时的热流方向必须为单向,在固-液界面前沿的液体中保持足够高的温度梯度,避免出现成分过冷和形成外来结晶核心。在这样的条件下,晶体沿着与热流方向相反的方向生长,垂直于晶体生长方向的横向晶界完全被消除。同时,由于晶体的定向生长,垂直于生长方向的溶质扩散过程受到有效抑制,偏析与疏松大大减少。这样生长的柱状晶中只有平行于晶体生长方向的晶界存在,而且晶界组织致密,夹杂很少,因此沿柱状晶生长方向的力学性能及热疲劳性能大幅度提高。

柱状晶生长过程中,除了保证单向散热以外,还应尽量抑制液态金属的形核能力,减少外来结晶核心。可以通过提高液态金属的纯净度,减少因氧化、吸气而形成的杂质污染等措施抑制形核,也可以加入适当的反形核元素或混合添加物,消除形核剂的作用。

合理控制凝固工艺参数也是柱状晶生长过程的有效控制手段。G_L/v值决定着液态金属的凝固组织形态,对凝固组织中各组成相的尺寸也有重要影响。由于液态金属的温度梯度G_L在很大程度上受到设备条件的限制,因此,凝固速度v就成为控制柱状晶组织的主要参数。生产中一般通过试验确定合理的凝固速度v值,既保证组织细化和足够的生产率,又避免固-液界面前沿液体中出现成分过冷。

2. 单晶的生长与控制

在柱状晶生长技术的基础上,采取一定的措施(通常是设置选晶器),抑制大部分最初形成的晶体生长，只使其中一个晶体具备继续生长的条件，在液态金属中稳定生长为一个单晶体。由于完全消除了晶界，单晶体在高温力学、抗疲劳、抗热腐蚀以及服役温度等方面都具有更为优异的性能，因而获得了广泛的应用。

单晶体是从液相中生长出来的，按其成分和晶体特征，可以分为三类。

（1）晶体和液体的成分完全相同。单质和化合物的单晶体都属于此类。

（2）晶体和液体成分不同。为了改善单晶材料的电学性质，通常要在单晶中掺入一定含量的杂质（掺杂），使这类材料实际上变为二元或多元系材料。这类材料凝固时在固-液界面上会出现溶质再分配，很难得到均匀成分的单晶体，液体中的溶质扩散与对流对晶体中杂质元素的分布具有重要影响。

（3）有第二相或共晶出现的晶体。合金的铸造单晶组织中不仅含有大量基体相和沉淀析出的强化相，还有在枝晶间析出的共晶。整个铸件由一个晶粒组成，该晶粒内部则有若干柱状枝晶，枝晶多为"十"字形花瓣状，枝晶干尺寸均匀，二次枝晶干互相平行，具有相同的取向。纵向截面是互相平行排列的一次枝干，这些枝干同属一个晶体，没有晶界存在。严格地说，这是一种"准单晶"组织，与晶体学意义上的单晶不同。由于是柱状晶单晶，在凝固过程中会产生成分偏析、显微疏松及柱状晶间的小角度（2°～3°）位向差等，这些因素都会不同程度地损害晶体的完整性，但是这种单晶体内的缺陷对力学性能的影响比多晶结构的柱状晶晶界要小得多。

为了得到高质量的单晶体，首先要在液态金属中形成一个单个晶核，而后这个晶核向液态金属中不断长大而最终形成单晶体。单晶在生长过程中要严格避免固-液界面失去稳定性而长出胞状晶或柱状晶，因而固-液界面前沿的液体中不允许出现热过冷和成分过冷，结晶时释放出的潜热只能通过生长着的晶体导出。定向凝固技术可以满足上述单晶制备过程的热量传输要求，只要恰当地控制固-液界面前沿液体的温度梯度和界面推进速度，就能够得到高质量的单晶体。单晶生长根据生长过程中液体区域的特点分为正常凝固法和区域熔化法两类。

通过坩埚移动或炉体移动而实现的单向凝固过程都是由坩埚的一端开始的，坩埚可以垂直放置在炉底，使液体自下而上或自上而下凝固，坩埚也可以水平放置。最常用的方法是使尖底坩埚垂直沿炉体逐渐下降，单晶体从坩埚的尖底部位缓慢向上生长；也可以将"籽晶"放在坩埚底部，当坩埚向下移动时，从"籽晶"处开始结晶，随着固-液界面移动，单晶不断长大。由于这类方法的过程中晶体与坩埚壁接触，容易产生应力或寄生形核，因而很少用于生产质量要求高的单晶。

内部完整性要求高的单晶体，如半导体工业的主要芯片材料——单晶硅等，常用晶体提拉方法制备。晶体提拉法是将欲生长的单晶材料置于坩埚中熔化，获得高纯液体后将籽晶插入其中，控制适当的温度，使籽晶既不熔化，也不长大，然后，缓慢向上提拉并转动晶杆。晶杆的旋转一方面是为了获得良好的晶体热对称性，另一方面也可以搅动液体，使液体温度均匀。采用这种方法生长高质量的晶体，要求提拉和旋转速度平稳，液体温度控制精确。单晶体的直径取决于液体温度和提拉速度。减小功率和提拉速度，晶体直径增大，反之则直径减小。晶体提拉方法具有以下主要优点：在生长过程中可以方便地观察晶体的生长状况；晶体在液体的自由表面处生长，始终不与坩埚壁接触，晶体内应力显著减小，并可避免在坩埚壁上寄生形核；可以较高的速度生长具有低位错密度和高完整性的单晶，而且晶体直径可以控制。

区域熔化法是制备单晶体的另一类方法，可分为水平区熔法和悬浮区熔法。水平区熔法是将原材料置于水平陶瓷舟内，通过加热器加热，首先在舟端放置的籽晶和多晶材料之间形成熔区，然后以一定的速度移动熔区，使熔区从一端移至另一端，使多晶材料通过熔化－凝固而成为单晶体。这种方法的优点是减小了坩埚对熔体的污染，降低了加热功率；另外，区域熔炼过程可以反复进行，从而可以有效提高晶体的纯度和使掺杂均匀化。水平区熔法主要用于材料的物理提纯，也可以用于生产单晶体。

悬浮区熔法是一种垂直区熔法，其依靠表面张力支持着正在生长的单晶和多相棒之间的熔区，由于熔融硅有较大的表面张力和小的密度，因此，该方法是生产硅单晶的优良方法。该法不需要用坩埚，免除了坩埚污染。此外，由于加热温度不受坩埚熔点的限制，因此该法可用于生产高熔点的单晶，如钨单晶等。

第 9 章　铸件凝固缺陷与控制

9.1　偏　析

9.1.1　偏析的概念及分类

偏析是指铸件（或铸锭，下称铸件）中化学成分不均匀的现象。偏析的产生是由于在实际铸造条件下，获得化学成分完全均匀的铸件是十分困难的。

偏析可分为微观偏析和宏观偏析两大类。其中，微观偏析又可称为短程偏析，它是指在铸件微小范围内的化学成分不均匀现象；宏观偏析又称为长程偏析或区域偏析，其本质上是铸件各部位之间化学成分的差异。

此外，考虑铸件各部位溶质浓度 C_S 与合金原始平均浓度 C_0 的偏离情况，当 $C_S > C_0$ 时，可称为正偏析；而当 $C_S < C_0$ 时，则为负偏析。需要说明的是，这种分类方法同时适用于微观偏析和宏观偏析。

偏析是铸件的主要缺陷之一。一般而言，偏析使铸件的力学性能降低，易导致热裂和冷裂，降低铸件的耐蚀性，严重时会导致铸件因性能不合格或断裂而报废或失效。宏观偏析显著影响铸件各部分的力学性能和物理性能，从而降低铸件的可加工性及使用寿命。如宏观偏析可使由钢锭不同部位轧制出来的钢材在力学性能和物理性能上产生很大的差异，甚至出现各向异性，降低金属收得率；钢锭中硫的偏析破坏了组织连续性，在热加工过程中常引起热脆现象，在轧制钢板时甚至导致夹层废品的产生，严重影响钢板的冷弯性能；磷的偏析使钢材制品产生冷脆性，并促进钢的回火脆性。有色金属中，铅在铅青铜中的不均匀分布显著降低青铜的耐磨性能；锡青铜铸件表面过高的锡含量将使得铸件切削加工性能恶化。微观偏析对铸件力学性能的影响尤为明显。微观偏析导致的晶界结合力下降常导致金属的冲击韧性和塑性下降，增加铸件的热裂倾向，严重时会使铸件难于加工。此外，微观偏析对铸件的耐腐蚀性能也有明显损害。

偏析是铸件在生产使用过程中性能和寿命下降的主要原因之一。因此，研究铸件内合金元素的分布规律、认识偏析的形成机理，进而探究消除偏析的工艺措施，可达到改善铸件组织的目的，对提高铸件性能及服役寿命具有重要意义。

除上述负面影响之外，铸件内偏析的形成有时也体现出有益的一面。比如，利用铸件内的偏析现象可以实现提纯金属的目的。金属的净化处理中也可通过控制铸件的凝固进程及溶质分布，从而使有害的杂质元素偏析到指定部位从而将其除去。

9.1.2　微观偏析

微观偏析一般在一个晶粒尺寸范围，按其形式可分为枝晶偏析（晶内偏析）、胞状偏析和晶界偏析，形式各不相同，但形成机理都可概括为由合金凝固过程中的溶质再分配所导致的必然结果。如上所述，微观偏析对铸件冲击韧性、塑性及抗腐蚀性能都有严重的损害。

1. 枝晶偏析

枝晶偏析指铸件生产中枝晶干（或胞晶干）心部与枝晶间（或胞晶间）成分上的差异。固溶体类合金在结晶时将发生各组元原子在相内和相间的扩散，这种扩散（特别是固相中的扩散）极其缓慢。由于溶质原子的扩散系数只是热扩散率的 $10^{-5} \sim 10^{-3}$，因此实际生产条件下的铸件凝固都是非平衡结晶过程。这表现为合金结晶时，由于冷却速度快，液体温度迅速降低，此时固相中的溶质往往来不及充分扩散，固液界面就向前推进，致使晶粒外层合金成分变化，从而导致晶粒内部成分存在差异。这种存在于晶粒内部的成分不均匀性，称为晶内偏析。由于固溶体合金结晶过程中多按枝晶方式生长，分枝本身（内外层）、分枝与分枝间的成分也是不均匀的，故也称枝晶偏析。

在枝晶偏析区，各组元的分布规律是：使合金熔点升高的组元富集在分枝中心和枝干处；使合金熔点降低的组元富集在分枝的外层或分枝间，甚至在分枝间出现不平衡第二相。例如，在 Cu-Ni 合金的凝固组织中，Ni 和 Cu 的分布正好相反，枝干上富 Ni 贫 Cu，不易腐蚀故呈亮色，分枝间贫 Ni 富 Cu，易腐蚀而呈暗色；其他部位的化学成分介于两者之间，如图 9.1 所示。Cu-8%Sn 合金的铸态组织中，Sn 元素在枝晶横截面的分布也呈现与上述规律相类似的情况，由图 9.2 可见：Sn 在分枝各处的分布极不均匀，枝干中心 Sn 的含量仅有 6%，而分枝间 Sn 的含量高达 23%。

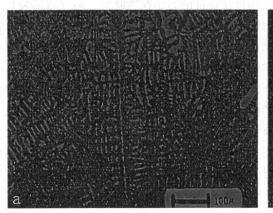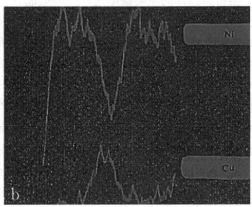

图 9.1 Cu-Ni 合金的铸态组织及元素分布（SEM）

通常而言，铸件枝晶偏析的规律主要包括：①元素在固相中扩散系数 D_S 越小，即固相中元素扩散越困难，偏析越大；②相图中固、液相线水平距离越大，偏析越大；③铸件凝固的冷速越大，枝晶偏析程度越大；④第三组元或其他任何因素使某元素的溶质平衡分配系数 k_0 减小（$k_0 < 1$），则偏析程度增大。

一般可用 $|1-k_0|$ 定性地衡量枝晶偏析的程度。$|1-k_0|$ 称为偏析系数，几种元素在铁中的平衡分配系数（k_0）和偏析系数 $|1-k_0|$ 列于表 9.1 中。由表 9.1 可以看出，磷、硫、碳在钢中较容易形成枝晶偏析。

图 9.2　Cu–Sn8％合金单相凝固铸态组织 Sn 在枝晶横截面的分布等浓度线

表 9.1　几种元素在铁中的分配系数和偏析系数

元素	元素的含量和 k_0 值						k_0 平均值	偏析系数 $1-k_0$
	$w_B/\%$	k_0	$w_B/\%$	k_0	$w_B/\%$	k_0		
P	0.01	0.04	0.02	0.05	0.03	0.08	0.06	0.94
S	0.01	0.09	0.02	0.10	0.04	0.11	0.10	0.90
B	0.002	0.10	0.01	0.16	0.10	0.14	0.13	0.87
C	0.3	0.25	0.6	0.27	1.0	0.28	0.26	0.74
V	0.5	0.35	2.0	0.37	4.0	0.40	0.38	0.62
Ti	0.2	0.48	0.5	0.46	1.2	0.47	0.47	0.53
Mo	1.0	0.42	2.0	0.50	4.0	0.56	0.49	0.51
Mn	1.0	0.11	1.5	0.16	2.5	0.16	0.14	0.86
Ni	1.0	0.35	3.0	0.35	4.5	0.37	0.35	0.65
Si	1.0	0.64	2.0	0.66	3.0	0.66	0.65	0.35
Cr	1.0	0.62	4.0	0.63	8.0	0.72	0.66	0.34

枝晶偏析的大小也可以用枝晶偏析度和枝晶偏析比衡量，其中，枝晶偏析度 S_e 的表达式为

$$S_e = \frac{C_{\max} - C_{\min}}{C_0}$$

式中，$C_{\max}$ 为某组元在枝晶偏析区内的最高浓度；$C_{\min}$ 为某组元在枝晶偏析区内的最低浓度；C_0 为某组元的原始平均浓度。S_e 值越大，枝晶偏析越严重。枝晶偏析比 S_R 的表达式为

$$S_R = \frac{枝晶间最大溶质浓度}{枝晶干最小溶质浓度}$$

这些比值通常采用电子探针进行测算。钢锭中常见元素的枝晶偏析度测算结果列于表9.2中。

表9.2 常见元素在钢锭中的枝晶偏析度 S_e

元素	S	P	C	W	V	Mo	Si	Cr	Mn	Ni
S_e	2.0	1.5	0.6	0.5	0.4	0.4	0.2	0.2	0.15	0.05

研究表明，金属以枝晶方式生长时，虽然分枝的伸展和继续分枝进行得很快，但在整个晶体中，90%以上的金属是以充填分枝间的方式凝固（即分枝的侧面生长）。分枝的侧面生长往往为平面生长方式。因此，铸件凝固后，各组元在枝干中心与其边缘之间的成分分布可近似地用Scheil方程式描述，表达式为

$$C_S^* = k_0 C_0 (1-f_S)^{k_0-1} \tag{9.1}$$

式中，C_S^* 为固液界面的溶质浓度；k_0 为溶质平衡分配系数；C_0 为溶质原始浓度；f_S 为凝固过程中固相体积分数。

应该指出的是，Scheil方程是在假定固相中没有溶质扩散的条件下导出的，是一种特殊情况。实际上，特别是在高熔点合金中，如碳、氮这些原子半径较小的元素在奥氏体中的扩散往往是不可忽略的。

当考虑固相中有扩散，液相均匀混合时，固液界面上固相的溶质浓度 C_S 与固相分数 f_S 的关系可描述为

$$C_S^* = k_0 C_0 \left(1 - \frac{f_S}{1+\alpha k_0}\right) \tag{9.2}$$

其中，

$$\alpha = D_S \frac{\tau}{s^2} \tag{9.3}$$

式中，D_S 为溶质在固相中的扩散系数；τ 为局部凝固时间；s 为枝晶间距的一半。

因此，溶质在固相中的扩散系数 D_S 和冷却速度 v_0 对枝晶偏析的影响都可通过式（9.2）和式（9.3）体现。

图9.3表示冷却速度对镁合金铸锭中Ca枝晶偏析的影响。如图所示，即使冷却速度很小，S_e 仍大于1，这表明铸锭中仍存在枝晶偏析，且随冷却速度的增大而增大；当冷却速度增大到某一值后，再继续增加冷却速度，枝晶偏析程度减轻。

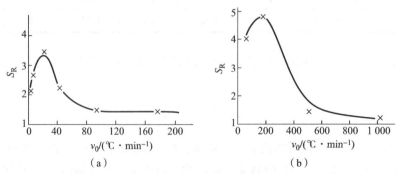

图9.3 冷却速度 v_0 对铸锭中Ca偏析的影响

(a) Mg-Ca合金（$w_{Ca}=0.2\%$）；(b) Mg-Al-Ca合金（$w_{Ca}=0.13\%$）

人们曾认为，冷却速度越大，枝晶偏析越严重。由上述结果可知，这种看法是不全面的。当冷却速度增大到某一临界值（$10^6 \sim 10^8$ ℃/s）时，不仅固相的扩散不能进行，液相中的扩散也被抑制，因此增大冷却速度有时反而减轻枝晶偏析程度，甚至可得到成分均匀的非晶态组织。此外，某元素在铸件中的枝晶偏析度也受到其他元素存在的影响。例如，硫、磷在碳钢中的枝晶偏析度受碳含量影响较大，如图9.4所示，随着碳含量的增加，硫、磷在碳钢中的枝晶偏析程度明显增加，这可能与碳改变了硫、磷在钢中的分配系数和扩散系数有关。

受枝晶偏析的影响，枝晶间通常形成元素（使合金熔点降低）的富集，这些富集的元素可在枝晶间生成不平衡第二相。表9.3为几种合金出现不平衡第二相时溶质浓度与冷却速度的关系。

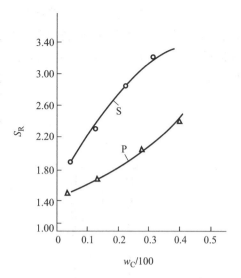

图9.4 碳对硫、磷在铸锭中枝晶偏析度的影响

表9.3 冷却速度对合金形成不平衡共晶物的影响

合金系	最大溶解度质量分数/%	出现共晶物时溶质的临界含量/%		
		冷却速度 v_0/(℃·s^{-1})		
		0.008~0.03	1.3~1.7	7
Al–Cu	5.65	0.1	0.1	0.3
Al–Mg	16.35	4.5	0.5	0.3
Mg–Al	12.90	2.0	0.1	0.3
Cu–Sn	13.50	1.8	4.0	4.0
Cu–Al	7.60	7.0	7.0	7.0

枝晶偏析是合金非平衡凝固的必然结果，它的存在致使铸件的组织以及晶粒内部化学成分极不均匀，严重恶化铸件性能。枝晶偏析可造成非平衡相生成，致使第二相数量增加，这些低熔相在晶枝周围组成硬而脆的枝晶网络，使铸件的塑性和加工性能急剧降低。同时，低熔相的形成也将使得铸件在随后的热变形或淬火的加热过程中容易产生局部过烧。固溶体晶内偏析造成的化学成分不均匀性和出现的不平衡过剩相，也使得铸件抵抗电化学腐蚀的稳定性降低。由晶内偏析造成的化学成分不均匀性如遗传到半制品中，将导致退火后在加工材中形成粗大晶粒。

2. 晶界偏析

晶界偏析是指在平衡浓度下，溶质原子（离子）在晶界处偏离平衡浓度值的现象。在很多情况下，晶粒中心只有不甚明显的负偏析（或正偏析），而晶界区域却显示出明显的正偏析（或负偏析）。凝固过程中，铸件在以下几种情况下将产生晶界偏析。

（1）如果晶界平行于生长方向，由于表面张力平衡条件的要求，在液体与晶界交界处出现凹槽，如图9.5（a）所示，此处有利于溶质原子的富集，形成晶界偏析，其深度可达 $8\sim10~\mu m$；

(2) 两个晶粒相对生长,彼此相遇,在固-液界面上溶质被排出(当 $k_0<1$ 时),此外,其他低熔点的物质也会被排挤到固-液界面;当两个晶粒相遇时将形成晶界,因此最后凝固的晶界处将堆积较多的溶质和其他低熔点物质,从而形成晶界偏析,如图9.5(b)所示。

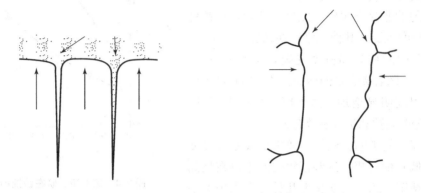

图9.5 晶界偏析形成示意

(a) 晶粒平行于生长方向形成的晶界偏析;(b) 晶界相遇形成的晶界偏析

3. 胞状偏析

固溶体合金凝固时,若冷却速度较快,则液相中的原子来得及扩散而固相中的原子来不及扩散。晶体表面前沿的生长受到限制只能稍稍突前伸展于液体中而不能形成树枝状,这种生长方式叫作胞状生长。形成的胞状结构在横截面呈规则的六角形,在纵截面上则为一组平行的棒状晶体,但每个晶体中间突起、两侧凹陷,中间部分先凝固并把杂质排向两侧,故胞壁富含杂质。固溶体合金的这种成分不均匀现象,称为胞状偏析。

当合金的平衡分配系数 $k_0<1$ 时,六方断面的晶界处将富集溶质元素,如图9.6所示;而当 $k_0>1$ 时,六方断面晶界处的溶质会贫化。

9.1.3 宏观偏析

宏观偏析也称区域偏析,指金属铸件中各宏观区域化学成分不均匀的现象,包括正常偏析(正偏析)、反常偏析(逆偏析)和重力偏析等。宏观偏析造成铸件组织和性能的不均匀性。它和材料本性、浇铸条件、冷却条件等许多因素有

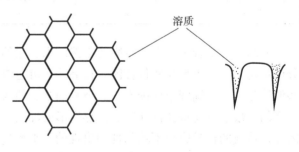

图9.6 胞状生长时($k_0<1$)溶质分配示意

关,大多数宏观偏析产生的原因是固液两相区内液体沿枝晶间的流动,这种流动是由凝固收缩、重力诱发的对流以及固体运动(例如鼓肚)所引起的。此外,凝固初期,固相或液相的沉浮也可导致宏观偏析。宏观偏析虽然无法绝对避免,但应当将其控制在一定范围之内。

1. 产生宏观偏析的条件

目前,枝晶间液体的流动对宏观偏析的重要影响已得到普遍共识。对于固溶体合金,其在三维空间内常按照枝晶方式生长,引起液态金属流动的动力主要包括:凝固收缩(膨胀);冷却时液相的体积收缩;液相内不同部位密度差引起的重力作用;凝固时固相的体积

收缩；大容积内液体对流向枝晶间的穿透；固液区内气体的形成。

当考虑枝晶间液体流动时，枝晶的溶质分布可描述为

$$C_S^* = k_0 C_0 (1 - f_S)^{\frac{(k_0 - 1)}{q}} \tag{9.4}$$

$$q = (1 - \beta)\left(1 - \frac{v}{\mu}\right) \tag{9.5}$$

式中，C_S^* 为固-液界面上固相的溶质浓度；k_0 为溶质平衡分配系数；C_0 为溶质原始浓度；f_S 为凝固过程中固相体积分数；β 为凝固收缩率；μ 为等温线移动速度；v 为液体沿 μ 方向的流动分速度。

铸件凝固过程中存在温度梯度，导致同一时刻铸件各处未凝固液相的数量是不同的。通常而言，热端凝固速度迟缓，含有较多的未凝固液相，而冷端凝固速度较快，未凝固的液相含量较低。由式（9.4）可知，在 $k_0 < 1$ 的情况下，冷端未凝固的液相中平衡溶质浓度是高于热端的。此外，当枝晶间有液体流动时，枝晶的溶质分布随 q 值的变化而变化，进而使得铸件某区域的平均成分发生变化，产生宏观偏析。

由式（9.5）可知，在合金成分一定时，β 可视为定值，q 值只取决于 μ 和 v。

(1) 当 $q > 1$，即 $\frac{v}{\mu} < -\frac{\beta}{1-\beta}$ 时，在 $k_0 < 1$ 的情况下，C_S^* 值减小，从而使该区域的平均成分 $\overline{C_S} < C_0$，即产生负偏析；

(2) 当 $q < 1$，即 $\frac{v}{\mu} > -\frac{\beta}{1-\beta}$ 时，在 $k_0 < 1$ 的情况下，C_S^* 值增大，从而使该区域的平均成分 $\overline{C_S} > C_0$，即产生正偏析；

(3) 而当 $q = 1$，即 $\frac{v}{\mu} = -\frac{\beta}{1-\beta}$ 时，式（9.4）与 Scheil 方程则完全一致，此时该区域的平均成分 $\overline{C_S} = C_0$，不存在宏观偏析。

由上述可知，如果液体从热端流向冷端（即从溶质含量较低的区域流向溶质含量较高的区域）则会使该区溶质浓度降低，从而导致该区 $\overline{C_S}$ 降低，产生负偏析；反之，如液体由冷端流向热端，使 $\overline{C_S}$ 升高，则形成正偏析。q 是影响宏观偏析的决定性因素，μ 和 v 是影响铸件产生宏观偏析的主要因素，而 $\frac{v}{\mu}$ 可用以判断铸件某一区域产生正偏析还是负偏析。

值得注意的是，对于凝固中除形成固溶体外还出现共晶的合金，应分别计算固溶体及共晶体中各自的溶质含量，固相中的平均成分 $\overline{C_S}$ 应为上述二者之和，随后通过 $\overline{C_S}$ 与 C_0 的对比才可正确判断铸件内的宏观偏析情况。

2. 枝晶间液体流动对铸件宏观偏析的影响

以 Al-4.5%Cu 合金为例，分析 $\frac{v}{\mu}$ 对宏观偏析的影响（见图 9.7）。已知该合金的凝固收缩系数 $\beta = 0.057$，则有下述 3 种情况：

(1) 当 $\frac{v}{\mu} < -\frac{\beta}{1-\beta}$，即 $\frac{v}{\mu} < -0.006$ 时，v 的绝对值相比无宏观偏析时更大，此时液体流动方向与等温线

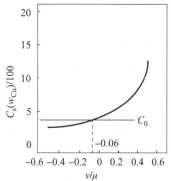

图 9.7 Al-4.5%Cu 合金固相平均成分 w_{Cu} 与 $\frac{v}{\mu}$ 的关系

移动方向相反，液体在两相区内由热端流向冷端（即液体从含 Cu 量较低的热区流向含 Cu 量较高的冷区），使得该区域内的平均成分 $\overline{C_S} < C_0$，产生负偏析；

(2) 当 $\dfrac{\nu}{\mu} > -\dfrac{\beta}{1-\beta}$，即 $\dfrac{\nu}{\mu} > -0.006$ 时，ν 的绝对值相比无宏观偏析时更低，此时液体流动方向与等温线移动方向相同，液体在两相区内由冷端流向热端（即液体从含 Cu 量较高的冷区流向含 Cu 量较低的热区），使得该区域内的平均成分 $\overline{C_S} > C_0$，产生正偏析；

(3) 当 $\dfrac{\nu}{\mu} = -\dfrac{\beta}{1-\beta}$，即 $\dfrac{\nu}{\mu} = -0.006$ 时，$\overline{C_S} = C_0$，此时无宏观偏析产生。

等温线移动速度 μ 取决于铸件的冷却速度，而液体沿枝晶间的流动近似地遵守 Darcy 定律，即

$$\nu = \dfrac{K}{\eta f_L}(\nabla P + \rho_L g) \tag{9.6}$$

式中，η 为液体的黏度系数；f_L 为液相的体积分数；P 为作用在枝晶间液体上的压力；ρ_L 为液体的密度；g 为重力加速度；K 为渗透系数，$K = \alpha f_L^n$，$n = 2 \sim 3$，α 为与枝晶结构和枝晶空隙有关的常数。

在决定 ν 值的诸因素中，α 与冷却速度有关，一般情况下，枝晶间隙随冷却速度的增大而减小，因此 α 也越小；压力 P 还与凝固收缩有关，凝固收缩产生的负压对液体有抽吸作用，促使液体流动。图 9.8 右边所示的铸件从高度 $l/2$ 起，其截面积减少 8/9，浇注 Al – 4.5%Cu 合金，自下而上地单向凝固。在凝固前沿的固 – 液两相区内，靠近下部的液相中 Cu 含量高，沿凝固推进方向 Cu 含量逐渐减少。密度大的液体始终在下部，液体的密度差不能引起液体流动，液体流动仅由凝固收缩所致，因此，流动方向与等温线移动方向相反，即 ν/μ 为负值。由此可知，在铸件截面积突然变小的地方，液体流速最大。由宏观偏析的判别式可知，此处应产生较大的负偏析，这与图 9.8 中铸件 $l/2$ 处存在较大的负偏析这一结果相一致。

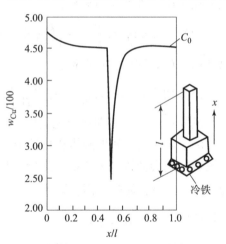

图 9.8　单向由下至上凝固的
Al – 4.5%Cu 合金铸件中 Cu 分布

可以认为，枝晶间液体的流动对铸件宏观偏析的形成具有重要作用。有关液体在枝晶间流动的规律、特性和影响因素的研究一直是该领域的研究热点，对铸件宏观偏析的防止和消除具有重要意义。

3. 正常偏析

在溶质再分配作用下，当溶质平衡分配系数 $k_0 < 1$ 时，溶质的浓度随温度的降低而增加，后结晶的固相溶质浓度高于先结晶部分（$k_0 > 1$ 时情况相反），这种符合溶质再分配规律的偏析称为正常偏析。

图 9.9 所示为原始成分为 C_0 的合金（$k_0 < 1$）单向凝固下的溶质分布规律。液体金属以平面界面单向凝固时，沿凝固方向上的溶质分布与液体的对流以及元素的扩散密切相关。可以看出，图中曲线 b、c、d 都属正常偏析。从图 9.9 可知，铸件产生宏观偏析的规律与铸件

的凝固特点密切相关。

当铸件凝固区域较窄，固相的结晶以逐层凝固方式进行时，固－液界面平滑或呈短锯齿形，溶质原子（$k_0<1$）向液体内的传输方向近似垂直于两相界面。此时，枝晶间液体的流动对宏观偏析的影响降至次要地位，凝固后的铸件内外层之间溶质浓度差大，正常偏析显著。而当铸件凝固区域较宽时，枝晶得到充分的发展，排出的溶质在枝晶间富集，且液体在枝晶间可以流动，从而使正常偏析减轻甚至完全消除。

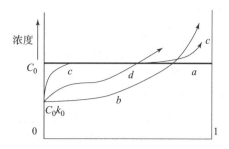

图 9.9　原始成分为 C_0 的合金单相凝固下的溶质分布（$k_0<1$）

a—平衡凝固；b—固相无扩散，液相均匀混合；
c—固相无扩散，液相只有扩散；d—液相部分扩散

下面以厚壁铸钢件为例，讨论 C、P、S 等溶质元素的分布规律。

凝固的初始阶段，受温度场分布影响，铸件表面首先凝固，形成细晶区。此时钢液来不及在宏观范围内选择结晶，其平均溶质浓度为原始平均浓度 C_0。随后凝固由铸件外向铸件内依次进行，与细等轴晶区相连区域开始形成柱状晶区，且凝固区域很窄，由相图可知先凝固的部分溶质浓度较低，此时将有溶质被排斥在周围的液体中，使固－液界面前沿溶质浓度增大，后结晶的固相溶质浓度也随之升高，结晶开始温度则相应降低。当铸件中心部位的液体降至结晶温度时，开始生成粗大的等轴晶，如图 9.10 所示，中心粗大等轴晶区的平均成分接近原始浓度 C_0。含溶质浓度较高的液体被阻滞在柱状晶区与等轴晶区之间，该处 C、P、S 的含量较高，使得该区域内液体的结晶开始温度进一步降低。

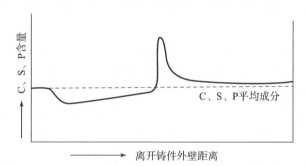

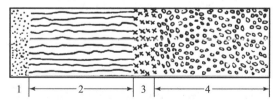

图 9.10　厚壁铸钢件断面 C、S、P 偏析规律与结晶特点的关系

1—细晶区；2—柱状晶区；3—偏析的富集区；4—粗大等轴晶区

正常偏析的产生易造成铸件各区域组织及性能的不均匀，经常导致铸件发生热裂、冷裂及耐蚀性能的降低，严重时甚至引起工件的断裂或失效。正常偏析一旦形成，在随后的加工和处理中也难以根本消除，通常采取必要措施加以控制，如扩散退火、热变形加工和热等静

压处理等。

正常偏析有时也表现出有益的一面，利用铸件中的溶质再分配及正常偏析现象，可以达到提纯金属的目的。区域熔炼法即是利用正常偏析的规律而发展起来的一项金属提纯技术，如图 9.11 所示。该技术利用金属凝固态和熔融态中杂质溶解度的差别，使杂质析出或改变其分布区域。假设锭料的初始浓度为 C_0，在锭料中保持一个或数个熔区，并使熔区从一端缓慢移动到另一端。在熔区从左端向右端移动的过程中，左端慢慢凝固，已凝固的固相杂质浓度为 $C_S = k_0 C_0$，当 $k_0 < 1$ 时，开始凝固部分的纯度便有所提高。由于从熔区右端熔化面熔入的杂质浓度大于左端凝固而进入固相的杂质浓度，右端又慢慢熔化，则熔区中的杂质浓度就会随着熔区移动不断增加，相应析出的固相杂质浓度也增加。由此而知，一次区域熔炼往往不能满足纯度要求，通常须经多次重复操作，或在一次操作中沿细棒的长度一次形成几个熔融区，利用此法重复操作，可制取纯度高达 99.999% 的高纯材料。

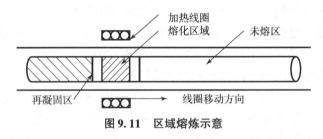

图 9.11 区域熔炼示意

4. 反常偏析

反常偏析，又称逆偏析，是某些合金铸件在表层一定范围内的溶质浓度由外向内逐步降低或上部溶质浓度高于下部的内部缺陷。与正常偏析相反，反常偏析是低熔点元素富集在铸件先凝固的外层的现象。

一般认为，反常偏析的形成有以下几方面的共同特点：(1) 结晶范围宽的固溶体型合金易产生反常偏析；(2) 铸件缓慢冷却时反常偏析增加；(3) 枝晶粗大时易产生反常偏析；(4) 合金液含气量较高时易出现反常偏析。

Al - Cu 和 Cu - Sn 合金是易于产生反常偏析的两种典型合金。以 Al - 4.7% Cu 合金为例，如图 9.12 所示，其铸件表面刚刚开始凝固时，凝固收缩和液体密度差引起的液体流动尚未开始，$v = 0$，即 $\dfrac{v}{\mu} = 0$，铸件表面的溶质含量大于原始溶质平均含量，$C_S = 5.1\%$，产生正常偏析。如果合金元素使合金液体开始凝固温度降低很多，在枝晶间将长期存在液体。凝固过程持续推进，存在于铸件表面的枝晶间的低熔点液体在金属静压头和气体析出的压力下渗出表面形成汗点，形成反常偏析。因此可见，反常偏析的产生与固液两相区内液体在枝晶间的流动密切相关。

反常偏析的产生与铸件一次分枝长度有很好的对应关系，一般增加一次分枝的长度将促进反常偏析的形成。Cu - Sn 合金铸件表面的 Sn 含量有时可高达 20% ~ 25%，铸件表面出现的"锡汗"就是比较典型的反常偏析，它使铸件的切削加工性能变差。对 Cu - Sn 合金的树枝状形态与反常偏析的关系研究表明：如在 Cu - Sn 合金中加入能缩短树枝晶尺寸的第三种元素，比如 Fe，将会降低反常偏析的倾向，促使正常偏析的形成；加入的元素如能增加树枝晶尺寸，比如 Si 和 Al，则得到相反的结果，促使反常偏析的形成。此外，当铸件收缩时，

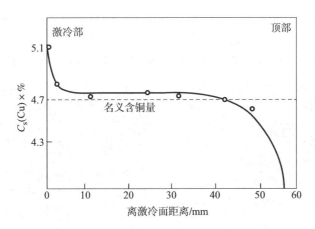

图 9.12 Al-4.7%Cu 铸件元素 Cu 的分布

溶质含量高的溶液沿着树枝状间隙孔道向激冷面方向移动。在这一过程中，如果树枝晶短小，侧向分枝不明显，不易形成连续的树枝间通道，同时从固相排除的溶质也不易被树枝晶捕获，此时反常偏析不易形成。但是也有例外，如在 Cu-8%Sn 合金中，P 能缩短树枝晶一次分枝的长度，但又助长 Sn 的反常偏析。

反常偏析还与铸件结晶温度、凝固收缩以及合金在凝固过程中液态金属所受到的压力有关。对于结晶温度范围较宽的固溶体合金，其在缓慢凝固时易形成粗大的树枝晶，微观组织中可见枝晶相互交错，枝晶间富集着低熔点的溶质。当铸件产生体收缩时，低熔点溶质将沿着树枝晶间向外移动。随后，温度的降低使液体中的气体析出从而增大系统压强，可使得铸件中心处的部分液体（低熔点元素含量较高）沿柱状晶之间的"渠道"流向铸件外层。因此，如果液态合金中溶解有较多的气体，则在凝固过程中将助长反常偏析的形成。

5. 重力偏析

在铸件凝固前或刚刚开始凝固之际，如共存的液相和固相或互不相溶的液相之间存在密度差，凝固结束后在铸件中可发现底部和顶部存在着明显的成分差异，这种成分的差异不仅与逐层凝固的正常偏析有关，也受到溶体各部分（固、液相或互不相溶的液相）之间密度差所引起的沉浮现象的影响。这种由于重力作用而出现的铸件化学成分不均匀的现象，称为重力偏析。

重力偏析的产生，有以下几种情况：

（1）合金中的两组元在液态下互不相溶，如 Cu-Al 合金，当此类合金在液态放置过久时，将发生分层现象，密度大的组元沉在下面，密度小的组元浮在上面；

（2）液态合金在搅拌不均的情况下，由于选择凝固所生成晶体的密度与母液不同，其或上浮或下沉，形成重力偏析，如巴氏合金中的 Pb 基合金或 Sn 基合金的偏析；

（3）铸件的凝固方向也会影响重力偏析，若铸件的凝固顺序是自下而上，对于初生晶密度较大的合金而言，其比重较小的低熔点相很容易上浮，会加剧重力偏析；反之，当初生晶体的密度较小时，会减轻重力偏析。

绝大多数合金中，固相密度较液相更大，因此初生固相总是要下沉到底部的，这正是所谓的"结晶雨"。比如，Cu-Pb 合金在液态时由于组元密度不同存在分层现象，上部为密度较小的 Cu，下部为密度较大的 Pb，在凝固前即使进行充分搅拌，凝固后也难免形成密度偏析。过共晶 Al-Si 合金中也出现重力偏析现象，熔融状态下，由于 Si 的密度相比 Al 更小，因此在凝固的初期，Si 元素上浮，Al 元素下沉，因此过共晶 Al – Si 合金铸件中上部含有较多的 Si，而下部则含有更多密度更大的 Al。图 9.13 为过共晶 Al – Si 合金不同区域的微观组织形貌，相比而言，铸件上部区域内初生 Si 相含量较多且组织较粗大。

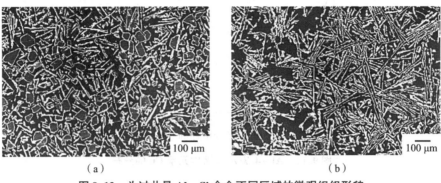

图 9.13 为过共晶 Al – Si 合金不同区域的微观组织形貌
(a) 铸件上部区域微观组织；(b) 铸件底部区域微观组织

铸件凝固的过程中，如固液两相区内的液体存在密度差，其也将在重力的作用下形成重力偏析。在水平浇注的 Al – 4.5%Cu 合金单向凝固铸件中，如图 9.14（a）所示，凝固前沿的固液两相区沿凝固方向存在温度、成分和密度的差异。受溶质再分配的影响，靠近固相边界的液体中 Cu 含量高，密度大，在重力作用下向下流动，从而也可导致重力偏析，如图 9.14（c）所示。其他条件相同时，固、液相之间或互不相溶的液体之间的密度差越大，重力偏析越发严重。因此，对于一些以 W、Pb 等重金属为溶质的合金或一些以 Al、Mg 等轻金属为溶质的合金来说，如何防止或减轻重力偏析是生产中的重要问题。总之，对易产生重力偏析的合金而言，必须采取防止措施，如机械搅拌液态金属使溶质分布均匀；尽量缩短液态合金的放置时间；加快冷却速度及合理控制铸件的凝固方向等。

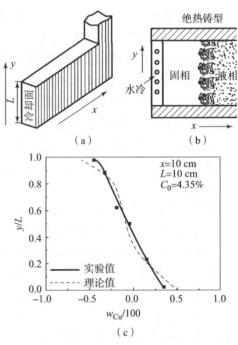

图 9.14 水平浇注 Al – 4.5%Cu 合金定向凝固铸件的宏观偏析

9.1.4 偏析的影响因素及工艺性防止措施

1. 微观偏析的影响因素及防止措施

枝晶偏析使晶粒范围内的物理和化学性能产生差异，影响铸件的力学性能。晶界偏析往往有更大的危害：由于偏析使得低熔点共晶容易集中在晶粒边界，既增加铸件在收缩过程中产生热裂的倾向性，又降低铸件的塑性。

影响合金铸件微观偏析的工艺因素包括：合金的冷却速度（v_0）、偏析元素的扩散能力（D_S）以及溶质的平衡分配系数（k_0）。通常当其他条件相同时，冷却速度越大、偏析元素扩散系数越小、平衡分配系数越小，晶内偏析越严重。但也要考虑冷却速度的增加可细化合金晶粒，从而有可能使得晶内偏析减轻，这需要做具体分析。比如，当冷却速度极大时（如冷却速度达 $10^6 \sim 10^7$ ℃/s 时），偏析来不及发生，反而得到成分均匀的非晶态组织。

枝晶偏析产生的根源是合金铸件的非平衡结晶，溶质元素的分布处于热力学不稳定状态。均匀化退火是行之有效的解决方案，把铸件加热到低于固相线 100~200 ℃ 的温度，充分保温使溶质原子充分扩散，则可减轻或消除枝晶偏析。以 Cu–Ni 合金为例，图 9.15 为图 9.1 所示的 Cu–Ni 合金经均匀化退火后的组织及与之对应的特征 X 射线强度曲线。可以看出，经长时间均匀化退火后，溶质元素得以充分扩散，因而合金铸件中的枝晶偏析基本消除。

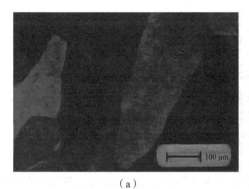
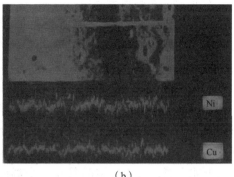

（a） （b）

图 9.15 Cu–Ni 合金均匀化退火后的微观组织

（a）退火后的显微组织；（b）Cu 和 Ni 的特征 X 射线

合金的铸造过程中，细化晶粒的工艺措施可减轻铸件的微观偏析，如提高冷却速度；加入晶粒细化剂等；此外，对合金进行孕育处理或加入某些元素往往能使树枝状晶的尺寸或单位面积上的树枝状晶的数量发生变化，这将改变枝晶内的溶质分布，从而减轻铸件的微观偏析。此时，再结合均匀化退火处理，便可消除微观偏析，均匀化退火时间要根据合金内的枝晶间距和溶质扩散系数而定。

假设有两枝晶 A、B，横跨枝晶 A、B 间的偏析值近似地为正弦波（如图 9.16），根据菲克尔扩散第二定律可解出在一定温度下经 τ 时间后的偏析幅值 A 为

$$A = A_0 e^{-P^2 D_S \tau / S^2} \qquad (9.7)$$

式中，A_0 为铸态合金枝晶偏析的初始幅值，$A_0 = C_{\max} - C_{\min}$；$D_S$ 为扩散系数；S 为枝晶间距的一半。

式（9.7）很好地反映了均匀化退火时间与枝晶间距和扩散系数的对应关系。枝晶间距越小，保温处理过程中原子的扩散路径越短，此时较短的均匀化退火时间即可满足要求。由此可知，凡能细化枝晶的各种工艺

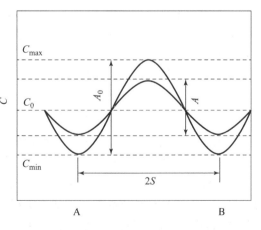

图 9.16 枝晶 A 到 B 的溶质分布规律
（假设枝晶偏析按正弦波分布）

措施均可有效降低后续的均匀化退火时间。另外，偏析元素的扩散系数越大，则相同路径下所需扩散时间越短，均匀化退火时间也越短。晶内偏析减轻或完全消除后，铸件的力学性能可显著增强。需要注意的是，均匀化退火温度不可超过固相线温度，否则将发生晶界熔化，即铸件会过烧，而过烧的发生将严重损坏铸件的性能。在某种情况下，合金的晶内偏析也有有益的一面。例如，作为轴承合金的锡青铜由于晶内偏析而具有良好的耐磨性。

对于晶界偏析而言，如已形成一些稳定化合物（硫化物和某些碳化物等），即使采用长时间的均匀化退火往往也无法消除偏析。对于易形成这些稳定化合物的合金铸件，应该从材料设计的角度入手，设法提高合金液的纯净度，以减少合金中 N、S 的含量。此外，适当提高浇注温度也可延长原子的扩散时间，从而起到减缓微观偏析的作用。但浇注温度不宜过高，否则将造成合金的氧化、吸气及晶粒粗大等。

2. 宏观偏析的影响因素及防止措施

一般而言，宏观偏析是无法完全避免的。严重的区域性宏观偏析对合金铸件的加工性能损害较大。如锡青铜铸件容易产生反常偏析，铸件表面 Sn 含量高，增加切削加工的难度。钢锭产生正常偏析时，中心以及上部 C、S、P 的含量较高，特别是 S 和 P 的偏析能显著降低钢的质量，并为以后塑性加工造成种种困难，甚至导致制品损坏。又如铅青铜铸件容易产生重力偏析，Pb 分布不均匀，耐磨性能变坏。因此，应尽量减轻合金在铸造过程中的宏观偏析。

影响铸件宏观偏析的因素包括：（1）合金结晶温度范围；（2）树枝晶的尺寸；（3）冷却速度；（4）合金结晶过程液体金属所受的压力。

不同于纯金属，合金的结晶是在一个温度范围内进行的，这是形成宏观偏析的先决条件。当结晶温度范围较小时，固－液界面相对平直或呈短锯齿状，枝晶短小，合金倾向于产生正常偏析；而结晶温度范围的增大一般使得树枝状晶相对发达，在其他条件相同时，易产生反常偏析。冷却条件对铸件偏析的影响相对复杂些，一般而言，对于结晶温度范围较宽的合金，如铸件凝固速度缓慢，则易形成发达的树枝晶，因而有利于反常偏析的形成，这也是现代化工业生产的厚大锡青铜铸件往往采用金属型浇注的原因所在。但也有例外情况，连续铸造 Al－Cu 合金铸锭时，由于冷却速度快，Cu 在铸锭表层富集，进而形成反常偏析。合金结晶过程液体金属所受的压力对宏观偏析同样有重要影响。受溶质再分配规律影响，枝晶间低熔点溶质元素含量往往较大（$k_0 < 1$），这些低熔点的合金液体在静压力或大气压力作用下，可通过枝晶间的渠道向外补缩，从而有利于反常偏析的形成。合金凝固过程中气体的析出有助于反常偏析的产生。

对于宏观偏析，由于其偏析区域较广，偏析元素的扩散距离过长，有时无法采用均匀化退火方式消除，而应以"预防为主"的原则加以缓解。比如，正确选择合金，以降低凝固过程中的密度差，且需合理控制铸件的结晶温度范围，这与以平衡分配系数作为合金元素的选择依据本质上是相同的；另外，要有合理的铸件结构，保证铸件的高度，避免铸件过厚，如避免肥厚断面的出现可有效防止硅黄铜、锡青铜等合金铸锭出现宏观偏析。晶粒的形态及尺寸对铸件的宏观偏析也有重要影响，如图 9.17 所示，在这方面可采用悬浮浇注或加入孕育剂等方式，以达到细化晶粒从而减缓宏观偏析的目的。此外，某些第三组元的添加对合金铸件的晶粒形态以及元素分布也有显著影响。图 9.18 是稀土元素（RE）对耐候钢中 C 元素偏析的影响，由图可知 RE 元素的加入可有效降低钢中 C 的中心正常偏析，并且在一定范围内，随着 RE 含量的增加，这种改善效果越发明显，这是由于固溶 RE 元素可以细化枝晶、提高铸件内的等轴晶率，从而减轻耐候钢的宏观偏析。

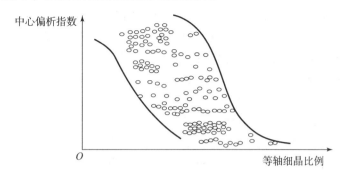

图 9.17　某合金内等轴细晶比例与宏观偏析指数的关系

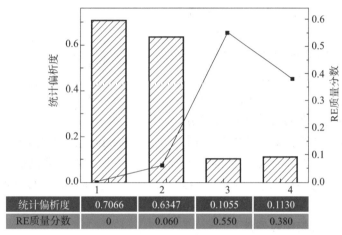

图 9.18　稀土元素（RE）对耐候钢铸锭中 C 元素统计偏析度

对于因密度差所造成的重力偏析，可通过在熔炼时和浇注前进行充分的搅匀等措施以尽可能地均匀化合金元素的分布。金属凝固过程中采用螺旋磁场对合金溶液进行电子搅拌，可均匀化铸件各部分之间的成分差异，并且实现碎断枝晶、细化晶粒的作用，从而有效抑制重力偏析；对于具有一定密度差异的合金溶液，应尽量缩短停放时间，防止分层现象的出现；而从合金成分方面考虑，可以加入第三种合金元素，形成熔点较高的、与合金液密度相近的树枝晶化合物，从而阻碍初晶沉浮。例如在铝青铜中添加 Ni 元素具有促进树枝状初晶 Cu 生长、抑制 Pb 偏析的作用。又如 Pb-Sn-Sb 轴承合金中，少许 Cu 的添加可生成针状 Cu-Sn 化合物，有效抑制密度较小的 Sb 初晶上浮。此外，适当降低浇注温度、加快铸件冷却速度或铸型内局部采用冷铁等方法均有利于加速凝固进程，合理控制凝固方向，也可以起到良好的改善偏析的效果。

9.1.5　低偏析技术

在合金的凝固过程中，由于各组元在液相和固相中的化学位不同，使得析出固相的成分不同于周围液相，因而固相的析出将导致周围液相成分的变化并在液相和固相内造成成分的不均匀，即偏析。二元或多元合金，甚或是单质晶体中都或多或少地存在杂质元素，由于凝固过程中的热力学和动力学原因，凝固过程中产生偏析。偏析造成材料组织与性能的不均匀，直接影响产品质量，特别是使韧性、塑性和抗腐蚀性下降。一般来说，合金化程度越高，偏析越严重。高温合金由于合金化程度高而极易产生成分偏析，随着合金化程度的提高，凝固过程中成分偏析加剧，成为高温合金进一步发展的主要障碍。师昌绪先生带领团队深入研究高温合金的凝固过程，首先发现了偏析规律，并提出了低偏析技术。

低偏析技术的学术思想和技术路线是从微量元素入手，采用金相探针法来捕捉微量元素在凝固过程中的行为，通过严格控制某些微量元素，减少合金凝固偏析，并在此基础上研制、开发出高性能的低偏析合金。低偏析技术通过控制微量元素含量，使合金的凝固温度区间变窄，如图 9.19 所示，w_0 为合金的初始成分，w_{s1} 为平衡凝固时固相成分，w_{s2} 为考虑微量元素偏析实际凝固时的固相成分，w_{s3} 为采用低偏析技术后合金实际凝固时的固相成分。ΔT_1、Δw_1 分别为平衡凝固时的温度区间和成分区间；ΔT_2、Δw_2 分别为考虑微量元素偏析的实际凝固温度区间和成分区间；ΔT_3、Δw_3 分别为采用

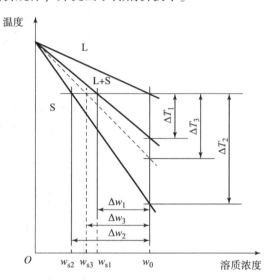

图 9.19 多元合金凝固区间示意图

低偏析技术后的合金实际凝固温度区间和成分区间。可见，采用低偏析技术控制微量元素后，液相线与固相线之间的水平距离和垂直距离减小，合金的凝固温度区间变窄，有利于减少合金的凝固偏析。

1. 30Cr2Ni4MoV 大钢锭的偏析

低偏析技术在真空熔炼的铸造和变形高温合金中都适用。近年来，人们通过数十吨的合金钢锭实验研究 O 含量对偏析的影响，进而熔炼 100 t 30Cr2Ni4MoV 钢锭，发现控制钢锭中的 O 含量对控制偏析形成具有关键作用：如果 O 含量低，即使 S 含量较高也几乎不产生偏析；反之，如果 O 含量较高，即使 S 含量很低也会产生偏析。

图 9.20（a）为按企业原工艺生产的第一支 100 t、30Cr2Ni4MoV 钢锭的解剖分析结果。可以观察到清晰的轴线方向的中心缩孔疏松带，其长度约 1 700 mm，占钢锭有效使用长度的 2/3。第二支钢锭采用少量 Al 脱氧，O 含量为 15×10^{-6}，发现了轻微 A 偏析缺陷（在钢锭轴心纵剖面两侧表现为一组或几组不连续的富集溶质或夹杂物的条带或通道，由下往上向轴心方向倾斜，且在钢锭上部较为明显），底部没有发现负偏析缺陷，如图 9.20（b）所示，第二支 100 t、30Cr2Ni4MoV 钢锭心部致密，没有观察到孔洞缺陷。同时采用冒口强化保温，基本消除了中心缩孔疏松缺陷，在锭身位置仅存在两处直径 3 mm 的缺陷。由于 O 含量仍然偏高，没有完全消除 A 偏析缺陷。第三支钢锭采用真空碳脱氧方法熔炼，继续降低 O 含量，O 含量降至 12×10^{-6}，获得的组织心部致密，无孔洞缺陷，无 A 偏析缺陷，超声检测未发现直径 3 mm 的缺陷，如图 9.20（c）所示。

有研究学者认为在广泛应用的钢种中，夹杂物是引起通道偏析的主要原因。这一观点打破了多年来冶金界普遍认为的经典自然对流理论。通道偏析起源于以氧化物为核心的夹杂物，一

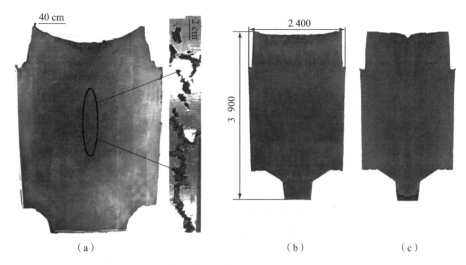

图 9.20 不同工艺生产的三批次 100 t、30Cr2Ni4MoV 钢锭
(a) 原工艺;(b) 少量 Al 脱氧工艺;(c) 真空碳脱氧工艺

定数量和尺寸的夹杂物在糊状区聚集形成的浮力效应诱导了糊状区失稳,主导了通道偏析的形成。相关研究表明,通过控制全氧和氧化物含量,可以显著减少直至消除通道偏析,在大断面铸坯无法实现快速冷却的条件下,通过控氧纯净化冶炼和合理浇注,仍可以有效控制偏析。

2. 核电蒸发器传热管用 IN690 合金的凝固偏析

IN690 合金具有优异的耐应力腐蚀开裂性能,被广泛用于制作核电站蒸汽发生器传热管。IN690 合金含有约 30%(质量分数)的 Cr 及一定量的 S、N 等元素,给冶炼超纯净、均质的合金带来诸多困难。

研究发现,微量元素 S、N 是导致凝固偏析产生有害相析出以及影响 IN690 合金热加工性能和耐蚀性能的主要因素。S 和 N 对终凝温度影响较大,S、N 含量增加,合金凝固温度区间将增大。比较而言,S 对 IN690 合金终凝温度的影响大于 N。高 Cr 含量的 IN690 合金中,N 的存在使得合金容易产生严重的 Cr 偏析,从而析出有害相。图 9.21 为不同 S 含量的 IN690 合金 1 310 ℃等温凝固组织,可以看出,S 含量较低时,IN690 合金组织中无共晶如图 9.21 (a)、(b);而 S 含量较高的合金中,终凝区 S 元素聚集程度显著增加,液相中低熔点相聚集,引起终凝温度下降,导致低熔点共晶组织增多,如图 9.21 (c)、(d)。

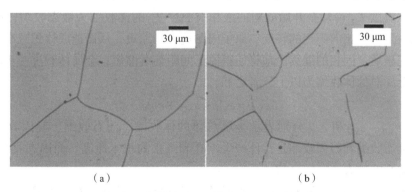

图 9.21 不同 S 含量时 IN690 合金 1 310 ℃等温凝固组织
(a) 30×10^{-6} S;(b) 50×10^{-6} S

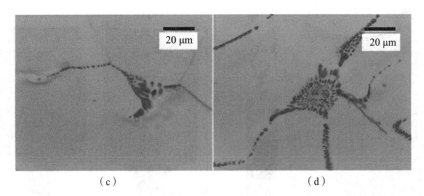

图 9.21　不同 S 含量时 IN690 合金 1 310 ℃等温凝固组织（续）

(c) 100×10^{-6}S；(d) $1\ 200 \times 10^{-6}$S

人们，近年来开发了 CaO 坩埚真空感应 – 保护气氛电渣重熔新技术。该技术可通过双联冶金技术实现 IN690 合金 S、O 超纯净冶炼，可将 3.5~8.0 t 质量的铸锭中的 S 和 N 含量稳定地控制在 10×10^{-6} 以下。降低 S、N 含量后，IN690 合金凝固偏析显著减少。

低偏析技术具有普适性，应该更广泛地对其他金属结构材料进行分析研究，找出不同合金中严重影响偏析的微量元素，以获得高质量的低偏析材料，这对保证大工程装备的质量、运行安全与长寿命都具有极大的意义。

9.2　缩孔与疏松

9.2.1　铸件的收缩及分类

铸件在液态、凝固态和固态的冷却过程中发生的体积减小现象，称为收缩。金属从液态到常温的体积改变量称为体收缩；金属在固态时的线尺寸改变量，则称为线收缩。收缩是铸造合金本身的物理性质，也是重要的铸造性能之一，是铸件中许多缺陷（如缩孔、疏松和裂纹等）产生的根本原因。在设计和制造模型时，线收缩是重要的物理参数。

从浇注温度冷却到室温的过程中，金属产生的体收缩可分为液态收缩、凝固收缩和固态收缩。图 9.22 为铸造合金的收缩示意，浇注时液态金属充满铸型瞬间，金属处于液态，液态金属从浇注温度 $T_{浇}$ 冷却至开始凝固的液相线温度 T_L 的体收缩为液态收缩；温度继续下降时，金属发生由液相向固相的转变，原子间距进一步缩短，从而造成体积减小，发生凝固收缩；凝固完毕后，固相的继续冷却将使得原子间距继续缩短，金属体积进一步减小，发生固态收缩。金属总的体收缩为以上三者之和，即

$$\varepsilon_{V总} = \varepsilon_{V液} + \varepsilon_{V凝} + \varepsilon_{V固} \tag{9.8}$$

式中，$\varepsilon_{V总}$、$\varepsilon_{V液}$、$\varepsilon_{V凝}$ 和 $\varepsilon_{V固}$ 分别表示金属总体的体收缩、液态收缩、凝固收缩和固态收缩。其中，液态收缩和凝固收缩是铸件产生缩孔和疏松的根本原因。而固态收缩则对应力、变形与裂纹的影响较大。

在实际铸造过程中，金属收缩的大小通常以相对收缩量表示，称之为铸件的收缩率。当温度从 T_0 降至 T_1 时，金属的体收缩率和线收缩率分别可表示为

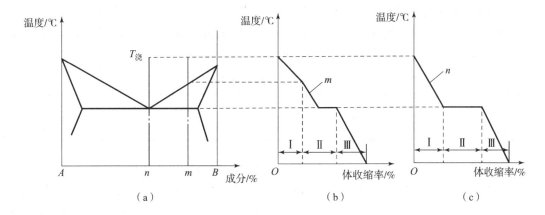

图 9.22 铸造合金的收缩示意

(a) 相图；(b) m 合金收缩曲线；(c) n 合金收缩曲线

m 为有一定结晶温度范围的合金；n 为恒温下凝固的合金

$$\varepsilon_{V总} = \frac{V_0 - V_1}{V_0} \times 100\% = a_V(T_0 - T_1) \times 100\% \tag{9.9}$$

$$\varepsilon_L = \frac{L_0 - L_1}{L_0} \times 100\% = a_L(T_0 - T_1) \times 100\% \tag{9.10}$$

式中，V_0、V_1 分别为金属在 T_0 和 T_1 的体积；L_0、L_1 分别为金属在 T_0 和 T_1 的长度；a_V、a_L 分别为金属在 $T_0 \sim T_1$ 温度范围内的体积收缩和线收缩系数，一般而言，$a_V \approx 3a_L$。

从式 (9.9) 和式 (9.10) 可以看出，影响合金收缩的因素主要有金属的物理特性和温度区间的大小两点。

1. 液态收缩

液态金属浇入铸型后，由于铸型吸热，金属温度开始下降，空穴数量减少、原子间距离缩短，从而造成液态金属体积有所减小。在这个过程中，金属均处于液态，因而此时金属的收缩仅表现为型腔内合金液面的降低。液态收缩率可表示为

$$\varepsilon_{V液} = a_{V液}(T_浇 - T_L) \times 100\% \tag{9.11}$$

式中，$\varepsilon_{V液}$ 为液态体收缩率；$a_{V液}$ 为金属的液态收缩系数；$T_浇$、T_L 分别为液态金属的浇注温度和液相线温度。

从式 (9.11) 可以看出，金属的液态收缩与液态收缩系数、浇注温度和液相线温度有关。影响金属液态收缩系数 $a_{V液}$ 的因素主要包括合金成分、温度、夹杂物和气体含量等，不同条件下所测得的实验数值有很大差别，例如，钢中碳含量每增加 1%，将导致 $a_{V液}$ 增大约 20%，而其他不同条件下钢液的 $a_{V液}$ 在 $0.4 \sim 1.6 \times 10^{-2}/℃$ 范围内，此时通常取平均值计算。此外，提高浇注温度 $T_浇$ 或因合金成分的改变导致液相线温度 T_L 降低，都将使得 $\varepsilon_{V液}$ 增大。

2. 凝固收缩

由于凝固过程是液相向固相的状态转变，因此液态金属凝固收缩的情况较为复杂。在一些合金的凝固过程中，其体积将不发生收缩，甚至在某些 Ga 合金、Bi-Sb 合金中，凝固收缩率为负值，其凝固过程中还将发生体积膨胀。

值得注意的是，对具有一定结晶温度范围的合金而言，其凝固过程的收缩率既与状态

改变的体积变化有关，也与结晶温度范围有关。结晶温度范围大者，凝固体积收缩率大。表9.4列出了部分碳钢的凝固收缩。对于纯金属和共晶合金，由于其凝固过程为恒温转变，因此，其体积收缩只与金属状态的改变有关，而与温度无关。

表9.4 碳钢的凝固收缩率

w_C/%	0.10	0.25	0.35	0.45	0.70
$\varepsilon_{V凝}$/%	2.0	2.5	3.0	4.3	5.3

金属的凝固收缩对铸造缺陷具有较大影响。液态金属浇注进铸型后，首先在表面形成硬壳，此时尚未凝固的液态金属将在已凝固的外壳中继续冷却。在液态收缩和凝固收缩的影响下，金属将发生收缩，如果减小的体积得不到外来合金液的补充，则将在铸件中形成或分散或集中于某处的孔洞，即缩孔与疏松。液态收缩和凝固收缩是铸件内缩孔与疏松形成的决定性因素，$\varepsilon_{V液} + \varepsilon_{V凝}$越大，缩孔的容积则越大。

3. 固态收缩

铸件的固态收缩指凝固终止温度（固相线温度）到室温的收缩。固态收缩的体收缩率为

$$\varepsilon_V = a_V (T_S - T_R) \times 100\% \tag{9.12}$$

式中，ε_V为固相的体收缩率；a_V为固相的体收缩系数；T_S、T_R分别为固相线温度、室温。

这个阶段的收缩对铸件的结构和尺寸影响最大，不仅铸件整体体积发生变化，各个方向上也都表现出线尺寸的缩小，而线收缩则是铸件内产生应力、变形和裂纹的根本原因。为精确表示这一变化，通常用线收缩率表示铸件的固态收缩量，即

$$\varepsilon_L = a_L (T_S - T_R) \times 100\% \tag{9.13}$$

式中，ε_L为固相的线收缩率；a_L为固相线收缩系数。

存在固态相变的合金，其收缩情况较为复杂，需分别测算。表9.5为碳钢的线收缩率ε_L与含碳量的关系，碳钢的固态收缩分为3个阶段：（1）珠光体转变前收缩，发生在凝固终了到$\gamma \to \alpha$相变前的温度范围，以$\varepsilon_{L\gamma珠前}$表示；（2）共析转变过程的膨胀，发生在$\gamma \to \alpha$相变的温度范围内，以$\varepsilon_{L\gamma \to \alpha}$表示；（3）珠光体转变后收缩，发生在$\gamma \to \alpha$相变终了到室温的温度范围内，以$\varepsilon_{L\gamma珠后}$表示。

表9.5 碳钢的线收缩率 ε_L 与含碳量的关系

w_C/%	$\varepsilon_{L\gamma珠前}$/%	$\varepsilon_{L\gamma \to \alpha}$/%	$\varepsilon_{L\gamma珠后}$/%	ε_L/%
0.08	1.42	-0.11	1.16	2.47
0.14	1.51	-0.11	1.06	2.46
0.35	1.47	-0.11	1.04	2.40
0.45	1.39	-0.11	1.07	2.35
0.55	1.35	-0.09	1.05	2.31
0.60	1.21	-0.01	0.98	2.18

注：$w_{Mn} = 0.55\% \sim 0.80\%$，$w_{Si} = 0.25\% \sim 0.40\%$。

因此，碳钢的固态线收缩率可表示为

$$\varepsilon_L = \varepsilon_{L\gamma珠前} + \varepsilon_{L\gamma \to \alpha} + \varepsilon_{L\gamma珠后} \tag{9.14}$$

此外，合金的线收缩不仅受固态相变的影响，也与气体含量及析出程度有关。

值得注意的是，纯金属和共晶合金的线收缩是在完全凝固后开始的。而对于具有一定结晶温度范围的合金而言，其线收缩发生在完全凝固之前。当液态金属的温度稍低于液相线温度时，金属便开始结晶，此时枝晶数量较少，分布较为分散，无法形成连续骨架，因此金属的收缩仍然为液态收缩；当温度下降至某一温度时，枝晶数量开始增多，形成连续的骨架，此时合金开始显现出固态收缩性质。合金由液态收缩转变为固态收缩的温度称为线收缩开始温度，该温度与合金的成分有关，如图 9.23 所示。

一般地，合金成分对线收缩的影响可分为以下 3 种情况：（1）共晶型合金，如图 9.24（a）所示，随着 B 成分的增加和线收缩开始，合金温度降低，线收缩沿曲线 2 快速下降；成分在 $m-n$ 之间的合金线收缩开始温度则相同，合金线收缩的变化仅与 B 的含量有关，随着元素 B 含量的增加，线收缩缓慢下降；（2）固溶体合金，如图 9.24（b）所示，线收缩向低熔点组分 B 的方向，沿曲线 1 平滑的下降；（3）有限固溶体合金，如图 9.24（c）所示，这类合金的线收缩变化规律可结合前两类进行分析。

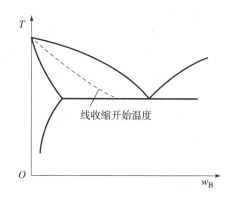

图 9.23 合金线收缩开始温度与成分的关系

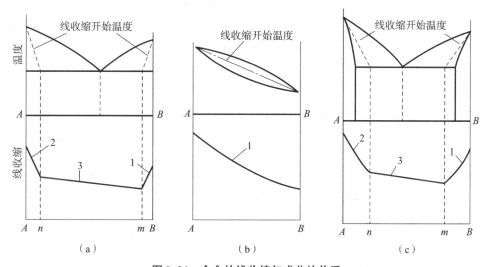

图 9.24 合金的线收缩与成分的关系
（a）共晶型合金；（b）固溶体合金；（c）有限固溶体合金

9.2.2 铸件凝固过程中的缩孔

铸件在凝固过程中，由于合金的液态收缩和凝固收缩，往往在铸件最后凝固的部位出现孔洞，称为缩孔。容积大而集中的孔洞称为集中缩孔或简称为缩孔；细小而分散的孔洞称为分散性缩孔，简称为疏松。

缩孔是铸件的重要缺陷之一，其形状不规则，表面不光滑，还可以看到发达的树枝晶末梢（这可作为与气孔相区别的依据）。凝固过程中，一旦在铸件中形成缩孔，就会减小铸件断面受力的有效面积，从而导致应力集中的产生，致使铸件的力学性能显著降低。此外，缩孔的形成也严重损害铸件的气密性和物理化学性能，因此必须设法防止缩孔的产生。

1. 缩孔的形成机理

缩孔多集中在铸件的上部和最后凝固的部位，容积一般较大。本节以圆柱体铸件为例说明缩孔的形成过程。忽略结晶温度区间的影响，因此假定所浇注的金属在固定温度下凝固或结晶温度范围很窄，铸件由表及里逐层凝固。

图9.25示出了铸件中缩孔形成的整个过程，图9.25（a）表示浇注过程中液态金属首先充满铸型，随后由于铸型的吸热，液态金属开始温度下降，发生液态收缩，但此时体积的收缩可以从浇注系统中得到补充。因此可以认为，型腔内总是充满着金属液的。

在液态合金冷却过程中，当铸件外层的温度达到结晶温度时，铸件表面首先凝固成一层硬壳，并紧紧包住内部的液态金属，内浇口被冻结，如图9.25（b）所示。

凝固过程继续，金属因温度的降低发生液态收缩，同时对形成硬壳时的凝固收缩完成补充，因此液面要下降。与此同时，硬壳也因温度降低而产生固态收缩，致使铸件外表尺寸缩小。如果因外壳尺寸缩小所造成的体积缩减等于液态收缩和凝固收缩造成的铸件体积缩减，则外壳仍可以和液态金属紧密接触，此时不产生缩孔。但是，如果合金的液态收缩和凝固收缩造成的体积缩减大于硬壳的固态收缩，则导致硬壳与金属液体的脱离，如图9.25（c）所示。凝固持续推进，硬壳不断加厚，体积增大，液面也将不断下降。这样，在金属凝固的最后阶段，铸件上部就形成了一个倒锥形的孔洞，即形成缩孔，如图9.25（d）所示。固态收缩条件下，铸件的体积还将缩小，缩孔的绝对体积有所降低，但变化很小。如设置顶部冒口，则缩孔将移至冒口中，如图9.25（e）所示。图9.25（c）、（d）中虚线表示缩凹的形成，这是由于液态合金与硬壳顶面脱离时形成真空，上面的薄壳在大气压的作用下，向缩孔方向凹陷形成的，此时缩孔一般指铸件内的缩孔和外部的缩凹两部分。如果液态合金中的含气量较大，或铸件上顶面的硬壳强度足够大，也可能不产生缩凹。

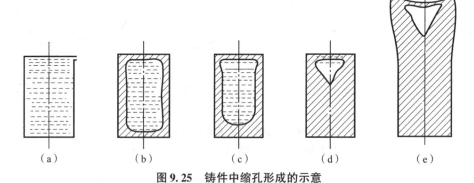

图9.25　铸件中缩孔形成的示意

(a) 液态金属充满铸型；(b) 铸件表面凝固；(c) 硬壳与金属液体脱离；(d) 形成缩孔；(e) 缩孔移至冒口中

由上述分析可知，铸件中产生缩孔的必要条件是铸件的凝固由表及里地逐层进行，缩孔往往形成于最后凝固的区域。而缩孔产生的根本原因则是合金的液态收缩和凝固收缩造成的体积缩减超过固态收缩。

2. 判断缩孔的位置

按照缩孔出现在铸件外部和内部两种情况进行分类，缩孔分为外缩孔和内缩孔。外缩孔指因凝固收缩而在铸件的外壁或顶部形成的缩孔，多呈漏斗状，铸件结构对其深度和容积有所影响。由于缩孔出现在铸件最后凝固的区域，因此产生外缩孔的铸件内部多是致密的。内缩孔即铸件凝固收缩时内部产生的缩孔，一般为黑色或褐色。内缩孔分布不规则，孔壁粗糙，缩孔中可见树枝晶状的凝固组织。

缩孔形成的具体部位与铸件结构、尺寸以及铸型的结构等因素有关，进一步可分为外缩孔、凹角缩孔、芯面缩孔和内部缩孔，如图 9.26 所示。但是，无论如何划分，缩孔一定产生在铸件最后凝固的区域，因此确定缩孔的位置就是确定铸件最后凝固的区域。

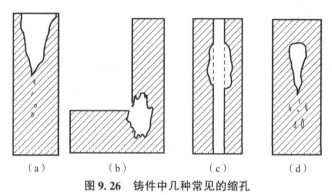

图 9.26　铸件中几种常见的缩孔

(a) 外缩孔；(b) 凹角缩孔；(c) 芯面缩孔；(d) 内部缩孔

研究中常用等固相线法确定缩孔的位置。对于在恒温下结晶或结晶温度范围很窄的合金，可将其凝固前沿视为固液相的分界线，此分界线也是一条等温线，即等固相线。等固相线法，即在铸件断面上从冷却表面开始逐层向内绘制等固相线，直到整个铸件最窄断面上的等固相线相接触为止。此时，等固相线不相接连的地方，就是铸件最后凝固的区域，据此可确定缩孔位置，如图 9.27 所示。

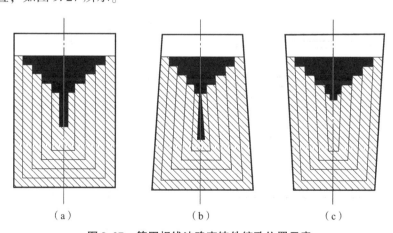

图 9.27　等固相线法确定铸件缩孔位置示意

(a) 铸件类型 1；(b) 铸件类型 2；(c) 铸件类型 3

此外，如果铸件结构上两壁相交之处的内切圆大于相交各壁的厚度，则此处凝固较晚，也是产生缩孔的部位，称为热节。铸件中厚壁处和内浇口附近，也是凝固较晚的区域。

以工字形截面铸件为例，用等固相线法确定缩孔位置，如图 9.28 所示。图 9.28（a）和图 9.28（b）分别是应用等固相线法确定的缩孔位置和铸件中缩孔的实际位置。在铸件的底部放置冷铁，相当于增大了该处的冷却速度，因而此时等固相线上移，缩孔全部集中在铸件上部，如图 9.28（c）所示。如果冷铁尺寸选择得当，并在上部设置冒口，可以达到使铸件内部无缩孔的目的，如图 9.28（d）所示。

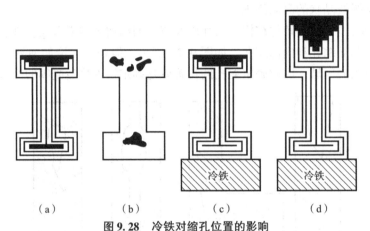

图 9.28 冷铁对缩孔位置的影响

(a) 等固相线法确定的缩孔位置；(b) 缩孔实际位置；(c) 底部放置冷铁；(d) 放置冷铁并设置冒口

3. 缩孔形成的影响因素

缩孔的容积是铸件质量的重要指标，对计算冒口体积有实际意义。缩孔容积的影响因素较多，作用机理复杂，本节将通过公式的推导，进一步明确缩孔容积的影响因素及作用机理，为铸造工艺的制定提供理论依据。如图 9.29 所示，缩孔的容积 V 等于铸件薄壳冷却到某一温度 T_F 的体积 V_K 减去由薄壳紧紧包围的液态金属所形成的致密固态金属的表面冷却至同一温度 T_F 时的体积 V_S，即

$$V = V_K - V_S \tag{9.15}$$

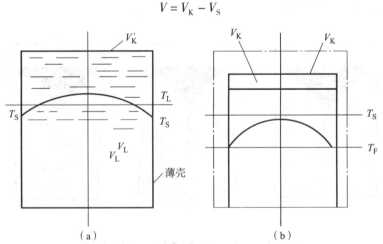

图 9.29 计算缩孔容积的示意图

(a) 液态；(b) 凝固态

凝固温度由 T_S 下降至 T_F，薄壳固态收缩，体积为 V_K，则

$$V_K = V'_K [1 - \alpha_{VS}(T_S - T_F)] = V_L [1 - \alpha_{VS}(T_S - T_F)] \tag{9.16}$$

式中，V'_K 为薄壳在温度 T_S 下的体积；α_{VS} 为固态体积收缩系数；V_L 为薄壳在 T_S 时包围的液态金属体积。

铸件中致密固态金属体积应为原液态金属体积 V_L 减去其全部收缩量，即

$$V_S = V_L [1 - \alpha_{VS}(T_L - T_S) - \varepsilon_{VS} - 0.5(T_S - T_F)] \tag{9.17}$$

而缩孔的容积 V 则可确定为

$$V = V_L [\alpha_{VL}(T_L - T_S) + \varepsilon_{VS} - 0.5(T_S - T_F)] \tag{9.18}$$

式中，α_{VL} 为液态金属体收缩系数。

9.2.3 铸件凝固过程中的疏松

疏松是铸件在断面上常出现的分散而细小的缩孔，也称缩松。不同于缩孔，疏松多而小，呈海绵状，有时需借助放大镜判别。疏松多形成于结晶温度较宽、呈体积凝固的合金中，或是合金液温度梯度小、液态金属几乎同时凝固的情况下。疏松对铸件力学性能影响较大，并且分布较为分散，难以补缩。此外，凝固中形成疏松还会显著降低铸件的气密性而导致渗漏，须加以防止。

疏松分宏观疏松和微观（显微）疏松两大类，有时也将宏观疏松简称为疏松。从形态上看，宏观疏松即铸件内部分布密集的小空洞，断面上常可见枝晶末梢，如图 9.30 所示。其一般分布在冒口下、浇道根部、厚大热节中心以及铸件轴线处等区域。宏观疏松多形成于结晶温度范围较宽的合金中，在体积凝固条件下，金属固液态收缩和凝固收缩致使金属体积缩减，

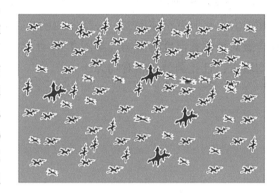

图 9.30 宏观疏松示意

从而形成细小孔洞，这些细小孔洞分布较为弥散从而很难由外部金属液补充，进而形成枝晶分隔后的熔池。相比于宏观疏松，显微疏松在铸件中或多或少都会存在，经常与微观气孔同时形成，且肉眼很难与气孔区分开来，需借助显微镜区分，如图 9.31 所示。

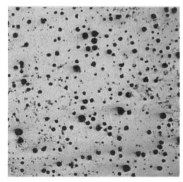

图 9.31 合金中的显微疏松形貌

按照分布形态来看，疏松可分为分散性疏松和轴线疏松，如图 9.32 所示。

如前所述，铸件内疏松分散，孔壁粗糙，因而往往不采用疏松容积这一概念。而常采用孔洞度衡量铸件内孔洞的数量和大小，即

$$\text{孔洞度} = \frac{\text{金属理论密度} - \text{试样密度}}{\text{金属理论密度}} \tag{9.19}$$

从形貌上看，疏松的形成使得铸件呈现类海绵状，降低试样的实际密度。因此，只要测算出试样的实际密度，与该成分合金的理论密度进行比对，即可知晓该铸件内的孔洞度。需要注意的是，孔洞度并不完全是量化铸件内疏松单类缺陷的物理量，

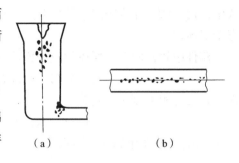

图 9.32　疏松分布形态

（a）分散疏松；（b）轴线疏松

一般情况下，由式（9.19）测算得到的铸件整体的孔洞度由疏松、气孔和微裂纹等构成。

铸件的孔洞度与浇注温度和气体含量密切相关。图 9.33 示出了不同浇注温度对 Al-45%Cu 合金孔洞度的影响。如图 9.33 所示，浇注温度从 700 ℃ 上升至 950 ℃ 后，由于金属收缩增大，孔洞度整体增大，心部尤为明显，且等孔洞度曲线开始闭合。图 9.34 为不同气体含量对铸件孔洞度的影响。如图 9.34 所示，Al-8%Si 合金中氢含量增大，铸件各处孔洞度均增大，且孔洞分布相对均匀。

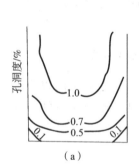 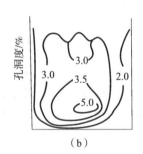 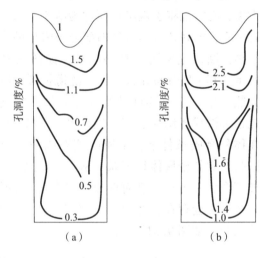

图 9.33　不同浇注温度下圆柱形铸件中的等孔洞度曲线

（a）Al-4.5%Cu 合金，浇注温度 700 ℃，型温 25 ℃；
（b）Al-4.5%Cu 合金，浇注温度 950 ℃，型温 25 ℃

图 9.34　不同气体含量下圆柱形铸件中的等孔洞度曲线

（a）Al-8%Si 合金，氢含量 0.3 ml/100g Al，激冷型；
（b）Al-8%Si 合金，氢含量 0.45 ml/100g Al，激冷型

9.2.4　缩孔与疏松的影响因素及工艺性防止措施

由 9.2.2 节和 9.2.3 节可知，无论缩孔还是疏松，都是由金属凝固过程中的收缩引起的，其形成的根本原因皆为铸件的液态收缩和凝固收缩造成的体积缩减超过固态收缩。二者在形成机理及对铸件性能的影响方面皆有一定的相似之处，但又在形态、影响因素及防止措施方面有所区别。并且，对一定成分的合金而言，不同铸造工艺下，其缩孔和疏松还可以相互转化。因此，本节有必要对二者的影响因素及转化规律进行介绍。

1. 缩孔与疏松的影响因素

忽略冒口因素的影响，金属总的缩孔容积（集中缩孔和疏松）主要由其收缩特性决定。而收缩和补缩特性又与合金成分、浇注条件、铸型性质等有关。下面将分别讨论。

1) 合金本身特性的影响

对不同合金系而言，从式（9.18）中不难看出：(1) 合金液态收缩系数 α_{VL} 越大，则缩孔总容积越大；(2) 合金凝固收缩率 $\varepsilon_{V凝}$ 越大，则缩孔总容积越大；(3) 合金固态收缩率 $\varepsilon_{V固}$ 越大，缩孔总容积小幅度增大。

若以上因素不变，可粗略认为某一成分合金的总缩孔容积 $V_总$ 不变，但二者可以相互转化，即

$$V_总 = V_孔 + V_松 \tag{9.20}$$

式中，$V_总$、$V_孔$ 和 $V_松$ 分别为铸件总的缩孔容积、集中缩孔容积和全部疏松的容积。

对不同成分的同一合金系而言，元素成分影响铸件的缩孔总容积 $V_总$，更将显著影响集中缩孔和疏松的分配比例。图 9.35（a）为不同 C 含量下 Fe–C 合金中集中缩孔和疏松的分配情况。如图所示，逐层凝固的合金，如纯铁和共晶铸铁，补充条件相对理想，则多形成缩孔（集中缩孔）；而如果合金晶界温度过宽，此时铸件倾向体积凝固方式，液态金属的补充困难，较容易形成疏松，从而严重降低铸件的致密性。

2) 铸造工艺的影响

铸件的凝固和补缩特性不仅受成分影响，还与实际铸造工艺密切相关。

浇注温度越高，液态金属收缩率越大，缩孔总容积 $V_总$ 和集中缩孔容积 $V_孔$ 同时增大，疏松容积几乎不变，如图 9.35（a）中的虚线所示。

在铸型选择方面。对比图 9.35（a）、（b）可知，由于湿型相比干型而言具有更强的激冷能力，这将使得非平衡凝固条件下铸件的结晶温度范围减小，因此集中缩孔容积 $V_孔$ 增大，疏松减少，且不改变铸件的缩孔总容积 $V_总$。需要说明的是，进一步增大铸型的激冷能力（如采用金属铸型），则金属的收缩较大程度上可被注入的金属液体补充，边凝固边补缩，缩孔总容积 $V_总$ 和疏松容积 $V_松$ 都减小，如图 9.35（c）所示；此外，采用绝热铸型将不显著改变铸件的缩孔总容积 $V_总$，但对于结晶温度范围较大的合金而言，将降低集中缩孔容积 $V_孔$ 而增大疏松的容积 $V_松$，如图 9.35（d）所示。

浇注速度对铸件缩孔总容积 $V_总$ 的影响显著。浇注速度越缓慢，金属凝固伊始形成的硬壳厚度则有所增大，硬壳包围的合金液体体积降低，缩孔总

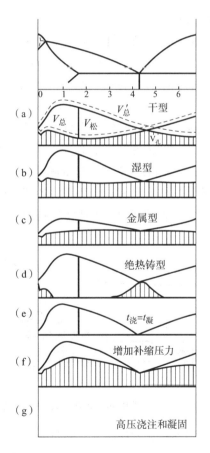

图 9.35 Fe–C 合金铸件中缩孔和疏松的分配情况

(a) 干型；(b) 湿型；(c) 金属型；
(d) 绝热铸型；(e) 减小浇注速度；
(f) 增加补缩压力；(g) 高压浇注和凝固

容积 $V_{总}$ 减小，如图 9.35（e）所示。

增加铸件凝固过程中的补缩压力会减小疏松容积 $V_{松}$，但有时会增加集中缩孔容积 $V_{孔}$。但采用高压浇注或压力铸造，则可使缩孔总容积 $V_{总}$ 极小，从而极大程度改善铸件的铸件致密性。

此外，铸件厚度、铸型刚度以及冒口的设置等对铸件缩孔容积也有影响。熟悉并掌握铸件中缩孔和疏松的转化规律及影响因素，可在合金成分的选择、优化工艺以及提升铸件致密度等方面形成理论体系。

2. 工艺性防止措施

如前述，铸件内缩孔和疏松的形成与合金的收缩特性密切相关。因此，有关缩孔和疏松的工艺性防止措施其实就是围绕合金的收缩和凝固特点，制定正确的铸造工艺，从而提高铸件凝固过程中的补缩条件。在缩孔和疏松的选择中，一般尽量将疏松转化为集中分布的缩孔，并使缩孔出现在冒口中从而获得致密的铸件。

1）凝固方式的选择

（1）顺序凝固。顺序凝固是指采用各种措施，以确保铸件结构上各部分朝冒口方向按照距冒口的距离由远及近地凝固。这样，冒口就是最后凝固的区域，缩孔集中在冒口中，从而提高铸件的致密性。为实现顺序凝固，通常在铸件上远离浇冒口的区域和浇冒口之间建立一个正温度梯度，这种方式即是定向凝固法，如图 9.36 所示，通过正温度梯度的建立可使浇冒口处液态金属最后凝固，从而将缩孔锁定在内。对凝固收缩大、结晶温度范围小的合金，通常采用这种方法。可以看出，顺序凝固可以充分发挥冒口的补缩作用，从而防止缩孔和缩松，所得铸件致密度高、力学性能优异。但是，顺序凝固下的铸件各部分之间存在温度差，凝固时铸件容易变形，甚至产生热裂。

（2）同时凝固。同时凝固是指采取必要工艺措施，以确保铸件上各部分之间没有温度差或温度梯度足够小，从而使各部分同时凝固，如图 9.37 所示。显然，同时凝固条件下铸件内没有补缩通道，无法实现补缩，这使得铸件中心区域往往有疏松，铸件致密性不高。

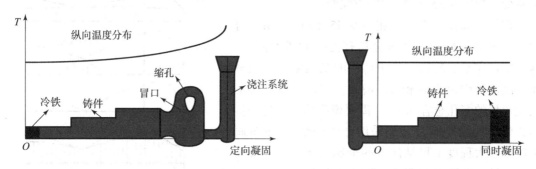

图 9.36 定向凝固原理示意　　图 9.37 同时凝固原理示意

虽然相比顺序凝固，同时凝固条件下铸件的补缩条件不理想。但是，同时凝固条件下铸件内纵向各部位温度的均匀性高，不容易产生热裂，凝固后不易引起应力和变形，因此一般无须冒口或冒口很小，可节省金属、简化工艺、减少劳动量。实际生产过程中，对于某一具体铸件，采用何种凝固方式需根据合金的特点、铸件结构以及铸造缺陷等条件入手进行选择。一般而言，在以下情况下采用同时凝固方式：

①体收缩小甚至不收缩、本身不易产生缩孔和疏松的合金，如碳硅含量高的灰铸铁；

②锡青铜等结晶温度范围大且极易形成疏松的合金，即使设置冒口，疏松往往也无法消除或改善，如对合金铸件的气密性要求不高时，一般采用同时凝固方式，不仅降低铸件产生热裂或变形的倾向，并且可简化工艺，提高生产效率；

③对于均匀薄壁铸件而言，其本身就难以补缩，可采用同时凝固方式；

④对于利用石墨化膨胀进行自补缩的球墨铸铁件，为降低铸件内的应力及变形、热裂倾向，必须采用同时凝固方式；

总而言之，同时凝固方式一般用于采用顺序凝固方式时容易产生应力或形成热裂、变形的合金铸件中；或是即使采用顺序凝固方式也无法改善铸件的疏松，采用同时凝固方式可在不显著降低铸件气密性的前提下，有效简化生产工艺。

2）浇注条件的选择

(1) 浇注系统引入位置。以顶注式浇注和底注式浇注系统为例说明。顶注式浇注系统指金属液从型腔顶部引入型腔的浇注系统，如图 9.38 所示。

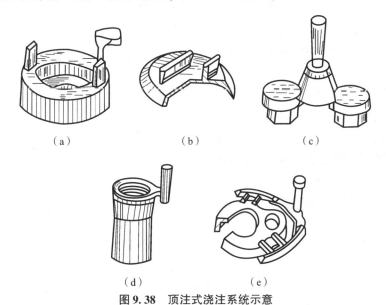

图 9.38　顶注式浇注系统示意
(a) 简单式；(b) 楔形式；(c) 压边式；(d) 雨淋式；(e) 搭边式

采用顶注式浇注系统的好处在于：凝固过程中铸件自下向上逐层凝固，高温金属位于顶部，顶部冒口补缩效果良好，从而方便实现顺序凝固；此外，浇注时金属液易于充满型腔，对薄壁铸件可减少浇不到、冷隔等缺陷。但是，顶注式浇注系统金属液对型腔底部冲击力大，易出现激溅、氧化、卷入空气等现象，充型不够平稳，容易造成砂眼、气孔、氧化夹渣等其他铸造缺陷。

底注式浇注系统充型平稳，金属液不会产生氧化和激溅。但是由于凝固过程中温度场与靠重力补缩的顺序恰好相反（即呈"反顺序凝固"方式），如图 9.39 所示，因此高温金属液位于铸型底部，不利于补缩，比较容易发生缩孔和疏松以及晶粒粗大的情况。但是，对于凝固时间较长的合金铸件，在冒口尺寸足够大的情况下，这种不利于补缩的温度分布有可能发生改善，如图 9.40 所示。如果温度分布的转变发生在铸件结晶之前，则铸件内仍可形成良好的补缩通道。

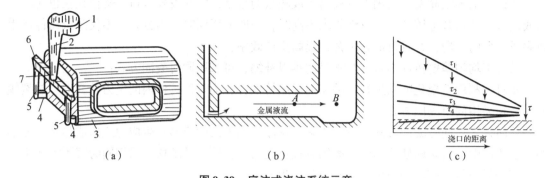

图 9.39 底注式浇注系统示意

1—浇口杯；2—直浇道；3—铸件；4—内浇道；5—分直浇道；6—横浇道；7—牛角浇口

（2）浇注工艺。主要指浇注温度和浇注速度。当浇注温度过低时，液体金属的流动性变差，排气和补缩情况恶化，容易形成疏松、气孔和夹渣等铸造缺陷，并且在浇注液体中出现浮游的优先凝固组织，又会增大合金元素的偏析，对铸件力学性能的危害很大（对屈服强度和抗拉强度的影响尤为严重）。适当提高浇注温度，放缓浇注速度，则可增加铸件纵向上的温差，从而实现顺序凝固。此外，还需注意浇注速度过慢可能造成浇不足的缺陷。

3) 冒口、冷铁和补贴的应用

为防止缩孔和疏松的形成，经常使用冒口、冷铁和补贴。

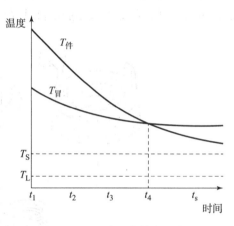

图 9.40 温度分布转变示意

冒口是铸型内用以储存金属液的空腔，可在铸件形成时补给金属液，有防止缩孔、疏松，排气和集渣的作用。习惯上把冒口所铸成的金属实体也称为冒口。设计通用冒口应遵守以下基本原则：①冒口处合金液体的凝固时间应大于被补缩部分合金液体的凝固时间；②冒口应有足够大的体积，以确保有足够的金属液用以补缩；③冒口与被补缩部位之间的补缩通道应该畅通；④在满足上述条件下，应尽量减小冒口体积、节约金属、提高铸件成品率。

实际生产中，底注式浇注系统中的冒口一般设在分型面上；顶注式浇注系统的冒口一般设置在铸件顶部，可加强顺序凝固。冒口的有效补缩距离也应充分重视，冒口的有效补缩距离由冒口区长度和凝固末端区长度构成，只有足够大的冒口有效补缩距离才能保证金属液源源不断地补给铸件，否则冒口再大，也达不到补缩的目的。冒口的有效补缩距离与铸件壁厚、纵向温度梯度、合金的黏度、气体析出以及合金的凝固特性等因素有关。图 9.41 为冒口有效补缩距离与铸件壁厚的关系。如图 9.41 所示，冒口区长度和末端区长度随壁厚增大而增大，且随截面宽厚比减小而减小。由此可见，薄壁件比厚壁铸件更难于消除轴线疏松，而杆件比板件补缩难度大。此外，纵向温度梯度和冒口补缩压力大，则有效补缩距离增大；析出气体的反作用压力和液态金属的黏度增大则增加补缩的阻力，使有效补缩距离降低。

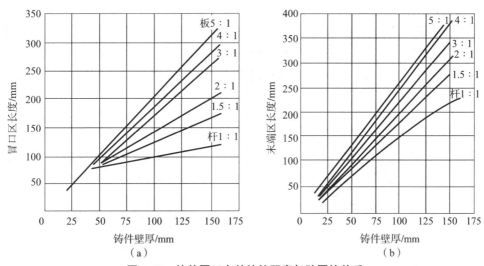

图9.41 铸件冒口有效补缩距离与壁厚的关系

(a) 冒口区长度与铸件壁厚的关系；(b) 末端区长度与铸件壁厚的关系

在铸件中间或某一段放置冷铁，可造成强制性的末端区，从而延长冒口的有效补缩距离。如果冒口有效补缩距离小于铸件的整体尺寸，则可在铸件上加补贴，以形成楔形补缩通道，消除铸件的轴线疏松。

4) 悬浮浇注法

悬浮浇注法（又称悬浮铸造法）是在浇注过程中，将一定量的固体金属粉末材料加到金属液流中，使其与金属液一起流入铸型的一种铸造方法，如图9.42所示。这种方法于1968年由苏联学者提出，采用悬浮浇注法，可有效改善钢液的凝固过程，消除普遍存在的结晶组织粗大、缩孔、疏松、偏析、热裂等缺陷，提高铸件质量。

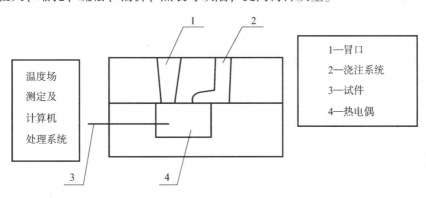

图9.42 悬浮浇注铸型图

研究表明，选择合适的悬浮剂可有效降低铸钢件中的疏松量，并使其弥散分布，这主要是因为悬浮浇注工艺可有效减小钢液凝固过程中的体积收缩，减少铸件中必须要求补缩的液态金属量。实际生产中，采用悬浮浇注法而冒口不加悬浮剂，可使铸钢件的冒口尺寸减小1/3以上。

5) 热等静压技术

由于铸件中的显微疏松多形成于树枝晶之间，孔洞弯曲，尺寸细小，分布弥散，因此采用一般的铸造工艺措施往往难以消除。热等静压技术（如图 9.43 所示）起源于 20 世纪 50 年代，是利用高温高压同时作用使部件经受三向等静压力的工艺技术，可实现全致密化成形。该技术是将铸件置于压力容器内，在高温、高压下，通过惰性气体介质（如氩气）把压力从各个方向均匀地传递到铸件表面上，从而使内部空洞闭合而消除的一项补缩技术。

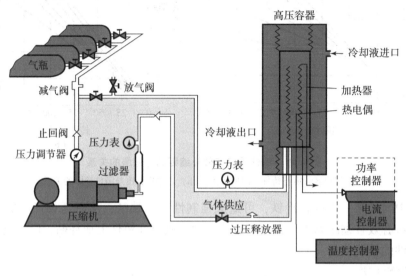

图 9.43 典型热等静压处理示意

热等静压法的主要工艺参数是温度、压力和时间。应使容器内温度均匀地保持在金属的蠕变温度，不得过高或过低；常用压力为 50～200 MPa；保温时间一般通过实验确定。经热等静压处理后的铸件不仅可消除内部孔洞类缺陷，并可显著减轻或消除晶内偏析，改善力学性能。例如，在某合金涡轮叶片生产中，没有经过热等静压处理的铸造叶片由于疏松超标，产品废品率为 28%，经过 1 219 ℃/101 MPa、4 h 的热等静压处理后，废品率降低到 4%，且元素偏析程度得到改善，合金疲劳寿命大幅延长。

6）机械振动结晶

在合金凝固过程中施加外在振动，有利于金属液的补缩和脱气，增加铸件致密度并改善材料的力学性能。生产过程中，为了达到良好的补缩效果，往往会在铸件上设置数量较多的补贴，这使得冒口处组织粗大，并且对冒口的尺寸也提出了严苛的要求。应用机械振动可有效解决铸件补缩困难的问题，从而减少缩孔、疏松等铸造缺陷。

机械振动结晶是在结晶过程中施加机械振动的一种铸造方法。机械振动的应用可以在有限的补缩通道中提高金属液的流动性，使液态金属的补缩能力增强。此外，金属液受迫振动会产生强制对流，对固液两相区金属进行充分搅拌，加强铸件的热量传导，有利于顺序凝固的实现。机械振动产生的惯性力和流动的液态金属还对凝固枝晶具有冲刷、剪切作用，使生长中的枝晶破碎重熔，从而扩大金属液的补缩通道。

其他工艺性改善措施还包括晶粒细化、电磁搅拌技术以及离心铸造等。

9.3 铸造裂纹

裂纹是铸件中常见的缺陷,可简单分为热裂和冷裂。在铸造过程中,由于铸件结构或者铸造工艺的原因,导致各处凝固速度不同,进而产生应力,这种应力在铸件凝固后期将铸件拉裂,形成裂纹,称为热裂。凝固结束后,铸件在低温环境下的内应力超过合金强度极限时形成的裂纹称为冷裂。铸件中一旦形成裂纹,将对其力学性能产生极大的损害,甚至引发安全事故,须设法防止。了解铸件热裂和冷裂的形成机理及影响因素,对防止铸造裂纹的产生有重要意义。

9.3.1 铸件的热裂及其形成机理

热裂指铸件在高温下形成的裂纹,是铸件生产中最常见的铸造缺陷之一。铸件的热裂纹都是在凝固末期形成的,此时温度较高,容易氧化,因此断口为氧化色(铸钢件裂纹表面近似黑色,铝合金呈暗灰色),不光滑,这是铸造热裂纹最为主要的特征。按其形成位置,又可分为外裂纹和内裂纹,如图 9.44 所示。

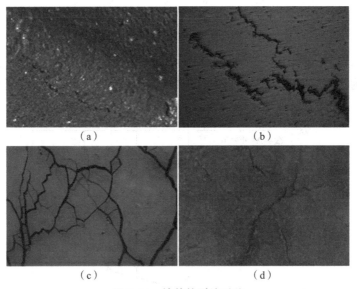

图 9.44 铸件热裂纹形貌

(a) 热裂外观特征;(b) 外裂纹;(c) 热裂沿晶界扩展;(d) 内裂纹

外裂纹从铸件表面开始,逐渐延伸到内部,表面宽、内部窄,可贯穿或不贯穿铸件断面。铸件表面可有单条或多条热裂纹,这些热裂纹短而扭曲,互不连续,有一定深度。内裂纹主要产生于厚大铸件最后凝固的中心部位,常出现在缩孔附近区域,走向无规律,铸钢件内裂纹常伴随硫、磷的偏析。

主流观点认为,铸件的热裂形成温度在凝固温度范围的临近固相线温度附近,此时合金为固液两相共存,凝固尚未完全结束,因此热裂又称为结晶裂纹。图 9.45 为碳钢铸件热裂形成的温度。实验采用 X 射线照相法,凝固过程中每隔一段时间即拍摄一张 X 摄像底片,并记录当下的铸件温度。从图 9.45 可以看出,碳钢产生热裂的温度总体在固相线温度附近,并且受到合金元素含量的影响,磷硫含量的增加都使得该钢的热裂形成温度降低。图中发现热裂纹的标志×多出现在固相线温度以下,这是因为实际铸造皆为非平衡凝固,合金的结晶过程伴随着溶质的再分配并形成元素偏析。如硫含量较高时,将发生晶界偏析,使得晶界处的液体的实际凝固温度降低,固相线温度下移,最终形成低熔点的共晶产物。因此,仍可认为热裂的形成温度略高于实际固相线温度。

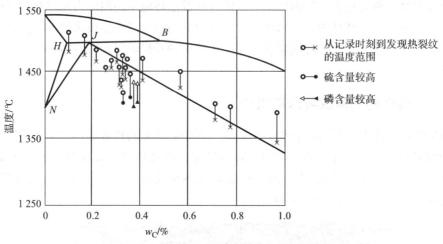

图 9.45 碳钢铸件热裂形成的温度

实际铸造过程中,铸件各个区域的冷却速率和受阻情况是不同的,因此应变速率也各不相同。图 9.46 为不同应变速率下铸件热裂的形成温度。从图 9.46 中可以证实热裂纹确在固相线温度以上形成,随着应变速率的增加,铸件热裂纹形成温度提高。

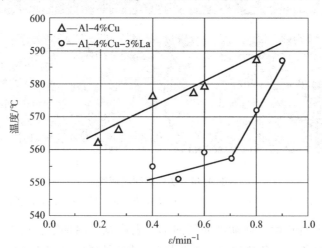

图 9.46 应变速率对热裂纹形成温度的影响

此外,从铸件的热裂纹断口中也能解读出热裂纹形成温度的有关信息。扫描电镜下断口形貌显示,在热裂纹断口处可观察到树枝晶组织,枝晶表面褶皱,如图 9.47 所示。分析认为,这是因为此时结晶过程尚未完全结束,树枝晶在拉伸应力作用下彼此发生位移,从而牵动晶间金属液膜变形、开裂,凝固收缩阶段,这些变形的液膜形成褶皱。该结果再一次印证,热裂纹形成温度在固相线温度之上。

在明确了热裂纹的形成温度后,接下来简要介绍热裂纹的形成原因及机理。在这方面,主要有液膜理论和强度理论。

液膜理论认为:铸件在凝固末期的树枝晶间存在液膜,液膜是产生热裂纹的根本原因,而铸件收缩受阻是产生热裂纹的必要条件。假设某合金成分为 C_0,其结晶的整个过程如图 9.48 所示,可分成以下几个阶段。

第一阶段:凝固前合金处于液态,可以任意流动,因此不产生热裂。

第二阶段:温度下降至结晶温度以下,合金处于液固态,初生枝晶尚未连成骨架,悬浮于液相中可自由流动,也将不会产生裂纹。温度继续下降,结晶过程不断推进,固相体积分数增大,晶粒之间相互接触,其间分布的液体具有良好的流动性。此时,在拉应力条件下一旦裂纹出现,液体也可及时充填,使裂纹愈合。

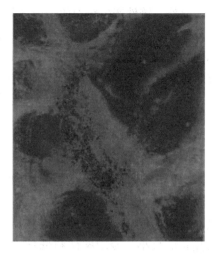

图 9.47 Al – 4.5%Cu 合金铸件热裂纹断口形貌

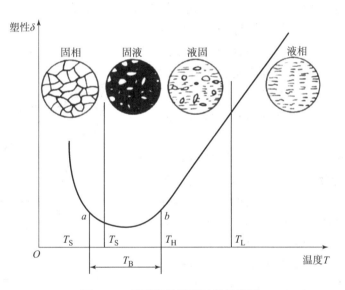

图 9.48 液膜理论推理过程示意图

第三阶段:合金铸件继续冷却,当温度下降至两相区一定范围后,金属处于固液态,枝晶彼此接触、相连,形成骨架结构,此时晶间仍存有少量液体,液体的流动已变得困难。高温下晶界结合力较弱,将成为裂纹形核的弱区。在拉应力作用下,此时晶界一旦产生裂纹,液体将很难填充使裂纹愈合。可以认为,在这个阶段铸件产生热裂的概率是最大的。

第四阶段:结晶过程结束,合金进入固态阶段,其强度有所提高,并且在固相线温度附近可获得良好的塑性,塑性变形可有效降低裂纹形成的概率,因此该阶段也不容易形成裂纹。

此外，铸件产生热裂的倾向还与晶间液体的性质密切相关。处于固液态下的金属，若晶间液体呈球状分布，此时仍具有一定的流动性和充填能力，从而降低合金的热裂倾向；如果晶间液体铺展成厚度很薄的液膜，此时枝晶骨架的存在严格限制液体的流动，一旦形成裂纹将难以愈合，合金铸件具有较大的热裂倾向。

晶间液体以何种形态存在完全受枝晶界面张力 σ_{SS} 和固液界面张力 σ_{SL} 的平衡关系支配，即

$$\sigma_{SS} = 2\sigma_{SL}\cos\frac{\theta}{2} \tag{9.21}$$

式中，θ 为液体双边角，其随枝晶界面张力 σ_{SS} 和固液界面张力 σ_{SL} 的变化而变化。枝晶界面张力 σ_{SS} 足够小时，$\theta = 180°$，晶间液体呈球状分布；$\theta = 0°$ 时，液体在晶间铺展成液膜。晶间液膜形成后，其表面张力和厚度在很大程度上决定了铸件是否形成热裂。液膜厚度与晶粒的大小、冷却条件和低熔点组成物含量等因素有关，如果晶间存在大量的低熔点物质，致使合金熔点下降，此时液膜厚度增大，也容易产生热裂纹。液膜界面张力与合金成分有关。钢中表面活性元素硫、磷含量的增加，降低了液膜的表面张力，将使得钢的抗裂性下降。

强度理论认为：合金处于固液态下时，固相骨架形成并开始收缩。凝固末期，固相线收缩受阻，产生应力和变形。当应力或变形超过该温度下合金的强度极限或应变能力时，铸件的热裂纹在热脆区形成，此时铸件的热脆区就是有效结晶温度区间，其上限为合金形成枝晶骨架并开始线收缩的温度，对应实验中合金钢具有可测强度时的温度；下限为合金凝固终了温度，对应合金强度开始急剧增加的温度，如图 9.49 所示。

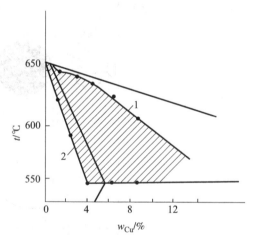

图 9.49 Al – Cu 合金热脆区
1—热脆区上限；2—热脆区下限

因此，强度理论下，铸件是否形成热裂纹这一问题就转化为热脆区内合金断裂应变与铸件因收缩受阻所产生的应变之间的对比。铸件产生热裂纹的条件如图 9.50 所示，横坐标为铸件产生的应变 ε 和断裂应变 δ，纵坐标为温度 T。其中，铸件产生的应变 ε 随温度的下降呈线性下降趋势，断裂应变 δ 则先下降后升高。热脆区以 ΔT_B 表示。铸件是否产生热裂取决于整个热脆区 ΔT_B 内铸件产生的应变 ε 和断裂应变 δ 的变化情况，具体如下。

（1）理想情况下，即铸件均匀变形条件下，合金收缩受阻产生的应变 ε 是相对较低的，如图 9.50 中的直线 1，热脆区内各个温度下的该应变均远小于合金的断裂应变，即 $\varepsilon < \delta$，整个凝固过程中铸件不产生热裂纹。

（2）在实际铸造生产中，由于铸件各部分冷却条件存在差异，导致凝固过程中各部分产生温度差。凝固收缩过程中，热节处将形成集中变形，该处应变量远远高于理论下铸件的平均应变量。如图 9.50 中直线 2 所示，如果在断裂应变 C 曲线鼻尖温度附近的某一点，恰有 $\varepsilon = \delta$，此时为铸件产生热裂纹的临界条件。

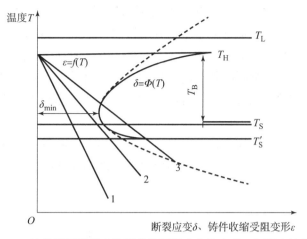

图 9.50 铸件断裂应变 δ 和因收缩受阻产生的应变 ε 与温度的关系

(3) 如热节处的集中变形进一步增大，代表热脆区内该处应变量的直线 3 有一部分穿过断裂应变 C 曲线，即 $\varepsilon > \delta$，此时铸件必然产生热裂纹。

如前所述，通过热脆区 ΔT_B 内 ε、δ 的对应关系，可定义出铸件产生热裂纹的临界条件（图 9.50 中直线 2）。该直线的斜率 k 可直接反映出材料的热裂敏感性，$|k|$ 值越小，则表示材料的热裂敏感性越大。实际上，铸件是否产生热裂纹还是取决于热脆区 ΔT_B 内 ε 和 δ 的对应关系。热脆区内金属的断裂应变 δ 如若降低，C 曲线左移，铸件同样容易产生热裂。此外，铸件热脆性区 ΔT_B 越大，合金低塑性区的温度范围越大（如图 9.50 中虚线所示），铸件则更容易形成热裂。热脆区 ΔT_B 的大小与合金化学成分、晶间的元素偏析、晶粒尺寸以及晶间液体形态等因素有关，这些内容将在下节详细讨论。

9.3.2 铸件中热裂形成的主要影响因素及防止措施

1. 热裂形成的主要影响因素

强度理论认为，铸件热节处产生集中变形是热裂纹形成的必要条件。热脆区 ΔT_B、断裂应变 δ 的大小以及热节处的变形情况将直接影响铸件是否形成热裂纹。因此，对铸件热裂形成的影响实际是通过改变上述参数发生的，本节将从合金成分设计、凝固组织以及铸造工艺设计等方面入手进行讨论。

1) 合金成分设计的影响

合金热脆区的大小影响铸件的热裂倾向性，热脆区越大，铸件在低塑性区停留的时间越长，越容易形成热裂纹。合金的成分设计直接影响铸件热脆区的大小，假设某固溶体合金元素成分为 C_0，固相线温度为 T_S，液相线温度为 T_L。由图 9.51 可看出，合金结晶温度范围 ΔT_f 将直接影响热脆区 ΔT_B 的大小。通常，结晶温度范围 ΔT_f 越大，热脆区 ΔT_B 也越大。根据图 9.51 中的几何关系可以得出，合金结晶温度范围 ΔT_f 可表示为

$$\begin{cases} \Delta T_f = C_0 r_f \\ r_f = m \dfrac{1-k_0}{k_0} \end{cases} \quad (9.22)$$

式中，m 为液相线 T_L 斜率；ΔT_f 为结晶温度范围。

由式（9.22）可以看出，合金结晶温度范围 ΔT_f 随 r_f 的增大而增大，因而热脆区 ΔT_B 也应该越大。r_f 由液相线斜率 m 和元素平衡分配系数 k_0 决定：液相线斜率 m 越大，r_f 越大；k_0 越小，r_f 越大。在铁基合金中，S、P 等元素平衡分配系数 k_0 偏小，r_f 值较高，会增大铸件凝固过程中热脆区，应严格限制其含量。Al-Mn 合金中少量 Fe 元素的添加可使得晶界处液体结晶温度提高，相当于降低固相线斜率（绝对值），合金结晶温度范围 ΔT_f 和热脆区 ΔT_B 同时收窄。

此外，共晶型固溶体合金成分越靠近共晶点，其热裂倾向越小，如图 9.52 所示。这是因为共晶成分下，合金中溶质的再分配势必导致液体结晶温度的升高，两相组织共生共长，热脆区 ΔT_B 收窄。

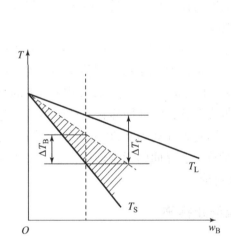

图 9.51　固溶体合金结晶温度范围 ΔT_f

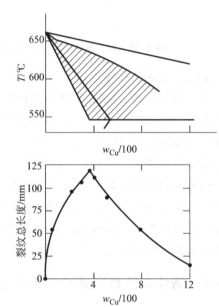

图 9.52　热裂倾向、结晶温度范围和热脆区与合金成分的关系

2）凝固组织的影响

晶粒尺寸及形态对铸件热裂倾向有很大影响。一般来说，柱状晶的晶间强度不如等轴晶；粗大晶粒的晶间结合力不如等轴细晶。因此，等轴细晶组织具有相对更低的热裂倾向。此外，凝固时合金线收缩越大，对晶界液体流动性的要求就越高，如无法及时填充液体使初生裂纹愈合，则极有可能发生热裂。凝固过程中，合金晶间液体的性质也影响着铸件的热裂倾向。如晶间液体呈球状分布，则液体具备一定流动性，补缩条件相对理想，热裂倾向小；而如果晶界上液体熔点低且铺展成液膜时，由液膜理论可知此时铸件的热裂倾向大。铸钢件具有较大的收缩量，热裂倾向严重，但如增大钢中 Mn 元素含量，将使得硫化物逐渐向球形转变，从而使材料的热裂倾向降低。

3）铸造工艺设计

有关铸造工艺的影响，将从浇注工艺、铸型选择及铸件结构方面介绍。

浇注工艺主要考虑浇注温度和浇注速度。一方面，适当提高浇注温度可使得铸件的热裂倾向有所降低，对薄壁件而言尤为有效。但过高的浇注温度往往容易引起黏砂，增大热裂倾向。对于厚大铸件，过高的浇注温度还将使得凝固组织粗化，降低晶间强度，增加热裂风险。浇注速度对铸件热裂也有一定影响，厚大铸件一般遵循慢浇原则；薄壁铸件则遵循快浇原则，以提高充型速度，防止局部过热。

型砂的选择对铸件热裂的防止至关重要。湿型铸造退让性比干型好，铸件热裂倾向性小。加热温度对铸型退让性的影响也不可忽视，如将黏土砂加热到 1 250 ℃ 以上可获得较好的铸造退让性，如图 9.53 所示。但型砂加热时，抗压强度最大值对应温度如果与铸件凝固即将结束温度接近，则此时铸型退让性最差，显著增大铸件热裂倾向，采用黏土砂制造薄壁件的型芯时应注意这一问题。

为避免热裂的产生，铸件应有正确合理的结构设计。一方面，结构设计要考虑铸件各部分冷却速度以及温度分布的均匀性，防止厚大部位的集中变形；另一方面则要避免铸件中尖角区的出现。以图 9.54 为例，图 9.54（a）中铸件两壁相交处圆角过小，容易产生应力集中，热裂则容易在交接处产生。如果两壁以圆弧形过渡，如图 9.54（b）所示，则可有效防止热裂纹产生。

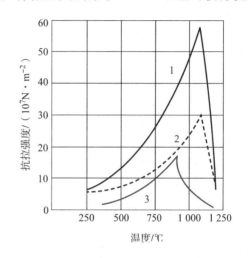

图 9.53　黏土砂抗压强度与温度的关系
1—石英砂，15% 耐火黏土，6% 水分；
2—石英砂，10% 黏土，4% 水分；
3—石英砂，3.5% 膨润土，1.5% 水分

浇冒口的布置也是需要考虑的一个因素，如结构设计和布置不当，铸件收缩受到严重的机械阻碍，则加剧铸件热节处的集中变形，从而产生热裂，如图 9.55 所示。另外，顺序凝固时，浇冒口处一般为最后凝固区域，可使缩孔集中在浇冒口中，提高铸件的致密性，但也容易导致该处的集中变形，这需要设计者根据合金的收缩特性进行综合考量。

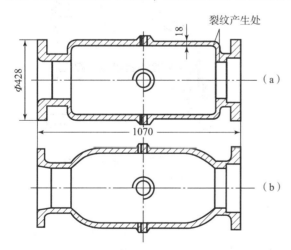

图 9.54　正确与不正确的铸件结构
(a) 相交处圆角过小；(b) 圆弧形过渡

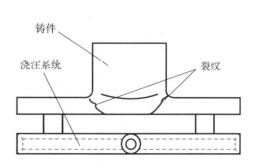

图 9.55　设计不当造成铸件产生机械阻碍形成热裂

2. 铸件热裂的防止措施

防止铸件热裂形成的措施需从前述影响因素入手，因此可对合金成分、凝固组织以及浇注系统的设计等方面进行必要的设计及工艺改进，以最大限度地减小铸件产生热裂的倾向。

1) 合金成分设计及凝固组织的控制

适当调整铸件合金成分，在性能及使用允许的前提下选择或添加热裂倾向较小的合金元素。如前述可在 Al-Mn 合金添加少量 Fe 元素，缩小铸件凝固的热脆区；选用接近共晶成分的合金也可有效降低铸件的热裂倾向；另外，须注意铸钢等铁基合金炉料中的 S、P 元素含量。

在凝固组织的控制方面，应设法细化凝固时的初晶组织，同时消除柱状晶，例如可进行孕育处理，充分细化初生晶粒。在铸造铝合金中加入 0.4% 的钪，可达到细化凝固组织的目的，从而提高铸件的抗裂能力；铸钢件中加入微量铈元素，不仅使硫化物均匀分布，还可有效消除柱状晶；另外，脱氧工艺对铸钢件热裂倾向也非常关键，可采用综合脱氧剂提高脱氧效果，减少夹杂物的形成，改善夹杂物的形态和分布，防止铸件热裂。

2) 铸造工艺设计

浇注工艺方面，针对合金特性及铸件结构设置合理的浇注温度和浇注速度。如厚大铸件一般采用"低温慢浇"工艺，薄壁件则采用"高温快浇"工艺，可减缓合金的凝固速度，防止局部过热。另外，还需考虑铸件各部分的温度情况，减小温度差。应使内浇道开设在铸件薄的部分，或通过多内浇道分散引入的方式，提高铸件各部分温度的均匀性；也可在铸件的热节处设置冷铁，提高该处的冷却速度，以消除热节，防止集中变形，从而防止铸件中热裂产生。

合理的浇注系统设计可有效降低铸件收缩的机械阻碍，如图 9.56 所示，采用浇注系统 a，可锻铸铁框架的收缩受到机械阻碍，出现热裂；如采用浇注系统 b 或 c 时，则可降低机械阻碍，防止热裂产生。

型砂选择方面，应提高型砂的退让性。如采用退让性更好的湿砂替代干砂；或在黏土砂中加入木屑；又或是在型芯内加入碎焦炭、草绳等松散材料；另外，型腔表面涂覆涂料降低铸型和铸件的摩擦阻力也是行之有效的措施。

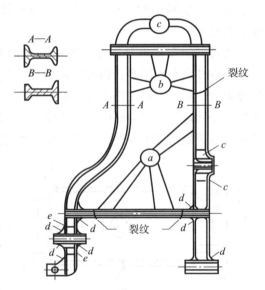

图 9.56 可锻铸铁框架浇注系统
a、b、c—分别为采用不同浇注工艺时的浇注系统；
d—防裂筋；e—外冷铁

铸件结构方面，为保证各部分温度的均匀，减轻或消除局部集中变形，应将铸件十字交叉的两壁错开设置，或对铸件两壁相交处做圆角处理；当不等厚度截面的铸件结构无法避免时，应尽量消除或降低各部分收缩时发生的阻碍；必要时需提高铸件容易产生热裂的区域的抗裂能力，如利用防裂筋，提高十字相交的两壁处强度，防止铸件热裂，如图 9.57 所示。

通过上述可发现，有关铸件热裂的防止措施较为繁多且复杂，有时需多个工艺措施相结合才能发挥预期效果。生产过程中需根据实际情况，分析并找出主要矛盾，通过工艺的优化和必要性措施，从而有效防止或减轻铸件产生热裂的倾向性。

9.3.3 铸件冷却过程中产生的应力及影响因素

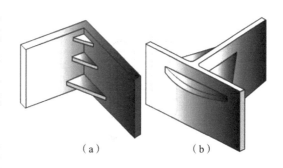

图 9.57　十字相交的两壁应用防裂肋
(a) 应用 1；(b) 应用 2

液态金属在型腔内凝固和随后的冷却过程中，发生线收缩或相变引起体积的膨胀或收缩，当体积的变化受到其他条件的制约不能自由进行时，在产生变形时还会产生应力，这种应力称为铸造应力。本质上，铸造应力是由于铸件体积变化受阻或不同步而产生的弹性应力。

按存在形式分类，铸造应力可分为临时应力与残留应力。临时应力指冷却过程中铸件在任意瞬时产生的应力，并且这种瞬时应力在其形成原因被消除后也能一同消失；如消除产生应力的原因后，铸件中的应力仍然存在，这种应力则称为残留应力。

按照应力的成因分类，铸造应力可分为：热应力、相变应力和机械阻碍应力。热应力指铸件各部位冷却速度不同，导致同一时刻收缩量不一致，铸件各部分彼此互相制约，从而产生的应力；相变应力指发生固态相变的铸件，铸件各部分冷却条件不同，到达相变温度的时刻不同，且相变程度不同，由此产生的应力；机械阻碍应力指铸件的收缩受到砂型、型芯、浇注系统等机械阻碍而产生的应力。

铸造应力的存在降低铸件的结构强度和承载能力，同时造成铸件变形，是铸件在生产、运输、存放、加工及后续使用时产生变形、失效及裂纹的主要原因，并且影响材料后续加工精度的可靠性和整机精度，因此应设法防止。

1. 无固态相变的合金铸件瞬时应力的发展过程

合金结晶后的冷却过程中，如无固态相变发生，在不考虑机械阻碍的前提下，此时铸件的瞬时应力可以认为只有热应力。当温度降到液相线以下，铸件的变形由弹性变形、塑性变形和黏弹性变形组成，并且以弹性变形为主。下面以应力框为例讨论该条件下的瞬时应力发展过程。

如图 9.58 所示，应力框由杆Ⅰ、杆Ⅱ和横梁Ⅲ 3 部分组成。图 9.58 (b) 为杆Ⅰ、杆Ⅱ两部分的冷却曲线，可以看出，开始冷却时两部分具有相同的温度，即 T_L，随后又冷却到同一温度 T_0，在冷却前期，较厚的杆Ⅰ的冷却速度是小于杆Ⅱ的，在某一时刻 τ_2，二者温差达到最大，如图 9.58 (c) 所示。为简化分析过程，作以下几点假设：①金属液在完成充型后立即停止流动，应力框内杆Ⅰ和杆Ⅱ是从同一温度冷却到室温的；②冷却过程中合金收缩系数和弹性模量不变；③铸件不产生挠曲变形；④铸件不受铸型及型芯的机械阻碍作用；⑤认为横梁Ⅲ是刚性体。

该条件下铸件瞬时应力的发展分为 4 个阶段，如图 9.58 (d) 所示。

第一阶段（$\tau_0 \to \tau_1$）：$t_Ⅱ < t_y$，$t_Ⅰ > t_y$。当冷却速度较大的杆Ⅱ开始线收缩时，杆Ⅰ仍处

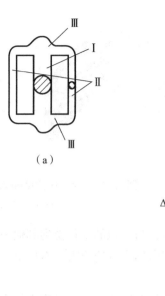
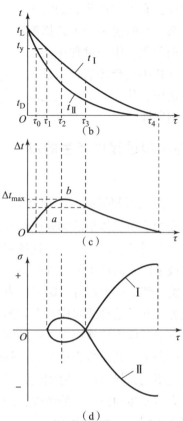

图 9.58　壁厚不同的应力框铸件瞬时应力发展过程示意
(a) 应力框铸件；(b) 两杆冷却曲线；(c) 两杆温差变化曲线；(d) 两杆应力变化曲线

于凝固初期，初生枝晶尚未形成骨架结构。此时，杆Ⅱ带动杆Ⅰ收缩，到 t_1 时刻，两杆具有相同长度，铸件内无应力产生，在 t_1 时，两杆温差为 Δt_H。

第二阶段（$\tau_1 \to \tau_2$）：$t_Ⅱ < t_y$，$t_Ⅰ < t_y$。杆Ⅰ温度下降到线收缩温度下后开始线收缩。继续冷却时，两杆温差加大。到 τ_2 时刻，温差达最大值 Δt_{MAX}。理论上第二阶段杆Ⅱ比杆Ⅰ多收缩

$$\Delta l_1 = \alpha(\Delta t_{max} - \Delta t_H)L \tag{9.23}$$

式中，α 为线收缩系数；L 为杆长。但是，此时两杆是彼此相连的，因此具有相同的长度，即杆Ⅱ被拉长，杆Ⅰ被压缩。可见，该阶段下杆Ⅱ内将产生拉应力，杆Ⅰ内产生压应力。从图 9.58 (d) 中可见，$\tau_1 \to \tau_2$ 为应力的增长阶段，到 τ_2 时刻，应力达到最大值。

第三阶段（$\tau_2 \to \tau_3$）：从图 9.58 (c) 中可见，自 τ_2 时刻以后两杆之间的温差开始逐渐减小。这个阶段下杆Ⅰ的冷却速度是大于杆Ⅱ的。两杆自由线收缩量的差值为

$$\Delta l_2 = \alpha(\Delta t_H - \Delta t_{max})L = -\Delta l_1 \tag{9.24}$$

在这个阶段的最后时刻，两杆中的应力逐渐减小到 0。

第四阶段（$\tau_3 \to \tau_4$）：杆Ⅰ的冷却速度仍然比杆Ⅱ快，自由线收缩速度更大。两杆自由线收缩差为

$$\Delta l_3 = \alpha \Delta t_H L \tag{9.25}$$

因此，铸件残余应力表现为：杆Ⅰ受拉应力，杆Ⅱ受压应力。需要指出的是，合金在固相线以上温度条件下的屈服强度很低，凝固过程中产生的应力很容易使铸件发生塑性变形，从而在 τ_3 之前就已完全卸载。图中铸件若是圆柱形，则内外层冷却速度存在差异，凝固初始阶段外层冷速较大，凝固末期则刚好相反冷却至室温后，圆柱体外层受残余压应力影响，内部则为残余拉应力。

2. 有固态相变的铸件瞬时应力形成过程

下面讨论铸件在有固态相变时的瞬时应力形成过程。在不考虑机械阻碍的情况下，铸件瞬时应力的形成和变化同时与冷却速度和相变过程有关。以同时存在共晶和共析转变的灰铸铁应力框为例，讨论瞬时应力的发展过程，同样可分为 4 个阶段，如图 9.58 所示。

第一阶段（$\tau_1 \to \tau_2$）：细杆凝固完毕时，粗杆仍处于共晶转变，致使两杆温差增大。粗杆中固相连成骨架结构后，在石墨的膨胀作用下也发生膨胀，并受到细杆的阻碍，从而产生压应力，细杆则受拉应力。粗杆共晶转变继续，细杆继续冷却，应力值不断增大。在粗杆完成共晶转变瞬间，两杆的温度和自由线收缩的差异达到一个极大值，即图 9.58（c）中 a 点。

第二阶段（$\tau_2 \to \tau_3$）：粗杆共晶转变完成后温度开始降低，冷却速度超过细杆，两杆温差随之减小，此阶段下粗杆自由线收缩速度大于细杆。随着温度的不断降低，细杆发生奥氏体共析转变，析出石墨发生体积膨胀，进一步增大两杆自由线收缩速度差，粗杆所受压应力逐渐降低，开始向拉应力转变。当粗杆随后也进入共析转变时，两杆温差最小，粗杆拉应力达最大，即图 9.58（c）中 b 点。

第三阶段（$\tau_3 \to \tau_4$）：细杆完成共析转变时，粗杆仍在进行共析转变，两杆温差再次增大。另外，粗杆也将析出石墨发生体积膨胀，故该阶段下粗杆所受拉应力逐渐降低，在某一个时刻转变为压应力。τ_4 时刻下，粗杆压应力达最大。

第四阶段（$\tau_4 \to \tau_5$）：粗杆完成共析转变后温度开始下降，两杆温差再次缩小。此时粗杆冷却速度较快，线收缩速度大于细杆，所受压应力又一次减小，并在某一个时刻转变为拉应力。冷却继续，粗杆内拉应力增大。如图 9.58（d）所示，室温条件下，粗杆内残留着很强的拉应力，细杆内则为残余压应力。

综上，如铸件凝固和冷却过程中发生相变，且新旧两相比容差很大，研究合金凝固的瞬时应力时应充分考虑相变应力的作用。此时，瞬时应力为热应力和相变应力的叠加。同样，对于圆柱形铸件而言，其外层初始冷速较大，相当于上述分析中的细杆，室温下受残余压应力，铸件心部则为残余拉应力。

上述内容是从铸件各部分温度和自由线收缩速度差异的角度分析瞬时应力的形成和变化。实际铸造过程中，铸件的收缩往往还受到机械阻碍作用（如退让性较差的型芯对圆柱形铸件收缩的机械阻碍），此时瞬时应力是由热应力、相变应力和机械阻碍应力叠加而成的。机械阻碍应力的大小与铸型和型芯的退让性以及浇注系统的设计等因素有关，一般为拉应力或剪切应力，且多为临时应力。在高温下，当铸件瞬时应力达到材料的强度极限时，铸件就会产生裂纹。

3. 铸件中残余应力的影响因素

铸件在凝固和冷却过程中，所受应力为热应力、相变应力和机械阻碍应力的叠加。在室温下的残余应力一般由热应力和相变应力（有固态相变合金）组成，而机械阻碍应力则在铸件落砂后消失。残余应力的存在及大小对铸件的使用性能及后续加工精度的可靠性有重要影响。残余应力与以下几个因素有关。

1）合金本身的影响

（1）弹性模量。残余应力的大小与合金的弹性模量有关系。弹性模量越大，残余应力往往也越大。在满足工作要求的前提下，应尽量选择弹性模量更小的合金材料。表9.6列出的几种铸造合金中，灰口铸铁的弹性模量最小。其他条件相同时，灰口铸铁可获最小的残余应力。

表9.6 几种常见铸造合金的弹性模量

合金	铸钢	白口铸铁	球墨铸铁	灰口铸铁
E/GPa	196	166	108~135	73.5~108

（2）线收缩系数和线膨胀系数。合金线收缩系数越大，各部分线收缩速度差越大，残余应力也越大；对线膨胀而言亦是如此。同样，在满足工作要求前提下，应选择线收缩系数和线膨胀系数更小的合金材料。表9.7列出了几种常见铸造合金600 ℃下的线膨胀系数，其中奥氏体不锈钢线膨胀系数较大，相同条件下其残余应力比铁素体不锈钢和灰口铸铁都要更大。

表9.7 几种常见铸造合金的线膨胀率

合金	ZG1Cr18Ni9Ti	ZG15Cr18Mo	Cr30	灰口铸铁
线膨胀率	0.001 10	0.000 91	0.000 82	0.000 75

（3）导热系数。合金导热系数越大，其残余应力越小。导热系数直接影响铸件的温度场，导热性能较好的合金凝固过程中各部分温度分布相对均衡，可获更小的残余应力。

（4）固态相变。如铸件凝固和冷却过程中发生相变，将产生相变热效应，并且新旧两相的比容往往也有差异，对铸件室温下的残余应力也有重要影响，可参见关于有固态相变的铸件瞬时应力形成过程的分析。

2）铸造工艺的影响

（1）浇注工艺的设计。浇注温度越高，铸型温度越高，铸件冷却速度越缓慢，铸件各部分温度分布更加均衡，室温下的残余应力更小。除浇注温度之外，冒口和内浇道的放置还应考虑铸件各部分温度的均匀性。

（2）铸型的设计。为提高铸件各部分温度分布的均匀性，可在铸件厚壁处放置冷铁或减薄型砂层厚度，加快厚壁处的冷却；与砂型相比，金属铸型的蓄热系数更大，铸型温度低，铸件冷却速度更大，使得铸件厚薄处或内外层温差加大，室温下的残余应力更大，预热铸型可减小铸件各部分的温差。

（3）铸件结构的设计。铸件壁厚越均匀，冷却过程中温度的分布就更加均衡，残余应力也就越小。如果壁厚差异无法避免，两壁连接处要进行合理地过渡处理。

残余应力形成之后，也可通过自然时效、人工时效等热处理工艺进行消除。时效工艺需根据合金铸件的实际情况综合制定。一般而言，从铸件各部分温度均匀性的角度出发，要求有较低的加热、冷却速度以及较长的保温时间，但与此同时也要充分考虑到合金铸件的生产效率以及能源的消耗。

9.3.4 铸件的冷裂及防止措施

1. 冷裂的形成及影响因素

在低温环境下，当铸件内应力超过合金强度极限时形成的裂纹，称为冷裂。冷裂常出现在铸件表面，可贯穿或不贯穿整个铸件。与热裂不同，冷裂裂口呈平直或圆滑曲线状，没有分叉，常穿过晶粒，金属断面干净，有时呈现轻微的氧化，如图 9.59 所示。

冷裂往往出现在形状复杂的大型铸件中，且处于受拉的部位，特别是产生应力集中和有其他铸造缺陷的部位。在落砂清理或搬运过程中，由于铸件内存在很强的残余应力，而进一步发展成冷裂，故可知冷裂的影响因素与铸造应力的影响因素是一致的。

图 9.59　铸钢件的冷裂

合金成分对铸件的冷裂有重要影响。一方面，对于不同成分的合金而言，其导热性能有较大差异。如碳、铬和锰等合金元素可显著降低钢的导热性能，致使铸件冷却时各部分温差更大，具有更强的冷裂倾向。另一方面，合金成分的改变还将导致铸件的塑性发生变化。如低碳镍铬耐酸不锈钢和高锰钢，二者均为奥氏体钢，且在凝固过程中都产生很强的热应力。但是，二者的碳含量不同，碳含量更高的高锰钢在铸件冷却时有脆性相析出，因此极易产生冷裂；而低碳镍铬耐酸不锈钢具有更高的塑性和更低的屈服强度，致使铸件容易发生塑性变形，冷脆性更低，从而不易产生冷裂。氧和磷也使钢具有冷脆性，钢中氧化夹杂物及非金属夹杂物增多，也将降低钢的冲击韧性，导致冷裂的倾向增大。当灰铸铁中的磷含量高于 0.3% 时，会形成大量网状磷共晶，使冷裂倾向增大。

一般而言，合金钢比碳素钢容易产生冷裂；高碳钢比低碳钢容易产生冷裂。可见，合理的成分设计及冶炼中良好的氧化脱碳效果对铸件的冷裂起到至关重要的影响。

铸件的结构设计对冷裂也有显著影响。图 9.60 为 ZG35CrMn 齿轮毛坯的冷裂纹。从图中可见，齿轮的边缘和轮辐比轮毂更薄，凝固开始时冷速速度更大，首先发生线收缩，致使轮毂发生塑性变形。随后轮毂开始收缩，已冷却的轮缘阻碍轮毂线收缩，致使轮辐受拉应力作用，从而形成冷裂。由此可见，冷却时铸件中的温度场分布及各部分的冷却速度对冷裂的形成具有重要影响，合理的铸件结构设计往往是预防冷裂产生关键性因素。如铸件内存在其他缺陷，包括渣眼、缩孔等，都会造成铸件局部区域的应力集中，从而促使冷裂的形成。

2. 冷裂的防止措施

铸件冷裂的产生源于铸件的残余应力，任何降低铸件残余应力的措施对冷裂的防止皆具有一定作用。此外，在铸件的清理矫正、存放及运输等过程中也产生冷裂。可采取以下措施防止冷裂的产生。

（1）在不影响铸件使用性能的前提下，适当调整化学成分，严格控制冷裂倾向较大或显著损害合金塑性的合金元素含量，如碳、氧、磷、锰等。

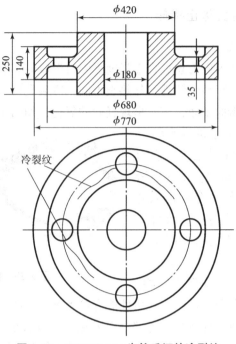

图 9.60　ZG35CrMn 齿轮毛坯的冷裂纹

(2) 冶炼时钢液充分脱氧，如脱氧效果不佳，将导致过量的 FeO、MnO 等氧化夹杂物在晶界上聚集，使钢冷脆性增大。

(3) 提高浇注温度，降低铸件中各部分的冷却速度，使温度分布均匀化，从而减小铸造应力，防止开裂。

(4) 预热铸型，减小金属液与铸型的温差，提高金属液的充型能力，同时减小铸件各部分的温差，降低铸件的残余应力，从而起到减轻或防止冷裂的作用。

(5) 控制铸件的打箱时间。对易变形铸件，采用早打箱方式，并立即放入炉内保温缓冷，保证铸件各部分温度的一致性；对一般铸件而言，打箱时间则不宜过早，否则铸件温度过高，空冷时内外层温差过大，易产生冷裂。

(6) 改进铸件结构，使铸件壁厚均匀，必要时可设置防变形筋，使其分担一部分应力，从而降低铸件的残余应力和变形。如图 9.61 所示，应用防变形筋（虚线）可抑制铸件 A、B、C 三点的相对位移，有效防止铸件的变形和冷裂。

(7) 对铸件进行清理矫正时，应避免剧烈撞击导致发生冷裂的情况。

(8) 改进型芯配方，改善退让性。型芯强度过高，退让性差，铸件开型后不易去除。适当减少型芯中的黏土含量，增加木屑、焦炭，改善型芯退让性，使铸件开型后容易去除，从而降低冷裂形成的风险。

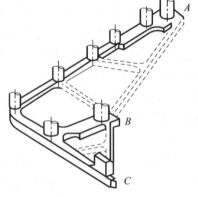

图 9.61　防变形筋的应用

9.4 铸件中的气体

9.4.1 铸件中气体的形态与来源

铸件中的气体主要由氢、氧、氮元素构成，以3种形式存在于金属中，即固溶体、化合物、气态。

当气体以原子态溶解于金属中时，为固溶体形态，比如氢元素和铸钢中的氮元素等。如气体与合金中某些元素的亲和力较大，超过气体本身（如很多铸件中的氧原子），则以化合物形式存在。当气体以分子状态聚集，形成气泡存在于金属中时，即为气态，比如，CO、CO_2、碳氢化合物等气体均不能溶解在合金铸件中。此外，氮元素在铝合金中的溶解度极小，主要以气态形式存在。

一般来说，铸件中气体的来源可归纳为以下几个方面：（1）炉料质量引起，发生锈蚀或有油污的炉料以及硫含量过高、潮湿的燃料导致炉气中水蒸气、氢气和二氧化硫等气体含量增加，使液态金属吸气；（2）熔炼过程引起，熔炼时合金液直接与炉气接触，使液态金属吸气；（3）充型过程引起，高温金属液浇入型腔后，在热作用下，型腔顶面、底面及侧壁的水分、黏结剂和附加物（主要指煤粉、木屑、焦炭粉）等产气物质由于蒸发、氧化燃烧和热分解产生气体；（4）浇注系统引起，铸型透气性差、排气情况不理想、浇注速度过快以及浇注系统设计不当等都可使合金液在浇注时发生喷射、飞溅和涡流，从而卷入空气，增加铸件中的气体含量。

铸件中的气体多是有害的。铸型及金属液中含有更多的产气物质时，浇注过程中产生的气体就会更多。高温膨胀作用下，气体容易形成高压，夹带着金属液从浇冒口喷出，引起呛火现象，甚至引起爆炸事故，对工业生产以及人身安全造成严重危害。溶解在液态金属中的气体不仅使合金流动性降低，并且在析出过程中将导致铸件补缩困难，产生缩孔及疏松等铸造缺陷。氧、氮、氢等元素偏析经常导致有害化合物在晶界处析出，对铸件的塑性和韧性有严重损害。

凝固完成前，如析出的气体来不及排出，就会在铸件中形成气孔，如图9.62所示。气孔是铸造常见缺陷之一，按气体来源不同可分为析出性气孔、侵入性气孔和反应性气孔；按气体种类不同可分为氢气孔、氮气孔和一氧化碳气孔等。气孔的形成会减少铸件的有效截面积，降低铸件的气密性，损害铸件的

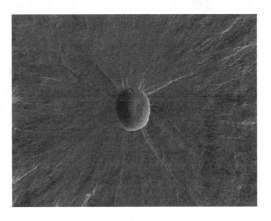

图9.62 铸件中的气孔

强度及冲击韧性，有时也可直接成为结构件的断裂源，是铸造零件报废和失效的主要原因之一。

金属中气体含量的高低用气体溶解度表示。在一定温度和气体分压下，金属吸收气体的

饱和浓度称为气体溶解度，以 100 g 金属所能溶解的气体在标准状态下的体积为单位，即 $cm^3/100$ g。

9.4.2 金属中气体的溶解与析出

气体在金属中的溶解，即金属的吸气过程，是指气体分子撞击金属表面，某些气体分子离解为原子，吸附在金属表面上，随后经扩散进入到金属内部并完成均匀化分布的整个过程。除上述在冶炼过程中造成的金属吸气以外，浇注过程中也可导致金属的吸气。浇注时金属的吸气主要与浇注温度有关。为改善液态金属的充型能力，浇注时一般适当提高浇注温度，改善液体的流动性，以防浇不足和冷隔，特别是对薄壁铸件或流动性较差的金属铸件来说，高温浇注尤为重要。但是，浇注温度过高会增加金属与气体的接触时间，致使合金严重吸气、并增大铸件的收缩量，导致气孔、缩孔、疏松等缺陷形成。

1. 气体的溶解

单质气体在金属溶液中的溶解度与合金的化学成分、温度和所处的压力有关，下面将分别进行讨论。

1) 温度和压力的影响

忽略金属蒸气压的影响，金属中单质气体的溶解度与温度和所处压力之间的关系可描述为

$$S = K_0 \sqrt{p} \exp\left(-\frac{\Delta H}{2RT}\right) \tag{9.26}$$

式中，S 为气体溶解度；K_0 为系数；p 为与液相平衡的气体中气体的分压；ΔH 为气体的溶解热；R 为气体常数；T 为金属的温度。

如图 9.63 所示，单质气体的溶解度与金属的温度和气体的溶解热有关。如果气体的溶解表现为吸热过程，温度的升高将导致气体溶解度增大，例如氢在铸铁、铸钢以及镍、铜、铬、铝、镁等合金中的溶解；如果气体的溶解表现为放热过程，如氢在钛、钒、钯、锆等金属中的溶解，则气体溶解度随温度升高而降低。这与式 (9.26) 中的规律是相一致的，但该式也有其局限性，例如，金属液温度接近沸点时，气体溶解度开始降低，到达沸点时其溶解度为 0，该过程与溶解热效应无关。

2) 金属蒸气压的影响

上文中的分析是在不考虑金属蒸气压对气

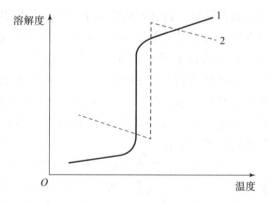

图 9.63 气体溶解热、金属温度对气体溶解度的影响

1—吸热溶解；2—放热溶解

体溶解度的影响下建立的。事实上，金属蒸气压的大小对吸气过程也有影响，主要表现为特定蒸气压下气体溶解度随温度的变化规律。如蒸气压较大，金属易挥发，如镁、锌、等金属中，气体溶解度随温度的升高而降低；对于难挥发金属而言，正常情况下蒸气压很小，温度对气体的溶解度影响不大。

3) 合金成分的影响

高温下，液态金属中的合金元素往往可与气体元素发生交互作用，从而改变金属液体中气体的活度系数，最终影响气体溶解度。以氢、氮元素在铁基合金中的溶解度为例，图 9.64 为铁基合金中元素对氢、氮活度系数和溶解度的影响。从图中可看出，凡是添加元素使氢、氮活度系数降低，最终将增大氢、氮的溶解度，反之也成立。如碳、钴、镍等元素在增加氮元素活度系数的同时，降低氮的气体溶解度；锰、铬在降低氢活度系数的同时，又使该气体溶解度增大。

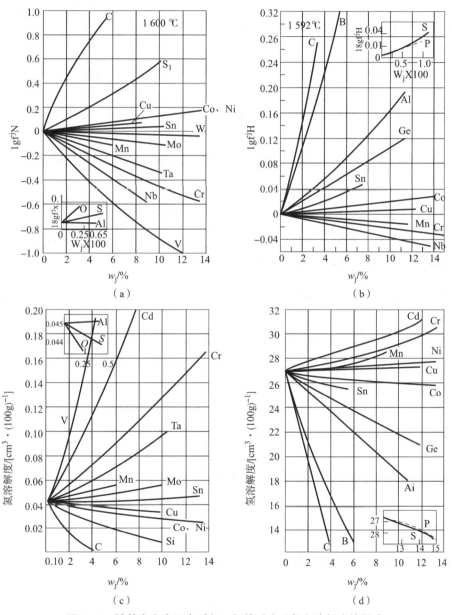

图 9.64 铁基合金中元素对氮、氢的活度系数和溶解度的影响

(a) 对氮活度系数的影响；(b) 对氢活度系数的影响；(c) 对氮溶解度的影响；(d) 对氢溶解度的影响

此外，合金液中的某些元素还往往与气体元素作用，形成化合物。如该元素所形成的稳定化合物在凝固过程中析出，则降低该元素的吸气能力；如化合物又溶于金属液中，则该元素的吸气能力增大，气体溶解度增加。合金液与外界物质的物理化学反应也可影响气体溶解度的大小。例如，铁液中的铝脱氧能力较强，可加速水蒸气的分解，从而增大氢的溶解度。

2. 气体的析出

气体在金属中的析出存在 3 种形式：①扩散逸出；②与合金元素形成化合物；③形成气泡从金属液中逸出。其中，气体的扩散逸出在实际凝固过程中往往难以实现，需在平衡凝固情况或极缓慢冷却的条件下才能充分发生。以化合物形态的气体析出过程主要涉及元素的偏析与原子间结合力的大小，这里不再赘述。本小节主要关注气泡的析出，其主要包括 3 个过程：气泡形核、长大和逸出。

1）气泡的形核

金属液中气泡形核的前提条件是溶解气体处于过饱和状态。气泡形核可分为自发形核与非自发形核。纯度极高的金属液中气泡的自发形核能垒较高，自发形核是非常困难的。但是，实际凝固过程中经常形成非金属夹杂物和较多的气泡（如浇注过程中卷入的气体、熔炼过程及炉前处理形成的气泡）以及炉壁、包衬、型壁和结晶体等，这些物质所形成的表面可为气泡的形核提供衬底。设体积为 V、表面积为 S 的气泡依附衬底形核，此时形核所需能量可表示为

$$E = -(p_n - p_0)V + \sigma S\left[1 - \frac{S_c}{S}(1 - \cos\theta)\right] \quad (9.27)$$

式中，p_n 为气泡内气体的压力；p_0 为液体对气泡的压力；σ 为两相间的表面张力；θ 为该衬底与液体的润湿角；S_c 为吸附力的作用面积。

式（9.27）中 E 越小，气泡形核功越小，气泡越容易形核。$\frac{S_c}{S}$ 是气泡形核位置的判断依据，θ 则代表了该衬底下气泡形核的倾向。θ 越大，气泡形核倾向越高；$\frac{S_c}{S}$ 越大，则代表该处为优先形核的更有利位置。

2）气泡的长大

气体析出时是否形成气泡，或形核后的气泡能否长大，要取决于气泡内气体的压力 p_n 与气泡所受外部阻力总和 p_0 的关系。气泡形核后继续长大的条件是

$$p_n > p_0 \quad (9.28)$$

气体要在金属液中形成一个核心，建立新的表面，需要内部压力克服外部阻力，这个外部阻力包括大气压力、液态金属的静压力和表面张力造成的附加压力，可表示为

$$p_0 = p_a + p_h + p_c$$

式中，p_a 为大气压；p_h 为金属静压力；p_c 为气泡克服表面张力所形成的附加压力。忽略大气压和金属静压力的变化，则气泡长大的外部阻力 p_0 主要由 p_c 控制，而

$$p_c = \frac{2\sigma}{r} \quad (9.29)$$

在自发形核条件下，气泡以球状形态形核，形核后半径 r 较小，附加压力 p_c 很大，难以长大。但是，在非自发形核条件下，衬底的存在使气泡呈椭圆形，相当于增大了气泡的等效半径 r，附加压力则 p_c 越小，从而促进气泡的长大。

3) 气泡的逸出

另一个值得关注的问题是，气泡长大后能否脱离衬底上浮并从金属液表面逸出，这关系到凝固终了铸件中是否形成气孔以及气孔密度的大小。气泡脱离衬底上浮的能力与润湿角密切相关，如图 9.65 所示。

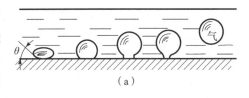

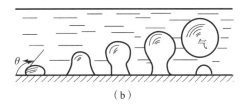

图 9.65　气泡脱离衬底上浮示意
(a) $\theta<90°$；(b) $\theta>90°$

可以看出，当润湿角 $\theta<90°$ 时，气泡无须长大很大尺寸即可脱离衬底，因而更容易从金属液中逸出 [图 9.65 (a)]；而当润湿角 $\theta>90°$ 时，气泡首先形成细颈，经不断长大后才能完全脱离衬底，并且将在衬底处形成一个类似凸透镜形状的残余气泡，该残余气泡有可能成为后续新生气泡形核的有利位置 [图 9.65 (b)]。气泡形核率的增加以及气体脱离衬底的滞后将导致金属凝固时有大量气泡残留。当合金凝固速度大于气泡逸出速度时，气泡无法逸出，铸件中形成气孔。研究表明，润湿角 θ 的大小与气体、液相以及衬底相互之间的表面张力有关。衬底与气泡间的表面张力越大，液体与衬底和气泡分别形成的界面张力越小，θ 越小，气泡越容易逸出。

枝晶的生长速度对气泡的上浮能力也有影响。固液界面推进平稳，枝晶生长速度较小时，气泡有充分的时间脱离衬底，逸出金属表面；如果枝晶生长过快，固液界面以较大的速度向前推进，气泡将有可能尚未脱离而被裹入进固相中，从而形成气孔，如图 9.66 所示。

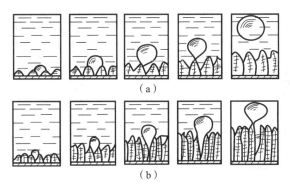

图 9.66　晶体生长速度对气泡逸出过程的影响
(a) 生长速度小；(b) 生长速度大

9.4.3　析出性气孔的形成及改善措施

1. 析出性气孔的形成

大多数情况下，气体形成元素在金属液中的溶解度与温度呈正比。在金属凝固过程中，温度降低，气体溶解度随之降低，气体就会析出。如果析出的气体以分子形态存在，形成气泡，且来不及逸出而产生的气孔称为析出性气孔。这类气孔一般是氢气孔和氮气孔，多出现在铝合金和铸钢中，在铸件断面上呈大面积、均匀分布，形成分散的小圆孔，直径在 0.5～2 mm，也有可能更大，肉眼可观察到麻点状小孔，表面光亮，如图 9.67 所示。铸件中析出性气孔的形成将使得浇冒口中缩孔减小，并有不同程度的浇冒口上涨现象。

金属凝固时，气体的溶解度随温度的下降急剧降低。例如，气体在 δ 铁素体中的溶解度仅为铁液中的 1/3 左右。气体元素在固相和液相中的溶质分布规律同样可用溶质再分配理论解释，忽略固相中的扩散，并且假设金属液中气体元素只存在有限扩散，无对流和搅拌发生，则有

$$C_L = C_0 \left[1 + \frac{1-k_0}{k_0}\exp\left(-\frac{Rx}{D}\right) \right]$$

(9.30)

图 9.67　铸钢中的析出性气孔

从式（9.30）和图 9.68 可以看出，即使金属液中气体元素的原始浓度小于临界过饱和浓度，但是在溶质再分配的影响下，某些区域内气体元素的含量仍然可以大于临界过饱和浓度。图 9.69 为 Al–Si 合金试样单向凝固条件下某一时刻氢元素的分布情况（氢原始浓度为 H_0）。从图 9.69 中可见，凝固时枝晶前沿有氢元素的富集情况发生，特别是在枝晶根部，氢的浓度可达原始浓度的 2~2.2 倍。显然，该时刻下，枝晶根部区域氢的析出动力很强。

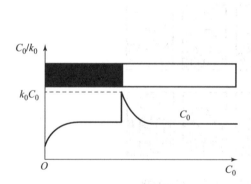

图 9.68　单向凝固条件下固液界面前沿气体元素溶质分布（稳定生长阶段）

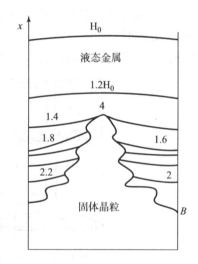

图 9.69　Al–Si 合金凝固过程中某瞬时氢元素的分布

由此可见，气体元素的初始浓度并不是判断是否形成析出性气孔的唯一标准，凝固过程中的溶质偏聚也是必须要考虑的因素。析出性气孔形成的过程可大致总结为：凝固过程中，在溶质再分配的作用下，某一时刻固液界面前沿将有大量的合金元素发生富集。气体元素的富集为气泡的形核创造了成分上的必要条件。由其他元素形成的化合物沉积又可为气泡的形核提供现成的衬底。此外，随着温度的下降，气体元素的临界过饱和浓度也在急剧降低。以上因素的综合作用使得气体的形核驱动力迅速提高，从而形成气泡，如部分气泡在金属凝固前来不及逸出，将残留在铸件中形成析出性气孔。

析出性气孔是否形成，与气体元素的富集情况和在该条件的临界过饱和浓度 S_L 有关。当合金液中 C_L 高于 S_L 时，将产生析出性气孔。S_L 值由试验确定，相比金属型而言，砂型的 S_L 值更低。表9.8为砂型铸造下常见铸造合金中氢的 S_L 值。气体元素的富集情况可由式 (9.31) 判断，令

$$C_L = C_0(1+\eta), \text{ 或 } C_L = C_0\left(1 + \frac{1}{\eta'-1}\right) \tag{9.31}$$

表9.8 砂型铸造下常见铸造合金中氢元素的 S_L 值

合金	铜合金	铝铜合金	铸铁	铸钢	灰铸铁
$S_L/(1 \times 10^{-6})$	1.5	0.4~1.8	1.8~2.0	10	20~80

可见，η 定义为在溶质再分配作用下，晶体稳定生长时固液界面前沿液相中气体元素含量 C_L 对比初始浓度 C_0 而言增加的倍数，该值越大（或 η' 越小），气孔越容易形成。将式 (9.31) 代入式 (9.30)，可得

$$\eta = \frac{C_L - C_S}{C_S}, \ \eta' = \frac{C_L}{C_L - C_S} \tag{9.32}$$

或

$$\eta = \frac{1-k_0}{k_0}, \ \eta' = \frac{1}{1-k_0} \tag{9.33}$$

表9.9为常见金属中由 C_L 和 C_S 计算出的氢的 η 和 η' 值。

表9.9 氢在常见金属中的 η 和 η' 值

金属	C_L	C_S	η	η'
Fe	23.80	14.3	0.67	2.50
Al	0.69	0.036	17.8	1.055
Mg	26.00	18.0	0.44	3.27
Cu	6.00	2.1	1.86	1.54

2. 析出性气孔的防止措施

1) 合理的铸件成分设计

析出性气孔的形成与金属的收缩密切相关。结晶温度范围越宽、铸件收缩量越大，析出性气孔越容易形成。此外，液、固相气体溶解度差 ΔS 越大、气体扩散速度越快（如氢），析出性气孔越容易形成。因此，在铸件使用性能允许的前提下，应合理控制合金元素成分，优化铸件成分设计，预防合金中析出性气孔的形成。

2) 熔炼时减少或防止金属液的吸气

由式 (9.31) 可知，合金溶液中原始含气量 C_0 越大，析出性气孔越容易形成。因此，首先应在熔炼过程中采取相应措施减少各种气体的来源，降低金属的吸气。包括：降低炉料中的油污污染；烘干炉料，保持干燥；使用孕育剂前充分预热；严格限制硫含量较高的燃料的使用等；采用真空熔炼，可有效避免合金液直接与炉气接触。此外，熔炼温度不宜过高，否则将使金属液过热，造成大量吸气，必要时可在金属液表面加覆盖剂。

3) 除气处理

可采用浮游去气方式对金属液进行除气处理：向金属液中吹入不溶气体（惰性气体、氮气等），产生大量气泡，溶解的气体经扩散后进入气泡，从金属中逸出。采用真空除气，或降低熔炼时的外界压力，也可使金属液中的气体迅速蒸发。此外，还可采用氧化除气、冷凝除气法等方式进行除气处理。

4) 控制铸件的凝固方式

合理设计铸型及铸造工艺，使铸件按逐层方式凝固。该凝固方式下，金属液在凝固完成之前一直处于大气压力和液体静压力下，可有效降低溶解气体的析出，并可增大气泡的上浮和逸出能力。同样，也可以在浇注时通入压缩空气，以达到提高金属凝固的外压，抑制析出性气孔形成的目的。

5) 提高冷却速度

适当提高铸件凝固时的冷却速度，可有效阻止气体形成元素的析出。

9.4.4 反应性气孔的成因及防止措施

金属液凝固时，铸型、砂芯、冷铁、渣或氧化膜等与金属液发生化学反应或金属液内的合金元素同化合物以及化合物之间发生化学反应，又或者是金属中的化合物之间发生化学反应，形成气泡而出现的气孔，称为反应性气孔。反应性气孔可分为内生式气孔［图 9.70 (a)］和外生式气孔［图 9.70 (b)］。由金属液本身的原因而产生的，称为内生式气孔；铸型、砂芯等外界因素与金属液反应形成的反应性气孔称为外生式气孔。内生式气孔孔壁表面颜色一般呈金属光亮色，在铸件机加工后才暴露出来，加工面上遍布着孔洞，通常为弥散性分布。相比于外生式气孔，内生式气孔孔洞大，孔径可达几毫米，形状无规律，可以是圆球形、团球形或异形孔洞。

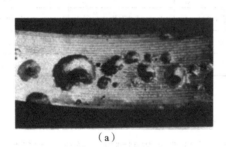
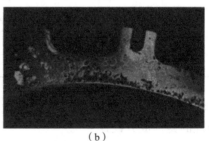

(a) (b)

图 9.70 反应性气孔分类及形貌

(a) 内生式气孔；(b) 外生式气孔

1. 外生式气孔

外生式气孔分布在铸件表面或皮下层（<3 mm），经机加工和清理可暴露，如图 9.71 所示，有时直接称之为皮下气孔。孔内常有氢气、一氧化碳等气体，典型反应式为

$$m[\text{Me}] + n\text{H}_2\text{O} \rightarrow \text{Me}_m\text{O}_n + n\text{H}_2$$
$$[\text{FeO}] + [\text{C}] = \text{Fe}(l) + \text{CO}$$

(9.34)

式中，$m[\text{Me}]$ 为可与水发生反应形成氢气的元素。

图 9.71 外生式气孔形貌

氢气孔的形成过程大致可归纳为：浇注后，铸型中的水分在高温下迅速蒸发，并与金属液中的合金元素（如铁液中的铁、碳、铝、硅等）发生反应从而形成氢气。此外，铸型中的有机物及自由碳的燃烧也可生成大量的氢。上述反应所形成的氢气一部分向铸型外逸出，另一部分则溶解于金属液中。随后在铸件凝固初期，液相凝固形成一层固相薄壳。在溶质再分配作用下，氢在固液界面前沿的液相中富集，液相中的固相质点（如 Al_2O_3、MnO 等）又为氢的形核提供衬底，促进氢的析出，形成气泡。凝固过程继续，氢气泡在枝晶间残留，最终形成氢气孔。

CO 气孔可由内生反应形成，也可能是外生式气孔。CO 外生式气孔是由钢液与型腔表面的水蒸气发生反应形成 FeO，FeO 随后与碳发生反应而生成的。与此同时，周围的氢、氧等其他气体通过扩散进入到气泡内，促使 CO 气泡的长大，最终形成外生式气孔。

此外，在采用含氮树脂砂铸型时，浇注后树脂砂中的树脂分解可形成氮，随后溶解于金属液中，最终形成氮气孔，如白口铁中氮含量超过 120×10^{-6} 时，将出现大量的氮气孔。

外生式气孔的数量及形貌与合金的凝固特性有关。当合金以柱状晶方式生长时，气泡残留在枝晶凹陷处并沿晶界长大，最终将形成长条状气孔。此外，铸件的凝固速度越快，时间越短，外生式气孔越严重。铸件壁厚对外生式气孔的形成有较大影响。对于薄壁件而言，其外层冷却速度较快，很快将金属液与铸型隔离开来，因此不易形成氢气、氮气及 CO 等外生式气孔；厚壁加大，金属液与铸型作用时间延长，致使金属吸气严重，从而将导致外生式气孔的形成。但是，对于极大尺寸的铸件而言，尤其在气体元素初始含量较低时，缓慢的冷却速度又使得气体元素有充足时间向铸件内部扩散，一定程度上可降低微区内的气体元素含量，有时外生式气孔反而减少。例如，壁厚为 8~15 mm 的球墨铸铁和 10~25 mm 的灰口铸铁等铸件中，极易形成氮气孔，壁厚进一步增大或减小，氮气孔数量都将降低。

金属液凝固过程中与渣（非金属夹杂物）或芯撑、内冷铁等表面的油污相遇，也可能发生化学反应，释放出气体，从而形成气孔。因此可知，外生式气孔也可以形成内部气孔，主要有渣致内部气孔，芯撑、内冷铁内部气孔等。

2. 内生式气孔

1）内生式 CO 反应气孔

内生式 CO 反应气孔是在浇注后的钢液凝固时期形成的，多出现在铸钢件中，冶炼时钢液脱氧不良是内生式 CO 反应气孔形成的根本原因。

冶炼时，如钢液脱氧效果不良，内部有相当高的氧溶解量，铸件凝固时固液界面前沿的液相内就会形成溶解氧量更高的溶质富集区。当溶质的浓度超过该温度下的碳［C］和［O］的过饱和浓度时，溶质富集区的液相就会发生如式（9.35）中的碳氧反应，从而生成 CO 气体。

$$[C] + [O] \rightarrow CO \tag{9.35}$$

CO 气体形成后不溶于钢液，其以枝晶间沟槽或凹陷为基底，形成成群的 CO 气泡核。同时，气泡核周围的氢、氮元素通过扩散进入到 CO 气泡核中，进一步促使气泡核长大。由于在钢液凝固时形成，固液界面伴随着气泡一齐向前推进，随后又有新生成群的 CO 气泡形成，因此该气孔最终极易成为弥散性气孔。

2）内生式水气（H_2O）反应气孔

熔炼时，纯铜、含锌锡青铜、多元锡青铜等铸件同炉气中的水气及其他氧化性气体发生化学反应，生成 Cu_2O 和原子氢。如熔炼时脱氧不良，在铸件凝固时就会发生如式（9.36）中的水气反应，生成水气，进而形成水气气泡，产生内生式水气反应气孔。该气孔缺陷的形貌特征同内生式 CO 反应气孔相似，孔洞较大，成群地、弥散地分布于铸件整个截面中。

$$Cu_2O + [H] \rightarrow 2Cu + H_2O \tag{9.36}$$

3）内生式 SO_2 反应气孔

同内生式水气反应气孔相似，内生式 SO_2 反应气孔多出现在纯铜、锡青铜、多元锡青铜等铸件中。熔炼时，炉气中的 SO_2 溶解于铜液中，可与铜反应生成 Cu_2S 和 Cu_2O，两种化合物都可溶解于铜液中。加热温度越高，SO_2 浓度越高，Cu_2S 和 Cu_2O 含量越大。如铜液脱氧不良，在铜液凝固过程中，将发生如式（9.37）中的反应，重新生成 SO_2。高温下，SO_2 可溶解于铜液中，并不会析出。但在凝固后期，铜或铜合金温度不断降低，SO_2 的过饱和溶解度也不断下降，从而析出 SO_2 气泡。由于温度较低，SO_2 气泡难以逸出，最终形成内生式 SO_2 反应气孔。

$$Cu_2S + 2Cu_2O \rightarrow 6Cu + SO_2 \tag{9.37}$$

3. 反应性气孔的防止措施

对于反应性气孔而言，首先要控制钢液中的气体含量，特别是氧含量；也要注意合金的成分设计，在铸件性能允许的情况下，不仅要降低气体元素含量，也要降低强氧化性元素含量，例如铸铁中微量的 Al 即可造成合金的氧化，从而产生外生式气孔，因此应严格控制 Al 含量；铸型及型腔内应严格控制水分含量以及有机黏结剂用量，可采用干型或表干型砂（如采用含氮树脂砂），应减少尿素含量和乌洛托品的加入量；此外，也可适当提高浇注温度、降低凝固速度，以利于气泡的上浮。

防止 CO 反应气孔产生的措施主要是在冶炼时控制钢液的氧溶解量，要脱氧完全。可通过加入硅铁、锰铁等脱氧剂来降低钢液的氧溶解量，最终采用 Al 脱氧，可使氧溶解量从 40×10^{-6} 降低到 4×10^{-6}，但也要注意金属液在氧溶解量下降同时的吸氢问题。对于内生式水气反应气孔，在熔炼时采用氧化铜（氧化铜皮）或二氧化锰（软锰矿）等氧化性熔剂作为覆盖剂，可使铜液富氧脱氢。随后，在去除熔剂渣层后采用脱氧剂去除 Cu_2O，以达到同时除氢和氧的目的。需要注意的是，该方法在 Al、Si、Mn 等元素含量较高的合金中往往会造成剧烈氧化，反而增大氧化夹杂物含量。

9.5 铸件中的非金属夹杂物

9.5.1 铸件中非金属夹杂物的形成与分类

夹杂物是指金属内部或表面存在的和基本金属成分不同的物质。铸件凝固过程中由于某些元素（如硫、氮）溶解度下降同其他元素结合成为各种化合物，称为非金属夹杂物。除此以外，炉渣、耐火材料、泥沙等外来物质也可能混入铸件中形成非金属夹杂物。作为衡量钢质量的重要指标，非金属夹杂物的类型、组成、形态、含量、尺寸、分布等因素对铸件性能有重要影响。

1. 非金属夹杂物分类

按照形态分类，非金属夹杂物一般分为球形（单球状、多球链状）、多面体形、板条形以及不规则多角形等，如图9.72所示。

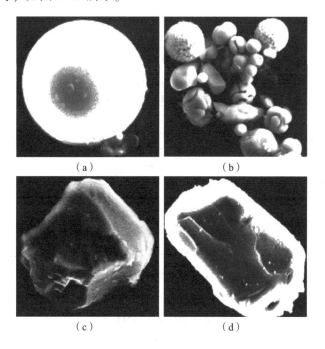

图9.72 铸件中非金属夹杂物一般形态
(a) 单球状；(b) 多球链状；(c) 多面体形；(d) 板条形

按组成分类，铸件中的非金属夹杂物可分为硫化物系、氧化物系、氮化物系。按GB/T 10561—2005，非金属夹杂物可分成A类（硫化物类）、B类（氧化铝类）、C类（硅酸盐类）、D类（球状氧化物类）和DS类（单颗粒球状类）。

按来源分类，非金属夹杂物可分为外来夹杂物和内生夹杂物。外来夹杂物指在冶炼、浇注过程中，混入金属液并滞留其中的耐火材料、熔渣或两者的反应产物以及灰尘微粒等，其颗粒较大、外形不规则、形成具有偶然性、分布无规律。内生夹杂物指在脱氧和凝固时生成的各种反应物，主要是氧、硫、氮的化合物。

按照形成的不同阶段分类，非金属夹杂物可分为：1 次夹杂物（熔炼过程中生成并滞留铸件中的脱氧产物、硫化物、氮化物，也称原生夹杂物）；2 次夹杂物（浇注过程中随金属液温度的下降导致平衡移动而生成的夹杂物）；3 次夹杂物（金属液在凝固过程中，因元素的溶解度下降引起平衡移动而生成的夹杂物）；4 次夹杂物（固态金属发生相变时因溶解度发生变化而生成的夹杂物）。

2. 非金属夹杂物形成过程

1）凝固前非金属夹杂物的形成

凝固前，金属液中非金属夹杂物的形成主要包括熔炼和浇注两个过程。

金属在熔炼时形成的非金属夹杂物可能包括脱氧、脱硫等产物，尺寸较大的夹杂物在浇注前已上浮到金属液表面，经多次扒渣后已去除。其余尺寸较小的夹杂物残留在金属液中，经浇注、凝固后在铸件中形成非金属夹杂物。

假设金属中含有某强脱氧元素（Me），经与氧结合后形成不溶于金属液的氧化物。反应平衡常数 K 的倒数 m 可判断该反应是否可进行，反应式为

$$x[\text{Me}] + y[\text{O}] \Longleftrightarrow \text{Me}_x\text{O}_y$$

$$K = \frac{1}{\alpha_{\text{Me}}^x \alpha_{\text{O}}^y}$$

$$m = \alpha_{\text{Me}}^x \alpha_{\text{O}}^y \tag{9.38}$$

式中，m 为脱氧常数；α_{Me} 为反应达到平衡态时脱氧元素的活度；α_{O} 为反应达到平衡态时氧元素的活度。

以脱氧元素 Me 和氧 O 的活度积作为判据，当

$$m' > m \tag{9.39}$$

则认为反应可以进行，其中

$$m' = \alpha_{\text{Me}(\text{实际})}^x \alpha_{\text{O}(\text{实际})}^y \tag{9.40}$$

式中，$\alpha_{\text{Me}(\text{实际})}^x$ 为金属液中脱氧元素 Me 的实际活度；$\alpha_{\text{O}(\text{实际})}^y$ 为金属液中氧元素的实际活度。

同一种脱氧剂，可以形成不同的脱氧夹杂物。例如，采用铝对钢水进行脱氧时，可形成 Al_2O_3 和 $\text{FeO} \cdot \text{Al}_2\text{O}_3$ 两种脱氧产物，反应式分别为

$$2[\text{Al}] + 3[\text{O}] \rightarrow \text{Al}_2\text{O}_3$$

$$\Delta F^0 = -293\ 220 + 93.37T$$

$$\lg m = \frac{-64\ 090}{T} + 20.41 \tag{9.41}$$

$$2[\text{Al}] + 4[\text{O}] + \text{Fe}(l) \rightarrow \text{FeO} \cdot \text{Al}_2\text{O}_3$$

$$\Delta F^0 = -328\ 170 + 106.36T$$

$$\lg m = \frac{-77\ 300}{T} + 23.25 \tag{9.42}$$

图 9.73 是根据式（9.41）和式（9.42）计算出的 Fe – Al – O 系的平衡图（1 600 ℃）。图中有三个区域，对应于不同的脱氧反应条件：(1) $hfbg$ 区，Al_2O_3 饱和区，即生成的脱氧夹杂物为 Al_2O_3；(2) $ehgc$ 区，$\text{FeO} \cdot \text{Al}_2\text{O}_3$ 饱和区，此时钢液中的脱氧夹杂物为 $\text{FeO} \cdot \text{Al}_2\text{O}_3$；(3) cgb 线以下为 Al 和 O 的溶解区，该区域内 Al 和 O 均达到饱和状态，因此没有上述两种脱氧反应形成。由此可知，只要 O 和 Al 的活度使钢液处于 cgb 线以上，就会有脱氧产物生成。

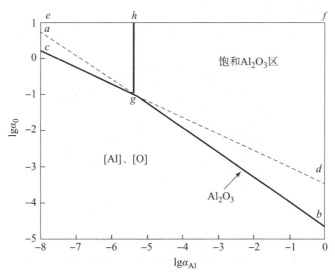

图 9.73 1 600 ℃时 Fe – Al – O 系的平衡图

脱氧元素和氧的饱和浓度不仅与温度有关，二者之间还相互制约。以 1 650 ℃下硅和氧在钢中的溶解度为例，当氧浓度从 0.01% 增加到 0.03% 时，硅的饱和浓度从 1.5% 下降至 0.05%，反之亦然。元素的活度与浓度一般呈正相关的关系，即浓度越高，活度越大。实际上，当高温下合金元素的浓度很低时，往往用元素的浓度替代其活度进行计算。

实际生产中，铸件内最终的氧含量往往高于经脱氧后刚出炉的金属液的氧含量。例如，经检测某轴承钢铸件最终的氧含量为 $37 \sim 48 \times 10^{-6}$，浇包中钢液的氧含量为 $24 \sim 44 \times 10^{-6}$，而刚出炉钢液的氧含量仅为 $16 \sim 36 \times 10^{-6}$。这说明浇注过程中，金属液的氧化也是铸件产生氧化夹杂物的重要来源，由此形成的氧化物称为二次氧化夹杂物。经统计，二次氧化夹杂物一般占铸钢件夹杂物总量的 40% ~ 70%。

浇注过程中，金属液与大气相接触，表层易被氧化，使得层内易氧化元素通过扩散快速向表面迁移，随后又被表层金属液吸附的氧原子氧化，进而在金属液表面形成一层薄膜。与此同时，表层金属液吸附的氧原子不断向金属液内部扩散，使得薄膜厚度增大。当致密的氧化膜形成后，氧原子停止向内部扩散。以合金为例，随后合金液表面形成的氧化膜一旦被扒掉，则立即形成一层新的氧化膜。浇注过程中，金属液的断流、充型时形成的金属液涡流和飞溅等都可将氧化膜卷入进金属液中，从而产生氧化夹杂物。二次氧化夹杂物的形成与合金液的成分、液体流动特性以及浇注工艺等因素有关，详细论述见章节 9.5.4。

2）凝固时非金属夹杂物的形成

除脱氧过程外，钢液凝固时也可形成内生夹杂物。金属凝固时，内生夹杂物的形成与溶质的再分配过程密切相关。固液界面向前推进，金属液中溶质发生偏聚，当界面前沿液相中溶质浓度达到饱和态时（$k_0 < 1$），将有非金属夹杂物析出，又称之为偏析夹杂物。

为便于讨论，假设 Fe – C 合金中只有 Mn、S 两种杂质元素，因此只讨论凝固过程中 Mn 和 S 元素含量对偏析夹杂物形成的影响。如图 9.74 所示，凝固时两种元素的饱和浓度随温度的下降显著减小。此外，二者之间也相互影响，例如 Mn 含量的提高使 S 的饱和浓度显著降低。当 Mn 和 S 的浓度达到过饱和状态时，二者结合析出，形成 MnS 夹杂物。合金凝固时温度不断下降,一方面使得 Mn 和 S 的溶解度降低(图9.74);另一方面,固液界面前沿的 Mn 和 S 浓度进一步提高,二者的共同作用促使 MnS 夹杂物不断形核或长大。

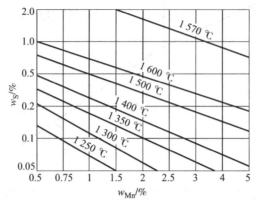

图 9.74　Fe-Mn-S 各温度下平衡图[20]　(1 570 ℃金属液尚未凝固)

实际上,金属液中一般含有多种合金元素,溶质的富集情况也相对复杂。除 MnS 外,钢中还常见 MnO、SiO_2、Al_2O_3 等夹杂物。此外,当固液界面前沿存在一定的成分过冷时,合金将按照枝晶方式生长。在溶质再分配的影响下,枝晶间隙往往是最后凝固的区域,将发生二元或三元共晶反应,这些共晶产物多以网状析出并沿晶界分布,对钢热塑性的危害很大。

9.5.2　铸件中非金属夹杂物的形态及分布

1. 夹杂物的形态

非金属夹杂物刚刚析出时仅有几微米,但是其长大速度非常快,往往经过 10~100 s 的时间,即可长大一个数量级。夹杂物的长大本质上是合并聚集的过程。凝固过程中,金属液体存在对流,非金属夹杂物与金属液也存在密度差,这些因素导致液相中的夹杂物自由运动,发生碰撞。一旦夹杂物发生碰撞,能否发生合并聚集以及以何种方式进行长大要取决于夹杂物的熔点、界面张力和温度等条件。

如金属液的温度较低,此时夹杂物黏性较大,发生碰撞后即可黏结在一起,以独立的单球靠在一块形成粗糙的多链球状,如图9.72(b)所示;如金属液温度较高,此时夹杂物黏度更小,发生碰撞时不易黏结,最终将聚合成一个完整的单球状夹杂物,如图9.72(a)所示;如果异类夹杂物发生碰撞,则使得最终形成的夹杂物成分更加复杂,如碳钢中不仅经常析出硅酸盐,在硅酸盐表面还可附着二硫化锰以及硅酸盐和硫化物混合的非金属夹杂物。

非金属夹杂物长大后,其形状很大程度上受到界面张力的影响。在凝固末期,非金属夹杂物聚集在低熔点的液相中,最终在晶界处形成低熔点的偏析夹杂物。设晶体间的界面张力为 σ_{CC},夹杂物与晶体的界面张力为 σ_{LC},相间夹角(双边角)为 θ,由图9.75可知,平衡条件应为

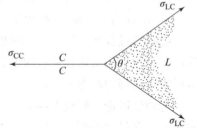

图 9.75　相间双边角与界面张力示意图

$$\cos\frac{\theta}{2} = \frac{\sigma_{CC}}{2\sigma_{LC}} \quad (9.43)$$

从式（9.43）可知，系统能否处于平衡态完全取决于σ_{CC}和σ_{LC}。只有当$\sigma_{LC} \geq 0.5\sigma_{CC}$时，系统才能处于平衡状态；如$\sigma_{LC} < 0.5\sigma_{CC}$，则平衡态遭破坏，此时夹杂物以薄膜状析出于晶界上。平衡态下，夹杂物的形态则受双边角θ的控制。θ从0°增大至180°时，夹杂物的形态由尖角状演变成球状，如图9.76所示。此外，合金液成分对夹杂物形态也有影响，这是由于成分的变化改变了双边角和界面张力所致。夹杂物以球状分布时，对金属力学性能的影响较小；尖角形分布的夹杂物则严重损害铸件的力学性能。

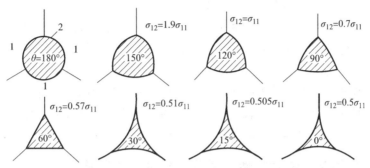

图9.76　晶体间双边角对非金属夹杂物形态的影响

2. 夹杂物的分布

这里主要讨论夹杂物分布的均匀性。金属液凝固时析出的偏析夹杂物，如陷入树枝晶内，此时夹杂物的分布是相对均匀的；反之，如果偏析夹杂物未陷入树枝晶内，则情况相对复杂，此时夹杂物分布的均匀性主要取决于基体铸态组织的均匀性，若铸态组织相对均匀，则仍可认为夹杂物的分布是均匀的。对于一些尺寸较大的夹杂物（包括1次夹杂物），由于液相中存在对流作用，夹杂物往往被推向未凝固区域，因此夹杂物的分布与铸件宏观偏析的分布是一致的，铸件断面中心部分夹杂物较多、分布密集，铸件上部也存在较多非金属夹杂物。对于能上浮到铸件表面的夹杂物而言，若夹杂物的密度小于金属液密度，则上浮速度很大，是可能集中到冒口处被排除的。可见，对于偏析夹杂物的分布而言，其影响因素与铸件成分分布均匀性的影响因素是一致的。

对于微区内的偏析夹杂物，其能否陷入树枝晶内，主要取决于系统自由能的变化ΔF。夹杂物黏附晶体的示意见图9.77。

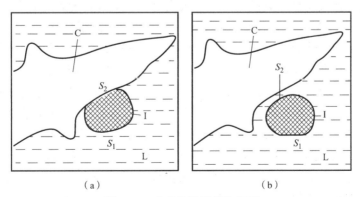

图9.77　夹杂物黏附晶体示意

(a) 黏附后；(b) 黏附前

L—金属液；C—晶体；I—夹杂物

$$\Delta F = [\sigma_{LI}S_1 + \sigma_{IC}S_2] - [\sigma_{LI}(S_1 + S_2) + \sigma_{LC}S_2] < 0 \tag{9.44}$$

即

$$\sigma_{IC} < \sigma_{LI} + \sigma_{LC} \tag{9.45}$$

式中，σ_{LI} 为金属液与夹杂物间的界面张力；S_1 为夹杂物与金属液的黏附面积；σ_{IC} 为夹杂物与晶体间的界面张力；S_2 为夹杂物与晶体的接触面积；σ_{LC} 为金属液与晶体间的界面张力。当式（9.45）成立时，夹杂物倾向陷入树枝晶内；反之如果 $\sigma_{IC} \geqslant \sigma_{LI} + \sigma_{LC}$，则夹杂物倾向被推向最后凝固的区域，最终在晶界处聚集。

树枝晶生长时，夹杂物周围液相减少，要保证夹杂物与树枝晶的距离，需得到附近液体的补充。因此，晶体的生长速度对夹杂物的分布也有影响。如晶体生长速度较快，附近液体来不及补充，树枝晶与夹杂物的距离不断降低，二者相接触后，夹杂物就陷入生长的树枝晶中。如晶体的生长速度刚好满足夹杂物与晶体生长面相接触的速度，则称之为晶体临界生长速度。如晶体生长速度小于临界生长速度，夹杂物最终被推向最后凝固的区域，成为晶界偏析夹杂物。夹杂物分布在晶内，可改善对铸件力学性能的损害。

9.5.3 非金属夹杂物对铸件质量及力学性能的影响

近代精炼技术大幅提高了铸件的纯净度，但仍无法彻底避免铸件中非金属夹杂物的产生。当非金属夹杂物尺寸较大（大于 50 μm）时，铸件的冷、热加工性能随之变差，塑性、韧性和疲劳性能会产生显著下降。一般而言，非金属夹杂物对铸件质量及力学性能的影响可从以下几个方面进行考虑：(1) 夹杂物破坏了金属的连续性，使强度和塑性下降；(2) 尖角形夹杂物易引起应力集中，显著降低冲击韧性和疲劳强度；(3) 易熔夹杂物分布于晶界，不仅降低强度且能引起热裂；(4) 夹杂物促进气孔的形成，既能吸附气体，又促使气泡形核；(5) 在某些情况下，也可利用夹杂物改善金属的某些性能，如提高材料的硬度、增加耐磨性以及细化金属组织等；(6) 金属液中含有悬浮难熔固体夹杂物时，流动性将显著降低。

铸件的断裂过程是裂纹的萌生和不断发展的过程。非金属夹杂物是铸件内微裂纹形成的发源点。因此，非金属夹杂物的存在对铸件的塑性（如延伸率和断面收缩率等）的影响很大。通常情况下，非金属夹杂物对铸件纵向塑性的影响不大，而对横向塑性的影响却很显著。研究表明，高强度钢的横向断面收缩率随夹杂物总量的增加而降低。夹杂物对钢的高温延性有很大影响，如低碳钢在奥氏体区延性大大降低，其原因是细小的第二相析出物（如 AlN、TiN、Nb（C，N）等）能有效钉扎奥氏体晶界，从而降低延性。

非金属夹杂物对铸件的断裂韧性同样有着非常显著的影响。本质上，铸件的韧性断裂过程就是因应力作用在夹杂物处从而引起空隙开始的。由于夹杂物和析出物与铸件本身在弹性模量和塑性方面具有较大的差别，因此在铸件变形过程中，非金属夹杂物并不能随铸件发生整体变形。由此在夹杂物周围就会形成应力集中效应，进而使非金属夹杂物本身破裂或者导致夹杂物与铸件基体之间的界面开裂。以 65 钢盘条用作硬线的母材为例，其在后续拉拔过程中常出现断裂现象。图 9.78 为该制品斜断口形貌。如图 9.78 所示，断裂起源于钢丝表面。断裂源附近有非金属夹杂物形成，盘条在拉拔变形过程中，夹杂物周围产生较大的应力，从而使夹杂物和基体的界面产生微裂纹。一旦受到拉应力或切应力的作用，裂纹即沿夹杂物方向扩展，从而造成盘条在拉拔过程的断裂。

硫及硫化物的含量增加显著降低铸件的韧性指标。以铸钢为例，其断裂韧性随着夹杂物数量或长度的增加而急剧下降。有研究表明，夹杂物对铸钢断裂韧性的危害由小到大依次为 VN、TiS、AlN、NbN、ZrN、Al_2S_3、CeS、MnS。此外，夹杂物含量与断裂韧性大小有时呈线性反比关系。

夹杂物对铸件疲劳裂纹的萌生和扩展也有重要影响。一般来说，非金属夹杂物可通过两种方式诱发铸件内疲劳裂纹。一种是由于夹杂物在铸件服役过程中无法传递基体中存在的应力，形成应力集中，从而诱发微裂纹的直接形核。另一种则是在铸件加工过程中，由于夹杂物与基体的界面分离导致微裂纹形成。据统计，铸钢件的断裂，90%是由疲劳裂纹引起的，其裂纹源为非金属夹杂物。尖角形的夹杂物易引起应力集中，促使微裂纹的产生，加速零件破坏。对于同一种夹杂物而言，其含量增加，铸件疲劳极限逐步降低。此外，当其他条件相同时，夹杂物颗粒尺寸越大，则对铸件疲劳性能的损害越大。以轧制弹簧钢板形成的"翘皮缺陷"为例，由于铸件中有大量夹渣和夹杂物，并且尺寸相对较大，直接导致弹簧钢板在轧制时形成开裂，如图9.79所示。

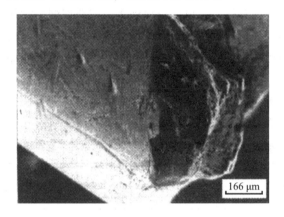

图9.78　65钢硬线拉拔斜断口形貌

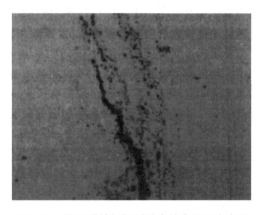

图9.79　轧制弹簧钢板裂纹内的夹渣和夹杂物

需要特别指出的是，某些特殊情况下，当夹杂物尺寸很小（小于10 μm）时，夹杂物可起到促进组织形核、抑制晶粒长大的作用，从而显著提高铸件的塑性、韧性等力学性能指标。如在钢中加入Nb、V、Ti等合金元素，便可在连铸和加热过程中形成细小的C、N化合物，如图9.80所示，实际生产中常利用这种手段使晶粒细化，提高强度及塑性。另外，铸钢中的氧化物和铸铁中的磷共晶也可提高材料的硬度和耐磨性。有些难熔的非金属夹杂物也可为铸件晶体非自发形核提供有利条件，从而起到细化铸件组织的作用。

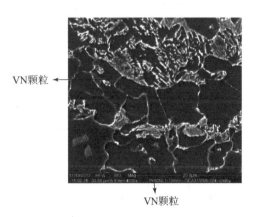

图9.80　钢中的VN颗粒

此外，非金属夹杂物对材料的铸造性能也有重要影响。当合金液中含有固体夹杂物时，其流动性显著降低。此时，分布在晶界上的低熔点夹杂物可促使铸件产生微观缩孔和气缩孔，是铸钢类产品产生热裂纹的主要原因之一。

9.5.4 铸件中非金属夹杂物的控制

由于铸件中非金属夹杂物的存在破坏了基体分布的连续性,在变形及冷、热加工过程中易引发引起应力集中,导致微裂纹的早期萌生,致使铸件破坏或使铸件的力学性能和工艺性能降低。因此,熔炼过程中不仅要控制铸件的化学成分,还要严格控制铸件中的非金属夹杂物。合金液中实际存在的夹杂物一般与其成分、冶炼过程、脱氧方法等因素有关,一般可采用以下手段进行控制和去除:(1) 正确选择合金成分,严格控制铸件中易氧化元素的添加与吸收;(2) 严格控制铸型水分,加入煤粉等碳质材料或采用涂料形成还原性气氛;(3) 为降低铸型的氧化气氛,还可采用真空或保护气氛下的熔炼与浇注;(4) 采用合理的浇注工艺及浇注系统,保持金属液充型过程的平稳流动;(5) 在金属液进入型腔前加设过滤器,以去除夹杂物。过滤器分为活性和非活性两种,前者通常由石墨、陶瓷构成,主要起到机械过滤的效果;后者一般由 NaF、CaF 等制作而成,不仅有良好的机械过滤效果,并且可具备一定的吸附作用,使得排渣过程更加充分。此外,也可向金属液表面或金属液中添加溶剂及复合脱氧剂。在金属液表面覆盖一层溶剂,可起到吸收上浮夹杂物的作用;向金属液中加入溶剂,使之可与夹杂物形成密度更小的液态夹杂物。例如,向球铁溶液中加入冰晶石,可有效降低夹杂物的熔点,从而使得夹杂物聚合、上浮。采用适当配比的复合脱氧剂可生成低密度、低熔点的液态脱氧产物,这些液态脱氧产物可聚合成体积更大的液体,方便上浮和排除。常见非金属夹杂物的熔点和密度见表 9.10。

表 9.10 常见非金属夹杂物的熔点和密度

夹杂物	熔点 $t/℃$	密度 $\rho/(g \cdot cm^{-2})$
FeO	1 371	5.90
Fe_2O_3	1 560	5.12
Fe_3O_4	1 597	4.90
SiO_2	1 713	2.26
Al_2O_3	2 050	4.1
MnO	1 785;1 850	5.50
Cr_2O_3	2 277	5.00
TiO_2	1 825	4.20
MgO	2 800	3.50
CaO	2 570	3.32
$MnO \cdot SiO_2$	1 270	3.58
$MgO \cdot Al_2O_3$	2 135	3.58
$FeO \cdot SiO_2$	1 205	4.35
$FeO \cdot Al_2O_3$	1 780	4.05
$Al_2O_3 \cdot SiO_2$	1 487	3.05
MnS	1 610	3.60
FeS	1 553	4.50

续表

夹杂物	熔点 $t/℃$	密度 $\rho/(g \cdot cm^{-2})$
CaS	2 525	2.80
MgS	2 000	2.80
VN	2 000	5.47
TiN	2 900	5.1
ZrN	2 910	6.97

习 题

1. 纯金属与实际液态金属的结构有何不同?
2. 金属的熔化是从哪里开始的? 为什么?
3. 试说明金属的熔化并不是原子间结合力全部被破坏。
4. 金属熔化后,其性质发生了哪些变化?
5. 黏度的本质及其影响因素是什么?
6. 液态金属的表面张力和界面张力有何不同? 表面张力和附加压力有何关系?
7. 表面张力的实质及其影响因素是什么?
8. 同一种元素在不同液态金属中的表面吸附作用是否相同?
9. 已知钢液对铸型不润湿,$\theta = 180\ ℃$,铸型砂粒间的间隙为 0.1 cm,钢液在 1 520 ℃ 时的表面张力 $\sigma = 1.5$ N/m,密度 $\rho = 7\ 500$ kg/m³。求产生机械黏砂的临界压力;欲使钢液不浸入铸型而产生机械黏砂,所允许的压头 H 值是多少?
10. 根据 Stokes 公式计算钢液中非金属夹杂物 MnO 的上浮速度。已知:钢液温度为 1 500 ℃,钢液的动力黏度 $\eta = 0.004\ 9$ Pa·s,$\rho = 7\ 500$ kg/m³,$\rho_{MnO} = 5\ 400$ kg/m³,MnO 呈球形,其半径 $r = 0.1$ mm。
11. 过共析钢液的动力黏度 $\eta = 0.004\ 9$ Pa·S,钢液的密度 $\rho = 7\ 000$ kg/m³,表面张力为 1 500 mN/m,加铝脱氧,生成密度为 5 400 kg/m³ 的 Al_2O_3,如能使 Al_2O_3 颗粒上浮到钢液表面就能获得质量较好的钢。假如脱氧产物在 1 524 mm 深处生成,试确定钢液脱氧后 2 min 上浮到钢液表面的 Al_2O_3 最小颗粒的尺寸。
12. 计算铁液在浇注过程中的雷诺数 Re,并指出它属于何种流体流动。已知浇道直径 $D = 20$ mm,铁液在浇道中的流速 $V = 8$ cm/s,运动黏度 $\nu = 0.307 \times 10^{-6}$ m²/s。
13. 已知 660 ℃ 时铝液的表面张力 $\sigma = 0.86$ N/m,求铝液中形成半径分别为 1 μm 和 0.1 μm 的球形气泡,各需要多大的附加压力?
14. 液态金属的流动性和充型能力的区别与联系是什么?
15. 试说明液态金属停止流动的机理。
16. 试说明影响充型能力的因素及提高充型能力的措施。
17. 试说明为了提高充型能力,在金属方面可采取哪些措施。
18. 某厂生产的某牌号铝合金(成分确定)叶片,因铸造常出现浇不足缺陷而报废,请问可采取哪些工艺措施来提高成品率?
19. 液态金属在枝晶间的流动的驱动力是什么?
20. 铸件的凝固方式及其影响因素是什么?
21. 平方根定律及其适用条件是什么?
22. 一个长和宽都无限大、壁厚为 50 mm 的板铸件,在距表面 0、5、10、15、20、

25 mm 处各放一热电偶,热电偶的位置如图 (a)。根据所测得的冷却曲线(图 (b))绘出该铸件的凝固动态曲线图 (c)、4 min 时的铸件断面温度场图 (d) 以及此时刻铸件断面上的凝固结构图 (e)。

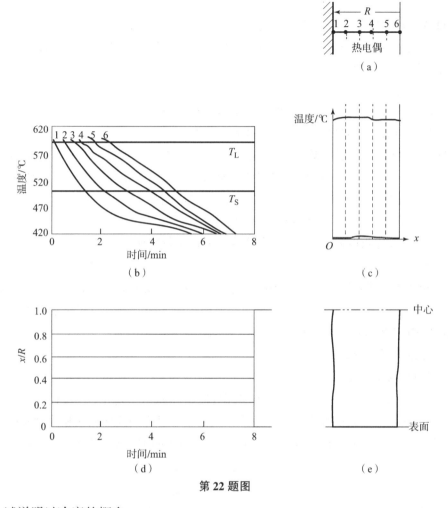

第 22 题图

23. 试说明过冷度的概念。

24. 何谓凝固过程中的热力学能障和动力学能障?如何克服?

25. 试说明均质形核、异质形核、形核速率的概念。

26. 影响异质形核速率的因素有哪些?

27. 试说明粗糙界面和光滑界面的概念。

28. 纯金属的宏观长大方式与传热特点是什么?

29. 试分析纯金属宏观长大方式与温度梯度的关系。

30. 纯金属的微观长大方式是什么?

31. Cu 合金中加入 2.0% ~ 3.0% 的 γ – Fe,两者均为面心立方晶格。γ – Fe 的晶格常数为 $a_{\gamma-Fe}$ = 3.65 nm;Cu 的晶格常数为 a_{Cu} = 3.62 nm。包晶反应时:L + γ – Fe → Cu。计算 γ – Fe 与 Cu 的点阵失配度 δ,分析说明 γ – Fe 可否作为 Cu 合金的有效形核衬底。

32. Mg 合金中加入 0.6% ~ 1.0% 的 α – Zr,两者均为六方晶格。Mg 的晶格常数为

$a_{Mg} = 0.320\ 9$ nm、$c_{Mg} = 0.512\ 0$ nm，α-Zr 的晶格常数为 $a_{\alpha-Zr} = 0.322\ 0$ nm、$c_{\alpha-Zr} = 0.513\ 3$ nm。计算 α-Zr 与 Mg 的点阵失配度，分析说明 α-Zr 可否作为 Mg 的形核剂。

33. 何谓凝固过程中的溶质再分配？当相图上的液相线和固相线皆为直线时，试证明 k_0 为一常数。

34. 试说明热过冷与成分过冷的区别。

35. 产生成分过冷必须具备哪两个条件？写出液相中只有扩散而无对流时的成分过冷的判据，并说明各符号的物理含义。

36. 影响成分过冷的因素有哪些？其中哪些是可以控制的工艺因素？

37. 写出单向合金平面生长的条件，并说明个符号的物理含义。

38. 试说明成分过冷对单相合金凝固过程的影响。

39. Al-Cu 相图的主要参数为 $C_E = 33\%$，$C_{sm} = 5.65\%$，$T_m = 660$ ℃，$T_E = 548$ ℃。用 Al-1%Cu 合金浇注一细长棒试样，使其从左至右单向凝固，冷却速度足以保持固-液界面为平界面，当固相无 Cu 扩散，液相中 Cu 充分混合时，求：

（1）凝固 10% 时，固-液界面处固相和液相的成分；

（2）画出沿试棒长度方向 Cu 的分布曲线，并标出各特征值。

40. 如图，某二元合金成分为 $C_0 = 4.0\%$，$C_E = 32.0\%$，$C_{sm} = 8.0\%$；$T_0 = 686$ ℃，$T_E = 590$ ℃；液相线为直线；溶质在液相中的扩散系数为 $D_L = 2.0 \times 10^{-8}$ cm^2/s。该合金自左向右单向凝固，固相无扩散、液相无对流而只有有限扩散。固-液界面前沿液相的温度梯度为 G_L，界面向前推进的速度为 $R = 5 \times 10^{-6}$ cm/s。求：

（1）平衡溶质分配系数 k_0；

（2）液相线斜率 m_L；

（3）当凝固达到稳态阶段时，固-液界面处液相和固相的成分 C_L^* 和 C_S^* 为多少；

（4）要使固-液界面前方产生成分过冷，根据成分过冷判据估算液相温度梯度；

（5）要使固-液界面保持平面，根据无成分过冷的平面生长条件估算液相温度梯度。

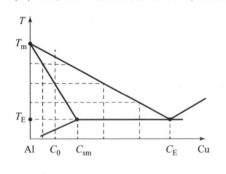

第 39 题图

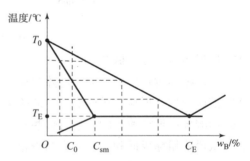

第 40 题图

41. 在普通工业条件下，为什么非共晶成分的合金往往能获得 100% 的共晶组织？用相图说明之。

42. 铸件典型宏观凝固组织是由哪几部分构成的？它们的形成机理如何？

43. 常用生核剂有哪些种类？

44. 试述柱状晶组织对铸件性能的影响。

45. 试述等轴晶组织对铸件性能的影响。
46. 试分析影响铸件宏观凝固组织的因素，列举获得细等轴晶的常用方法。
47. 对于厚大的砂型铸件，如何获得细等轴晶铸态组织？
48. 在一般情况下希望铸件获得细等轴晶组织，为什么？怎样才能获得？
49. 试分析非平衡凝固过程中，溶质扩散系数 D 与温度热扩散率 α 对枝晶偏析形成的影响。
50. 试分析枝晶偏析与宏观正常偏析的异同。
51. 试分析枝晶间液体流动对枝晶偏析形成的影响规律。
52. 以 Cu－30%Zn 和 Cu－10%Sn 两种铸造合金为例，试分析哪种合金形成第二相的可能性大，为什么？
53. 铸件形成过程中的收缩可分为哪几个阶段，各自有什么特点？
54. 缩孔与疏松在成因、形成条件、分布特征以及防止措施方面有何异同？二者之间的转化规律受哪些因素影响？
55. 举例说明同时凝固与体积凝固以及顺序凝固与逐层凝固的区别和联系。
56. 宏观偏析、气孔与疏松之间有无联系？试举例说明。
57. 试计算 $\varepsilon_{V1}=1.5\%$，过热 $\Delta T=100\ ℃$ 条件下，$w_C=0.35\%$ 碳钢的总体积收缩率？
58. 热裂与偏析和缩孔的形成有无联系，试分析之。
59. 试分析为何结晶温度范围越宽，合金的热裂倾向越大。
60. 铸件的凝固方式和凝固原则对热裂的形成有何影响？
61. 从合金成分、铸造条件和浇注工艺的选择方面，阐述防止或缓解铸件变形和残余应力的措施。
62. 一般而言，灰铸铁铸件与碳钢铸件的残余应力相比如何，试分析原因。
63. 杆状铸件冷却过程中，垂直杆长方向的温度分布特征对铸件变形和应力有什么影响？
64. 铸件中气体的存在可分为几种形式？各存在状态对铸件质量有何影响？
65. 试从元素溶解热力学和动力学两方面分别讨论气体溶解度的影响因素。
66. 简述析出性气孔与反应性气孔的联系和区别。
67. 实际生产过程中，当合金液中的气体含量低于饱和溶解度时，是否一定不会产生析出性气孔？
68. 对于第 67 题，如果认为可以产生析出性气孔，请简述其形成过程及防止措施。
69. 金属中的气体与夹杂物的形成有无关系，试分析之。
70. 从元素化学反应的热力学和动力学两方面，分析铸件内非金属夹杂物的形成过程。
71. 浇注前和浇注过程中形成的非金属夹杂物的形成过程是否一致？如认为不一致，请从元素构成及成分的角度分析二者之间的差别。
72. 请利用结晶理论，简述铸件中非金属夹杂物的形核和生长过程。
73. 影响非金属夹杂物分布的因素有哪些？非金属夹杂物的防止措施主要包括哪些方面？
74. 假设牌号为 GBW01133a 的球铁铸件生产过程中，原铁水成分为 $w_C=3.8\%$，$w_{Si}=1.6\%$，考虑发生 $2[C]+[SiO_2]\rightarrow[SiO_2]+2CO$ 反应，如何控制原铁水中的 C 和 Si 的含量才能有效防止二次夹杂物的形成？

参 考 文 献

[1] 安阁英. 铸件形成理论 [M]. 北京：机械工业出版社，1990.

[2] 周尧和，胡壮麒，介万奇. 凝固技术 [M]. 北京：机械工业出版社，1998.

[3] 李殿中，李依依. 铸造原理 [M]. 2 版. 北京：科学出版社，2011.

[4] Kurz W, Fisher D J. Fundamentals of solidification [M]. 4th ed. Switzerland：Trans. Tech. Publications Ltd.，1998.

[5] 胡汉起. 金属凝固原理 [M]. 北京：机械工业出版社，1990.

[6] 吴树森，柳玉起. 材料成形原理 [M]. 2 版. 北京：机械工业出版社，2008.

[7] 李言祥，吴爱萍. 材料加工原理 [M]. 北京：清华大学出版社，2005.

[8] 陈平昌，朱六妹，李赞. 材料成形原理 [M]. 北京：机械工业出版社，2001.

[9] David A Porter, Kenneth E Easterling, Mohamed Y SF. Phase transformations in metals and alloys [M]. 3rd ed. Boca Raton：Taylor & Francie Group，2009.

[10] 李庆春. 铸件形成理论基础 [M]. 北京：机械工业出版社，1982.

[11] Kohn A. The iron and steel [M]. England：Inst，1967.

[12] 祖方遒. 铸件成形原理 [M]. 北京：机械工业出版社，2013.

[13] 周尧和，胡壮麒，介万奇. 凝固技术 [M]. 北京：机械工业出版社，1998.

[14] 郭宏海，宋波，毛璟红，赵沛. 稀土元素对耐候钢元素偏析的影响 [J]. 北京科技大学学报，2010（1）：44 – 49.

[15] 张玉妥，陈波，刘奎，等. 低偏析技术的发展 [J]. 金属学报，2017（53）：559 – 566.

[16] Li D Z, Chen X Q, Fu P X. Inclusion flotation – driven channel segregation in solidifying steels [J]. Nature Communications，2014（5）：5572.

[17] Davids G J. 凝固与铸造 [M]. 北京：机械工业出版社，1981.

[18] 鹿取一男. 铸造工学 [M]. 北京：机械工业出版社，1983.

[19] 王金华. 悬浮铸造 [M]. 北京：国防工业出版社，1992.

[20] 杨勋烈. 热等静压 [M]. 北京：冶金工业出版社，1983.

[21] 何开元. 精密合金材料学 [M]. 北京：冶金工业出版社，1991.

[22] 胡汉起. 金属凝固 [M]. 北京：冶金工业出版社，1985.

[23] 刘立新，安阁英，李庆春. 三元合金稳态平面前沿凝固的溶质再分配 [J]. 金属科学与工艺，1987（3）：79 – 86.

[24] 李魁盛，侯福生. 铸造工艺学 [M]. 北京：中国水利水电出版社，2006.

[25] 陈德和. 钢的缺陷 [M]. 北京：机械工业出版社，1977.

[26] Flemings M C. Solidification processing [M]. New York：Mcgraw – Hill Book Company，1974.

[27] 盛利贞. 钢铁冶炼基础 [M]. 北京：冶金工业出版社，1980.

[28] 魏寿昆. 冶金过程热力学 [M]. 上海：上海科学技术出版社，1980.

[29] 吴承建. 金属材料学 [M]. 北京：冶金工业出版社，2009.

[30] 张鉴. 冶金熔体和溶液的计算热力学 [M]. 北京：冶金工业出版社，2007.

第三篇
焊接成型原理

第二章
理论探讨与研究

第10章 焊接接头及其组织性能

焊接是金属材料成型的基本技术之一。焊接成型就是采用焊接技术在待成型的材料或部件之间形成焊接接头的过程。

10.1 焊接接头的形成

10.1.1 焊接的基本概念

焊接是指通过加热或加压或二者并用，使被焊材料达到原子间的结合，从而形成永久连接的工艺。对于焊接这一概念，可以从以下几个方面去理解。

（1）焊接是一种工艺，一种技术，不是一门科学。科学更倾向于回答"是什么"和"为什么"；技术更倾向于回答"做什么"和"怎么做"。这就决定了焊接技术的知识体系对完备性、精确性的忽略，以及对实用性的追求。

（2）焊接是连接工艺中的一种，其特征是使被连接材料的结合达到原子级别，这种连接具有永久性，不可拆卸。按照连接接头作用力的本质，连接工艺可以分为机械连接、胶接和焊接。机械连接是采用宏观连接件建立的待连接部件之间的连接，所建立的连接不具有永久性，可以反复拆卸、安装，接头承载能力取决于宏观连接件的承载能力。机械连接通常需要增加外部连接件，造成整体增重；有时要在待连接部件上加工连接孔，造成部件结构完整性的破坏。螺栓连接、铆接都属于机械连接。胶接是采用胶黏剂建立的待连接部件之间的连接，所建立的连接通常具有永久性，接头的结合力为分子间作用力，多数情况下接头结合强度比被连接部件强度低。受胶黏剂耐温能力的限制，一般胶接接头的耐高温性能也较差。焊接接头中被连接材料的结合力为原子间作用力，结合强度可以达到被连接材料同等强度，甚至更高，其耐高温性能通常也较好。一般情况下不会增加整体结构的质量或造成部件结构完整性的破坏。

（3）焊接过程的实现可以通过加热或加压或既加热又加压的方式。不同的实现方式对被焊材料的影响不同，也是对焊接方法进行分类的一个重要依据。一般来讲，焊接方法可以分为三大类：熔化焊、压力焊和钎焊。采用加热的方式使被焊材料发生局部熔化，从而实现连接的工艺即为熔化焊，手工电弧焊、钨极氩弧焊、埋弧焊、激光焊等方法都属于熔化焊。单纯采用加压的方式很难实现材料的连接，仅有冷压焊一种方法，主要用于连接不适合于加热的同种或异种材料。采用既加热又加压的方式实现连接的工艺即为压力焊，点焊、缝焊、闪光焊、扩散焊等方法都属于压力焊。采用加热的方式使填充材料熔化、被焊材料不熔化，从而实现连接的工艺即为钎焊。

被焊材料称为母材。传统意义上的母材是各种金属材料，以结构钢为主。随着新的焊接方法的出现和焊接技术的提高，可以进行焊接的材料已涵盖几乎所有种类的金属、高分子材料类中的塑料、无机非金属材料类中的陶瓷、复合材料类中的金属基复合材料和陶瓷基复合材料。

焊缝是指由局部熔化的母材和熔化的焊接材料冷却凝固后形成的起连接作用的固态材料。这一概念描述的只是熔化焊的焊缝，其他焊接方法形成的焊缝可能会和这一描述有差别。

热影响区（heat affected zone，HAZ）是指在焊接过程中没有发生熔化，仅由于受到焊接的热影响而发生了组织和性能变化的母材部分。

熔合区是焊缝和热影响区的分界区域，由发生部分熔化的母材构成。

焊接接头是指母材经过焊接加工之后发生了组织和性能变化的整个区域，由焊缝、熔合区、热影响区组成，如图10.1所示。图10.2所示为焊接接头的金相组织照片。

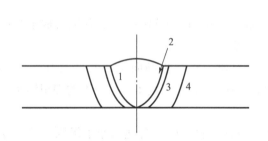

图 10.1　焊接接头的组成

1—焊缝；2—熔合区；3—热影响区；4—母材

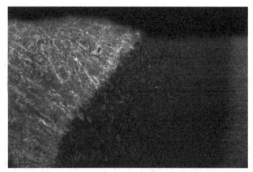

图 10.2　焊接接头的金相组织照片

图10.1所示为一般熔化焊的接头组成。需要注意的是，并不是所有的焊接接头都是由这3个区域组成的。例如钎焊接头，由于母材没有发生熔化，接头中就不存在熔合区；如果钎焊温度没有超过母材的回复再结晶温度，也不存在热影响区。而搅拌摩擦焊接头的组成区域为搅拌区、热机械影响区、热影响区，如图10.3所示。

图 10.3　搅拌摩擦焊接头的组成

SZ—搅拌区；TMAZ—热机械影响区；HAZ—热影响区；BM—母材；AS—前进侧；RS—后退侧

焊接技术中，常用到熔滴、熔池、熔合比等概念。熔滴是指焊接材料（如焊条、焊丝等）的端部熔化形成的滴状液态金属。熔池是指在母材上，由熔化的焊接材料和局部熔化的母材组成的具有一定几何形状的液态金属。熔合比是指焊缝金属中熔化的母材所占的比例。

在设计焊接工艺时，通常要进行母材的焊接性分析。焊接性是指金属材料在限定的施工条件下，焊接成按规定设计要求的构件，并满足预定服役要求的能力，即材料对焊接加工的适应性和使用的可靠性。某种材料的焊接性，可以比较通俗地理解为这种材料"好不好焊"，焊接后"能不能用"。当然，讨论某种材料的焊接性，不能离开"限定的施工条件"，具体来讲，通常要在使用某种具体的焊接方法的前提下讨论该材料的焊接性。

10.1.2 焊接接头的形成过程

采用不同大类的焊接方法进行焊接，焊接接头的形成过程是不完全一样的。即使采用同一大类中的不同焊接方法进行焊接，焊接接头的形成过程也是有差别的。另外，不同材料的焊接接头的形成过程也有差别。本书将以最常用的焊接方法（熔化焊）和最常用的母材（低碳钢）为例，介绍焊接接头的形成过程。在后续部分，除非特殊说明，所用焊接方法均为熔化焊，母材均为低碳钢。

焊接接头的形成过程如图10.4所示。焊接时，采用某种热源对母材进行局部加热，直至熔化，熔化的母材形成熔池。在焊接时，随焊接方法的不同以及对接头性能要求的不同，可以添加焊接材料，也可以不添加焊接材料。如果添加焊接材料，焊接材料被加热熔化后，形成熔滴，熔滴脱离焊接材料端部后在空间中飞行一段距离，落入到熔池中，成为熔池的一部分。热源离开后，熔池金属冷却凝固，热源持续移动，热源后方的金属不断冷却凝固，形成焊缝。此时的焊缝仍处于高温状态。随着热源不断远离，焊缝温度持续下降，经历冷却相变过程，才最终成为在室温下看到的焊缝。焊缝部位的母材金属在加热过程中也要经历固态相变过程，但因为随后又发生了熔化，其固态相变过程对最终的组织和性能没有影响，可以忽略。

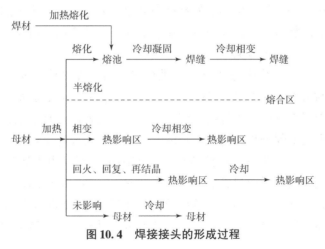

图 10.4 焊接接头的形成过程

邻近焊缝、温度处于熔点以下的母材，其焊接过程中没有发生熔化，但经历的最高温度超过了相变点，在加热过程中发生了奥氏体化相变，在冷却过程中又再一次经历相变，冷却到室温后的最终相变组织与冷却速度有关。不管怎样，经历了加热和冷却两次相变，这部分材料的组织和性能与母材相比都发生了很大的变化，形成了热影响区。在热影响区和焊缝的分界区域，母材经历的最高温度达到熔点附近，发生部分熔化，形成熔合区。最高温度在相变点以下的区域，焊接加工后的变化和母材在焊前的热处理状态有关。母材焊前为调质态或冷作硬化态，处于回火温度或回复、再结晶温度以上的区域将会发生回火或回复、再结晶，硬度降低，塑性、韧性提高。该部位也属于热影响区。更远一些的区域，无论在焊接过程中温度是否升高，只要冷却到室温后组织和性能没有发生变化，就仍然属于母材。

从上述分析可知，焊接接头形成存在如下过程。

（1）焊接热过程包括加热过程和冷却过程。热过程贯穿焊接加工的始终，是整个焊接接头都要经历的过程，也是形成其他过程的基础。

（2）物态变化过程是由固态到液态再到固态的变化过程，主要发生在焊缝所在位置，母材在焊接热源的作用下局部熔化，形成熔池；热源离开后，熔池冷却凝固，转变为固态焊缝金属。如果焊接过程中添加焊接材料，焊接材料的熔化也包括在这个物态变化过程中。

（3）焊接化学冶金过程，在焊接过程中，焊接区中的金属处于高温状态，焊接区又存在有气体和熔渣，三者之间发生复杂的物理、化学作用，该作用的结果影响焊缝金属的成分、组织，最终对焊接接头性能产生重大的影响。

（4）固态相变过程凝固后的焊缝在降温过程中要经历固态相变过程，热影响区在加热和冷却过程中都要经历固态相变过程。固态相变过程通过改变接头的组织，从而改变接头的性能。

10.2 焊接热过程

10.2.1 焊接热源

1. 对焊接热源的要求

绝大多数焊接过程的实现都依赖于外部提供热能，这就需要有焊接热源。焊接过程中，焊接热源要提供足够的能量使母材和焊材熔化、实现工件的连接，这就对焊接热源提出了一定的要求，主要包括以下几个方面。

（1）温度高。当采用熔化焊方法对工件进行连接时，焊接热源要熔化母材和焊材，其温度必须要高于母材和焊材的熔点。温度不够高，无论加热多长时间，也无法完成焊接过程。当采用压力焊或钎焊方法对工件进行连接时，不一定要使母材熔化，对焊接热源温度的要求相对低一些，但也要保证母材达到一定的温度，才能完成连接过程。

（2）能量集中，功率密度高。焊接热源提供的热量，不仅用于熔化母材和焊材，还会使未熔化的母材温度升高，形成热影响区。一般情况下，热影响区的性能和母材相比都会变得更差。因此，焊接时热影响区的尺度越小越好。在其他条件相同的情况下，热源的能量越集中、功率密度越高，熔化母材所需要的时间就越短，母材升温区域范围就越小，热影响区的尺度也越小。

焊接热源的能量不集中，母材升温慢，加热时间长，不仅导致热影响区尺度大，还会使整个工件的热输入增大。由于焊接是局部加热过程，热输入的增大通常意味着会产生更大的变形和热应力，从而降低焊接质量。常用焊接热源的特性如表10.1所示。

表10.1 常用焊接热源的特性

焊接热源	温度/K	最大功率密度/(W·cm^{-2})	最小加热面积/cm^2
氧乙炔火焰	3 400 ~ 3 500	2×10^3	10^{-2}
金属极电弧	6 000	1×10^4	10^{-3}

续表

焊接热源	温度/K	最大功率密度/（W·cm^{-2}）	最小加热面积/cm^2
钨极氩弧	8 000	1.5×10^4	10^{-3}
埋弧焊电弧	6 400	2×10^4	10^{-3}
等离子弧	18 000 ~ 24 000	1.5×10^5	10^{-5}
电子束	—	$10^7 \sim 10^9$	10^{-7}
激光	—	$10^7 \sim 10^9$	10^{-8}

从表10.1可以看出，常用焊接热源中氧乙炔火焰的温度最低，但也远高于常用金属材料的熔点。由于氧乙炔火焰的温度低、功率密度低、能量不集中，进行熔化焊时加热速度慢，工件热影响区宽度大，接头性能差，工件焊后易产生较大的焊接变形和焊接残余应力，现已很少使用。电弧的温度高达6 000 K以上，功率密度大，加热速度快，工件热影响区宽度小，在熔化焊中应用广泛。电子束和激光统称高能束，本身不适合用温度的概念进行描述，它们通过和母材的相互作用将能量传递给母材，使母材温度升高，发生熔化。高能束的能量非常集中，功率密度大，焊接出的接头热影响区非常窄，工件焊后变形小，焊接残余应力小，接头性能优异。热源

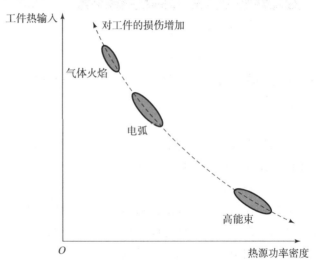

图10.5　工件热输入随热源功率密度的变化及对焊接质量的影响

的功率密度对工件的热输入及对焊接质量的影响如图10.5所示。

（3）经济性好。经济性好不是对焊接热源的必要要求，但对焊接热源应用的普及程度影响很大。尽管电子束和激光焊接的接头质量更好，但由于设备价格昂贵、运行成本高，其普及程度远不及电弧焊。

2. 焊接热源的种类

根据提供的热能性质的差别，焊接热源可以分为电热源、化学热源、摩擦热源、高能束流等几大类。

1）电热源

利用电能转化的热能对待焊材料进行加热的热源，即为电热源。根据电能转化热能的形式不同，电热源又可分为电弧热源、电阻热源、电磁感应热源。

利用气体放电形成的电弧作为对待焊材料进行加热的热源，即为电弧热源。采用电弧热源进行焊接的方法，统称为电弧焊。电弧焊是使用最广泛的焊接方法。手工电弧焊、埋弧焊、钨极氩弧焊、熔化极氩弧焊、二氧化碳气体保护焊、等离子弧焊等都是常用的电弧焊方法。图10.6所示为钨极氩弧焊。

利用电流流过有一定电阻的材料时产生的电阻热对待焊材料进行加热的热源，即为电阻热源。熔化焊中的电渣焊、压力焊中的点焊、缝焊采用的都是电阻热源。由于能利用的电阻的阻值通常都比较小，为了获得足够的功率密度，通常都需要较大的焊接电流。图 10.7 所示为点焊。

图 10.6　钨极氩弧焊

图 10.7　点焊

利用高频电磁感应在材料中产生感应电流对待焊材料进行加热的热源，即为电磁感应热源。电磁感应热源实际也利用了电阻加热。电磁感应热源在钎焊中应用较多，称为高频感应钎焊，如图 10.8 所示。

2）化学热源

利用化学反应释放的能量对待焊材料进行加热的热源，即为化学热源。气焊、铝热焊是典型的利用化学热源的焊接方法。

3）摩擦热源

利用相互接触物体间的相对运动产生的摩擦热对待焊材料进行加热的热源，即为摩擦热源。摩擦可以在待焊工件之间产生，如摩擦焊；也可以在待焊工件和搅拌头之间产生，如搅拌摩擦焊。图 10.9 所示为搅拌摩擦焊。

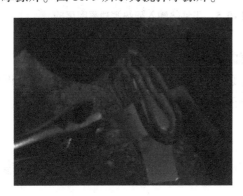

图 10.8　高频感应钎焊

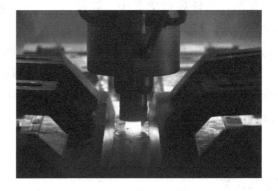

图 10.9　搅拌摩擦焊

4）高能束流

温度是宏观范畴的概念，携带能量的微观粒子并不适合于用这一概念进行描述。但携带能量的微观粒子在和宏观物体作用时，可以将所携带的能量转移到宏观物体上，从而使宏观物体温度升高。当微观粒子携带的能量足够高时，就可以作为焊接热源。电子束和激光是两种常用的高能束流类焊接热源，其对应的焊接方法分别称为电子束焊和激光焊。高能束流的直径可以通过电场或透镜控制得很小，从而获得很高的功率密度，其焊接出的接头热影响区非常窄。图 10.10 所示为激光焊。

5）复合热源

和其他焊接热源一样，激光也有其局限性。激光焊的主要缺点有能量利用率低、设备投资大、焊前准备工作要求高、易产生缺陷等。为了发挥激光焊的优势，同时避免单独采用激光进行焊接，使用激光和电弧一起进行焊接的复合热源焊接应运而生。图 10.11 所示为激光 – 电弧复合焊。激光热源与电弧热源复合，不仅充分发挥了激光焊和电弧焊的优势，而且可以取得"一加一大于二"的效果。

图 10.10　激光焊

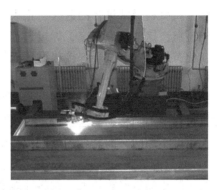

图 10.11　激光 – 电弧复合焊

10.2.2　焊接热循环

1. 焊接热循环的概念

热循环是指在一个热力学过程中，系统从初始状态出发经历了一系列过程之后又回到初始状态，即系统的终态与初态重合。

焊接热循环是指焊接过程中工件上某点的温度随时间由低到高、又由高到低的变化过程。

理解焊接热循环的概念时，主要要注意它是针对工件上某一个点而言的，而不是整个工件。这是因为焊接通常是一个局部加热的过程，工件上各个点的温度的变化过程是不同的，整个工件不能看成一个系统。焊缝部位的温度从室温一直变化到熔点以上数百摄氏度，而远离焊缝部位的温度可以一直保持在室温附近。对整个工件来说，并不存在焊接热循环的概念。

表示被焊工件上某一点温度与时间的关系的曲线称为焊接热循环曲线。典型的焊接热循环曲线如图 10.12 所示。

2. 焊接热循环的主要参数

对一个焊接热循环进行描述，可以用焊接热循环曲线，也可以用几个主要的参数。这几个主要的参数分别是：峰值温度 T_{max}，指工件上某点在整个焊接过程中能够达到的最高温度；加热速度 ω_H，指工件上某点从室温到峰值温度的升温速度，℃/s；高温停留时间 t_H，指工件上某

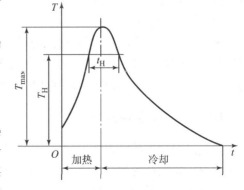

图 10.12　典型的焊接热循环曲线

T_{max}—峰值温度；T_H—相变温度

点的温度高于相变点的时间时停留的时间。钢材温度若超过相变点,将发生相变,转变为奥氏体。高温停留时间的长短,将决定奥氏体中碳元素及其他合金元素的均匀化程度,从而对随后的冷却相变及室温下的组织和性能产生影响。冷却速度 ω_c,指工件上描述点位置从峰值温度到室温的降温速度。工件上某点的冷却速度在整个焊接的冷却过程中是不断变化的,瞬时速度通常只有理论上的意义,实际上往往用某一温度范围内的平均降温速度来代替之。

3. 焊接热循环的特点

和金属材料经常进行的退火、正火、回火等热处理工艺的热循环相比,焊接热循环有其具体的特点,这些特点决定了焊接过程中接头的组织及性能变化和热处理过程中材料的织及性能变化有显著的区别。焊接热循环比较突出的特点如下:

1) 局部加热

除了炉中钎焊等少数方法外,一般焊接过程是一个局部的加热冷却过程,焊接热源在整个焊接过程中不断移动。这一特点决定了工件上各点的加热和冷却过程都不相同,组织和性能变化也都不相同,而且会在焊接接头中引起较大的热应力。

2) 峰值温度高

为了防止晶粒严重长大,材料性能劣化,金属材料在进行热处理时的加热温度上限都是要严格控制的。但焊接过程不同,为保证焊缝部位母材充分熔化,熔池中的金属通常会被加热到超过金属熔点几百摄氏度的温度,处于过热状态。紧邻熔池的固态金属温度也已经接近金属熔点。峰值温度对工件组织性能的变化影响很大。例如低碳钢、低合金钢接头靠近焊缝的一个区域,峰值温度达到 1 100 ℃ 以上,晶粒发生严重长大,韧性下降严重。

3) 加热速度快

尽管熔池金属要被加热到非常高的温度,但因为加热是在局部进行的,而且焊接热源的功率密度都很高,将焊缝部位母材从室温加热到熔化温度,只需要几秒钟时间。典型的电弧焊接头热影响区的加热速度为几百摄氏度每秒,靠近焊缝部位甚至可以达到一千多摄氏度每秒。加热速度主要是通过向上推移相变温度而影响工件的组织和性能。

4) 高温停留时间短

由于焊接过程中焊接热源一直处于移动状态,工件上某一点的温度达到峰值后,在焊接热源远离的过程中不断下降,高温停留时间通常都比较短。

5) 冷却速度快

由于焊接接头周围紧邻热导性非常好的母材金属,热量从焊缝和热影响区传导散失的速度比在空气中快得多。焊接后静置在空气中的焊件,其焊缝和热影响区的冷却速度有可能达到淬火的冷却速度,使冷却后的接头中产生大量马氏体,硬度升高,塑性、韧性下降。

10.2.3 焊接温度场

焊接局部加热的特点,决定了被焊工件上各个点的温度是不相同的;而每个点的温度又随时间发生着快速变化。被焊工件上各个点的温度随时间的变化关系,可以用焊接温度场来描述。所谓焊接温度场,是对焊件温度分布的数学描述,可以表示为

$$T = f(x, y, z, t) \tag{10.1}$$

式中,T 为焊件上某点的瞬时温度;x、y、z 为该点的空间坐标;t 为时间。

焊接温度场是由热源加热母材形成的，焊接热源性质、母材性质及其相互作用都会对焊接温度场产生影响。焊接温度场的影响因素包括：焊接热源的功率密度、母材的热物理性质、母材的厚度及工件尺寸、焊接工艺参数、预热。

如表 10.1 所示，不同焊接热源的功率密度有很大的差别。在焊接相同的工件时，焊接热源的功率密度将对焊接温度场的分布产生决定性的影响，功率密度越高的焊接热源，产生的焊接温度场范围越小，温度梯度越大。

对母材加热、传热、熔化、冷却有影响的热物理性质都对焊接温度场有影响。对焊接温度场影响最大的母材热物理性质是热导率和比热容。热导率影响母材的传热。采用同样的热源进行焊接，热导率高的紫铜会将热量迅速传导到母材其他部位，焊缝部位温度不易升高，难以熔化；而热导率低的奥氏体不锈钢中的热量难以传导出去，焊缝部位更容易熔化。比热容则影响母材的升温，比热容大的母材升高同样的温度，需要输入的热量更多。

厚大的工件导热更快，焊缝部位升温困难；薄板、小件在相同的加热条件下，焊缝部位更容易熔化。

焊接电流、焊接电压、焊接速度共同决定了焊接过程的热输入，也共同决定了焊接温度场。在热源、母材相同的情况下，焊接电流、焊接电压增加，焊接温度场高温范围增大；焊接速度增加，等温线将被拉长，高温范围缩小。

预热将提高工件整体温度或局部温度，从而改变焊接温度场。预热通常会使高温范围变大，温度梯度减小。

要准确地实时测量一个温度场是很困难的，焊接热过程的局部性、热源运动及熔池液体金属激烈运动、加热及冷却速度快等特点使得焊接温度场的测量更加困难。目前常用的焊接温度场测量方法可以分为接触测量和非接触测量两类。接触测量以热电偶测温法为代表，装置简单、易于操作及维护，测温结果有较高的准确度和重复性；缺点是只能测量点温，测温元件容易在高温下受损，而且会干扰测试区的温度场。非接触测量包括红外成像法、比色法等。

焊接温度场计算是根据传热学的基本理论对焊接传热过程进行分析计算。由于焊接工件的结构复杂性、焊接热源的复杂性，要获得解析解是不现实的。可行的计算方法是数值模拟方法。计算焊接温度场可以采用有限差分法，也可以采用有限元法。由于商用有限元软件的迅速发展，目前采用有限元法进行焊接温度场计算是一种比较普遍的做法。

从式（10.1）可以看出，焊接温度场是一个四元函数，要直观地用图形、图像的方式显示一个四元函数是比较困难的。但某个确定时刻的温度场只是一个三元函数，要直观地进行显示就相对容易一些。

在某一时刻，温度场中温度相同的点可以连成一个曲面，称为等温面。等温面与某一平面的交线，称为等温线。在焊件三维图上选取一定的温度间隔绘制出若干等温面，即可近似显示出整个焊接温度场。如果以适当颜色填充焊接温度场空间，一定的温度对应相应的颜色，则可绘制出焊接温度场彩色云图，如图 10.13 所示。

图 10.13　焊接温度场彩色云图

10.3 焊缝的组织与性能

焊接作为材料热加工工艺中的一种，在材料科学四要素中占据着要素四面体的一角，如图 10.14 所示。从材料科学四要素的关系中可以看出，焊接加工过程和被焊材料的显微组织、性能和使用性能都有非常密切的关系，焊接热循环的特点决定了焊接对材料的显微组织和性能的影响，与热处理、铸造过程是有很大不同的。

10.3.1 焊接熔池凝固的特点

焊缝是由熔池中的液态金属凝固结晶形成的，也要经历晶体的形核和长大过程，从这点上来说，焊接熔池的凝固结晶和铸造过程中液态金属的凝固

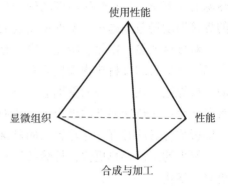

图 10.14 材料科学四要素

结晶是相同的。但是，焊接热循环的特点决定了焊接熔池凝固和铸造过程中液态金属的凝固相比有以下特点。

（1）熔池中的金属在运动状态下结晶。铸造过程中，液态金属基本是在静止状态下完成凝固结晶过程的；而焊接过程中，熔池中的金属是在运动状态下完成凝固结晶过程的。所谓运动状态，包含着两层含义：首先，焊接热源在整个焊接过程中一直在移动，热源加热部位金属熔化，形成熔池，热源离开，熔池开始凝固结晶，熔池中的液态金属一直处于熔化－结晶的动态过程中，最终才能形成整条焊缝；其次，熔池中的液态金属在电弧力的作用下，一直处于流动状态，凝固结晶过程是在流动过程中完成的。

（2）熔池中的液态金属处于过热状态。铸造时液态金属的温度仅稍高于金属的熔点，而焊接时为了使热影响区尽可能窄，希望热源的能量集中、功率密度高，在高功率密度热源的加热下，母材温度迅速升高，发生熔化，液态金属的最高温度远远超过金属的熔点，处于过热状态。采用手工电弧焊焊接低碳钢时，熔池温度可达（1 770±100）℃，超过低碳钢的熔点两三百摄氏度。

（3）熔池体积小、周围直接接触低温金属，冷却速度快。大部分铸件的体积都比较大，质量通常以千克或以吨计，其周围与铸型接触，散热慢，冷却速度慢。焊接熔池的体积则很小，电弧焊形成的熔池体积不超过 30 cm³，质量以克计，周围是热导性好、温度低的母材金属，导热快，冷却速度快。

（4）温度梯度大。从熔池中心到熔合区的距离只有几毫米，而温差可以达到接近 200 ℃，熔池液态金属中的温度梯度非常大。

10.3.2 焊缝的结晶

1. 焊缝金属的联生结晶

熔池中的液态金属的凝固结晶过程，与其他结晶过程一样，也是晶粒形核和长大的过程。但焊接熔池凝固的特点决定了它的结晶过程有其特殊性。熔池中的液态金属处于过热状态，在凝固结晶过程中很难自发形核。过高的温度使得大部分异质相质点也都发生了熔化，

只有少量熔点非常高的异质相质点能够以固态存在，使得异质晶核的数量也很少。液态金属中比较容易形核的地方只有半熔化的母材晶粒，焊缝金属晶粒将在这里形核，并以柱状晶的形式向焊缝中心生长。

焊缝晶粒以柱状晶的形式由半熔化的母材晶粒向焊缝中心成长的结晶方式，称为联生结晶，如图10.15所示。

2. 焊缝晶粒的长大

1）焊缝中晶粒的生长方向

并不是每一个形成的晶核能够长大。一般来说，每一个晶粒都有一个最优生长方向，只有晶粒的最优生长方向与散热最快的方向，也就是温度梯度最大的方向（结晶等温面法线方向，熔池边界垂直方向）一致的时候，晶粒才会优先生长。而最优生长方向与温度梯度最大的方向不一致的晶粒的生长将受到抑制，其方向偏差越大，抑制越严重。最终我们在室温下看到的焊缝中的晶粒都是从半熔化的母材晶粒指向焊缝中心的，如图10.16所示。

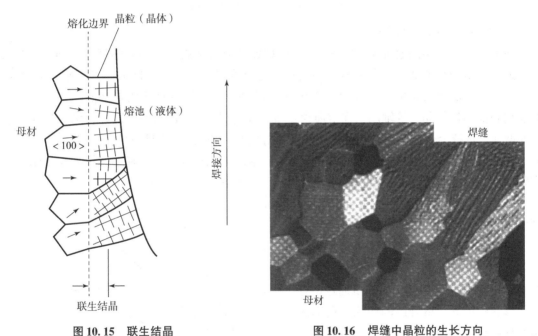

图10.15 联生结晶　　　　图10.16 焊缝中晶粒的生长方向

2）焊缝晶粒的生长速度

研究发现，焊缝晶粒的生长速度 V_c、焊接速度 V、等温面法线方向与焊接方向夹角 θ 之间满足关系式

$$V_c = V\cos\theta \tag{10.2}$$

在熔池两侧位置，等温面法线方向与焊接方向接近垂直，$\theta \approx 90°$，由式（10.2）可知，$V_c \approx 0$，即熔池两侧的晶粒生长速度几乎为0。而在熔池尾部位置，等温面法线方向与焊接方向一致，$\theta = 0°$，则 $V_c = V$，即熔池尾部位置的晶粒生长速度和焊接速度相当。也就是说，从焊缝边界到焊缝中心，晶粒的生长速度从0增大到焊接速度，晶粒的生长方向从垂直于焊接方向变到和焊接方向一致。

将式（10.2）进行变形可得

$$\cos\theta = \frac{V_c}{V} \qquad (10.3)$$

当晶粒生长速度 V_c 一定时,增大焊接速度 V,则夹角 θ 增大,也就是说高焊速时晶粒更倾向于垂直于焊缝生长,如图 10.17 所示。

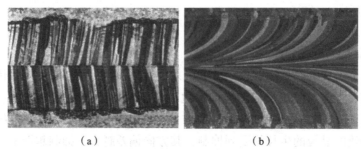

(a) (b)

图 10.17 焊接速度对焊缝晶粒生长方向的影响

(a) $V = 1\,000$ mm/min;(b) $V = 250$ mm/min

3) 焊缝金属的结晶形态

溶质含量 W、结晶速度 V_c 和温度梯度 G 对焊缝金属结晶形态的影响规律如图 10.18 所示。此处的溶质指能够降低合金熔点的元素。可以看出,在温度梯度 G、结晶速度 V_c 相同的情况下,随着溶质含量 W 的增加,焊缝金属结晶形态的演变顺序为:平面晶→胞状晶→胞状树枝晶→树枝晶→等轴晶;在溶质含量 W、结晶速度 V_c 相同的情况下,随着温度梯度 G 的增加,焊缝金属结晶形态的演变顺序为:等轴晶→树枝晶→胞状树枝晶→胞状晶→平面晶;在溶质含量 W、温度梯度 G 相同的情况下,随着的结晶速度 V_c 减小,焊缝金属结晶形态的演变顺序也是等轴晶→树枝晶→胞状树枝晶→胞状晶→平面晶。

在焊缝横截面上晶粒的分布情况如图 10.19 所示。焊缝晶粒从熔合区半熔化的母材晶粒开始形核长大,这里是最先结晶的部位,首先结晶的是高熔点成分,即溶质含量 W 最小;熔池中的热量通过熔合区向母材中传导,熔合区的法线方向即为温度梯度最大方向,即这里的温度梯度 G 最大;熔合区的法线方向和焊接方向垂直,由式(10.2)可知,这里的结晶速度 V_c 最小。因此,在靠近熔合区附近的焊缝中,晶粒将以平面晶的形态开始生长。由于生长速度缓慢,在实际的焊缝金相组织中难以观察到。

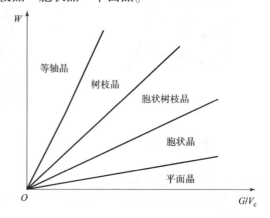

图 10.18 溶质含量 W、结晶速度 V_c 和温度梯度 G 对焊缝金属结晶形态的影响

随着向焊缝内部不断深入,溶质含量 W 不断增大,直到焊缝中心最后结晶部位达到最大;温度梯度 G 不断减小,直到焊缝中心降为 0;结晶速度 V_c 不断增大,直到焊缝中心达到最大值,约等于焊接速度。焊缝金属的结晶形态也由熔合区的平面晶依次变为胞状晶、胞状树枝晶、树枝晶,最后变成等轴晶。

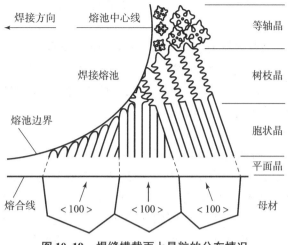

图 10.19 焊缝横截面上晶粒的分布情况

10.3.3 焊缝的组织与性能

焊缝金属凝固结晶形成的一次组织还处于高温状态，其在后续的降温过程中还会经历固态相变过程，才能最终获得室温下的焊缝组织。

1. 焊缝固态相变的特点

焊缝的一次结晶组织和铸件一样，也是铸造组织，在随后的冷却过程中，也和铸件遵循这类似的相变规律。但焊接热循环的特点决定了焊缝的固态相变有其自身的特点。

（1）冷却速度快。冷却速度快是焊接热循环的重要特征之一，快速冷却使得焊缝固态相变形成的组织远远偏离相应成分平衡条件下的组织。

（2）成分不均匀。当一次结晶组织不是单一成分时，凝固将发生在一个温度区间内，高熔点成分先凝固，低熔点成分后凝固，因此晶界部位通常比晶粒内部富集着更多的低熔点成分，整个焊缝内部成分的分布是不均匀的，形成成分偏析。成分偏析将导致局部成分偏离名义成分，而随后的快速冷却使得合金元素来不及扩散，从而会使焊缝中出现和名义成分不对应的组织。

2. 焊缝固态相变的类型

不同材料焊缝凝固后发生的变化是不一样的。对低碳钢、低合金钢来说，焊缝凝固后，在冷却到室温的过程中，还要发生固态相变。随焊缝成分和冷却速度的不同，焊缝发生的固态相变可能有以下几种。

（1）铁素体相变。缓慢冷却条件下，碳含量低于共析成分的奥氏体降温到和 A_3 线相交时，会析出铁素体。铁素体中的碳含量低，剩余奥氏体中的碳含量不断增高，直到温度降低到 A_1 线时，发生共析转变。

（2）珠光体相变。当奥氏体缓慢冷却到 A_1 线时，碳含量将达到共析点成分，奥氏体将发生共析转变，生成珠光体。珠光体是铁素体和渗碳体的片层相间结构。

（3）贝氏体相变。当焊缝冷却速度提高后，铁素体相变和珠光体相变有可能受到抑制，奥氏体在珠光体转变温度以下、马氏体开始转变温度以上发生贝氏体相变，生成贝氏体。贝氏体也是由铁素体和渗碳体组成，但不是片层状组织，其组织形态与组织形成的温度密切相关。较高温度下形成的贝氏体称为上贝氏体，较低温度下形成的贝氏体称为下贝氏体。下贝氏体的韧性比上贝氏体高。

（4）马氏体相变。当焊缝冷却速度很快，超过相应成分的马氏体转变临界冷却速度时，冷却相变温度大幅度下移，铁素体相变和珠光体相变将被彻底抑制，当温度降低到马氏体开始转变温度以下，奥氏体将发生马氏体相变，转变为马氏体。马氏体是碳在铁中的过饱和固溶体，硬度高、脆性大、塑性、韧性非常低。

3. 焊缝组织和性能的预测

对结构钢来说，凝固的焊缝可能会经历（δ铁素体→）奥氏体→α铁素体的相变过程（括号中过程表示不一定进行，下同），也可能经历（δ铁素体→）奥氏体→马氏体相变过程，或者可能是（δ铁素体→）奥氏体→贝氏体的相变过程。究竟经历什么样的相变过程，一方面和焊缝的成分有关，另一方面则和冷却速度有关。同一成分的结构钢焊接后，由于冷却速度不同，可能会形成不同的组织，冷却后形成的组织远比平衡条件下的复杂。将同一成分的焊缝在不同冷却速度下获得的组织画在一张图中，称为焊接连续冷却组织转变图（简称焊接 CCT 图），如图 10.20 所示。如果没有相应成分对应的焊接 CCT 图，也可以用同成分的钢的热处理连续冷却组织转变图（简称 CCT 图）代替，进行近似预测，如图 10.21 所示。

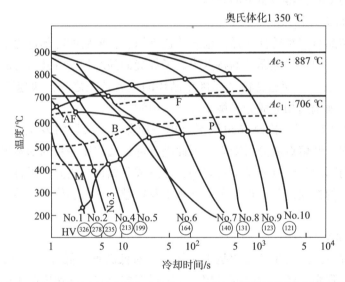

图 10.20　Fe－0.11C－0.31Si－1.44Mn－0.071O 焊缝金属的焊接 CCT 图

在图 10.20 中和图 10.21 中，弯曲向下的曲线为被焊材料的连续冷却曲线，字母标识的区域为生成相应组织的区域。根据连续冷却曲线穿过的区域，即可预测在该冷却速度下焊缝能获得的组织。

4. 焊缝组织和性能的控制

（1）控制焊缝成分。成分是组织和性能的基础，要控制焊缝的组织和性能，首先要控制焊缝的成分。在保证焊缝强度的前提下，可以通过焊缝成分的调整，避免发生贝氏体相变和马氏体相变，从而提高焊缝韧性。焊缝成分调整的具体方式，可以参见 11.7 节"焊缝金属合金化"的内容。

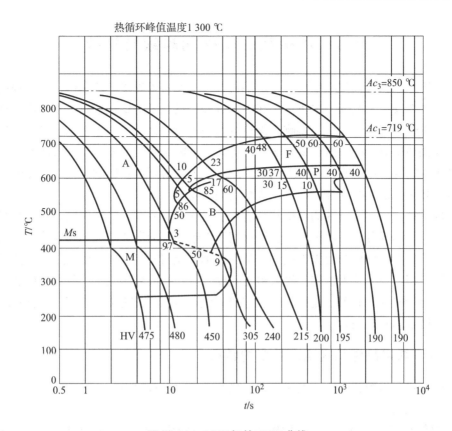

图 10.21 Q345 钢的 CCT 曲线

（2）控制焊缝冷却速度。降低焊缝冷却速度到马氏体转变临界冷却速度以下，可以避免马氏体的产生，提高焊缝韧性。控制焊缝冷却速度的措施包括焊前预热、增大焊接热输入、保温缓冷等。

（3）焊前预热。焊前预热是控制焊缝冷却速度的有效措施。焊缝冷却速度高的主要原因是其周围和导热性好、低温的母材金属直接接触，提高母材温度对降低焊缝冷却速度的作用非常明显。焊前预热除了能使焊缝减少产生脆硬的马氏体组织外，还可以促进扩散氢逸出、改善热影响区组织性能、降低焊接应力，防止冷裂纹产生的效果非常好。

（4）增大焊接热输入。提高焊接电流、提高焊接电压、降低焊接速度，都可以增大焊接热输入，提高工件温度，降低焊缝冷却速度。但过大的焊接热输入会使粗晶区晶粒尺寸进一步增大，脆性增加，增大产生裂纹的倾向。一般情况下，不推荐采用增大焊接热输入的方法控制焊缝冷却速度。

（5）保温缓冷。焊接完成后甚至在焊接过程中，可以将工件埋入保温砂中缓冷，降低焊缝冷却速度。不推荐用石棉布包裹焊件，因为石棉有致癌危险。

（6）焊后热处理。对已经发生马氏体相变的焊缝，可以通过焊后高温回火改善焊缝的组织，提高焊缝性能。经焊后回火处理后，焊缝中的马氏体组织转变为回火马氏体，硬度下降、塑性韧性提高。焊后热处理还可以促进扩散氢逸出、降低焊接应力，防止延迟裂纹的产生。

10.4 焊接热影响区的组织与性能

焊接热影响区在焊接过程中没有经历熔化过程，但由于焊接的热作用，导致焊接热影响区的组织、性能发生了改变。也正由于在焊接过程中没有经历熔化过程，不仅冷却过程对焊接热影响区的组织、性能产生了影响，加热过程中的影响也被保留了下来。焊接热过程的特点决定了焊接热影响区的组织转变和缓慢冷却条件下的组织转变相比有很大的不同，这种差异对焊接热影响区的组织和性能有着决定性的影响。了解焊接热影响区组织转变的特点，对认识焊接热影响区的组织和性能的变化规律至关重要。

要正确认识焊接热影响区的组织和性能的变化规律，除了要了解焊接热影响区组织转变的特点，还要正确区分不易淬火钢和易淬火钢。将钢材分为不易淬火钢和易淬火钢两类，是一种仅在焊接领域中使用的分类方法，分类的依据就是母材经过焊接加工后是否发生淬火，产生马氏体组织。不易淬火钢和易淬火钢之间没有明确的成分界限，母材焊接后是否产生马氏体组织，与母材成分有关，还与板厚、焊接方法、焊接工艺参数、是否预热和焊后保温、散热条件等诸多因素有关。

10.4.1 焊接热影响区组织转变的特点

焊接热影响区组织转变的特点体现在加热和冷却两个过程中。

1. 在加热过程中

（1）组织转变向高温段推移。铁碳相图的局部放大图示于图 10.22 中。以含碳 0.2% 的 20 钢为例，在室温下，20 钢的组织为铁素体加珠光体。如果对 20 钢进行缓慢加热，当温度升高到 A_1 线时，珠光体将开始转变为奥氏体。在这个过程中，伴随着珠光体中 Fe_3C 的分解和碳的扩散。温度继续上升，先共析铁素体也转变成奥氏体，奥氏体转变将在温度上升到 20 钢成分线和 A_3 线的交点时结束。在焊接过程中，加热速度非常快，当温度升高到 A_1 线时，珠光体中的 Fe_3C 来不及分解，碳也来不及扩散，温度就已经升到更高了。奥氏体转变将被推迟到更高的温度下发生，如图中虚线所示。奥氏体转变终了温度也被推到了更高温度。加热速度越快，组织转变向高温段推移程度越大。

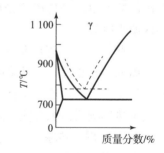

图 10.22 铁碳相图的局部放大图

（2）奥氏体均匀程度低。尽管在更高温度下，铁素体和珠光体转变成了奥氏体，但形成的奥氏体中，原珠光体中 Fe_3C 位置处的碳含量比铁素体位置处以及先共析铁素体位置处更高。要经过扩散过程，才能使奥氏体中各处的碳含量均匀一致。由于焊接过程加热速度快、高温停留时间短、冷却速度快，没有时间让碳充分扩散，因此高温下形成的奥氏体中的碳含量分布是很不均匀的。如果母材中还含有原子半径更大的、在室温下以化合物形态存在或者产生局部偏析的合金元素，这些合金元素的扩散更加困难，分布更加不均匀。

（3）部分晶粒严重长大。尽管焊接过程中高温停留时间很短，但由于加热温度过高，紧邻熔合区的母材晶粒还是会发生严重长大。

2. 冷却过程中

（1）组织转变向低温段推移。和加热时焊接热影响区组织转变向高温段推移的原因类似，在冷却过程中，同样没有足够的时间让碳充分扩散，开始析出先共析铁素体的温度以及共析转变的温度都将向低温段推移。冷却速度越快，组织转变向低温段推移的程度越大。当转变温度推移到低于马氏体开始转变温度 M_S 时，共析转变将被抑制，发生的将是马氏体转变。

（2）马氏体转变临界冷却速度发生改变。马氏体转变临界冷却速度是指能够发生马氏体转变的最小冷却速度。当冷却速度大于这一临界值时，发生马氏体转变；当冷却速度小于这一临界值时，不发生马氏体转变。除了材料成分以外，焊接过程中还有两个因素会对马氏体转变临界冷却速度产生影响。一是奥氏体均匀程度低，使奥氏体发生共析转变的条件更容易满足，导致马氏体转变临界冷却速度升高；二是部分晶粒严重长大，由于发生共析转变时铁素体、珠光体都是在奥氏体晶界上形核长大的，晶粒粗大，晶界减少，不利于铁素体、珠光体形核，导致马氏体转变临界冷却速度降低。

最终马氏体转变临界冷却速度究竟怎样变化，则是这两个因素共同作用的结果。

10.4.2 不易淬火钢焊接热影响区的组织与性能

所谓不易淬火钢，就是经历焊接加工以后，焊接热影响区不出现马氏体组织的钢。焊接过程中，整个焊接接头从焊缝到远离焊缝的母材所能达到的最高温度是连续降低的，正好可以和铁碳相图上母材成分的降温曲线对应，接头各个部位组织的变化可以比照对应温度的铁碳相图理解。不易淬火钢焊接接头横断面上各点能达到的最高温度和铁碳相图的对应关系示于图 10.23 中。

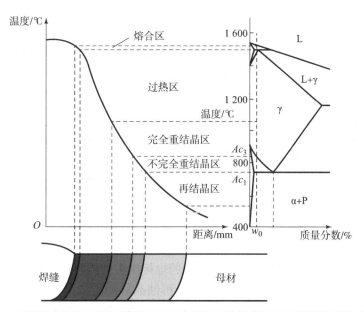

图 10.23　不易淬火钢焊接接头横断面上各点能达到的最高温度和铁碳相图的对应关系

按照焊接之前是否经过冷作硬化，可以将不易淬火钢母材分为两种：未冷作硬化的母材和冷作硬化的母材。按照热影响区中不同部位组织变化的特点，可以将未冷作硬化的不易淬火钢的焊接热影响区划分为三个区域：过热区、完全重结晶区、不完全重结晶区；将冷作硬化的不易淬火钢焊接热影响区划分为四个区域：过热区、完全重结晶区、不完全重结晶区、再结晶区。

1. 过热区

过热区又称为粗晶区，之所以这样命名，是因为这个区域的特点是加热温度高，晶粒非常粗大。

过热区是最高温度在 1 100 ℃ 到固相线之间的热影响区部分。

过热区的组织由粗大的铁素体和珠光体构成。温度超过 1 100 ℃，即使加热时间很短，奥氏体晶粒也会急剧长大，导致晶界面积减少。冷却时进行共析转变，铁素体和珠光体在奥氏体晶界形核，由于奥氏体晶界减少，铁素体和珠光体形核数量减少，晶粒尺寸增大。

过热区组织粗大，导致变形能力降低，该部位的塑性、韧性低，脆性大，在应力的作用下容易产生裂纹。

2. 完全重结晶区

完全重结晶区又称为正火区或细晶区，之所以这样命名，是因为这个区域的组织相当于对母材进行了正火处理之后得到的组织，晶粒细小。

完全重结晶区是最高温度在 A_3 线到 1 100 ℃ 之间的热影响区部分。由于焊接加热过程中组织转变向高温段推移，这里的 A_3 线指的是推移后的 A_3 线。后面的 A_3 线、A_1 线与此类似，不再赘述。

完全重结晶区的组织相当于相应成分的母材经过正火处理后的组织，由细小的铁素体和珠光体构成。

完全重结晶区组织细小，塑性、韧性好，强度高。

3. 不完全重结晶区

不完全重结晶区又称为部分正火区或部分相变区，之所以这样命名，是因为这个区域的组织相当于对母材进行了不完全的正火处理后得到的组织，升温时奥氏体化进行得不完全。

不完全重结晶区是最高温度在 A_1 线到 A_3 线之间的热影响区部分。

不完全重结晶区的组织相当于相应成分的母材经过不完全的正火处理后的组织，由细小的铁素体、珠光体和相对粗大的铁素体混合而成。当加热温度进入 A_1 线和 A_3 线之间，珠光体和一部分先共析铁素体转变为奥氏体，在随后的冷却过程中奥氏体转变为细小的铁素体和珠光体。还有一部分先共析铁素体被保留下来未发生转变，这部分先共析铁素体在加热过程中还会发生一定程度的晶粒长大。这样，不完全重结晶区的组织就是由细小的铁素体、珠光体和相对粗大的铁素体混合而成的。

不完全重结晶区组织粗细不均匀，导致受力时变形协调性不好，塑性、韧性较差。

4. 再结晶区

再结晶区只存在于母材焊前经过冷作硬化的焊接接头的热影响区中。再结晶区是最高温度在再结晶温度到 A_1 线之间的热影响区部分。再结晶区的组织为回复再结晶组织，由等轴晶粒的铁素体和珠光体构成。经过冷作硬化的母材，晶粒发生变形，位错密度增加。当加热温度超过再结晶温度以后，将发生回复再结晶，位错密度降低，晶粒则由长条状变形晶粒变成等轴晶粒。母材经过冷作硬化以后，强度、硬度上升，塑性、韧性下降。发生回复再结晶后，位错密度降低，强度、硬度下降，塑性、韧性提高。

10.4.3 易淬火钢焊接热影响区的组织与性能

所谓易淬火钢，就是经历焊接加工以后，焊接热影响区出现马氏体组织的钢。易淬火钢焊接接头横断面上各点能达到的最高温度和铁碳相图的对应关系示于图 10.24 中。尽管易淬火钢焊接后热影响区出现马氏体组织，其形成过程并不能体现在铁碳相图中，但各个部分组织的相变过程仍然可以借助铁碳相图来理解。

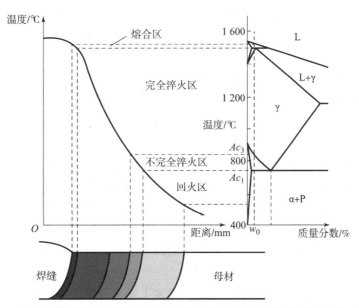

图 10.24　易淬火钢焊接接头横断面上各点能达到的最高温度和铁碳相图的对应关系

按照焊接之前是否经过调质处理，可以将易淬火钢母材分为两种：退火态的母材和调质态的母材。按照热影响区中不同部位组织变化的特点，可以将退火态的易淬火钢焊接热影响区划分为两个区域：完全淬火区、不完全淬火区；将调质态的易淬火钢焊接热影响区划分为三个区域：完全淬火区、不完全淬火区、回火区。

1. 完全淬火区

完全淬火区是最高温度在 A_3 线到固相线之间的热影响区部分，其温度范围相当于不易淬火钢的过热区和完全重结晶区两个区域。

完全淬火区的组织由马氏体构成。当易淬火钢的加热温度超过 A_3 线以后，组织全部转变为奥氏体，其中温度超过 1 100 ℃ 的部分，奥氏体晶粒也会发生严重长大。冷却过程中，奥氏体全部发生马氏体相变。对应于不易淬火钢的完全重结晶区的部分，奥氏体晶粒不会发生剧烈长大，但由于不发生晶粒的重新形核长大过程，也不会获得细小的组织，冷却后也全部转变为马氏体组织。

完全淬火区的马氏体组织，无论粗大与否，都是脆硬组织，该部位塑性、韧性极低，脆性极大，在氢和应力的作用下容易产生延迟裂纹。

2. 不完全淬火区

不完全淬火区是最高温度在 A_1 线到 A_3 线之间的热影响区部分。

不完全淬火区的组织相当于相应成分的母材经过不完全淬火处理后的组织，由马氏体和铁素体（退火态易淬火钢母材）或者马氏体和回火马氏体（调质态易淬火钢母材）混合而成。当退火态易淬火钢母材加热温度进入 A_1 线和 A_3 线之间，珠光体和一部分先共析铁素体转变为奥氏体，在随后的冷却过程中这部分奥氏体转变为马氏体。还有一部分先共析铁素体被保留下来未发生转变，这部分先共析铁素体在加热过程中还会发生一定程度的晶粒长大。这样，不完全淬火区的组织就是由马氏体和铁素体混合而成的。如果易淬火钢母材焊前为调质态，当加热温度进入 A_1 线和 A_3 线之间，不完全淬火区中一部分回火马氏体转变为奥氏体，在随后的冷却过程中这部分奥氏体将转变为马氏体；还有一部分回火马氏体没有转变为奥氏体，而是发生了更高温度下的回火。这样，不完全淬火区的组织就是由马氏体和回火马氏体混合而成的。

不论不完全淬火区的组织是由马氏体和铁素体混合而成的，还是由马氏体和回火马氏体混合而成的，混合相之间都存在着很大的硬度差，导致受力时变形协调性不好，塑性、韧性很差。

3. 回火区

回火区只存在于母材焊前为调质态的易淬火钢焊接接头的热影响区中。

回火区是最高温度在回火温度到 A_1 线之间的热影响区部分。

回火区的组织为高温回火马氏体。调质态的母材在焊前的热处理状态为淬火+回火，组织为回火马氏体。当热影响区经历的最高温度超过母材原来的回火温度，但没有达到相变温度时，相当于又对该区域进行了一次更高温度的回火，回火马氏体中的固溶碳含量进一步降低，析出碳化物。

经过进一步高温回火后，回火区的强度、硬度下降，塑性、韧性提高，即发生了软化。

第 11 章 焊接化学冶金

焊接化学冶金是指液态金属和焊接区中的气体、熔渣之间在高温下发生的复杂的物理、化学作用。物质的溶解、迁移及物质间剧烈的化学反应必然造成焊缝成分的变化，焊接化学冶金过程是影响焊缝成分、组织和性能的重要过程。

11.1 焊接过程中对焊接区金属的保护

绝大多数的焊接过程都是在高温下进行的，必须对高温的焊接区金属进行适当的保护，焊接过程才能顺利完成，才有可能获得具有所需性能的焊接接头。

1. 保护的必要性

1) 改善焊接工艺性能

焊接工艺性能，简单地说，就是焊接过程能否顺利进行，能否形成外观、性能稳定一致的焊缝。空气中主要是氧、氮的双原子分子，电离困难，并且会和高温金属发生反应，一定的焊接电压下电弧不易稳定燃烧，焊接过程难以保持稳定，产生大量飞溅，焊缝难以稳定成形，并形成大量焊接缺陷。采取一定的保护措施，将空气隔离，利用更易电离的单原子分子气体（如氩气）建立电弧，使电弧易于稳定燃烧，并防止焊缝金属剧烈氧化，使焊接过程可以稳定地进行下去，获得质量良好的焊接接头。

2) 防止焊缝成分发生显著变化

除了含氮不锈钢外，一般的合金中都不加入氮作为合金成分，更不会加入氧，在合金中它们都是作为杂质成分存在的。在焊接过程中的高温下，如果不进行适当的保护，氧、氮将溶解在液态金属中，而且很多金属元素都能和氧、氮发生化学反应，形成化合物，从而使焊缝中氧、氮的含量显著增加。例如，低碳钢如果在无保护条件下进行焊接，焊缝中的氧含量可能会高达 0.14% ~ 0.72%，氮含量则高达 0.105% ~ 0.218%。显然，这种杂质成分的显著增加是人们不希望发生的。

高温下和氧、氮的反应，还会造成焊缝中的活泼合金元素的损失，从而使焊缝成分发生显著变化。

3) 改善焊缝组织

研究表明，焊缝中氧含量的变化，将引起显微组织的显著改变。当氧含量过高时，容易在晶界部位生成先共析铁素体，并且随着氧含量的增高，先共析铁素体将会粗化。

高温下氧化、氮化导致的合金元素损失，也是导致显微组织改变的原因。特别是对晶粒有细化作用的钛、铌、钒的损失，将导致晶粒粗化。

4) 防止接头性能劣化

通常经过焊接加工形成的焊接接头必须要满足一定的强度要求，才能承担一定的载荷而不发生断裂。在满足强度要求的基础上，还要满足韧性的要求，以防止接头在冲击载荷的作用下发生脆性断裂。因此，一般把接头强度的降低以及硬度升高、塑性下降、韧性下降统称为接头性能的劣化。当空气中的氧、氮侵入到焊接区，焊缝中氧、氮增加时，形成的氧化物、氮化物硬度高、脆性大，将使焊缝的硬度升高，塑性、韧性下降。对高温的焊接区金属进行适当的保护，有助于防止接头性能发生劣化。

5）减少缺陷的产生

焊接各种钢材时，当空气中的氧、氮侵入到焊接区，氮会溶解在钢中，熔池凝固时，氮如果来不及逸出，会在焊缝中形成气孔；氧和钢中的碳元素反应生成 CO 气体，熔池凝固时，CO 如果来不及逸出，也会在焊缝中形成气孔。钢中的很多元素都能和氧、氮发生化学反应，生成的氧化物、氮化物会在焊缝中形成夹杂。夹杂的存在还可能成为冷裂纹的诱发因素。这些都是焊缝中的常见缺陷。不稳定的焊接过程还可能产生熔合不良、飞溅等缺陷。对高温的焊接区金属进行适当的保护，有助于减少焊接缺陷的产生。

2. 保护方式

要对高温的焊接区金属进行保护以防止空气的侵害，采取的方法就是将高温的焊接区金属和空气隔离开。根据保护介质的不同，可以将高温焊接区金属的保护方式分为四种：气保护、熔渣保护、渣－气联合保护、真空保护。

1）气保护

气保护是一类采用保护气体将高温的焊接区金属和空气隔离开的保护方式。

焊接时所用保护气体必须对高温的焊接区金属呈现惰性，才能起到保护作用。常用的保护气体是惰性气体，其中又以氩气最为常用；氦气的价格更高，使用较少。以氩气作为保护气体的电弧焊方法，统称为氩弧焊。氩弧焊又可以根据电极是否熔化分为熔化极氩弧焊（MIG 焊）和钨极氩弧焊（TIG 焊），如图 11.1 所示。

(a) (b)

图 11.1 氩弧焊

(a) MIG 焊；(b) TIG 焊

MIG 焊是一种电弧建立在焊丝和工件之间的焊接方法，其系统组成和工作原理如图 11.2 所示。焊接时，焊丝和工件分别接焊接电源的两极，电弧建立在焊丝和工件之间。电弧同时加热熔化焊丝和母材，形成熔池。焊丝不断熔化消耗，需要通过和焊枪相连的送丝机构连续送进补充。为保护熔池金属不受周围空气侵害，焊枪中设计有气流通道，氩气通过气流通道从焊枪喷嘴喷出，形成保护气罩，将周围空气隔离开。

TIG 焊是一种电弧建立在钨极和工件之间的焊接方法，其系统组成和工作原理如图 11.3

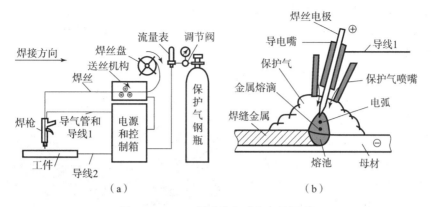

图 11.2　MIG 焊系统组成和工作原理
（a）系统组成；（b）工作原理

所示。TIG 焊和 MIG 焊的差别是：焊接时电弧是建立在不熔化的钨极和工件之间的。焊接时，电弧加热母材，形成熔池。可以填加也可以不填加焊丝。和 MIG 焊枪一样，TIG 焊枪中也设计有气流通道，氩气通过气流通道从焊枪喷嘴喷出，形成保护气罩，将周围空气隔离开。

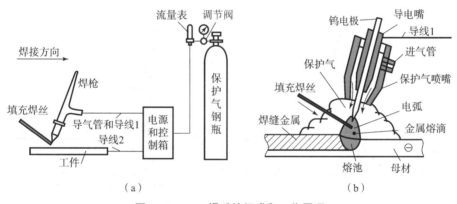

图 11.3　TIG 焊系统组成和工作原理
（a）系统组成；（b）工作原理

氩气不溶解于金属，也不和金属发生反应，氩弧焊可以焊接几乎任何金属和合金。由于使用了惰性气体，而且电弧短且稳定，TIG 焊是保护效果最好的弧焊方法。MIG 焊过渡的熔滴会影响电弧的稳定性，造成电弧波动，保护效果比 TIG 焊要差一些。

二氧化碳在高温下具有一定的氧化性，不能作为活泼金属的保护气体。但某些对焊缝含氧量不敏感的钢材的焊接，是可以采用二氧化碳作为保护气体的。采用二氧化碳作为保护气体的电弧焊方法，称为二氧化碳气体保护焊，是一种常用的熔化极气体保护焊方法。二氧化碳气体保护焊和 MIG 焊相比，飞溅更大，但焊接效率高、成本低。

由于采用 MIG 焊进行焊接时，电弧穿透力弱，熔深较浅，液态金属黏度大，焊接效率较低，焊缝成形也不理想，一些对焊缝含氧量不敏感的材料的焊接，可以采用氩气加少量氧气或少量二氧化碳的混合气体进行保护，这种电弧焊方法，称为活性气体保护焊（MAG 焊）。

氮气在高温下会溶解到钢里，并且会和钢反应生成氮化物，不能作为钢的焊接保护气体,但可以作为焊接镍、铜的保护气体。因为氮既不溶解于镍、铜,也不和镍、铜发生反应。氮气还可以添加到氩气中形成混合气体,作为含氮不锈钢焊接时的保护气体。

2)熔渣保护

熔渣保护是一类采用焊接熔渣将高温的焊接区金属和空气隔离开的保护方式。焊接熔渣是药皮、药芯、焊剂受热熔化,发生化学反应形成的一种混合物。典型的采用熔渣保护的电弧焊方法是埋弧焊,如图 11.4 所示。埋弧焊的系统组成和工作原理如图 11.5 所示。埋弧焊的电弧也是建立在焊丝和工件之间的,焊剂从焊剂斗中源源不断地流出,覆盖在电弧上,将电弧埋

图 11.4 埋弧焊

起来,避免操作人员受到弧光的伤害,故此称为埋弧焊。靠近电弧的焊剂被加热熔化,变成液态熔渣,包裹在电弧周围,将焊接区和空气隔离开,为高温的焊接区金属提供保护。熔渣的组成物会和被焊金属发生反应,影响焊缝的成分和性能,因此在采用埋弧焊时要根据对焊缝成分、性能的要求选择相应的焊剂。

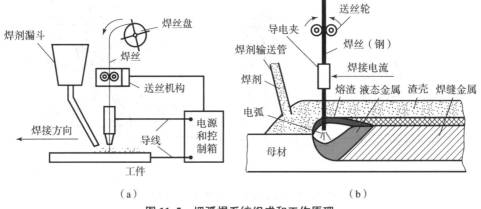

图 11.5 埋弧焊系统组成和工作原理
(a)系统组成;(b)工作原理

3)渣-气联合保护

渣-气联合保护是一类同时采用保护气体和焊接熔渣将高温的焊接区金属和空气隔离开的保护方式。最常见的采用渣-气联合保护的电弧焊方法是手工电弧焊,如图 11.6 所示。手工电弧焊的系统组成和工作原理如图 11.7 所示。手工电弧焊的电弧建立在焊条和工件之间。焊条由钢芯和药皮两部分构成。在焊条药皮的组成物中,有一类物质受热熔化后能够形成熔渣,称

图 11.6 手工电弧焊

为造渣剂；还有一类物质受热后能够释放出气体，称为造气剂。焊条药皮受热后形成的熔渣和气体包裹在电弧周围，将焊接区和空气隔离开，为高温的焊接区金属提供保护。

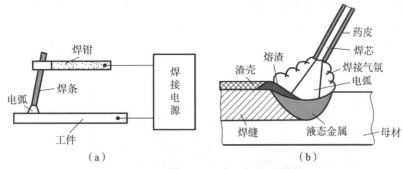

图 11.7　手工电弧焊系统组成和工作原理
（a）系统组成；（b）工作原理

手工电弧焊使用灵活，在生产中应用较广，但不能连续施焊，效率较低。还有另外一种采用渣－气联合保护的自动化电弧焊方法，称为明弧自保焊，如图 11.8 所示。明弧自保焊采用自保护药芯焊丝进行焊接，无须额外的保护措施，也称为药芯焊丝自保护焊。自保护药芯焊丝的药芯中添加有造渣剂和造气剂，在焊接时能够自行产生熔渣和气体，包裹在电弧周围，将焊接区和空气隔离开，为高温的焊接区金属提供保护。与其他焊接方法相比，明弧自保焊具有如下优点。

图 11.8　明弧自保焊

（1）能够在无外加保护措施的条件下进行焊接，不需要气瓶等辅助焊接设备，特别适合于野外焊接，如山区、沙漠、海洋平台、高层建筑等气源不易到达的场合；

（2）抗风能力强，能够在四级风下顺利施焊。由于药芯中含有脱氧、脱氮和固氮剂，即使有少量空气侵入熔池也不会出现气孔缺陷。MIG 焊、MAG 焊及手工电弧焊，在有侧向风的干扰下，一旦有空气侵入很容易出现气孔等缺陷。

（3）比手工电弧焊和气保护药芯焊丝的熔敷效率高。

4）真空保护

真空保护是一类用真空室将高温的焊接区金属和空气隔离开的保护方式。典型的采用真空保护的焊接方法是电子束焊，如图 11.9 所示。电子束焊的系统组成和工作原理如图 11.10 所示。电子枪阴极产生的电子被高压静电场加速，成为高能电子流，再通过电磁场的聚焦就可以形成能量密度极高的电子束。用高能电子束轰击工件，电子巨大的动能转化为热能，使母材局部熔化，实现焊接过程。如果在空气中或保护气氛中进行电子束焊接，电子在从电子枪阴极飞行到工件的过程中会不断和气体分子碰撞，损失能量，偏离预定路线，无法完成焊接。因此，电子束焊接必须在真空中进行。真空的存在，将空气和焊接区金属隔离开，也为高温的焊接区金属提供了保护。

图 11.9　电子束焊机和电子束焊件

(a) 电子束焊机；(b) 电子束焊件

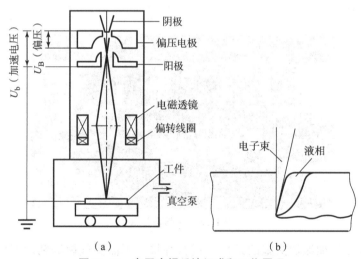

图 11.10　电子束焊系统组成和工作原理

(a) 系统组成；(b) 工作原理

11.2　焊接化学冶金体系构成及焊接化学冶金反应区

1. 焊接化学冶金体系构成

焊接过程中必须对高温金属采取必要的保护措施，保护介质可以是气体，也可以是熔渣，或者二者兼有。因此，除了被焊的母材金属及焊接材料外，气体、熔渣也是焊接化学冶金体系的组成部分。按体系中气体、熔渣是否起主要冶金作用，可以将焊接化学冶金体系分成三类：金属-气体冶金体系、金属-熔渣冶金体系、金属-气体-熔渣冶金体系。

1) 金属-气体冶金体系

在金属-气体冶金体系中,不添加熔渣形成物质,以气体作为保护介质或干脆没有保护介质。TIG 焊、MIG/MAG 焊、二氧化碳气体保护焊、电子束焊的冶金体系都属于这一类。这一类冶金体系中由于没有熔渣的存在,焊缝成分、组织、性能的影响因素相对来说少一些,分析起来简单一些。

2) 金属-熔渣冶金体系

在金属-熔渣冶金体系中,不通入保护气体,也不添加造气剂,以熔渣作为保护介质。埋弧焊的冶金体系属于这一类。在高温下,熔渣会蒸发、分解释放出一些气体,空气也可能侵入焊接区,但在冶金反应中所起作用相对较小。

3) 金属-气体-熔渣冶金体系

在金属-气体-熔渣冶金体系中,既添加造气剂,又添加造渣剂,以气体和熔渣共同作为保护介质。手工电弧焊、明弧自保焊的冶金体系都属于这一类。这一类冶金体系中气体、熔渣同时存在,焊缝成分、组织、性能的影响因素多,规律复杂。

2. 焊接化学冶金反应区

焊接过程局部加热、加热速度快、冷却速度快的特点,决定了焊接化学冶金过程是一个非平衡的冶金过程。在实际焊接过程中,化学冶金反应是分区域、分阶段连续进行的。冶金体系构成不同,反应过程有所差别,但又有一些共同之处。对最复杂的金属-气体-熔渣冶金体系来说,可以将焊接化学冶金反应分为 3 个区:药皮反应区、熔滴反应区、熔池反应区,如图 11.11 所示。

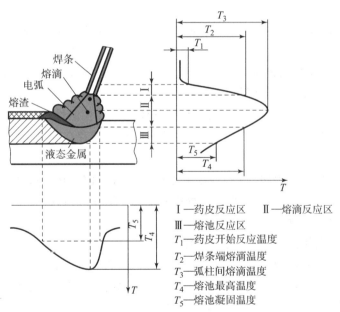

Ⅰ—药皮反应区　Ⅱ—熔滴反应区
Ⅲ—熔池反应区
T_1—药皮开始反应温度
T_2—焊条端熔滴温度
T_3—弧柱间熔滴温度
T_4—熔池最高温度
T_5—熔池凝固温度

图 11.11　手工电弧焊的焊接化学冶金反应分区

1) 药皮反应区

药皮反应区是手工电弧焊特有的反应区,指从开始发生变化直到发生熔化脱离焊条的这一段药皮区域。对钢焊条而言,这一反应区对应的温度范围大约为 100~1 200 ℃,发生的物理、化学变化主要有:水分蒸发、药皮组分分解、先期脱氧等。埋弧焊的焊剂、明弧自保焊的药芯也存在着类似的反应区。

2) 熔滴反应区

熔滴反应区指熔滴中进行的焊接化学冶金反应发生的区域，即从形成、长大、过渡直到落入熔池前整个过程中存在的熔滴区域。所有使用焊丝、焊条作为填充材料的熔化焊方法中都存在这个区域。对钢的手工电弧焊来说，这一反应区对应的温度范围大约为 1 800 ~ 2 400 ℃，发生的物理、化学变化主要有：气体的分解和溶解、金属的蒸发、金属的氧化和还原、熔滴金属的合金化等。该反应区的特点是：反应温度高、反应相接触面积大、反应相混合强烈、反应时间短。

3) 熔池反应区

熔池反应区即熔池区域。这是所有熔焊方法都共有的反应区域。对钢的手工电弧焊来说，这一反应区对应的温度范围大约为 1 500 ~ 1 800 ℃，发生的物理、化学变化主要有：气体的分解和溶解、金属的熔化和凝固结晶、金属的氧化和还原、金属的合金化等。熔池反应区的特点是：反应温度相对较低、反应速度相对较低、反应在运动状态下进行、反应分区域进行。

11.3 焊接区内气体和金属的作用

11.3.1 焊接区内气体的种类和来源

1. 焊接区内气体的种类

对大多数焊接过程来说，焊接区内总是存在气体的。焊接区内气体的种类随焊接方法的不同、焊接材料的不同会有一些变化，但大体上会存在以下气体。

(1) 惰性气体。惰性气体主要存在于惰性气体保护焊的焊接区内，是作为保护气体而引入的。惰性气体不会对焊接过程造成危害。

(2) 二氧化碳。二氧化碳存在于二氧化碳气体保护焊、活性气体保护焊、手工电弧焊的焊接区内，也是作为保护气体而引入的。二氧化碳也可能存在于氧化性气氛较强的钢的焊接区内。

(3) 氮。氮可能存在于任何材料、任何方法的焊接区内。在焊接镍、铜或高氮不锈钢时，氮是作为保护气体引入的，对焊接过程没有危害。但在焊接碳钢、低合金钢以及其他活泼金属时，氮是一种危害性较大的气体。

(4) 氢。氢也可能存在于任何材料、任何方法的焊接区内。对任何材料的焊接，氢都是一种有害元素。特别是对具有淬硬倾向的钢来说，氢的危害更加严重。

(5) 氧。氧也可能存在于任何材料、任何方法的焊接区内。对任何能和氧发生化学反应的金属的焊接来说，氧的危害都是非常严重的。

(6) 水蒸气。水蒸气可能会存在于同时存在氢、氧的焊接区内，在高温下水蒸气会和氢、氧达到一种动态平衡。

(7) 金属蒸气。焊接时金属在高温下蒸发形成金属蒸气。金属蒸气的成分与母材相似，但可能不同，通常在蒸气中沸点低的元素的蒸气分压会更高，含量更高。金属蒸气对焊接过程通常没有危害，但对操作人员的健康是有危害的。

(8) 熔渣蒸气。焊接时熔渣在高温下蒸发形成熔渣蒸气。与金属类似,熔渣蒸气的成分与熔渣也会有所区别。如果不考虑熔渣蒸气中氧的作用,通常也可以认为熔渣蒸气对焊接过程没有危害。

2. 焊接区内有害气体的来源

焊接区内的气体,作为保护气体的惰性气体不需要关注;金属蒸气、熔渣蒸气属于无危害气体,也不需要关注;水蒸气可以作为氢、氧分别考虑,二氧化碳可以作为氧来考虑。这样简化下来,焊接区内对焊接过程有较大危害的气体主要有3种:氮、氢、氧。而这3种气体主要的来源包括环境气氛、焊接材料、母材。

(1) 氮的来源。除了含氮不锈钢外,金属材料、焊丝中都不加入氮作为合金元素,焊接材料、母材表面的污染物也极少有含氮的,氮主要从焊接区周围的空气中来。保护不当是造成氮侵入到焊接区的主要原因。

(2) 氢的来源。氢的来源非常广。比较常见的有:①母材表面的污物,包括油、水、锈、油漆等,对母材的不当保管造成母材表面沾上油、水,或者母材表面生锈,其中所含的氢元素是焊接区中氢的可能来源,旧工件表面残留的油漆也会是氢的可能来源;②焊接材料表面的污物,焊接材料表面的污物主要也是由于保管不当带来的油、水、锈;③焊接材料吸潮,焊条药皮是由粉末混合物通过水玻璃黏结而成的,如果保管不当,在潮湿的空气中会吸收空气中的水分返潮,给焊接区带入氢,焊剂也存在着同样的问题;④焊接材料中带的氢,这一来源主要存在于用有机物(如纤维素)做造气剂的焊条中;⑤气体保护焊用的气体纯度不够,也可能带入氢;⑥空气中的水分,这一来源在干燥天气可以忽略,但阴雨天湿度大时,需要考虑。

(3) 氧的来源。氧的来源也非常广泛。比较常见的有:①焊接区周围的空气,保护不当会使空气中的氧侵入到焊接区;②母材表面的污物,包括水、锈、氧化皮等;③焊接材料表面的水、锈;④焊接材料组成物中自带的氧,焊剂、焊条药皮、药芯焊丝的药芯中都有可能含有氧化物;⑤活性气体保护焊的气体中直接混合有少量氧气,或者二氧化碳,也是氧的来源之一。

11.3.2 气体在铁中的溶解

氮和氢都能在铁中溶解,其溶解度和温度的关系如图 11.12 所示。

从图 11.12 中可以看出:(1) 氮和氢在高温下溶于铁;(2) 从总的趋势上说,氮和氢在铁中的溶解度随着温度的降低而降低;(3) 在铁凝固时,氮和氢在铁中的溶解度突然急剧下降;(4) 氮和氢在奥氏体中的溶解度比在铁素体中的溶解度大。结合铁的相图

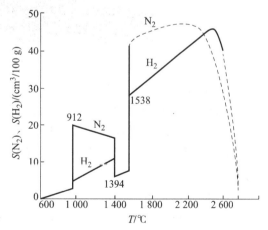

图 11.12 氮和氢在铁中的溶解度与温度的关系

可知,当铁在降温过程中从 δ 铁素体转变为奥氏体时,氮和氢的溶解度突然上升;当从奥氏体转变为 α 铁素体时,溶解度突然急剧下降。后面分析氮和氢对焊接质量的影响时会用到前三条基本信息。氧也能溶解在铁里,但氧和铁的化学反应对焊接质量的影响更大,这里就

不再讨论氧的溶解问题了。

11.3.3 氮的危害及控制

1. 氮和铁的作用

在上一小节中，氮和铁的基本作用已经从图 11.12 中看出。图 11.12 不能反应的是氮和铁的化学反应规律。研究表明，氮能和铁发生反应，生成针状氮化物 Fe_4N。氮和铁的作用如下：氮在高温下溶于铁，并能和铁发生反应，生成氮化物；随着温度降低，氮在铁中的溶解度降低，熔池凝固时氮的溶解度突然下降，过饱和的氮将聚集并结合成双原子分子，形成气泡，若氮气泡在熔池结晶前来不及逸出，氮将残留在焊缝中，形成气孔。

2. 氮对焊接质量的危害

1) 形成气孔

如果焊接区没有得到很好的保护，氮侵入到熔池中，将在熔池中溶解，温度越高，溶解的量越大。当温度下降时，氮在铁中的溶解度下降，原本未饱和的氮将变得过饱和。过饱和的氮原子会相互结合，成为氮分子。氮分子聚集在一起，就会形成氮气泡。氮气泡的形成要经历形核和长大的过程，要消耗一定的时间。当氮气泡足够大时，所受的浮力足以克服界面张力，氮气泡将开始上浮，如果有足够的时间，氮气泡将从熔池表面逸出，不会对焊缝性能造成损害。但是，焊接是一个快速冷却过程，热源离开后，熔池很快凝固结晶，来不及逸出的氮气泡就会残留在焊缝中，形成气孔，如图 11.13 所示。氮的侵入是钢焊缝形成气孔的重要原因之一。形成气孔是氮对钢焊缝最主要的危害。

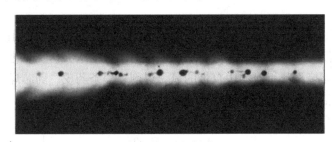

图 11.13 氮气孔

2) 降低焊缝的塑性、韧性

钢中的铁元素能够和氮发生反应，生成氮化物 Fe_4N。Fe_4N 的特点是硬度高、脆性大，形态上呈针状。固溶在铁晶格中的氮和针状 Fe_4N，会使焊缝的强度、硬度升高，使焊缝的塑性、韧性严重下降。如果焊缝中有更强的氮化物形成元素，如钛、铝、钒、锆等，将优先生成这些元素的氮化物。

3) 生成固体夹杂

如果侵入的氮的量很大，形成的氮化物体积大，则成为固体夹杂。氮化物夹杂不仅降低焊缝的塑性、韧性，还会割裂焊缝的连续性，造成焊缝强度的下降。

4) 引起焊缝的时效脆化

焊缝凝固后，不仅有氮气泡来不及逸出熔池，还会有溶解的过饱和氮原子来不及结合成氮分子，溶解有较多氮元素的焊缝凝固后就成了氮的过饱和固溶体。过饱和的氮原子并不会一直停留在原来的位置，而是要到处扩散。扩散是大量原子的随机运动，从统计意义上看有两个大的方向,一个是朝氮原子浓度低的地方扩散,这一方向使氮原子浓度趋于均匀化;另一个是往缺陷部位扩散,缺陷部位能量高,氮原子朝缺陷部位扩散有利于系统总体能量的降低,这一方向则导致氮原子在缺陷部位富集。当氮原子富集到一定浓度,将和铁元素反应生成氮化物 Fe_4N,导致焊缝的塑性、韧性降低。焊缝的这一脆化过程涉及扩散,需要较长时间,因此称为时效脆化。

3. 氮的控制

控制焊接过程中的有害元素,使其对焊接接头质量的影响尽可能小,是焊接化学冶金的重要任务之一。控制有害元素的思路是:首先切断有害元素的来源;其次采取适当的工艺措施进行控制;最后采取冶金措施进行控制。按照这一思路,可以采取以下一些措施对焊接中的氮元素进行控制。

1) 加强焊接区的保护

氮的来源主要是焊接区周围的空气,加强焊接区的保护是切断氮的来源的有效措施。11.1 节中所讨论的任何一种保护方式对氮的控制都是有效的,其中真空保护的效果最好。具体选择哪种保护方式要考虑母材成分、工件结构、可用的焊接设备和材料、焊接效率、焊接成本、现场条件等诸多方面的因素。

2) 合理确定焊接工艺参数

合适的保护方式只有配合适当的焊接工艺参数,才能达到理想的保护效果。影响焊缝中氮含量的焊接工艺参数主要有焊接电流、电弧电压、焊接热输入、焊接气体流量等。焊接电流增加,通常会使熔滴过渡频率提高,熔滴在焊丝端部停留时间减少,使熔滴吸收氮的量减少。电弧电压和电弧长度正相关,电弧电压升高意味着电弧长度增加,同样的气体流量需要保护的空间更大,保护效果变差,使更多的氮侵入焊接区。焊接热输入由电弧电压、焊接电流、焊接速度共同决定,焊接热输入增加,熔池凝固速度下降,氮气泡有更多时间逸出,可以降低焊缝中的氮含量。焊接气体流量小,保护效果不好;过大的气体流量会导致保护气体出现紊流,将空气卷入焊接区,保护效果同样不好。

3) 保持焊接过程稳定

任何焊接过程的波动,如焊接电流的突然变化、电弧电压的突然变化、焊接速度的突然变化、采用交流电源焊接、风的扰动,都会造成保护气罩的波动,使焊缝中氮含量增加。保持焊接过程稳定是控制氮的重要原则。

4) 合金元素脱氮

在焊接材料中加入容易和氮发生反应的活泼合金元素作为脱氮剂,例如钛,可以使氮反应生成氮化物进入熔渣,从而从焊缝中脱出,降低焊缝的氮含量。

11.3.4 氢的危害及控制

1. 氢和铁的作用

氢在高温下溶于铁;随着温度降低,氢在铁中的溶解度降低,熔池凝固时氢在铁中的溶解度突然下降;来不及逸出的氢将残留在焊缝中。和氮类似,残留在焊缝中的氢也有两种不同的形态:以双原子分子形态存在的氢和以原子形态存在的氢。这两种不同形态存在的氢对焊缝质量的危害程度是有很大差别的,以原子形态存在的氢的危害要严重得多。为了讨论方便,对这两种不同形态存在的氢分别进行了命名:以原子形态存在的氢称为扩散氢,以分子形态存在的氢称为残余氢。残留在焊缝中的氢90%以上都是扩散氢。

2. 氢对焊接质量的危害

1) 产生氢脆

氢脆是指氢在室温附近使晶体的塑性严重下降的现象。氢原子半径很小，属于间隙原子，在晶体中存在于晶格间隙的位置。如果在晶体中固溶有大量的氢原子，晶格间隙被氢原子挤满，晶体原子在3个维度上将同时受到压应力，出现三向应力区，晶体变形发生困难，塑性、韧性严重下降，如果有外力作用，室温下就可能出现脆性断裂。焊接过程中，如果氢侵入到焊接区，熔池凝固后未逸出的氢将主要以过饱和原子状态固溶在焊缝中。随后氢原子会向低浓度区域和缺陷部位扩散，在缺陷部位产生富集，导致焊缝出现氢脆。

2) 产生白点

白点是在对固溶有氢的塑性材料试样进行力学性能测试时出现的一种现象。由于氢原子倾向于向缺陷部位扩散，在缺陷周围形成三向应力区，导致局部脆化。拉伸或冲击时，缺陷周围区域呈脆性断裂，断口反光，呈银白色；而其他区域为塑性断裂，断口呈灰色。宏观上看，断口中会出现一些"白点"。

3) 产生延迟裂纹

如果母材经过焊接加工后在焊缝或者热影响区中产生了马氏体，而且固溶了氢，氢原子向缺陷部位扩散富集，导致局部脆化，在应力的作用下就可能产生裂纹。由于导致这种裂纹产生的要素之一是氢原子的扩散，要消耗一定的时间，裂纹不会在焊接时立即产生，而是有一段时间的延迟，因此称为延迟裂纹。延迟裂纹属于冷裂纹的一种，是中碳钢、高碳钢、低合金钢、中合金钢焊接接头的主要缺陷之一。

4) 产生氢气孔

结合成分子的氢会在熔池中聚集成氢气泡，熔池凝固时，氢气泡如果来不及逸出，就会残留在焊缝中，形成氢气孔。对钢的焊接来说，由于焊后残留在焊缝中的氢以扩散氢为主，而扩散氢导致的冷裂纹的危害更大，出于控制扩散氢的目的，通常焊缝中的氢含量都被控制在达不到产生氢气孔的量。而在铝合金的焊接中，由于母材导热好，熔池凝固快，液态金属密度又较低，导致氢气泡上浮缓慢，更容易产生氢气孔。

3. 扩散氢的测量

为了对焊缝金属含氢量的影响因素进行分析研究，需要对焊缝金属中的扩散氢含量进行测量。

常用的测量焊缝金属中扩散氢含量的方法包括甘油法、水银法、热导法。由于扩散氢的量很少，需要将气体收集到密闭的集气管内进行测量。甘油和水银是进行排液集气常用的两种液体，甘油法、水银法的命名也由此而来。

甘油法就是以甘油为介质进行排液集气，让从焊缝中扩散出的气体通过甘油进入收集器的顶部，通过收集器刻度读出氢的体积，换算成标准状态下的氢气体积，再算出100 g焊缝中扩散氢的含量。由于甘油黏度大，氢气泡上浮条件差，部分气泡会悬浮在甘油中或黏附在工件或收集器管壁上，导致甘油法测量扩散氢含量的精度偏低，某些超低氢焊缝金属的扩散氢含量甚至根本测量不出来。随着低氢、超低氢焊接材料的广泛使用，对扩散氢的测定精度要求越来越高，甘油法已经被精度较高的水银法和热导法所取代。

水银法就是将扩散氢收集到充满水银的毛细管收集器内进行测量，如图11.14所示。焊接好的试样经过处理后浸入到装有水银的收集器中。随着氢从试样中扩散逸出，收集器里的水银液面不断下降。通过水银面的位置差即可计算出扩散氢的体积。由于水银有毒，人员操作时必须采取有效的预防措施。

热导法采用热导检测器通过测量不同组分的热导率，再将浓度转变为电信号来测定氢气体积。热导法又可再分为载气热提取法和集氢法。载气热提取法是将试件加热到较高温度释放扩散氢，通过惰性载气热提取、持续收集和分析扩散氢的方法。集氢法是将收集器中试样先加热使氢气释放，收集结束后再用气相色谱仪进行分析。

4. 氢的控制

对焊接区的氢含量进行控制，首要的措施是切断氢的来源。焊接区的氢来源广泛，要根据具体的来源采取适当措施切断氢的来源。

1) 切断氢的来源

焊接区氢的来源广泛，要根据具体的来源采取适当措施切断氢的来源。

(1) 母材除油、除水、除锈。母材要妥善保管，防止表面污染和生锈。焊接之前要对母材坡口和近缝区进行仔细清理，坡口表面及其周围的铁锈、油污、水、油漆及其他杂物要清除干净，露出金属光泽。油污、水、残留油漆的清理可以采用火焰灼烧、有机溶剂清洗。铁锈的清理方法可以分为两类：机械清理方法和化学清理方法。机械清理方法包括喷砂、砂轮打磨、钢丝刷清理等方法。化学清理方法主要是酸洗，再进行碱

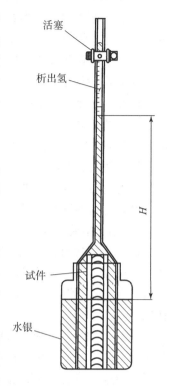

图 11.14 水银法测量焊缝中的扩散氢含量

中和。化学清理方法在除锈的同时可以去除油污，但由于会带来环境污染问题，使用受限。母材的清理以机械清理方法为主。

(2) 焊丝除油、除水、除锈。焊丝应按要求进行保管，防止吸潮、污染、生锈。焊接之前要对生锈、有污染的焊丝表面进行清理，清除焊丝表面的铁锈、油污、水。

(3) 焊条、焊剂烘干。焊接材料库要进行湿度控制，焊条、焊剂焊前要进行烘干。药皮中含有有机物的焊条，烘干温度为 100~150 ℃，温度不可过高，温度过高会造成有机物分解，丧失焊接时的保护作用。低氢焊条药皮中不含有有机物，烘干温度为 350~400 ℃，不要超过 450 ℃，温度过高会造成碳酸盐分解，丧失焊接时的保护作用；温度也不可过低，否则结晶水去除不掉，焊缝中氢含量会增加。

(4) 限制焊接材料的含氢量。惰性气体保护焊时要控制气体的纯度；手工电弧焊时如果要严格控制氢的含量，可以使用低氢焊条。

(5) 阴雨天焊接要注意防雨。

2) 工艺措施控氢

(1) 采用低氢的焊接方法。不同的焊接方法对焊缝中氢含量有着决定性影响。氩弧焊的焊缝氢含量比手弧焊低，焊缝中氢含量最低的是二氧化碳气体保护焊，因为其保护气氛具有氧化性。当焊接对氧含量要求不严，但对氢含量要求很严的构件时，可以选用二氧化碳气

体保护焊方法。

(2) 焊前预热。焊前预热可以去除母材表面的水，还可以降低焊后工件的冷却速度，使工件在较高温度保持一段时间，让扩散氢从焊缝中扩散逸出。

(3) 控制焊接工艺参数。增大焊接热输入也可以降低焊后工件的冷却速度，让扩散氢逸出。但过大的焊接热输入可能会带来其他问题，比如过热区晶粒粗化更加严重。通过增大焊接热输入降低氢含量时，必须要将热输入控制在合理的范围内。

(4) 焊后保温。工件焊接完成后，马上采取保温措施（如用保温砂掩埋），可以降低焊后工件的冷却速度，让扩散氢逸出。不要采用石棉布包裹的方法，因为石棉有害。

(5) 焊后热处理。工件焊接完成后，立即送入热处理炉中加热并保温一段时间，让扩散氢从焊缝中扩散逸出，可以有效降低焊缝氢含量。以降低焊缝氢含量为目的的焊后热处理，称为消氢热处理。焊后加热到200 ℃以上，就能够起到消氢的作用。加热到更高温度，扩散氢的逸出速度会更快。加热到400 ℃以上的去应力热处理和加热到600 ℃以上的高温回火，都能起到消氢的作用。

3) 冶金措施控氢

(1) 向焊接材料中加入氟化物。氟化物在高温下分解出 F^- 离子，和氢结合成氟化氢气体从焊接区逸出，可以降低焊缝氢含量。低氢焊条的药皮中加入萤石（主要成分为 CaF_2）的目的就是降低焊缝氢含量。但要注意，氟化氢是有毒气体，能不使用低氢焊条时尽量不要使用。

(2) 增加焊接材料的氧化性。焊接材料的氧化性增加，氧会和氢结合成水蒸气从焊接区逸出，也可以降低焊缝氢含量。但焊接材料的氧化性增加会导致焊缝增氧，需要考虑具体情况使用这种控制氢的措施。

11.3.5 氧的危害及控制

1. 氧对金属的氧化作用

高温下，氧既能以分子状态存在，又能以原子状态存在。无论以哪种状态存在，氧都会和焊缝金属发生剧烈的化学反应，原子态的氧反应更剧烈。分子状态的氧和原子状态的氧与铁的反应分别如式（11.1）和式（11.2）所示，式中的方括号代表该物质存在于焊缝金属中，这一表示方法在后续的反应式中还会出现，有时还会出现圆括号，代表该物质存在于熔渣中。

$$[Fe] + \frac{1}{2}O_2 \rightarrow FeO \qquad (11.1)$$

$$[Fe] + O \rightarrow FeO \qquad (11.2)$$

分子状态的氧和钢中的其他合金元素的反应如式（11.3）、（11.4）、（11.5）所示。

$$[C] + \frac{1}{2}O_2 \rightarrow CO\uparrow \qquad (11.3)$$

$$[Si] + O_2 \rightarrow SiO_2 \qquad (11.4)$$

$$[Mn] + \frac{1}{2}O_2 \rightarrow MnO \qquad (11.5)$$

2. 二氧化碳对金属的氧化作用

高温下，二氧化碳会分解为一氧化碳和氧，并在一定温度下达到平衡。也就是说，高温下二氧化碳是有氧化性的。二氧化碳和铁的反应如式（11.6）所示。

$$[Fe] + CO_2 \rightarrow FeO + CO \uparrow \tag{11.6}$$

3. 水蒸气对金属的氧化作用

高温下，水蒸气会分解为氢和氧，并在一定温度下达到平衡，水蒸气也是有氧化性的。水蒸气和铁的反应如式（11.7）所示。

$$[Fe] + H_2O \rightarrow FeO + H_2 \uparrow \tag{11.7}$$

4. 氧对焊接质量的影响

1）影响焊接过程稳定性和质量

熔滴和熔池中的液态金属如果发生剧烈的氧化反应，会释放大量的热量，造成局部金属过热爆沸，产生大量飞溅，影响电弧稳定燃烧，使焊接过程难以连续稳定进行，焊道无法连续成形。

2）改变焊缝成分

焊缝金属发生氧化反应，一方面使焊缝氧含量升高，另一方面使有益合金元素烧损，导致焊缝成分发生改变。

3）影响焊缝组织

焊缝成分的变化必然导致焊缝组织的变化。可细化晶粒的元素被烧损会导致晶粒变得粗大；提高淬透性的元素被烧损将导致淬透性降低，更容易发生铁素体和珠光体转变。氧含量增高还会导致生成更多的晶界先共析铁素体。

4）降低焊缝力学性能

焊缝氧含量增高，将使焊缝塑性、韧性下降，硬度升高，焊接接头耐冲击载荷能力下降，容易产生裂纹。

5）产生夹杂、一氧化碳气孔等焊接缺陷

如果焊接区氧含量很高，焊缝金属氧化形成的氧化物体积较大，将成为固体夹杂。钢中的碳发生氧化，形成一氧化碳，如果熔池凝固时一氧化碳来不及逸出，残留在焊缝中，将形成一氧化碳气孔。

5. 氧的控制

1）切断氧的来源

焊接区氧的来源广泛，要根据具体的来源采取适当措施，切断氧的来源。

（1）加强焊接区保护。焊接区周围的空气是焊缝中氧的重要来源，加强焊接区的保护既可以防止氧的侵入，又可以防止氮的侵入。

（2）限制焊接材料的氧含量。焊条药皮、焊剂、自保护药芯焊丝的药芯中常常含有氧化物，这些氧化物熔化后成为熔渣的一部分，氧在熔渣中以离子状态存在。熔渣和高温液态金属直接接触，其中离子状态的氧会通过扩散进入焊缝中。熔渣中的氧含量越高，进入焊缝的氧越多。限制焊接材料的氧含量有助于减少焊缝的氧含量。活性气体保护焊的保护气中含有少量的氧气或二氧化碳，焊接活性很强的铝合金、镁合金、钛合金时不能使用这样的保护气。

（3）母材焊前除水、除锈，去除氧化皮。母材要妥善保管，在焊接之前必须将坡口表面和附近的水、锈、氧化皮清除干净，露出金属光泽。

（4）焊丝焊前除水、除锈。焊接材料按要求进行保管，防止吸潮、生锈。焊接之前要对生锈的焊丝表面进行清理，清除焊丝表面的铁锈、水。

（5）焊条、焊剂烘干。焊接材料按要求进行保管，防止吸潮。焊接材料库要进行湿度控制，焊条、焊剂焊前要进行烘干。

2）工艺措施控氧

（1）选择合适的焊接方法。氩弧焊焊缝的氧含量比手弧焊焊缝的低；手弧焊焊缝的氧含量比二氧化碳气体保护焊焊缝的低。焊接时要根据对焊缝氧含量的要求选择合适的焊接方法。

（2）确定合理的焊接工艺参数。电弧电压升高，电弧长度增加，保护效果变差，焊缝氧含量增加。焊接热输入增加，熔池温度升高，焊缝金属被氧化得更加严重。焊接气体流量小，保护效果不好；过大的气体流量会导致保护气体出现紊流，将空气卷入焊接区，保护效果同样不好，导致焊缝氧含量增加。

（3）冶金脱氧。冶金脱氧和冶金脱氮类似，就是在焊接材料中加入容易和氧发生反应的元素（即脱氧剂），来减少焊缝金属的氧含量的过程。这一过程牵涉到较多熔渣的内容，将在讨论完焊接熔渣后继续展开。

11.4 焊接熔渣和金属的作用

1. 焊接熔渣及其作用

焊接熔渣是焊条药皮、焊剂、自保护药芯焊丝中的药芯受热熔化，经过一系列的物理化学变化形成的混合物，其基本组成物包括氧化物、氟化物、氯化物。

药皮、焊剂、药芯转变成熔渣的过程称为造渣，用于造渣的材料称为造渣剂。

熔渣的作用主要有以下几个方面。

（1）保护作用。手工电弧焊和明弧自保焊焊接时，受热后熔化的液态熔渣密度比液态金属小，覆盖在熔池表面，将高温液态金属和空气隔离开，起到隔离保护作用。埋弧焊的熔渣将整个焊接区都包裹起来，不仅保护了熔池，对熔滴、电弧、高温下的焊丝起到了保护作用。保护高温液态金属不受周围空气的侵害，是熔渣的最主要作用。

（2）工艺性能改善作用。高温下的液态金属表面张力较大，铺展性不好，没有熔渣的作用，焊缝会凸起，成形不良。液态熔渣的表面张力较小，容易铺展，而且它和液态金属之间的界面张力也较小，熔渣覆盖在液态金属表面，使液态金属更容易铺展，焊缝成形良好。

（3）冶金处理作用。熔渣中可以加入脱氮剂、脱氧剂、脱氢剂、脱硫剂、脱磷剂，对焊缝进行冶金处理，净化焊缝金属，提高焊缝性能。

2. 熔渣的种类

熔渣可以有不同的分类方法。按照熔渣中是否含有氧化物，可以将熔渣分为三类。

（1）盐型熔渣。熔渣中不含氧化物，主要由氟化物、氯化物组成。盐型熔渣氧化性弱，主要用于焊接活泼金属。

（2）盐-氧化物型熔渣。熔渣中含氧化物，也含有氟化物，氧化性中等，可用于焊接中、高合金钢。

（3）氧化物型熔渣。熔渣主要由氧化物组成，氧化性强，主要用于焊接低碳钢、低合金钢。

按照熔渣的酸碱性，可以将熔渣分为酸性熔渣和碱性熔渣。熔渣的酸碱性可以用熔渣的碱度表示。熔渣的碱度定义为熔渣中碱性氧化物与酸性氧化物含量之比，碱度的表达式如式（11.8）所示。

$$B_1 = \frac{\sum_{i=1}^{m} a_i w_i}{\sum_{j=1}^{n} a_j w_j} \tag{11.8}$$

式中，w_i 为渣中第 i 种碱性氧化物的质量分数；a_i 为渣中第 i 种碱性氧化物的碱度系数；w_j 为渣中第 j 种酸性氧化物的质量分数；a_j 为渣中第 j 种酸性氧化物的碱度系数。当 $B_1 > 1$ 时，熔渣为碱性渣；当 $B_1 = 1$ 时，熔渣为中性渣。当 $B_1 < 1$ 时，熔渣为酸性渣。

3. 熔渣对焊缝金属的氧化

大多数的熔渣中都含有氧化物，具有一定的氧化性，会使焊缝金属发生氧化。熔渣对焊缝金属的氧化可以分为两种情况：置换氧化和扩散氧化。

1) 置换氧化

置换氧化，是指焊缝金属与熔渣中其他金属或非金属的氧化物发生置换反应而导致的焊缝金属氧化。例如，低碳钢焊丝配合高硅高锰焊剂埋弧焊时发生反应

$$(SiO_2) + 2[Fe] \rightarrow [Si] + 2FeO \tag{11.9}$$

反应平衡常数 K_{Si} 满足

$$\lg K_{Si} = -\frac{13\,460}{T} + 6.04 \tag{11.10}$$

温度升高，平衡常数 K_{Si} 增大，反应向右进行，置换氧化程度加剧。也就是说，置换氧化主要发生在温度较高的熔滴反应区和熔池头部位置。

2) 扩散氧化

扩散氧化，是指熔渣中的氧化物所含的氧通过扩散进入焊缝金属而使焊缝增氧的过程。FeO 既能溶于渣中，又能溶于液态铁中，在一定的温度下达到平衡时，FeO 在两相中的含量由溶质分配定律决定，FeO 在熔渣中的分配系数 L 可以表示为

$$L = \frac{w\,(FeO)}{w\,[FeO]} \tag{11.11}$$

式（11.11）表明，熔渣中 FeO 的含量增加，将导致氧向钢液中扩散。

分配系数 L 与熔渣的性质和温度有关。热力学计算表明，$\lg L$ 与温度成反比，即温度升高，L 减小，氧从熔渣中向熔池中扩散。也就是说，扩散氧化也主要发生在温度较高的熔滴反应区和熔池头部位置。

11.5 焊缝金属脱氧

1. 焊缝金属脱氧的含义

焊缝金属脱氧，是指通过向焊接区加入适当的脱氧剂，减弱焊缝金属的氧化程度，或使被氧化的焊缝金属从其氧化物中还原出来的过程，目的是为了降低焊缝中的氧含量。

2. 脱氧剂的选择原则

1) 脱氧剂对氧的亲和力要比铁大

常见金属元素和氧的亲和力由小到大的排列顺序如图 11.15 所示。要想让加入的脱氧剂

能够将铁从氧化物中还原出来，脱氧剂对氧的亲和力必须要比铁大。也就是说，只有从 Cr 往右所列的元素才可能作为脱氧剂使用，越靠右的元素，其脱氧能力越强。

$$Ni, Cu, W, Mo, Fe, Cr, Nb, \underline{Mn}, V, Si, B, \underline{Ti}, Mg, C, \underline{Al}$$
$$\xrightarrow{\qquad\qquad 对氧的亲和力 \qquad\qquad}$$

图 11.15　常见金属元素和氧的亲和力由小到大的排列顺序

2）脱氧剂不能对焊缝成分、性能及焊接工艺性能产生不利影响

脱氧剂的加入不能给焊接过程带来不利影响，不管是影响焊接工艺性能还是影响焊缝的成分、性能，都是不能接受的。例如硼元素，其对氧的亲和力较大，脱氧能力较强，但不适合于作为脱氧剂使用。如果使用硼做脱氧剂，其一旦在焊缝中残留，会使焊缝的硬度明显上升，塑性、韧性急剧下降。碳元素也存在同样的问题。

3）脱氧剂的氧化物要不溶于液态金属、熔点低、密度小

脱氧剂被氧化后的氧化产物必须要从焊缝金属中排出去，否则会成为夹杂缺陷。要让生成的氧化物排出去，脱氧剂的氧化物必须不溶于液态金属，否则无法分离。氧化物是在液态金属中通过化学反应生成的，质点颗粒小，如果呈固态，无法聚集，就会以悬浊液的形式存在，无法排出。如果脱氧剂的氧化物熔点低于液态金属，其在熔池中将以液态存在，小液滴在流动过程中会发生聚集，成为大液滴，从而可以排出熔池。大多数焊缝都会处于水平位置，密度比液态金属小的氧化物液滴会向上浮，从而从熔池中排出。如果密度和液态金属相当，氧化物液滴难以上浮，如果密度比液态金属大，液滴甚至会沉入焊缝底部。这样的氧化物将残留在焊缝中，成为夹杂。

4）脱氧剂的价格便宜

成本是生产过程中必须考虑的因素，只有价格便宜的脱氧剂才有实用价值。

按照以上这些原则筛选后，图 11.15 中的绝大多数元素将被淘汰，最终剩下的可作为脱氧剂的元素主要就只有 4 个：Mn、Si、Ti、Al。严格来讲，Al 并不符合上述原则。Al 如果残留在焊缝中，会和 Fe 反应，生成金属间化合物 Fe_3Al 或 FeAl，造成焊缝的塑性、韧性急剧下降。而且 Al 的氧化物熔点远高于铁的熔点，在熔池中会呈固态。但是，Al 的性质十分活泼，非常容易和氧反应，进行手工电弧焊时，在焊接的初期，焊条药皮受热熔化时，Al 就和药皮中分解出的氧发生反应并全部消耗掉了，根本不会进入熔池中。因此，在手工电弧焊时，还是可以用 Al 作为脱氧剂的。4 种元素中的另一种，Ti，价格相对较贵，而且性质活泼，基本也会在焊条药皮受热阶段消耗掉，难以进入焊缝。因此，在熔池反应中常用的脱氧剂就只有 Mn 和 Si。

3. 焊缝金属脱氧的分类

习惯上把焊缝金属脱氧分为 3 种情况：先期脱氧、沉淀脱氧、扩散脱氧。这种分类没有按照一定的标准进行，不是一种严格的分类方法。

1）先期脱氧

先期脱氧是指在熔渣形成之前和形成过程中发生的脱氧反应过程。

先期脱氧主要存在于手工电弧焊过程中，发生在药皮反应区。当含有脱氧剂的药皮被加热，其中的高价氧化物、碳酸盐受热分解，释放出氧和二氧化碳，释放出的氧和二氧化碳与脱氧剂发生反应被去除，如式（11.12）和式（11.13）所示。

$$Me + O_2 \rightarrow MeO \quad (11.12)$$
$$Me + CO_2 \rightarrow MeO + CO \quad (11.13)$$

式中，Me 代表脱氧剂。Al、Ti 和氧的亲和力大，在先期脱氧中大部分被消耗掉，特别是 Al，不会进入到熔池中，不再参与后期的脱氧过程。

2）沉淀脱氧

沉淀脱氧是指溶解在液态金属中的脱氧剂把焊缝金属还原，脱氧产物进入熔渣的过程。沉淀脱氧是焊接过程中的主要脱氧过程。

对钢来说，Si 和 Mn 是主要的沉淀脱氧剂。

（1）锰脱氧。当沉淀脱氧过程只有锰参与时，称为锰脱氧，如式（11.14）所示。

$$[FeO] + [Mn] \rightarrow (MnO) + [Fe] \quad (11.14)$$

酸性渣中含有 SiO_2、TiO_2 等酸性氧化物，可以与 MnO 生成复合氧化物。复合氧化物中的氧不再以氧离子的形态存在，不再参与对焊缝的氧化。在酸性渣中，锰脱氧的效果好。

（2）硅脱氧。当沉淀脱氧过程只有硅参与时，称为硅脱氧，如式（11.15）所示。

$$[FeO] + [Si] \rightarrow (SiO_2) + [Fe] \quad (11.15)$$

和锰脱氧相类似，提高熔渣的碱度有利于硅脱氧。但 SiO_2 和焊缝结合牢固，凝固后的熔渣很难清除，因此很少单独采用硅脱氧。

（3）硅锰联合脱氧。指将硅和锰按适当比例加入焊接材料中，共同脱氧，脱氧产物形成硅酸盐 $MnO \cdot SiO_2$ 并脱出的过程。硅锰联合脱氧的效果最好，是钢焊接时的主要沉淀脱氧方式。

3）扩散脱氧

扩散脱氧是指当熔渣中的氧含量较低时，在液态金属和熔渣界面上，氧通过扩散进入熔渣的过程，是扩散氧化的逆过程。酸性渣中的 SiO_2、TiO_2 等能与 FeO 生成复合氧化物，有利于扩散脱氧。

11.6 焊缝中硫磷的危害及控制

11.6.1 焊缝中硫的危害及控制

1. 硫的来源

焊缝中残留的硫来自母材和焊接材料。钢是从铁矿石经过冶炼获得的，铁矿石的组成有相当一部分是铁的硫化物。冶炼的过程就是去除像硫这样的杂质的过程。在一定的技术发展阶段，杂质去除得越干净，所花费的成本越高。为了获得性能和价格的平衡，一般会对一定质量等级的钢材或焊接材料给定杂质硫的含量的上限。例如，低碳钢焊芯的硫含量规定不能大于 0.03%。也就是说，硫在母材和焊接材料中是一定存在的。焊条药皮、焊剂、药芯中会有很多的矿物质（如赤铁矿石、钛铁矿石、锰铁）都含有硫，而且含量幅度变化很大，是硫的重要来源。

2. 硫的危害

硫是钢焊接过程中危害性很大的元素，硫的危害主要包括两方面：

1) 形成低熔共晶，增大结晶裂纹倾向

硫和铁化合生成的 FeS 在一定温度下会和 Fe 以及 FeO 形成低熔点的共晶物（简称低熔共晶）。FeS 和 Fe 形成的低熔共晶熔点为 985 ℃，FeS 和 FeO 形成的低熔共晶熔点为 940 ℃。如果钢中含有 Ni 元素，问题会更加严重，NiS 和 Ni 形成的低熔共晶熔点只有 644 ℃。当焊缝金属凝固时，高熔点的成分从液相线温度开始结晶，到固相线结晶完成，都变成了固态，而低熔共晶还呈液态，并且对钢的润湿性很好，其以液态薄膜的形态存在于晶界位置，切断了已经结晶的晶粒之间的连接，在拉应力的作用下，钢就会产生裂纹。由于这种裂纹是在焊缝结晶过程中形成的，故称为结晶裂纹，也称为凝固裂纹。这是焊缝中硫的最主要危害。

2) 降低焊缝的塑性和韧性

硫化物是一种脆性相，存在于焊缝中，会导致焊缝的塑性和韧性降低。

3) 形成夹杂

当焊缝中残留的硫量较多，形成的硫化物体积较大时，会形成硫化物夹杂缺陷。

3. 硫的控制

在硫的控制上，工艺措施是没有用处的，而在控制硫的来源方面，母材的硫含量通常也不由焊接工作者决定。从焊接工作的角度，只能是采取限制焊接材料中的硫含量和冶金脱硫两种措施。

1) 限制焊接材料中的硫含量

降低母材的硫含量可能意味着成本的较大提高，但焊接材料用量相对较少，当硫的危害比较严重时，可以考虑选用更高质量等级的焊接材料，限制焊接材料中的硫含量。

2) 冶金脱硫

更有效的方法是在焊接材料中加入脱硫剂，常用的脱硫剂有两类，一类是金属锰，另一类是锰、钙、镁的氧化物。脱硫反应如式 (11.16) 和式 (11.17) 所示。

$$[FeS] + [Mn] \rightarrow (MnS) + [Fe] \tag{11.16}$$

$$[FeS] + (MeO) \rightarrow (MeS) + (FeO) \tag{11.17}$$

式中，Me 代表 Mn、Ca、Mg 其中的一种。

11.6.2 焊缝中磷的危害及控制

1. 磷的来源

焊缝中残留的磷也来自母材和焊接材料。对一定质量等级的钢材也会给定杂质磷的含量上限。药皮、焊剂、药芯中的锰矿更是焊缝中磷的主要来源。

2. 磷的危害

1) 形成低熔共晶，增大结晶裂纹倾向

磷在焊接过程中的主要危害也是形成低熔共晶，增大结晶裂纹倾向。形成低熔共晶的是磷和铁的化合物 Fe_3P 与铁，以及镍和磷的化合物 Ni_3P 与镍。Fe_3P 和 Fe 形成的低熔共晶的熔点为 1 050 ℃，Ni_3P 和 Ni 形成的低熔共晶的熔点为 880 ℃。

2) 降低焊缝的塑性和韧性

磷化物是脆性相，存在于焊缝中，会导致焊缝的塑性和韧性降低。

3) 形成夹杂

当焊缝中残留的磷量较多，形成的磷化物体积较大时，会形成磷化物夹杂缺陷。

3. 磷的控制

可以采用限制焊接材料中的含磷量和冶金脱磷两种措施控制磷。冶金脱磷的反应如式 (11.18) 所示。

$$[Fe_3P] + (FeO) + (CaO) \rightarrow (CaO)_3P_2O_5 + [Fe] \tag{11.18}$$

11.7 焊缝金属合金化

将焊缝所需要的合金元素通过焊接材料过渡到焊缝金属中的过程，称为焊缝金属合金化。

1. 合金元素在焊缝中的作用

1) 碳

碳是钢中最主要的合金元素。碳对钢的强化作用包括固溶强化和碳化物沉淀强化。随着钢中碳含量的增加，钢的淬硬性增大，强度、硬度增大，塑性、韧性下降，焊接性下降。碳在液态金属凝固时倾向于在缺陷部位（晶界、位错）富集，和碳化物形成元素结合，生成碳化物。

2) 锰

锰是弱碳化物形成元素，对钢的强化作用主要是固溶强化。在不锈钢中，锰是奥氏体形成元素，可以起到替代镍的作用。锰在钢中是主要的脱氧剂和脱硫剂，可以降低焊缝产生结晶裂纹的倾向。

3) 硅

硅也是钢中的主要合金元素。对碳钢来说，当硅含量低于 0.30% 时，可以在不明显降低塑性的情况下提高钢的强度；当硅含量高于 0.40% 时，钢的塑性明显下降。硅能提高钢的淬硬性、耐磨性、弹性极限、屈服强度以及抗高温氧化性。硅是非碳化物形成元素，不参与渗碳体、碳化物的形成。硅也是钢中的主要脱氧剂。

4) 铬

铬是碳化物形成元素。铬可以提高钢的淬透性、耐蚀性、抗氧化性、高温强度。如果钢中碳含量较高，铬能和碳形成碳化物，提高耐磨性。当铬碳比较低时，只会形成 (Fe, Cr)$_3$C 型的合金渗碳体；当铬碳比较高时，会形成 (Fe, Cr)$_7$C$_3$ 或 (Fe, Cr)$_{23}$C$_6$ 型的碳化物。

5) 镍

镍不是碳化物形成元素。镍可以提高钢的淬透性，当和铬、钼共同存在时，镍对淬透性的提高作用尤其明显。镍固溶在铁素体中，可以提高钢的韧性。在不锈钢中，镍是奥氏体形成元素。

6) 钴

钴不是碳化物形成元素。钴能使碳钢的淬透性降低，但能提高 Cr-Mo 系钢的淬透性。钴能提高马氏体开始转变温度，降低残余奥氏体的量。高温下，钴能抑制晶粒长大，提高钢的高温强度。

7) 钼

钼是强碳化物形成元素。钼可以少量溶解在渗碳体中，当钢中钼含量达到一定程度，就会形成钼的碳化物。钼的碳化物能产生第二相强化作用，因此能使低合金钢的高温蠕变强度提高。焊缝金属中加入钼，在熔池凝固结晶时，钼的碳化物可以作为形核核心，起到细化晶粒的作用。钼能提高钢的淬透性、疲劳强度。在铁素体不锈钢和奥氏体不锈钢中，钼能提高耐蚀性。钼还能提高不锈钢的耐点蚀能力。奥氏体合金中，钼是强固溶强化元素。

8）钒

钒和钼类似，也是强碳化物形成元素。少量的钒能溶解在渗碳体中。钒溶解在奥氏体中，可以强烈提高钢的淬透性。钒也能细化晶粒，提高钢的强度和韧性。细小的碳化钒、氮化钒在经过控轧控冷的低合金钢中可以起到非常强的弥散强化作用。钒还能提高钢的耐磨性、高温强度。

9）铌

铌是强碳化物、氮化物形成元素。少量的铌就能形成细小的氮化物或者碳氮化物，细化晶粒，提高钢的屈服强度。

10）钛

钛也是强碳化物、氮化物形成元素。钛的作用和钒、铌类似，而钛的碳化物、氮化物更稳定。在不锈钢中，钛是常用的固碳剂，用以消除晶间腐蚀。

11）钨

钨是强碳化物形成元素。钨在钢中的作用和钼很相似。钨在渗碳体中少量溶解。当钢中钨含量增加时，会形成非常耐磨的碳化物。钨能提高钢的高温强度、红硬性。

12）硼

非常少量的硼就能起到提高淬透性的作用，它还能提高其他合金元素的淬透性作用。但硼的有益作用仅限于低、中碳钢中，当钢中碳含量超过 0.60% 以后，硼就没有提高淬透性的作用了。硼含量提高，会使钢的硬度急剧增大。

13）稀土元素

稀土元素是非常好的脱氧剂和脱硫剂，它们还能和其他一些低熔点杂质元素反应，生成高熔点的化合物，防止凝固裂纹的产生，提高焊缝的韧性。

2. 合金化的目的

焊缝金属合金化的目的就是通过添加合金元素，获得高质量的焊缝。具体来说，有以下几方面的目的。

1）补偿损失

焊接过程在高温下进行，低沸点的合金元素会蒸发；由于氮的侵入及氧的存在，活泼的合金元素会发生氮化、氧化。总之，母材中的合金元素会在焊接过程中出现不同程度的损失。要保证焊缝的性能，首先要保证焊缝的成分，就需要对损失的合金元素进行补偿。

2）消除焊接缺陷，改善焊缝的组织和性能

气孔、裂纹、夹杂等焊接缺陷的产生，通常都与液态金属中的某些成分有关，通过添加合金元素，进行适当的冶金反应，可以起到减少甚至消除焊接缺陷的作用。例如，添加 Ti、Al 等强脱氧剂、脱氮剂，可以消除钢焊缝中的一氧化碳气孔、氮气孔；添加 Mn，可以消除结晶裂纹。

通过添加合金元素，还可以改善焊缝的组织和性能。例如，添加 Ni，可以提高焊缝的韧性；添加 V、Mo 可以细化晶粒，提高焊缝的强度和韧性。

3）获得特殊性能的堆焊层

在有耐磨、耐蚀的应用场合，可以通过堆焊的方式在工件表面堆焊添加某些合金元素的堆焊层，获得所需要的耐磨、耐蚀性能。例如，添加较大量的 C 和 Cr，可以在堆焊层中生成铬的碳化物，提高堆焊层的耐磨性能。

3. 合金化的方式

焊缝金属合金化是通过向焊接材料中添加合金元素的方式进行的。根据焊接材料的不同，具体有以下一些方式。

1）合金焊丝、带极

气体保护焊使用焊丝作为产生电弧的电极，焊丝同时也是焊接材料，会熔化进入熔池中。可以在焊丝中加入所需合金元素，制成合金焊丝。通过合金焊丝进行焊缝金属合金化的问题是合金焊丝中能够添加的合金元素量受限制。随着合金元素含量的增加，焊丝的冷作硬化倾向变大，在拉拔过程中硬度迅速提高，导致拉拔困难。在拉拔合金焊丝的道次中间通常要加入中间退火过程。即使如此，能加入的合金量仍然有限。

为了提高大面积堆焊时的效率，有时会采用带极堆焊方法，就是用有一定宽度的合金带极代替合金焊丝进行堆焊。合金带极的制造存在和合金焊丝同样的问题，即能够添加的合金元素量受限制。

2）药芯焊丝

为了克服合金焊丝拉拔的困难，可以将合金粉末包裹到金属带中，制成药芯焊丝。药芯焊丝中的粉末可以根据需要配制，这就使成分调整的自由度有了很大的提高。

3）合金药皮、黏结焊剂

手工电弧焊使用焊条作为产生电弧的电极，可以将要添加的合金元素加入焊条药皮中，制成合金药皮。药皮的尺寸没有太多限制，合金成分的调整有了很大的余地。通过合金药皮的方式进行焊缝金属合金化的问题是焊接过程难以实现自动化。

埋弧焊时，可以将要添加的合金元素加入焊剂中。添加合金元素的焊剂制成熔炼焊剂比较困难，一般制成黏结焊剂。埋弧焊时，也可以使用药芯焊丝进行焊缝金属合金化，这样的方法称为药芯焊丝埋弧焊。

4）合金粉末

尽管药芯焊丝、合金药皮大大提高了合金成分的调整余地，但添加量也有一定的限度。药芯焊丝直径过粗，送丝会比较困难；合金药皮厚度过厚，焊条工艺性能会变差。当需要添加的合金元素含量很高时，可以考虑直接以合金粉末的方式将所需要的合金元素添加到焊缝中。合金粉末的添加方式分为同步送粉法和预置粉末法。同步送粉法的典型应用是等离子粉末堆焊，如图 11.15 所示。也可以在用 MIG 堆焊时进行同步送粉。预置粉末法是将所要添加的合金粉末用黏结剂混合，涂覆在工件待堆焊位置，晾干后进行堆焊；或者用黏结剂混合后压制成一定尺寸的粉末块，晾干后摆放到工件待堆焊位置，然后进行堆焊。

5）熔渣还原反应

当焊缝金属发生置换氧化时，熔渣中的氧化物被还原成单质合金元素，进入到熔池中，也能为焊缝金属提供合金元素，如式（11.9）所示。

4. 合金过渡系数及其影响因素

由于蒸发、氧化、氮化、飞溅等原因造成的损失，添加到焊接材料中的合金元素不会都

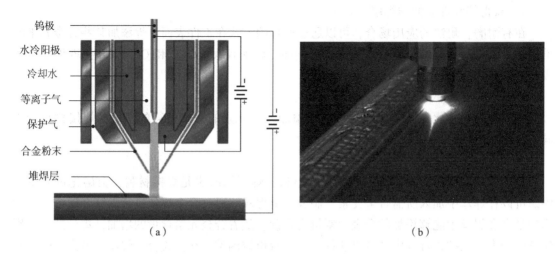

图 11.15 等离子粉末堆焊

(a) 等离子粉末堆焊原理；(b) 等离子粉末堆焊现场

进入到焊缝中。进入到焊缝中的合金元素的比例可以用合金过渡系数来表示。

合金过渡系数，是指某合金元素在熔敷金属中的实际质量分数与其在焊接材料中的原始质量分数之比。所谓熔敷金属，是指用与实际焊接工艺参数相同的参数熔化焊接材料获得的金属。

影响合金过渡系数的因素很多，主要包括。

(1) 合金元素的性质。蒸发、氧化、氮化是合金元素损失的主要原因，不同的合金元素的物理性质、化学性质不同，损失量也不同。通常来说，某种合金元素，如果沸点较低，则蒸发损失严重，合金过渡系数较低；如果化学性质活泼，与氧、氮的亲和力大，则元素的氧化、氮化损失严重，合金过渡系数较低。

(2) 合金元素的含量。在焊接区能够参与反应的氧、氮的量通常是有限的，当某种合金元素的含量较少，氧化、氮化损失占总量的比例就会较高，合金过渡系数较低。

(3) 合金粉末的粒度。合金粉末的粒度小，则比表面积增大，氧化、氮化反应剧烈，合金过渡系数较低。

(4) 药皮或焊剂的成分。药皮或焊剂的氧化性强，合金粉末氧化损失严重，合金过渡系数较低；药皮或焊剂中有较多脱氧剂，合金粉末氧化损失小，合金过渡系数较高。

(5) 焊接方法及工艺参数。二氧化碳气体保护焊的保护气氛氧化性强，合金粉末氧化损失严重，合金过渡系数较低；氩弧焊的保护气氛呈中性，合金过渡系数较高。热输入大，熔池温度高，氧化、氮化反应剧烈，合金过渡系数较低。

5. 焊缝成分的控制

要获得性能优良的焊缝，对焊缝成分的控制是基础。失去对成分的控制，良好的性能无从谈起。控制焊缝成分的措施主要包括以下几种。

1) 调整焊接材料成分

调整焊接材料成分是控制焊缝成分的主要手段。通过焊接材料可以把焊缝所需要的合金元素加进来，还可以把有害的杂质去除掉。

2）控制合金过渡系数

必须让添加到焊接材料中的合金元素尽可能多地进入到焊缝中去，才能达到焊缝金属合金化的目的。通过合金元素含量的调整、合金粉末粒度的选择、药皮或焊剂成分的调整、焊接方法及工艺参数的设定控制合金过渡系数，提高合金元素的利用率。

3）控制熔合比

添加到焊接材料中的合金元素进入到焊缝中后，会受到母材的稀释，稀释率的大小由熔合比决定。通常为了保证焊缝的性能，希望稀释率小，这时就要尽可能降低熔合比。

第12章 焊接缺欠及其控制

12.1 焊接缺欠的含义与分类

1. 焊接缺欠及焊接缺陷的含义

超过一定尺度的焊接缺欠的存在,是焊接结构失效的重要原因之一。控制焊接缺欠的产生,限制焊接缺欠的尺度,是获得完整焊接接头、保证良好焊接质量的关键。

焊接缺欠,是指焊件典型构造上出现的一种不连续性,诸如材料或焊件在力学特性、冶金特性或物理特性上的不均匀性。

焊接缺陷,是指一种或多种不连续性或缺欠,按其特性或累加效果,使得零件或产品不能符合最低合用要求。

焊接缺陷概念外延比焊接缺欠窄,缺欠不一定是缺陷,只有对焊接接头的合用性构成危险的缺欠才称为缺陷。含有缺陷的焊接接头是不合格的,必须采取修理措施,否则就应报废。一定尺度内的缺欠是允许存在的,缺欠是否允许存在,应根据合用性准则进行判断,看是否满足具体产品的使用要求。我国在这两个概念的使用上有一段时间是存在混淆的,比如GB/T 6417—1986《金属熔化焊焊缝缺陷分类及说明》中就使用了"缺陷"的说法,但实质描述的是"缺欠"的概念,在GB/T 6417—2005《金属熔化焊接头缺欠分类及说明》中则修改为缺欠。

2. 焊接缺欠的分类

按照GB/T 6417—2005的分类方法,焊接缺欠分为六类:裂纹,指在固态下由局部断裂产生的缺欠;孔穴,包括气孔和缩孔,气孔是由残留气体形成的空穴,缩孔是由于凝固时收缩造成的空穴;固体夹杂,指在焊缝金属中残留的固体杂物;未熔合及未焊透,未熔合指焊缝金属和母材或焊缝金属各焊层之间未结合的部分,未焊透指实际熔深与公称熔深之间的差异;形状和尺寸不良,指焊缝的外表面形状或接头的几何形状不良;其他缺欠,指第一类到第五类未包含的所有其他缺欠。

尽管焊接缺欠种类繁多,但有些缺欠只要焊接工艺合理、操作规范是可以避免的,有些焊接缺欠即使存在也不影响焊接结构的正常使用。对焊接结构安全性和质量至关重要而又在焊接过程中非常容易出现的缺欠主要是裂纹、气孔和固体夹杂。本章主要针对这几种焊接缺欠,从分析缺欠产生的机理着手,讨论影响缺欠产生的主要因素,进而提出相应的防止措施。其他焊接缺欠仅作简单介绍。

12.2 焊接裂纹

在焊接应力及其他致裂因素共同作用下,焊接接头的原子结合遭到破坏,形成新界面而产生的缝隙称为焊接裂纹。焊接裂纹是在焊接、焊后热处理、焊后放置、耐压试验过程中以及结构的使用过程中，焊接接头中产生的各种裂纹的总称，具有缺口尖锐、长宽比大的特征，是降低焊接结构使用性能最危险的焊接缺欠之一。裂纹的种类很多，不同的裂纹不仅外形、分布、产生条件不同，而且形成的机理与影响因素也大不一样。为了更好地防止焊接过程中产生裂纹，必须根据不同焊接裂纹的形成机理分门别类进行分析。

12.2.1 焊接裂纹的分类

焊接裂纹的分类方法非常多，很多时候不同分类方法确定的裂纹名称被混在一起用，很容易在焊接接头失效分析、焊接裂纹的防止工作中产生混乱。按照裂纹的走向可以分为纵向裂纹、横向裂纹、星型裂纹；按照裂纹产生的区域可以分为焊缝中裂纹、熔合区裂纹、热影响区裂纹；按照裂纹出现的位置可以分为焊缝根部裂纹、热影响区根部裂纹、焊趾裂纹、焊道下裂纹及弧坑裂纹等，如图12.1所示。

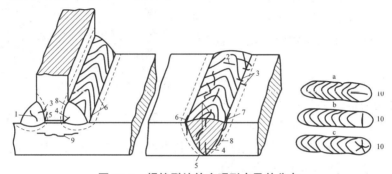

图12.1 焊接裂纹的宏观形态及其分布

1—焊缝中纵向裂纹；2—焊缝中横向裂纹；3—熔合区裂纹；4—焊缝根部裂纹；5—热影响区根部裂纹；
6—焊趾纵向裂纹（延迟裂纹）；7—焊趾纵向裂纹（高温液化裂纹、再热裂纹）；8—焊道下裂纹
（延迟裂纹、高温液化裂纹、多边化裂纹）；9—层状撕裂；10—弧坑裂纹（火口裂纹）
a—纵向裂纹；b—横向裂纹；c—星形裂纹

按照裂纹的走向、分布位置对其进行分类，虽然可以从一定程度上反映裂纹的特点，但却不能作为判断裂纹性质的依据。同样位置的裂纹，可能是由不同原因造成的，相应的影响因素就不同，防止措施也必然不一样。如果采用相同的办法处理，有时候可能就解决不了问题。为了深入了解裂纹产生的本质，以利于针对不同裂纹采取相应的防止措施，最好是按焊接裂纹的产生条件进行分类。按照产生条件，焊接裂纹可以分为五大类：热裂纹，焊接过程中在较高温度下产生的裂纹，多出现在焊缝中，也可能出现在热影响区中；冷裂纹，焊接结束后在较低温度下产生的裂纹，多出现在热影响区中，也可能出现在焊缝中；再热裂纹，焊后热处理过程中产生的裂纹，出现在热影响区的粗晶区；层状撕裂：焊接结束后，或在服役过程中产生的裂纹，出现在厚板工件的热影响区中；应力腐蚀裂纹，服役过程中产生的裂纹，出现在和腐蚀介质接触的有残余应力部位。

12.2.2 焊接裂纹的特征

1. 热裂纹

1) 热裂纹的特征

热裂纹是在焊接过程中在较高温度下产生的，大部分热裂纹是在固、液相线温度区间产

生的结晶裂纹,也有少量是在稍低于固相线温度下产生的;热裂纹出现在焊缝中时,裂口大多数贯穿表面;因为产生时温度较高,所以热裂纹最主要的特点是断口有氧化颜色;裂纹宽度约为 0.05~0.5 mm,比冷裂纹的 0.001~0.01 mm 要大几十倍;裂纹末端略呈圆形,为沿晶开裂。

2)热裂纹的分类及各类热裂纹的特征

热裂纹又可以进一步细分为:结晶裂纹、高温液化裂纹和多边化裂纹。

(1)结晶裂纹。结晶裂纹又称为凝固裂纹,易出现在含有低熔共晶成分的焊缝中。在焊缝结晶后期,焊缝金属大部分已经凝固结晶,低熔共晶形成的液态薄膜削弱了晶粒间的连接,在拉伸应力作用下就可能产生结晶裂纹。这种裂纹易出现在固相线温度附近;材料方面,则容易出现在含硫、磷等杂质较多的碳钢、低合金钢,含镍高强钢,奥氏体不锈钢,镍基合金以及铝合金中。这种裂纹出现在焊缝中,走向为沿晶开裂。316L 不锈钢焊缝中的结晶裂纹如图 12.2 所示。

(2)高温液化裂纹。焊接过程中,热影响区部位晶粒之间的低熔共晶达到熔点,发生熔化,在拉伸应力作用下产生的裂纹即为高温液

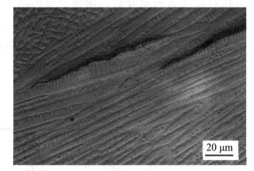

图 12.2　316L 不锈钢焊缝中的结晶裂纹

化裂纹。这种裂纹易出现在固相线温度附近;材料方面,与结晶裂纹一致;这种裂纹出现在热影响区、多层焊层间部位走向为沿晶开裂。

3)多边化裂纹

当温度处于固相线温度下方一定温度区间时,已凝固的结晶前沿的晶格缺陷在应力作用下发生移动、聚集,形成二次边界,在高温下处于低塑性状态,在拉伸应力作用下产生的裂纹即为多边化裂纹。这种裂纹容易出现在固相线温度以下;材料方面,则易出现在纯金属、单相奥氏体合金中。这种裂纹出现在焊缝上,少量在热影响区,走向为沿晶开裂。

2. 冷裂纹

1)冷裂纹的特征

冷裂纹的提法是相对热裂纹而言的,指在较低温度下产生的裂纹,一般是在焊接结束后产生,对于钢材来说,大部分冷裂纹是在马氏体开始转变温度(M_S 点)以下产生的延迟裂纹;冷裂纹大多出现在焊接热影响区,有时也出现在焊缝金属上;冷裂纹产生时温度较低,断口没有氧化颜色;裂纹宽度较小;裂纹末端尖锐,为穿晶开裂。

2)冷裂纹的分类及各类冷裂纹的特征

根据被焊钢种和结构的不同,冷裂纹可以进一步细分为延迟裂纹、淬硬脆化裂纹和低塑性脆化裂纹。

(1)延迟裂纹。延迟裂纹焊接接头中淬硬组织在氢和拘束应力的共同作用下产生的裂纹,不在焊后立即出现,具有一定的延迟期。这种裂纹易出现在 M_S 点以下;材料方面,则容易出现在具有一定淬硬倾向的材料中,包括中碳钢、高碳钢,低、中合金钢,钛合金等。这种裂纹多出现在热影响区,少量在焊缝上,走向为穿晶开裂。延迟裂纹是冷裂纹中的一种普遍形态。HY-80 钢焊接热影响区中的延迟裂纹如图 12.3 所示。

(2) 淬硬脆化裂纹。淬硬脆化裂纹指淬硬组织在拘束应力的作用下产生的裂纹，产生过程不需要氢的参与，没有延迟。这种裂纹出现在 M_s 点以下；材料方面，则易出现在淬硬倾向很大的钢种中，包括含碳较高的镍铬钼钢，马氏体不锈钢，工具钢等。这种裂纹多出现在热影响区，少量在焊缝上，走向为穿晶开裂。

(3) 低塑性脆化裂纹。低塑性脆化裂纹指在较低温度下，本身脆性极高的被焊材料在焊接应力作用下产生的裂纹，不需要发生

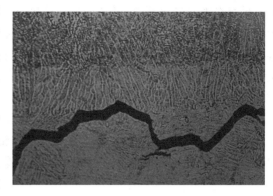

图 12.3　HY-80 钢焊接热影响区中的延迟裂纹

马氏体相变，产生过程不需要氢的参与，没有延迟。这种裂纹出现在 400 ℃ 以下；材料方面，则易出现在铸铁；堆焊硬质合金等材料中。这种裂纹出现在热影响区、焊缝中，走向为穿晶开裂。

3. 再热裂纹

再热裂纹指焊后对接头再次加热，在粗晶区由于应力松弛产生的附加变形大于该部位的塑型储备而产生的裂纹，包括某些合金钢在焊后消除应力处理过程中产生的消除应力处理裂纹、高温合金焊后时效处理或高温使用过程中伴随时效沉淀硬化而出现的应变时效裂纹。低合金高强钢和耐热钢在 500~700 ℃ 之间容易产生再热裂纹；高温合金在 700~900 ℃ 之间容易产生再热裂纹。这种裂纹易出现在含有沉淀强化元素的高强钢、珠光体钢、奥氏体钢、镍基合金等材料中。这种裂纹易出现在有较高残余应力的热影响区中的粗晶区，裂纹走向为沿晶开裂。

4. 层状撕裂

大型厚壁结构在焊接及使用过程中，由于钢板内部存在沿轧制方向的夹杂物，在钢板的厚度方向承受较大的拉伸应力而沿钢板轧制方向出现台阶状的裂纹，称为层状撕裂。它可能产生于热影响区，但不会产生于焊缝之中。这种裂纹易出现在 400 ℃ 以下；材料方面则易出现在有夹杂物的低合金高强钢厚板结构中。这种裂纹易出现在热影响区附近，也可能产生于远离热影响区的母材中，走向为穿晶开裂。典型的层状撕裂如图 12.4 所示。

5. 应力腐蚀裂纹

应力腐蚀裂纹在特定的腐蚀介质和相应水平的拉伸应力的共同作用下产生的延迟开裂。从接头外观看，无明显的均匀腐蚀痕迹，裂纹一般呈龟裂形式，断断续续，而且在焊缝上横向裂纹占多数；从横断面的金相照片看，应力腐蚀裂纹的形态犹如干枯的树木根须，并且总是由表面沿纵深方向往里发展，其裂口的深宽比很大（值可达几十至一百以上），细长而带有分支是其典型特

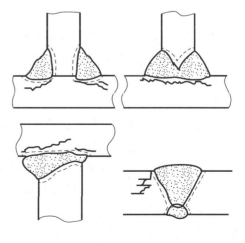

图 12.4　典型的层状撕裂

征，即存在大量二次裂纹；从应力腐蚀裂纹断口看，仍保持金属光泽，为典型脆性断口。应力腐蚀裂纹照片如图12.5所示。这种裂纹可能出现在任何工作温度和任意合金材料中。这种裂纹可能出现在任何有残余应力部位，既可以是在焊缝中，又可以是在热影响区中，甚至是母材中，走向为穿晶或沿晶开裂。一般情况下，低碳钢、低合金高强钢、铝合金、α黄铜以及镍基合金等的应力腐蚀裂纹均属晶间断裂性质，裂纹大都沿垂直于拉应力的晶界向纵深发展。镁合金、β黄铜以及在氯化物介质中的奥氏体不锈钢的应力腐蚀裂纹大多数情况下都具有穿晶断裂性质。对奥氏体不锈钢来讲，当腐蚀介质不同时，其开裂的性质也不同，既可能出现沿晶开裂，也可能出现穿晶开裂，或者出现穿晶与沿晶的混合开裂。

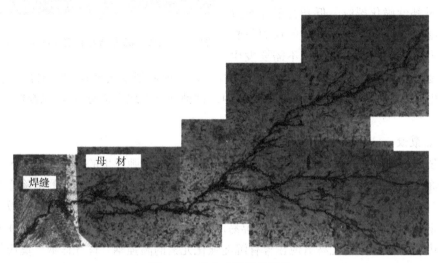

图12.5 应力腐蚀裂纹照片

12.2.3 焊接裂纹形成的影响因素

从上一节的讨论可以知道，焊接裂纹分为五大类，每一类裂纹具有不同的特征，裂纹产生的原因也各不相同，影响焊接裂纹形成的影响因素多种多样。一般来说，可以把焊接裂纹形成的影响因素归结为两类：应力因素和致脆因素。

1. 应力因素

五大类焊接裂纹的影响因素各不相同，但都离不开应力的影响。可以说，没有应力，就不会产生焊接裂纹。从产生原因上看，导致焊接接头产生裂纹的应力可以分为3类：热应力、相变应力、结构应力。

1）热应力

大部分固体受热后会膨胀，冷却时会收缩。如果物体的热胀冷缩过程不受到限制，加热和冷却的结果是导致物体发生变形；如果物体的热胀冷缩过程受到限制，加热和冷却将会导致物体内部出现应力。这种由于加热冷却温度变化产生的应力，就称为热应力。

焊接是局部加热过程，焊件各部位的温度差别很大。加热时，焊缝附近高温部位要发生膨胀，但低温的母材部位限制焊缝的膨胀，使焊缝内部产生压应力；冷却时，焊缝附近高温部位要发生收缩，但低温的母材部位限制焊缝的收缩，使焊缝内部产生拉应力。

2）相变应力

如果焊缝、热影响区在加热、冷却过程中发生了相变，并且相变造成材料的体积发生变化，也会产生变形。如果这种变形受到限制，也会在接头中产生应力。这种由于相变产生的应力，就称为相变应力。

热应力和相变应力都是在焊接过程中产生的，但在焊接完成后可能仍然会保留在焊接接头中，成为焊接残余应力。

3）结构应力

结构应力是指构件的自重、负载及其他部位的冷却收缩等给接头造成的应力。

4）拘束应力与拘束度

焊接接头所承受的以上3种应力，都是焊接过程中不可避免的。由于这些应力都是在接头受到某种拘束作用时产生的，为了处理方便，可以不考虑应力产生的原因，而把上述3种应力统一考虑，将其综合作用结果统称为拘束应力。

焊接时接头中拘束应力的大小取决于接头受拘束的程度。接头受拘束的程度称为拘束度，用 R 来表示，其定义为单位长度焊缝在根部间隙产生单位长度的弹性位移所需要的力，具体的含义说明如图12.6所示。

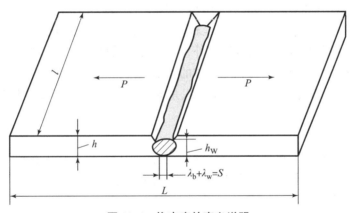

图12.6　拘束度的定义说明

假设两端不固定，即没有外拘束的条件下，接头在焊后冷却过程中产生的热收缩量为 S。当两端被刚性固定时，冷却后就不可能产生横向变形，但在接头中会产生反作用力 P，此时反作用力应使接头的伸长量等于 S。S 由母材的伸长量 λ_b 和焊缝的伸长量 λ_w 两部分所组成，即 $S = \lambda_b + \lambda_w$。与拘束距离 L 相比，焊缝的宽度是很小的，所能发生的弹性变形量也很小，可以忽略焊缝的影响，即 $S \approx \lambda_b$。因此，拘束度 R 可表示为

$$R = \frac{P}{l\lambda_b} = \frac{P}{lh} \times \frac{hL}{L\lambda_b} = \sigma \times \frac{1}{\varepsilon} \times \frac{h}{L} = \frac{Eh}{L} \tag{12.1}$$

式中，R 为焊件的拘束度；E 为母材金属的弹性模量；h 为板厚；L 为拘束距离；l 为焊缝长度；σ 为应力；ε 为应变。

从式（12.1）中可以看出，改变拘束距离 L 和板厚 h，可以调节拘束度 R 的大小。当 L 减小而 h 增大时，拘束度 R 增大。

2. 致脆因素

如果焊接接头的塑性、韧性很好，则其在应力的作用下也不会产生裂纹。之所以在拘束

应力下产生各种焊接裂纹，是有一些因素导致接头塑性、韧性下降，发生了脆化。这些致脆因素主要包括以下几个方面。

1）低熔共晶

低熔共晶是导致结晶裂纹、高温液化裂纹产生的要素之一。在11.6节中讲过，FeS和Fe_3P能与Fe和FeO形成低熔共晶，这种低熔共晶的危害不在于其本身的脆性，而是在超过其熔点的高温下以液态薄膜的形式存在于已经凝固结晶的晶粒之间，割裂了晶粒之间的联系，导致金属在固相线温度附近的变形能力严重下降，脆性增大。其他的低熔共晶，如铝合金中的低熔共晶，危害也是类似的。

2）氢

氢在金属中的浓度达到一定程度时，能够使金属在室温附近的塑性、韧性严重下降，脆性增大，产生氢脆现象。氢是导致延迟裂纹产生的要素之一。

3）淬火

淬火会形成脆硬的马氏体组织，导致焊接接头脆化。马氏体是碳在α铁中的过饱和固溶体，碳原子以间隙原子形式存在于晶格之中，使铁原子偏离平衡位置，晶格发生较大的畸变，致使组织处于硬化状态。当焊接接头有马氏体存在时，裂纹易于形成和扩展。同属马氏体组织，由于化学成分和形态不同，不同马氏体对裂纹的敏感性也不同。马氏体的形态与碳含量和合金元素含量有关。低碳马氏体呈板条状，马氏体转变点较高，转变后有自回火作用，因此这种马氏体除具有较高的强度之外，尚有良好的韧性。当钢中的含碳量较高或冷却较快时，就会出现片状马氏体。片状马氏体的硬度很高，发生断裂时将消耗较低的能量，对裂纹的敏感性很强。淬火形成的马氏体组织是导致延迟裂纹、淬硬脆化裂纹产生的要素之一。

4）脆硬组织

焊接接头中的碳化物、氮化物、氧化物等脆硬组织也是接头脆化的原因之一。铸铁中的渗碳体、堆焊碳化钨硬质合金中的含钨碳化物是其中典型的代表。脆硬组织是导致低塑性脆化裂纹产生的要素之一。

5）晶粒粗化

焊接热影响区中被加热到极高温度的粗晶区中晶粒发生严重长大，导致该部位塑性、韧性严重下降，脆性增大。晶粒粗化是再热裂纹产生的原因之一。晶粒粗化导致的脆化对延迟裂纹的产生也有促进作用。

6）沉淀强化元素

钒、钼等强碳化物形成元素能够和碳结合，形成弥散分布的高熔点碳化物，起到沉淀强化作用。当钢中含有这些沉淀强化元素时，在一定温度下，其晶粒内部将析出沉淀强化相，使晶粒强度提高，而晶界强度则相对较低，在应力作用下，变形不协调，导致应力松弛过程中应变集中于晶界部位，使接头塑性、韧性下降，发生脆化。沉淀强化元素的存在，是再热裂纹产生的原因之一。

12.2.4 结晶裂纹的形成与控制

热裂纹是焊接过程中经常出现的一类裂纹，而热裂纹中最常见的是结晶裂纹，它的促成要素、形成机理和控制措施在热裂纹中都具有代表性。

1. 结晶裂纹形成的促成要素

结晶裂纹形成的促成要素有两个：低熔共晶、拉伸应力。

2. 结晶裂纹的形成机理

焊缝金属的结晶不是瞬时完成的，而是焊缝晶粒在液态金属中不断形核和长大的过程。对大多数合金来说，没有一个单一的结晶温度，而是存在一个结晶温度区间。当液态金属温度降低到和固相线相交时，结晶开始。先结晶的晶体熔点相对较高。随着结晶过程的进行，液态金属逐渐向低熔点成分变化。焊缝金属在结晶过程中，随着温度的不断降低，要经历液态、液相占主要部分的液-固态、固相占主要部分的固-液态、固态四个阶段。在固-液阶段，已凝固结晶的固相占主要部分，尚未凝固结晶的液态金属分布在已经凝固结晶的固态晶粒之间。如果尚未凝固结晶的液态金属是熔点比已经凝固结晶的固态金属低很多的低熔共晶，并且低熔共晶对固态晶粒的润湿性很好，就会在晶粒之间形成液态薄膜，切断了晶粒之间的连接。此时，如果结构受到拉伸应力的作用，液相本身的抗变形阻力小，形变将集中于液态薄膜处。这种由固态晶粒/低熔共晶液态薄膜构成的体系的塑性非常低，在晶粒尚未发生塑性变形时，就沿晶界发生开裂，形成结晶裂纹。对应固-液阶段的温度区间称为脆性温度区间。

处于脆性温度区间的金属塑性低，只是结晶裂纹产生的一个条件，此时如果没有拉伸应力的作用，也不会产生结晶裂纹。但焊缝金属经历固-液阶段时是在冷却过程中，冷却造成的金属收缩必然在焊缝中产生拉伸应力。拉伸应力和液态薄膜同时存在，为结晶裂纹的形成提供了充分的条件。

为了进一步明确产生结晶裂纹的条件，苏联学者普洛霍洛夫提出了拉伸应变与脆性温度区间内被焊金属塑性变化之间的关系，如图 12.7 所示。其中，e 表示焊缝在拉伸应力作用下产生的应变，它随温度的变化而变化，其应变增长率为 $\frac{\partial e}{\partial T}$。$P$ 表示在脆性温度区间焊缝金属的塑性，在液态薄膜形成的时刻，P 存在一个最小值 P_{min}，此时焊缝金属产生的应变为 e_0。P_{min} 和 e_0 的差值 e_s 称为塑性储备，即 $e_s = P_{min} - e_0$。

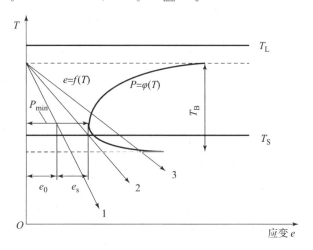

图 12.7 焊接时产生结晶裂纹的条件

T_L—液相线；T_S—固相线；T_B—脆性温度区间

当应变增长率较小时，应变随温度按图 12.7 中曲线 1 变化，此时 $e_0 < P_{\min}$，$e_s > 0$。焊缝具有一定的塑性储备量，不会产生结晶裂纹。

当应变增长率较大时，应变随温度按图 12.7 中曲线 3 变化，此时 $e_0 > P_{\min}$，$e_s < 0$。焊缝金属在拉伸应力作用下产生的应变量已经超过了塑性储备量，焊缝中必然产生结晶裂纹。

当应变随温度按图 12.7 中曲线 2 变化时，$e_0 = P_{\min}$，$e_s = 0$。焊缝金属在拉伸应力作用下产生的应变量等于塑性储备量，处于产生结晶裂纹的临界状态。此时的应变增长率称为临界应变增长率，记作 CST。

从上面的讨论可以知道，焊缝金属对结晶裂纹的敏感性与脆性温度区间及脆性温度区间内焊缝金属的塑性和应变增长率有关。一般来讲，脆性温度区间越大，在脆性温度区间内焊缝金属的塑性越小，在脆性温度区间内焊缝金属的应变增长率越大，产生结晶裂纹的倾向性就越大。

可以通过对比实际应变增长率 $\dfrac{\partial e}{\partial T}$ 和临界应变增长率 CST 来判断焊缝是否产生结晶裂纹。为防止结晶裂纹的产生，应变增长率应满足条件

$$\frac{\partial e}{\partial T} < \text{CST} \tag{12.2}$$

3. 结晶裂纹的影响因素

在实际焊接生产实践中，影响结晶裂纹的因素很多，而且这些影响因素又是相互关联的，影响规律错综复杂。但从上面对结晶裂纹产生机理的分析中可以知道，影响结晶裂纹的本质因素只有两类，即冶金因素和应力因素。

1) 冶金因素

从材料的内因考虑，影响结晶裂纹的冶金因素主要是材料的化学成分，因其直接影响结晶温度区间的大小、低熔共晶的形态以及一次结晶的组织。对于钢材的焊接来讲，合金元素对结晶裂纹的影响可以分为两种情况。一部分元素促进结晶裂纹形成，如硫、磷、碳和镍等；另一部分元素则抑制结晶裂纹形成，如锰、硅、钛、锆和稀土元素等。不同的合金元素所起的作用不同，相同的元素在不同的合金中所起的作用也可能不相同，必须具体情况具体分析。

（1）结晶温度区间。图 12.8 给出了结晶温度区间对结晶裂纹倾向的影响。可以看出，随合金元素含量的增加，结晶温度区间增大，同时脆性温度区间增大，产生结晶裂纹的倾向增加。S 点时，结晶温度区间最大，脆性温度区间最大，产生结晶裂纹的倾向也最大。当合金元素含量进一步增加时，结晶温度区间和脆性温度区间减小，产生结晶裂纹的倾向降低。

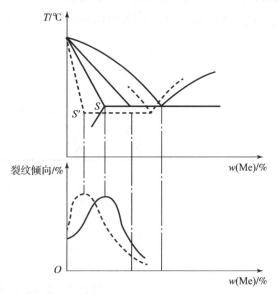

图 12.8 结晶温度区间与结晶裂纹倾向的关系

以上只是根据平衡条件所进行的分析，而实际焊接条件下，材料均属于不平衡结晶。实际固相线要比平衡条件下的固相线向左下方移动（见图 12.8 中的虚线），最大固溶点由 S 点移至 S' 点。与此同时，结晶裂纹倾向的变化曲线也随之左移。

（2）低熔共晶的形态。从前面的分析可以知道，结晶裂纹产生的冶金条件是在晶界位置产生了低熔共晶液态薄膜。而当最后结晶的低熔共晶以球形状态存在时，产生结晶裂纹的倾向将减小。锰之所以具有抑制结晶裂纹的作用，就是因为 MnS 形成的低熔共晶在晶界位置以球形状态存在。

（3）一次结晶的组织。焊缝结晶时，所形成晶粒的大小、形态和取向等对结晶裂纹的产生有很大的影响。晶粒越粗大，柱状晶的方向越明显，就越容易在晶界形成连续的液态薄膜，产生结晶裂纹的倾向也越大。奥氏体不锈钢焊接时，在冷却过程中没有相变，晶粒一直在长大，粗大的奥氏体晶粒是奥氏体不锈钢焊缝容易产生结晶裂纹的原因之一。如果焊缝中生成 γ 奥氏体 - δ 铁素体双相组织，δ 铁素体分布在奥氏体晶界上，破坏了奥氏体晶界的连续性，使晶界变得曲折，有利于减小产生结晶裂纹产生的倾向。

2）应力因素

从前面的分析可以知道，只有焊接结构中存在一定水平的应力，才会促使处于脆性温度区间的焊缝金属产生结晶裂纹。

焊缝金属在结晶过程中所承受的应力主要是热应力。由于金属具有热胀冷缩的性质，当已结晶的焊缝金属冷却时，将会产生收缩，从而对邻近部位尚处于固 - 液两相中的晶间液膜产生拉伸作用。当产生的拉伸应变量超过焊缝的塑性储备量时，便在晶界形成裂纹。

4. 结晶裂纹的控制措施

根据结晶裂纹的形成机理和影响因素，可以从冶金和应力两个方面采取措施防止结晶裂纹的形成。

1）冶金措施

（1）控制焊缝中 S、P 和 C 等有害杂质的含量。S、P 是增大焊缝结晶裂纹倾向的最主要杂质，C 能促进硫和磷的偏析，增大结晶裂纹倾向。因此，为防止焊接过程中产生结晶裂纹，必须严格限制母材和焊接材料中这些有害杂质的含量，必要时可以采取冶金脱硫、脱磷措施，具体措施参见 11.6 节。

（2）改善焊缝的一次结晶组织。细化晶粒是防止结晶裂纹形成的重要途径，目前广泛采用的方法是向焊缝中加入某些合金元素，如 Mo、V、Ti、Nb、Zr、Al 及稀土元素等，以改变结晶组织的形态，细化晶粒，从而提高焊缝的抗裂性能。此外，焊接奥氏体不锈钢时，通过加入 Cr、Mo 和 V 等铁素体形成元素，使焊缝成为 γ 奥氏体 - δ 铁素体双相组织，这样可以破坏奥氏体晶界的连续性，减少低熔共晶在晶界上的连续分布，同时细化晶粒，从而可以有效防止结晶裂纹的产生。

采用电磁搅拌可以增加熔池金属的流动性，打碎部分已经结晶的晶粒，也可以达到细化晶粒的目的，减少结晶裂纹的产生。

（3）限制熔合比。如果母材中硫、磷等有害杂质的含量较高，焊接时减小熔合比将有利于减少焊缝中低熔共晶的产生。可以采取的措施包括开大坡口、减小熔深或堆焊隔离层等。采用冷金属过渡焊接方法进行焊接，可以大幅度降低熔合比，减少结晶裂纹的产生。尤其是焊接中碳钢、高碳钢以及异种金属时，限制熔合比具有极重要的意义。

(4) 利用"愈合作用"。晶间存在低熔共晶是产生结晶裂纹的重要原因之一。但如图 12.8 所示，结晶裂纹倾向并不随着低熔共晶数量的增多而一直增大，而是存在一个极值。一定量的低熔共晶存在于晶界，削弱晶粒间的联系，促使产生结晶裂纹。当晶间存在大量低熔共晶时，由于高熔点成分所形成的晶体数量相对减少，枝晶的支脉不能得到发展，其空间被低熔共晶填满，枝晶成长受到阻碍，液相在晶粒周围能比较自由地流动，即使已形成收缩孔隙，由于液相的毛细作用也可以使之填补"愈合"，结果反而可以减少结晶裂纹的产生。这种由于晶间低熔共晶数量增多而使结晶裂纹倾向降低的情况，一般称"愈合作用"。

"愈合作用"的实质是使合金成分超过最大结晶温度区间所对应的成分，从而减小结晶温度区间，达到降低结晶裂纹倾向的目的。由于钢中的硫、磷等杂质含量很少，不可能通过成分的调整使低熔共晶的含量超过最大结晶温度区间所对应的成分，这种方法对于钢的焊接没有实用价值。但铝合金焊接时，形成低熔共晶的成分就是铝合金中的合金元素，可以通过调整焊缝成分，利用"愈合作用"来防止产生结晶裂纹。对于一些结晶裂纹倾向大的铝合金，在原合金系统中进行成分调整以改善抗结晶裂纹性能，可能不见成效，生产中可以采用 Al - Si 合金焊丝进行焊接。Al - Si 合金焊丝熔化后可以形成大量低熔共晶，流动性好，具有很好的"愈合作用"，所以抗裂性能优异。

2) 应力控制

(1) 选择合理的接头型式。焊接接头型式不同，将影响接头的受力状态、结晶条件及温度分布等，因而产生结晶裂纹的倾向也不同。一般来说，表面堆焊和熔深较浅的对接焊缝不容易产生结晶裂纹，而熔深较大的对接和角接、搭接焊缝以及 T 型接头抗结晶裂纹性能较差。因为这些焊缝承受的横向应力正好作用在焊缝中心的最后结晶区域，这里是低熔共晶最后偏聚的地方，因此很容易形成结晶裂纹。

(2) 确定合理的焊接顺序。焊接顺序对焊缝的受力状态也有很大影响。确定焊接顺序总的原则是尽量使大多数焊缝在较小的刚度条件下焊接，避免焊接结构产生较大的拘束应力。

(3) 预热。接头冷却速度越大，变形速度越大，结晶裂纹倾向也就越大。预热有利于降低冷却速度，对于降低结晶裂纹倾向是有一定效果的。

(4) 确定合理的焊接工艺参数。降低冷却速度可以降低结晶裂纹倾向，但用提高焊接热输入的办法来降低冷却速度以降低结晶倾向，效果不一定明显。因为热输入的影响是复杂的，从降低冷却速度考虑，提高热输入应当有效，但提高热输入对结晶组织形态不利。一般认为，适当降低热输入对降低结晶裂纹倾向比较有利，但不宜采取提高焊接速度的办法来限制焊接热输入，而应适当降低焊接电流。在 10.3 节中讲过，高速焊接时，柱状晶近乎垂直地向焊缝轴线方向生长（参见图 10.17），在会合面处形成显著的偏析弱结合面，所以结晶裂纹倾向大。而低速焊接时，熔池常成为椭圆形，柱状晶呈人字纹路向焊缝中部生长，不易产生偏析弱结合面，故结晶裂纹倾向小。

12.2.5 延迟裂纹的形成与控制

延迟裂纹的出现和氢的存在有密切关系，有时又把这种裂纹称为"氢致裂纹"。这种裂纹的威胁具有一定的隐蔽性，其危害比其他类裂纹更大。

1. 延迟裂纹形成的促成要素

延迟裂纹形成的促成要素有：淬硬组织、氢、应力。

2. 延迟裂纹的形成机理

1）淬硬组织的影响

焊接过程冷却速度快，很多时候会超过母材的马氏体转变临界冷却速度，导致焊接接头发生马氏体相变，形成淬硬组织，塑性、韧性严重下降。特别是熔合区附近的区域，加热温度高达 1 350～1 400 ℃，奥氏体晶粒发生严重长大，当快速冷却时，粗大的奥氏体将转变为粗大的马氏体，塑性、韧性下降非常严重。一般情况下，钢种的淬硬倾向越大，越易形成淬硬组织，因而促进延迟裂纹的形成。各种不同组织对冷裂纹的敏感性大致按以下顺序增大：铁素体或珠光体→下贝氏体→板条马氏体→上贝氏体→粒状贝氏体→岛状 M－A 组元→片状马氏体。材料的淬硬倾向主要决定于材料的化学成分、所采用的焊接工艺和冷却条件以及板厚等因素。

淬火除了形成高硬度组织外，还会导致形成更多的晶格缺陷，主要是空位和位错。在应力和热力不平衡的条件下，空位和位错会发生移动和聚集，当它们的浓度达到一定值后，就会形成裂纹源。在应力的继续作用下，裂纹源就会不断发生扩展而形成宏观的裂纹。

2）氢的影响

如 11.3 节所述，氢在焊接高温下会大量溶解在焊接熔池中，在随后熔池凝固时，氢的溶解度急剧下降，分子态的氢如果来不及逸出，将成为无法移动的残余氢；来不及析出而呈现过饱和状态的原子氢则成为扩散氢。由于扩散氢能在固态金属中"自由移动"，因而扩散氢在焊接延迟裂纹的产生过程中起到了至关重要的作用。

(1) 氢致延迟开裂机理。氢在扩散时除了受浓度梯度驱动，向低浓度区域扩散外，还会受到应力场驱动，发生应力诱导扩散。三向拉应力的存在将降低金属基体中间隙氢原子的化学势，压应力则升高氢原子的化学势，氢原子会在应力梯度驱动下向拉应力更高的方向扩散，使得这种非均匀的化学势达到平衡。

在金属内部存在各种显微缺陷，在显微缺陷的尖端部位，存在着应力集中，当存在拉应力的时候，缺陷尖端的拉应力可以达到很高水平。氢原子在应力的诱导下，将向缺陷尖端的三向拉应力区扩散，如图 12.9 所示。当缺陷部位氢的浓度达到一定程度时，将会阻碍位错移动，产生氢脆现象。当氢的浓度达到临界值时，就会发生裂纹启裂和裂纹扩展，扩展后的裂纹尖端又会形成新的三向拉应力区。氢又不断向新的三向拉应力区扩散，达到临界浓度时又发生了新的裂纹扩展。这种过程可以周而复始不断进行，直至成为宏观裂纹。由于启裂、裂纹扩展过程都伴随有氢的扩散，而氢的扩散是需要一定的时间的，因此这种冷裂纹具有延迟特征。

(2) 氢的扩散行为对致裂部位的影响。在 12.2 节中讲过，延迟裂纹较多出现在焊接热影响区中，焊缝中出现得较少，实际上这是人为控制和氢的扩散行为共同作用的结果。碳含量较高或合金元素含量较高的钢种对氢脆和延迟裂纹有较大的敏感性，为了降低焊缝产生延迟裂纹的倾向，焊缝金属的碳含量一般控制在低于母材的水平。在这种情况下，熔合线附近的焊接热影响区往往容易出现延迟裂纹，这主要是由氢的动态扩散行为造成的，如图 12.10 所示。焊缝的碳含量低于母材，和母材相比，更不易发生马氏体相变，而是在较高的温度就发生相变，由奥氏体分解为铁素体、珠光体。母材热影响区金属因碳含量较高，相变滞后，此时尚未开始奥氏体分解，而是在稍后的时候发生马氏体相变。即焊缝相变温度界面 T_{AF} 导前于热影响区相界面 T_{AM}。当焊缝由奥氏体转变为铁素体、珠光体等组织时，氢的溶解度突然下降（参见图 11.12），而氢在铁素体、珠光体中的扩散速度很快，因此氢就很快地从焊缝越过熔合线 ab 向尚未发生分解的奥氏体热影响区扩散。由于氢在奥氏体中的溶解度较大，而扩散速度较小，氢不能很快地扩散到距熔合线较远的母材中去，因而在熔合线附近就形成了富氢地带。当滞后相变的热影响区由奥氏体向马氏体转变时，氢便以过饱和状态残留在马氏体中，促使这个区域进一步脆化，从而诱发延迟裂纹。

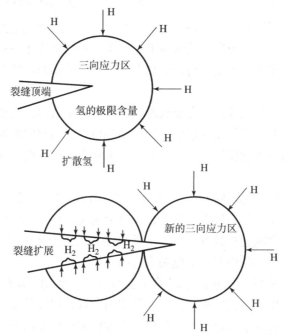

图 12.9　延迟裂纹的扩展过程

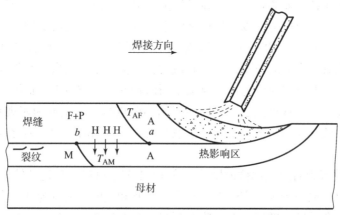

图 12.10　氢的扩散行为对致裂部位的影响

3）接头应力状态的影响

高强钢焊接时是否产生延迟裂纹不仅取决于钢的淬硬倾向和氢的有害作用，而且还取决于焊接接头所处的应力状态。在某些情况下，应力状态甚至起到决定性的作用。在加热、冷却条件一致的情况下,焊接接头中应力的大小取决于接头的拘束度 R。拘束度增大,接头中的应力增大,当拘束度 R 值大到一定程度时就产生裂纹,这时的 R 值称为临界拘束度 R_{cr}。焊接接头的临界拘束度 R_{cr} 越大,接头的抗裂性越强。因此,可用 R_{cr} 作为冷裂敏感性的判据,即产生冷裂纹的条件是

$$R > R_{cr} \tag{12.3}$$

式中,R 为实际拘束度;R_{cr} 为临界拘束度。

实际上,拘束度 R 反映了不同焊接条件下焊接接头所承受拘束应力 σ 的大小。当焊接时产生的拘束应力不断增大,直至开始产生裂纹时,此时的应力称为临界拘束应力 σ_{cr}。σ_{cr} 实际上反映了影响产生延迟裂纹的各个因素的共同作用,包括钢种的化学成分、接头的含氢量、冷却速度和应力状态等。焊接接头的临界拘束应力 σ_{cr} 越大,接头的抗裂性越强。因此,也可以用 σ_{cr} 值作为评定冷裂敏感性的判据,即产生冷裂纹的条件是

$$\sigma > \sigma_{cr} \tag{12.4}$$

式中,σ 为实际拘束应力;σ_{cr} 为临界拘束应力。

3. 延迟裂纹的防止措施

通过前面对延迟裂纹的促成要素和形成机理的分析,可以针对性地采取适当的措施,以防止延迟裂纹的产生。采取措施的原则是控制导致延迟裂纹产生的三大要素,即改善接头组织、降低接头中的扩散氢含量、降低接头拘束应力。防止延迟裂纹产生的具体措施可以按照这三个方面进行分类。某些措施可能在 2 个甚至 3 个方面都起作用。

1) 改善接头组织

(1) 改进母材的化学成分。改进母材的化学成分是降低热影响区淬硬倾向的最佳方法,其主要是从冶炼技术上提高母材的品质。一方面可以降低碳含量,采用低碳多种微量合金元素的强化方式,在提高母材强度的同时,也保证其具有足够的韧性;另一方面,采用精炼技术尽可能降低母材中的杂质,将硫、磷、氧和氮等元素控制在极低的水平。实践证明,采用这类措施处理后的母材具有良好的抗冷裂性能。

(2) 适当提高焊缝韧性。在焊缝金属中适当加入钛、铌、钼、钒及稀土元素等微量元素可以细化晶粒,提高焊缝塑性、韧性,在拘束应力的作用下,利用焊缝的塑性储备,减轻热影响区负担,从而降低整个焊接接头的延迟裂纹敏感性。此外,采用奥氏体不锈钢焊条焊接某些淬硬倾向较大的中、低合金高强钢,也能很好地避免延迟裂纹的产生。

(3) 严格控制焊接热输入。从防止产生淬硬组织的角度考虑,应降低冷却速度或延长冷却时间,适当增大热输入是有利的。但必须避免过大的热输入引起奥氏体晶粒过分粗化,以防形成有害的粗大马氏体。因此,对于一些重要的焊接结构,必须严格控制焊接热输入。既要防止热输入过大引起的晶粒粗化,又要防止热输入过小引起的热影响区淬硬,从而达到降低延迟裂纹产生倾向的目的。

(4) 采用多层焊。同单层焊相比,多层焊能够显著减少焊缝根部的延迟裂纹,但要求在第一层焊道尚未产生延迟裂纹的潜伏期内完成第二层焊道的焊接。这是因为,第二层焊道的焊接相当于对第一层焊道及热影响区进行了回火处理,使第一层焊道及热影响区的淬硬层软化,还可促使第一层焊道中的氢迅速逸出。在这样的情况下,预热温度可以降低一些。但多层焊时必须严格控制层间温度,以便使扩散氢逸出,否则氢会逐层积累,而且在多次加热的条件下可能产生较大的残余应力,反而增大延迟裂纹产生倾向。

(5) 焊后高温回火。在保证焊接接头强度及焊件尺寸、精度要求的情况下，可以对焊件进行高温回火，使接头中的马氏体转变为回火马氏体，以降低接头硬度，从而有效降低延迟裂纹产生倾向。

焊后高温回火同时也可以起到消除焊接残余应力、加快扩散氢逸出的作用，也有利于防止延迟裂纹的产生。

2) 氢的控制

氢的控制措施包括切断氢的来源、工艺措施控氢、冶金措施脱氢，具体措施参见11.3节。

3) 降低拘束应力

(1) 合理安排焊缝及焊接次序。合理安排焊缝及焊接次序可以有效降低结构的拘束度，降低拘束应力，从而有效防止延迟裂纹的产生。焊缝及焊接次序安排的原则是让尽可能多的焊缝在小拘束度情况下焊接；避免焊缝交叉、集中，如图12.11所示。

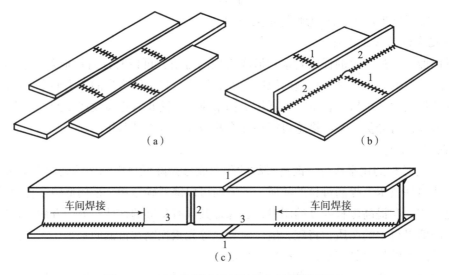

图12.11 避免焊缝交叉的措施与最优焊接顺序

(a) 示例1；(b) 示例2；(c) 示例3

(2) 适当预热。预热可以降低冷却速度，起到三方面的作用：减小焊接过程中产生的热应力；降低产生马氏体的倾向；使焊接接头在焊后较高温度保持时间延长，有利于扩散氢从接头中逸出。这三方面的作用有利于防止延迟裂纹产生。

预热温度的选择必须合理。预热温度过高，一方面恶化了劳动条件，另一方面在局部预热的条件下，可能产生附加应力，反而会促进延迟裂纹的产生。因此，不是预热温度越高越好，而应合理地加以选择。选择预热温度可能需要考虑母材成分、扩散氢含量、拘束度等各方面因素的影响，人们在生产中总结了很多经验公式。比较简单的办法是仅考虑母材成分的影响，根据母材的碳当量选择预热温度。碳当量 C_E 可以按式12.5进行计算。预热温度可以按表12.1进行选择。

$$C_E = C + \frac{Mn + Si}{6} + \frac{Cr + Mo + V}{5} + \frac{Ni + Cu}{15} \tag{12.5}$$

表 12.1 低合金高强钢预热温度的选择

碳当量 C_E/%	预热温度/℃
<0.45	可不预热
0.45~0.6	95~210
>0.6	210~370

（3）焊后缓冷。焊接结束后，甚至在焊接过程中就对焊件采取保温措施，使焊接接头的冷却速度降低，可以降低热应力，同时还可以减少马氏体的产生，促进氢扩散逸出，减少延迟裂纹的产生。

（4）焊后消应力热处理。延迟裂纹一般要在焊后几分钟或几个小时之后才产生，焊后在延迟裂纹产生以前进行消应力热处理，对防止延迟裂纹是有效的。焊后消应力热处理不仅可以降低残余应力水平，而且可以使扩散氢充分逸出，从而有效防止延迟裂纹的产生。

12.2.6 其他裂纹的控制

1. 再热裂纹的控制

在焊后热处理时，残余应力松弛过程中，粗晶区应力集中部位的晶界滑动变形量超过了该部位的塑性变形能力，就会产生再热裂纹。

只有那些含有沉淀强化元素的钢和其他合金才有再热裂纹的问题，因此在可能的情况下，为防止再热裂纹的产生，可以优先选用含沉淀强化元素少的材料。严格限制母材和焊缝中的杂质含量可以有效降低再热裂纹产生倾向。

选用焊接方法时应避免过大的热输入，以减少晶粒粗化。采用高的预热温度并配合后热处理有利于防止再热裂纹。选用低强匹配焊接材料，增大焊缝的塑性和韧性对防止再热裂纹也很有效。从应力的角度考虑，应尽量降低残余应力，避免应力集中。

2. 层状撕裂的控制

层状撕裂也产生于较低温度，但和其他冷裂纹有明显的区别，产生机理也完全不同。钢材在轧制过程中，一些非金属夹杂物被轧成平行于轧制方向的带状夹杂物，当在板厚方向（称为 Z 向）承受拉伸应力时，钢板中存在的非金属夹杂物会与基体脱离结合，形成显微裂纹，而此裂纹尖端的缺口效应造成应力、应变的集中，迫使裂纹沿着自身所处的平面扩展，这样在同一平面相邻的一群夹杂物连成一片，从而形成了"平台"；不在同一轧层的邻近"平台"，在裂纹尖端处由于产生剪切应力的作用发生剪切断裂，从而形成了剪切"壁"。这些"平台"与"壁"就构成了层状撕裂所特有的阶梯状裂纹。

防止层状撕裂可以从两个方面着手，一是选用抗层状撕裂的钢材，二是减小 Z 向应力和应力集中。降低钢中夹杂物的含量，控制夹杂物的形态，可以有效提高钢材的抗层状撕裂性能。人们已研制出许多抗层状撕裂的钢种，采用这类钢材制造大型厚壁焊接结构，可以完全解决层状撕裂问题。

从防止层状撕裂的角度出发，在设计和施焊工艺上主要是减小 Z 向应力和应力集中，具体措施示如图 12.12 所示。应尽量避免单侧焊缝，改用双侧焊缝可以降低焊缝根部区的应力，防止应力集中［见图 12.12（a）］；采用焊接量少的对称角焊缝代替焊接量大的全焊透焊缝，以避免产生过大的应力［见图12.12（b）］；应在承受 Z 向应力的一侧开坡口［见图12.12（c）］；对于 T 型接头，可在横板上预先堆焊一层低强的焊接材料，以防止焊根裂纹［见图12.12（d）］。

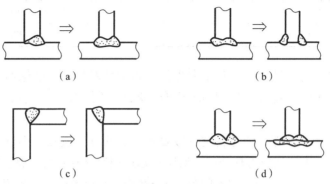

图12.12　防止层状撕裂的措施

（a）单侧焊缝改为双侧焊缝；（b）全焊透焊缝改为对称角焊缝；
（c）在承受 Z 向应力侧开坡口；（d）预先堆焊低强焊接材料

3. 应力腐蚀裂纹的控制

应力腐蚀裂纹的形成必须同时有三个因素的综合作用，即材质、介质及拉应力。金属材料并不是在任何腐蚀介质中都产生应力腐蚀裂纹，材质与介质有一定的匹配性，也就是说，某种材料只有在某种介质中才产生应力腐蚀裂纹。纯金属不产生应力腐蚀裂纹。含微量元素的合金，在特定的腐蚀环境中具有一定的产生应力腐蚀裂纹的倾向，但并非在任何环境都会产生应力腐蚀裂纹。此外，应力腐蚀裂纹的产生存在临界应力，当结构中应力水平低于临界应力时是不会产生应力腐蚀裂纹的。因此，防止应力腐蚀裂纹，主要从这3个方面的影响因素入手，从产品结构设计、安装施工到生产管理各个环节采取相应措施。

解决应力腐蚀裂纹的理想途径是从材料着手。研究表明，采用双相不锈钢代替奥氏体不锈钢可以有效提高结构的耐应力腐蚀能力。这是因为，与奥氏体型不锈钢相比，双相不锈钢具有强度高、对晶间腐蚀不敏感、较好的耐点蚀和缝隙腐蚀的能力等特点。然而，即使采用了抗应力腐蚀能力很强的母材，但若选用的焊接材料不当，也会使构件过早破坏。一般来讲，焊接耐腐蚀结构，选择焊接材料时应遵循"等成分原则"，即焊缝的化学成分和组织应尽可能与母材保持一致。

从介质角度来看，应力腐蚀的最大特点之一是腐蚀介质与材料有匹配性，在特定组合之外不会产生应力腐蚀。每种结构材料产生应力腐蚀所对应的介质体系是很复杂的问题，必须具体情况具体分析。例如，奥氏体不锈钢在含有氯离子的环境中是否产生应力腐蚀裂纹，不仅和溶液中氯离子的浓度有关，而且和溶液中氧的含量有关。当溶液中氯离子的浓度很高而氧含量很低时，或者氧的含量很高而氯离子的浓度很低时都不会产生应力腐蚀裂纹。为了减轻或消除特定环境中的应力腐蚀裂纹，可以在介质中添加缓蚀剂。此外，采用表面处理技术在容易产生应力腐蚀裂纹的构件表面制备阳极涂层或物理隔离涂层，如采用热喷涂的方法在不锈钢和腐蚀介质接触的一侧喷涂铝合金涂层，对防止应力腐蚀裂纹产生也有很好的效果。

从应力角度来看，残余应力是引起应力腐蚀裂纹的重要原因之一。构件工作环境的腐蚀介质往往是不可选择的,而应力在一定程度上是可以控制的。应力腐蚀裂纹对应力也具有选择性,压应力通常不会引起应力腐蚀裂纹,只有在拉应力作用下并且拉应力超过一定水平时才会导致应力腐蚀裂纹的产生。因此,在构件的生产、装配、使用过程中必须严格控制残余应力,以防止产生应力腐蚀裂纹。更重要的是,在焊接过程中必须选择合理的接头形式、确定正确的焊接顺序并选择合适的热输入,以降低焊接残余应力。对于工作在腐蚀介质中的焊接结构,当接头中存在较大焊接残余应力时,可以进行焊后消除应力处理。

12.3 气 孔

1. 气孔的分类及形成原因

气孔是一种出现在焊缝中的孔穴类焊接缺欠,如图 12.13 所示。各种材料焊接时都存在出现气孔的可能。焊缝中的气孔有不同的分类方法,比较常用的是按照导致气孔形成的气体的种类进行分类,或者按照气孔的形成原因进行分类。按照导致气孔形成的气体的种类,气孔可以分为氢气孔、氮气孔和一氧化碳气孔。按照气孔的形成原因,气孔可以分为析出型气孔和反应型气孔。

图 12.13 焊接气孔的 X 射线照片

1) 析出型气孔

因溶解度差而造成过饱和状态的气体的析出所形成的气孔,称为析出型气孔。导致析出型气孔形成的气体主要是氢和氮。在 11.3 节讲过,氢和氮在高温下溶于铁;随着温度降低,氢和氮在铁中的溶解度降低,熔池凝固时氢和氮的溶解度突然下降;过饱和的氢和氮将聚集并结合成双原子分子,形成气泡;焊接熔池冷却非常快,气泡来不及逸出,就会在焊缝中形成气孔。

2) 反应型气孔

熔池中由于冶金反应而生成的一氧化碳、水蒸气,均为不溶于金属的气体。由这类反应性气体形成的气孔,称为反应型气孔。

各种结构钢中总是含有一定量的碳,在焊接过程中,通过冶金反应会生成大量的一氧化碳。一氧化碳不溶于金属,在高温阶段产生的一氧化碳会以气泡的形式从熔池中高速逸出,并不会形成气孔。当熔池开始结晶时,将发生合金元素的偏析,对结构钢来说,熔池中的氧化物和碳的浓度在熔池尾部偏高,有利于进行式 (12.6) 的反应。

$$[FeO] + [C] \rightarrow CO\uparrow + [Fe] \tag{12.6}$$

这样的反应使冷却过程中产生的一氧化碳气体更多。随着结晶过程的进行,熔池温度不断降低,熔池金属的黏度不断增大,此时产生的一氧化碳不易逸出。特别是在树枝状晶体凹陷最低处产生的一氧化碳,更不容易逸出,从而形成一氧化碳气孔。由于一氧化碳形成的气泡是在结晶过程中产生的,因此形成了沿结晶方向分布的条虫形气孔。

2. 气孔形成的影响因素

影响焊缝中气孔形成的因素很多,主要涉及气体的来源、母材的种类、焊接材料及焊接工艺等几个方面。

1) 气体的来源

(1) 焊接区周围的空气侵入熔池。如果焊接区没有受到很好的保护,周围的空气就会侵入熔池。空气的侵入是焊缝产生气孔的重要原因之一,特别是氮气孔的产生。低氢焊条引弧时容易产生气孔,就是因为药皮中的造气物质 $CaCO_3$,在引弧时未能及时分解而未产生足够的 CO_2 造成保护不良所致。

(2) 焊接材料吸潮。空气中的水分非常容易吸附在焊接材料上,特别是焊条和焊剂上。焊接材料吸潮是氢气孔产生的重要原因之一。

(3) 工件及焊丝表面物质的作用。工件及焊丝表面的氧化膜、铁锈及油污等,均可在焊接过程中向熔池提供氢和氧,是焊缝产生气孔的重要原因。

铁锈 ($mFe_2O_3 \cdot nH_2O$) 是氧化铁的水合物,不仅可以提供氧化物促进形成一氧化碳的反应,而且可以提供水分,成为氢的来源。铁锈比不含水分的氧化铁皮更容易促使气孔产生。

有色金属焊接时,工件及焊丝表面的氧化膜对气孔的影响更为显著。例如铝表面形成的 Al_2O_3 氧化膜,与金属基体结合非常牢固,而且非常易于吸潮,是铝焊接时形成氢气孔的重要原因。

此外,由于油污中通常含有大量的碳氢化合物,因而其也是氢的重要来源。

2) 母材对气孔的敏感性

产生气孔的过程,是由3个相互联系而又彼此不同的阶段所组成的,即气泡的形核、长大和上浮。

(1) 气泡的形核。气泡的形核需要两个方面的条件:首先液态金属中要有过饱和气体,其次要能满足气泡形核的能量条件。焊接过程中从外界侵入熔池的氢、氮以及反应生成的一氧化碳,满足了气泡形核的物质条件。能量条件计算结果表明,在纯液态金属中气泡是很难形核的,但焊接熔池中存在大量现成表面,如高熔点溶质的固态质点表面、熔渣与液态金属的接触表面、熔池底部正在生长的树枝状晶粒表面等,气泡在这些现成表面上形核所消耗的能量远远低于自发生核所消耗的能量,因此气泡很容易在这些部位形核。相邻树枝晶之间的凹陷处,是气泡最容易生核的地方。

(2) 气泡的长大。气泡形核后要想长大,就必须克服外界压力。自发形核的气泡,由于体积小,表面曲率半径小,需要克服的外界压力非常大,所以很难长大。而在熔池中现成表面上形核的气泡,由于现成表面的存在,使气泡的形状呈椭圆形,增大了曲率半径,降低了外界附加压力,所以比较容易长大。

(3) 气泡的上浮。形核、长大后的气泡是否会在焊缝中形成气孔,决定于气泡上浮逸出速度和熔池金属结晶速度的对比关系。产生气孔的条件为

$$V_e \leq V_C \tag{12.7}$$

式中，V_e 为气泡浮出速度；V_C 为熔池结晶速度。

气泡浮出速度可以用 Stocks 公式表达，即

$$V_e = \frac{2(\rho_L - \rho_G)gr^2}{9\eta} \tag{12.8}$$

式中，g 为重力加速度，9.8 cm/s^2；η 为液态金属的黏度，$\text{Pa}\cdot\text{s}$；r 为气泡的半径，cm；ρ_L 为液态金属的密度，g/cm^3；ρ_G 为气体的密度，g/cm^3。

由式（12.7）可知，熔池结晶速度 V_C 对气孔的产生有很大的影响。在其他条件一定的情况下，结晶速度越大，越不利于气泡的浮出，因而越易于形成气孔。金属导热性好，会造成接头具有较大的冷却速度，于是提高了熔池的结晶速度，从而增大了气孔的敏感性。

液态金属的黏度 η 对气孔影响也很大。液态金属迅速进入结晶阶段后，由于黏度急剧增大，气泡浮出困难，易于形成气孔。有的合金（如镍及其合金）在液态时的流动性较差，即具有较大的黏度值，所以具有较大的气孔敏感性。

由于气泡密度 ρ_G 远小于液态金属的密度 ρ_L，因而气泡的浮出速度主要取决于液态金属的密度 ρ_L，其值越小，气泡浮出速度 V_e 越小。因此，低密度金属（如铝、镁等）焊接时易于产生气孔。

3) 焊接材料对气孔的影响

焊接材料选用时，必须考虑其与母材的匹配性。从冶金性能来看，焊接材料的氧化性与还原性的平衡情况，对焊缝气孔有很显著的影响。

(1) 熔渣氧化性的影响。熔渣氧化性的大小对焊缝的气孔敏感性具有很大的影响。当熔渣的氧化性增大时，则产生一氧化碳气孔的倾向增加。相反，当熔渣的还原性增大时，则产生氢气孔的倾向增加。因此，适当调整熔渣的氧化性，可以有效地防止焊缝中的这两类气孔产生。

(2) 焊条药皮和焊剂的影响。一般碱性焊条药皮中均含有一定量的萤石（CaF_2），焊接时它直接与氢发生反应，产生的大量的 HF，这是一种稳定的气体化合物，即使在高温下也不易分解。由于大量的氢被 HF 占据，因此可以有效地降低产生氢气孔的倾向。

在低碳钢及一些低合金钢埋弧焊用的焊剂中，也含有一定量的 CaF_2 和较多的 SiO_2。当熔渣中 SiO_2 和 CaF_2 同时存在时，对消除氢气孔非常有效。

另外，药皮和焊剂中适当增加氧化性组成物，如 SiO_2、MnO 和 FeO 等，对消除氢气孔也是有效的，因为这些氧化物在高温时能与氢化合生成稳定性仅次于 HF 的 OH，而 OH 也不溶于液态金属，可以占据大量的氢而消除氢气孔。

(3) 保护气体的影响。钢材焊接时，可选用的保护气体包括 CO_2 和 $CO_2 - Ar$ 混合气。有色金属焊接时，保护气体主要采用惰性气体 Ar 或 He，有时会在 Ar 中添加少许活性气体（CO_2 或 O_2）。从防止气孔产生的角度考虑，活性气体优于惰性气体。因为活性气体可以促使降低氢的分压和限制溶氢，同时还能降低液态金属的表面张力，增大其活性，有利于气体的排出。

(4) 焊丝组成的影响。焊丝与焊剂或保护气体可以有各种各样的组合，因而会有不同的冶金反应，从而造成不同的熔池和焊缝金属成分。在许多情况下，人们希望形成充分脱氧的条件，以抑制反应性气体的生成。

采用 MAG 方法焊接钢时，气氛中的 CO_2 在电弧作用下发生分解反应反应式为

$$2CO_2 \rightarrow 2CO + O_2 \qquad (12.9)$$

如果焊丝中没有足够的脱氧元素，则必然发生铁的氧化反应式为

$$[Fe] + CO_2 \rightarrow CO + [FeO] \qquad (12.10)$$

熔滴金属与熔池金属中由于增加了 FeO，将发生如式（12.6）所示的反应，于是创造了形成一氧化碳气孔的条件。

4）焊接工艺对气孔的影响

（1）焊接工艺通过影响电弧周围气体向熔融金属中的溶入及熔池中气体的逸出而对气孔的形成产生影响。焊接工艺条件不正常，以致电弧不稳定或失去正常保护作用，均促使外在气体的溶入，从而增大气孔的倾向。

（2）电源的种类、极性和所用焊接参数对气孔的形成也有重要作用。一般来讲，交流焊接时的气孔产生倾向大于直流焊，直流正接时的气孔产生倾向大于直流反接，降低电弧电压可以减小气孔产生倾向。

（3）熔池金属在液态的存在时间对气体的溶入与排出有明显的影响。存在时间长有利于气体排出，但也会增加气体的溶入。对于反应性气体而言，应着眼于创造有利的气体排出条件，即应适当增大熔池在液态的存在时间。由此可知，增大热输入是有利的，适当预热也是有利的。对于氢和氮而言，只有气体逸出条件比气体溶入条件更有利，才有减少气孔产生的可能性。由此可知，焊接工艺参数应有最佳值，而不是简单地增大或减小。

3. 气孔的防止措施

针对前面分析的影响气孔形成的诸多因素，在焊接中可以采取如下措施来防止气孔的产生。

1）消除气体来源

（1）加强焊接区保护，焊接过程中不能破坏正常的防护条件，如药皮不得脱落，焊剂或保护气体不能中断送给。气体保护焊时，必须防风，气体的成分也必须控制。

（2）对焊接材料进行防潮与烘干，焊条与焊剂必须防潮，使用前要进行烘干并应放在专用烘箱或保温桶中保管，做到随用随取。

（3）采取适当的表面清理方法，清除工件及焊丝表面的氧化膜、铁锈及油污等。对于铁锈一般采用机械清理方法，对于有色金属的氧化膜常采用化学清洗与机械清理并用的方法。

2）正确选用焊接材料

（1）适当调整熔渣的氧化性。如为减小一氧化碳气孔的产生倾向，可适当降低熔渣的氧化性；而为减小氢气孔的倾向，可适当增加熔渣的氧化性。

（2）焊接有色金属时，在 Ar 中添加氧化性气体 CO_2 或 O_2。但 CO_2 或 O_2 的数量必须严格控制；数量少时不会有效果，数量多时会使焊缝明显氧化。

（3）采用 CO_2 气体保护焊时，必须充分脱氧。即使是焊接低碳钢，也必须采用合金钢焊丝。

（4）有色金属焊接时，脱氧是最基本的要求。因此，焊接纯镍不能用纯镍焊丝和焊条，而应采用含有铝和钛的焊丝和焊条。紫铜氩弧焊时，同样也不能用紫铜焊丝，而必须用合金焊丝，如硅青铜和磷青铜焊丝。

3）控制焊接工艺条件

（1）焊接时工艺要保持稳定，防止焊接工艺条件不正常而导致电弧不稳定或失去正常保护作用，从而减少外界气体的侵入。

（2）尽量采用短弧焊接，能采用直流焊就不采用交流焊，能采用直流反接就不采用直流正接。

（3）铝合金 TIG 焊接时，一方面尽量减小热输入以减少熔池存在的时间，从而减少氢的溶入，同时又要能充分保证根部的熔化，以利于根部氧化膜上的气泡浮出。

（4）铝合金 MIG 焊接时，由于焊丝氧化膜的影响更为重要，减少熔池存在时间难以有效地防止焊丝氧化膜分解出来的氢向熔池侵入，因此一般希望增大熔池存在时间，以利气泡逸出。

12.4 夹 杂

1. 夹杂的种类

1）熔渣残留

由于焊接操作不良而在液态金属中混入熔渣，使其残留下来，或者在多层焊时前一层焊道的熔渣清理不干净而残留到下层焊缝中，这种残留在焊缝中的熔渣夹杂物称为夹渣，如图 12.14 所示。夹渣一般是由焊接操作失误或者设计的接头形式不合理造成的。正常情况下，熔融的熔渣可以浮到焊缝顶部而被排除，但较深的凹陷沟槽内的熔渣如果不清理干净，就很有可能在后熔敷的焊道内产生夹渣。

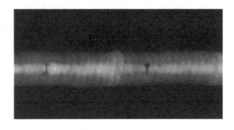

图 12.14　焊接夹渣的 X 射线照片

影响夹渣的主要因素包括温度、熔体黏度、冷却速度和搅拌作用等。温度越高，熔体越易于流动，熔渣越易于上升排除；熔体越黏稠，熔渣聚集上升至表面越慢，越易于形成夹渣；冷却速度越快，熔渣残留到焊缝中的可能性越大。

2）反应生成新相

空气、弧柱气氛中的氧化性气体以及熔池中的硫可以和熔化金属中的铁、锰、硅、铝等反应生成微小的氧化物、氮化物和硫化物颗粒，一般弥散分布在焊缝金属内。

（1）氧化物夹杂。焊接金属材料时，氧化物夹杂是普遍存在的。在低碳钢手工电弧焊和埋弧自动焊中，氧化物夹杂主要是 SiO_2，其次是 MnO、TiO_2 和 Al_2O_3 等，一般都以硅酸盐的形式存在。这些氧化物夹杂主要是在熔池进行冶金反应时产生的，只有少量夹杂物是由于操作不当而混入焊缝中的。

（2）氮化物夹杂。焊接低碳钢和低合金钢时，氮化物夹杂主要是 Fe_4N。一般焊接条件下，焊缝中很少存在氮化物夹杂，只有在保护不良时才会出现。

（3）硫化物夹杂。硫化物夹杂主要来源于焊条药皮和焊剂，经冶金反应进入熔池。有时也可能由于母材和焊丝中硫含量偏高而形成硫化物夹杂。

3）异种金属进入焊缝

TIG 焊时，如果钨极浸入熔融金属或焊接电流过大致使钨极熔化进入焊缝金属时就会产生夹钨。使用铜垫板不慎局部熔化而使铜进入焊缝金属就会产生夹铜，常见于焊缝背部表面。

2. 夹杂的危害

(1) 使焊缝的硬度增高，强度、塑性、韧性明显下降。以硅酸盐形式存在的氧化物夹杂数量的增加，将使焊缝总的氧含量增加，焊缝硬度增高，强度、塑性、韧性明显下降，尤其使低温冲击韧性急剧下降。

当焊缝中存在氮化物夹杂时，由于 Fe_4N 是一种脆硬的化合物，会使焊缝的硬度增高，塑性、韧性急剧下降。

(2) FeS 夹杂是形成热裂纹的重要原因之一。焊缝中的硫化物夹杂主要有两种，即 MnS 和 FeS。MnS 的影响较小，而 FeS 的影响较大，是形成热裂纹的重要原因之一。

(3) 诱发冷裂纹。如果从断裂力学的角度考虑，可以将夹杂作为一个裂纹源处理，确定出特定焊缝的临界缺陷尺寸，小于这个临界尺寸的夹杂物可以忽略。而大于临界尺寸的夹杂将使接头的力学性能下降。

3. 夹杂的防止措施

(1) 合理设计焊接接头及坡口形式。尽可能采用对接接头，使焊缝处于平焊位置，坡口不要过窄，以利于熔渣的浮出。

(2) 选用合适的焊接工艺。适当提高电弧电压，可以加大电弧吹力，增加熔池流动性；适当增大热输入，使金属、熔渣熔化充分，降低冷却速度，以利于熔渣的浮出。

(3) 焊条适当摆动，增加熔池流动性，以利于熔渣的浮出。

(4) 多层焊时，注意将前一层的熔渣清除干净。

(5) 严格清理坡口及附近的铁锈、氧化皮。

(6) 注意保护熔池，防止空气侵入。

(7) 合理选用焊接材料，使焊缝金属充分脱氧、脱氮、脱硫。

(8) TIG 焊时保持电弧长度稳定，避免钨极碰触熔池；不可以采用直流反接进行焊接，合理选用焊接电流，避免钨极烧损。

(9) 使用铜垫板或铜卡具时，要避免垫板、卡具烧损、磨损，防止铜进入焊缝造成夹铜。

12.5 其他焊接缺欠

1. 未熔合

焊缝金属与母材金属，或多层焊焊缝金属之间未熔化结合在一起，称为未熔合。其原因包括：①坡口角度过小，间隙过窄；②坡口清理不干净；③焊接热输入过小，造成母材或前期焊道熔化不充分；④焊枪角度不合理，摆动幅度不合适，或有电弧磁偏吹。

未熔合的防止措施包括：①合理设计坡口形式及坡口尺寸；②焊前严格清理坡口；③合理选用焊接工艺参数；④合理确定焊枪角度及摆动幅度，防止电弧磁偏吹。

2. 未焊透

母材金属未熔化，焊缝金属没有进入接头根部，称为未焊透。其原因包括：①坡口钝边过大或间隙过小；②焊接热输入过小，熔深浅；③焊枪角度或位置不合适，或有电弧磁偏吹；④焊根清理不良。

未焊透的防止措施包括：①合理设计坡口形式及坡口尺寸；②合理选用焊接工艺参数；③合理确定焊枪角度及位置，防止电弧磁偏吹；④严格清理焊根。

3. 形状和尺寸不良

形状与尺寸不良缺欠是指焊缝外表面形状或接头几何形状不良，包括咬边、缩沟、焊缝超高、凸度过大、下塌、焊瘤、错边、角度偏差、下垂、烧穿、未焊满、焊角不对称、焊缝宽度不齐、表面不规则、焊缝接头不良、变形过大、焊缝尺寸不正确、焊缝厚度过大、焊缝宽度过大、焊缝有效厚度过大或不足。下面介绍几类常见的形状和尺寸不良。

1）咬边

沿焊趾的母材部位产生的不规则缺口称为咬边。其形成原因包括：①电流过大，焊接速度过快；②焊枪角度不合适，或存在电弧磁偏吹；③横、立、焊位置的重力作用。

咬边的防止措施包括：①合理选用焊接工艺参数；②合理确定焊枪角度及位置，防止电弧磁偏吹；③调整焊枪角度，利用电弧吹力抵消重力作用。

2）焊瘤

液态金属流淌到未熔化的母材上或从焊缝根部溢出，冷却后形成未与母材熔合的金属瘤，称为焊瘤，其形成原因包括：①坡口间隙过大；②焊接电流过大，焊接速度过慢；③坡口表面及附近母材表面存在氧化物。

焊瘤的防止措施包括：①合理设计坡口形式及坡口尺寸；②合理选用焊接工艺参数；③严格清理坡口及附近区域。

3）烧穿

熔深超过工件厚度，熔化金属自焊缝背面流出形成的穿孔，称为烧穿，如图12.15所示，其形成原因包括：①坡口间隙过大，钝边过小；②焊接电流过大，焊接速度过慢。

烧穿的防止措施包括：①合理设计坡口形式及坡口尺寸；②合理选用焊接工艺参数。

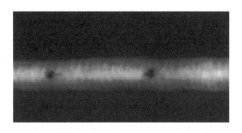

图 12.15 烧穿的 X 射线照片

习 题

1. 解释基本概念：焊接、母材、焊缝、热影响区、熔合区、焊接接头、熔合比、焊接热循环、焊接温度场、氢脆、置换氧化、扩散氧化、沉淀脱氧、扩散脱氧、焊缝金属合金化、合金过渡系数、熔敷金属、焊接缺欠、焊接缺陷。
2. 焊接接头的形成包括哪几个基本过程？
3. 对焊接热源有哪些要求？焊接热源可以分为哪几类？
4. 描述焊接热循环的主要参数有哪些？
5. 与热处理过程相比，焊接热循环的特点是什么？
6. 焊接温度场的影响因素有哪些？
7. 与铸造过程相比，焊接熔池凝固过程有什么特点？
8. 焊缝金属的结晶形态有哪几种？
9. 焊缝金属的固态相变有什么特点？低碳钢、低合金钢焊缝可能发生的固态相变有哪几种？
10. 如何控制焊缝的组织和性能？
11. 焊接热影响区组织转变的特点是什么？
12. 不易淬火钢的焊接热影响区可以划分为几个区域？各有什么特点？
13. 易淬火钢的焊接热影响区可以划分为几个区域？各有什么特点？
14. 焊接过程中为什么要对焊接区金属进行保护？
15. 焊接过程中保护焊接区金属的方式有哪些？
16. 焊接区中氮的主要来源是什么？氮对焊接质量有什么危害？如何控制氮的危害？
17. 焊接区中氢的主要来源是什么？氢对焊接质量有什么危害？如何控制氢的危害？
18. 焊接区中氧的主要来源是什么？氧对焊接质量有什么危害？如何控制氧的危害？
19. 熔渣的作用是什么？
20. 钢焊接时最主要的沉淀脱氧方式是什么？
21. 焊接区中硫的主要来源是什么？硫对焊接质量有什么危害？如何控制硫的危害？
22. 焊接区中磷的主要来源是什么？磷对焊接质量有什么危害？如何控制磷的危害？
23. 焊缝金属合金化的目的是什么？
24. 焊缝金属合金化的方式有哪些？
25. 影响合金过渡系数的因素有哪些？
26. 控制焊缝成分的措施有哪些？
27. 焊接缺欠可以分为哪几大类？
28. 焊接裂纹可以分为哪几类？
29. 焊接热裂纹的特征是什么？焊接热裂纹可以分为哪几类？

30. 焊接冷裂纹的特征是什么？焊接冷裂纹可以分为哪几类？
31. 焊接裂纹形成的影响因素有哪些？
32. 结晶裂纹形成的促成要素有哪些？简述结晶裂纹的形成机理。哪些措施可以防止结晶裂纹的形成？
33. 延迟裂纹形成的促成要素有哪些？简述延迟裂纹的形成机理。哪些措施可以防止延迟裂纹的形成？
34. 焊缝中的气孔可以分为哪几类？如何防止焊接气孔的产生？
35. 焊缝中的夹杂可以分为哪几类？焊缝中的夹杂有哪些危害？如何防止夹杂的产生？

参 考 文 献

[1] 张文钺. 焊接冶金学［M］. 北京：机械工业出版社，2011.
[2] 王艳松，李文亚，杨夏炜，等. 冷压焊界面结合机理与结合强度研究现状［J］. 材料工程，2016，44（04）：119 - 130.
[3] 李慧，刘喜明，刘臻，等. 塑料激光焊接技术的研究进展［J］. 机械工程材料，2013，37（05）：1 - 5.
[4] 张卫之，程焰林，马迎英. 无机非金属材料与金属材料连接的研究概述［J］. 焊接技术，2015，44（01）：1 - 4.
[5] 王义峰，曹健，冯吉才. 陶瓷与金属的连接方法与研究进展［J］. 航空制造技术，2012（21）：54 - 57.
[6] 于治水，李瑞峰，祁凯. 金属基复合材料连接方法研究综述［J］. 热加工工艺，2006（2）：44 - 48.
[7] 高静微. 金属基复合材料连接技术的研究进展［J］. 稀有金属，1999（01）：29 - 35.
[8] 郑博瀚，邓娟利，李娜，等. 陶瓷基复合材料焊接技术研究现状［J］. 陶瓷学报，2017，38（6）：799 - 805.
[9] 沈孝芹，李亚江，王娟，等. 陶瓷基复合材料/金属焊接研究现状［J］. 焊接技术，2007（4）：8 - 11.
[10] Chao Zhang, Lei Cui, Yongchang Liu, et al. Microstructures and mechanical properties of friction stir welds on 9% Cr reduced activation ferritic/martensitic steel［J］. Journal of Materials Science & Technology, 2018, 34（5）：756 - 766.
[11] 武传松，孟祥萌，陈姬，等. 熔焊热过程与熔池行为数值模拟的研究进展［J］. 机械工程学报，2018，54（2）：1 - 15.
[12] 李季. 常用焊接方法的分类及特点［J］. 装备制造，2010（4）：98.
[13] 皮智谋. 几种先进的焊接技术研究现状综述［J］. 热加工工艺，2013，42（23）：8 - 13.
[14] 郭瑞鹏，杨战利，李远. 电阻焊在工业生产中的应用及发展现状［J］. 机械制造文摘：焊接分册，2015（1）：35 - 38.
[15] 任慧中，李奇林，雷卫宁. 超硬磨料感应钎焊技术的研究现状［J］. 热加工工艺，2017，46（13）：15 - 18.
[16] 陈威，朱磊，李吉峰. 铝热焊接技术进展［J］. 热加工工艺，2011，40（13）：103 - 105，109.
[17] 宋晓村，朱政强，陈燕飞. 搅拌摩擦焊的研究现状及前景展望［J］. 热加工工艺，2013，42（13）：5 - 7，12.

[18] 张秉刚, 吴林, 冯吉才. 国内外电子束焊接技术研究现状 [J]. 焊接, 2004 (2): 5-8.

[19] 高亚峰, 卢庆华. 高强钢激光焊接研究进展 [J]. 焊接技术, 2016, 45 (7): 1-4.

[20] 赵耀邦, 成群林, 徐爱杰, 等. 激光-电弧复合焊接技术的研究进展及应用现状 [J]. 航天制造技术, 2014 (4): 11-14.

[21] 姚燕生, 王园园, 李修宇. 激光复合焊接技术综述 [J]. 热加工工艺, 2014, 43 (9): 16-20, 24.

[22] 夏源, 宋永伦, 胡坤平, 等. 激光-TIG 复合焊接热源机理研究现状与进展 [J]. 焊接, 2008 (12): 21-24, 65-66.

[23] 肖荣诗, 吴世凯. 激光-电弧复合焊接的研究进展 [J]. 中国激光, 2008 (11): 1680-1685.

[24] 樊丁, 董皕喆, 余淑荣, 等. 激光-电弧复合焊接的技术特点与研究进展 [J]. 热加工工艺, 2011, 40 (11): 164-166, 169.

[25] 杨景红, 薛钢, 蒋颖, 等. 焊接热循环对一种低合金船体钢组织及性能的影响 [J]. 材料开发与应用, 2015, 30 (04): 16-19.

[26] 兰虎, 张华军, 田小林, 等. 一种新型的窄间隙焊接温度场测量方法 [J]. 焊接学报, 2018, 39 (02): 110-114, 134.

[27] 陈实现, 刘双宇, 刘凤德, 等. 基于红外热像仪的激光-电弧复合焊接温度场的测量及 Matlab 转换 [J]. 应用激光, 2016, 36 (06): 703-708.

[28] 张宝生, 焦向东, 吕涛, 等. 高温测量技术及其在焊接研究中的应用进展 [J]. 北京石油化工学院学报, 2006 (2): 47-51.

[29] 朱琦峰, 孔谅, 王敏, 等. 结构件焊接温度场和应力应变数值模拟研究进展 [J]. 电焊机, 2017, 47 (12): 7-12.

[30] 刘会杰. 焊接冶金与焊接性 [M]. 北京: 机械工业出版社, 2007.

[31] Sindo Kou. 焊接冶金学 [M]. 闫久春, 杨建国, 张广军, 译. 北京: 高等教育出版社, 2012.

[32] 黄继华. 焊接冶金原理 [M]. 北京: 机械工业出版社, 2015.

[33] 赵玉珍. 焊接熔池的流体动力学行为及凝固组织模拟 [D]. 北京: 北京工业大学, 2004.

[34] 张敏, 李露露, 徐蔼彦, 等. Fe-0.04%C 合金焊缝熔池凝固过程中枝晶生长及溶质浓度分布模拟 [J]. 中国有色金属学报, 2015, 25 (10): 2854-2862.

[35] 马瑞. 镍基合金焊接熔池凝固过程微观组织模拟 [D]. 哈尔滨: 哈尔滨工业大学, 2010.

[36] 祁文军, 方建疆, 周建平. 基于焊接 CCT 图的焊接接头组织和性能预测 [J]. 焊接技术, 2003 (5): 12-13.

[37] 吕德林. 国产低合金钢焊接 CCT 图的研究及应用 [J]. 焊接, 1991 (3): 10-15.

[38] 安同邦, 单际国, 魏金山, 等. 热输入对 1 000 MPa 级工程机械用钢接头组织性能的影响 [J]. 机械工程学报, 2014, 50 (22): 42-49.

[39] 张海兵, 童莉葛, 李娜, 等. 焊缝性能影响因素的研究进展 [J]. 材料导报, 2011,

25（19）：114 - 117.

[40] 杨景华, 周继烈, 叶尹, 等. 焊接热输入对低合金高强钢焊接热影响区组织性能的影响 [J]. 热加工工艺, 2011, 40 (3)：140 - 142, 146.

[41] Douglas S. 焊接用保护气体的最新进展和应用技术 [J]. 机械工人：热加工, 2004 (05)：44 - 46.

[42] 孟波, 惠玲, 高清涛, 等. CO_2 气体保护焊丝焊接飞溅原因及预防措施 [J]. 金属制品, 2012, 38 (04)：66 - 68.

[43] 刘雷, 于治水, 陈洁. 保护气氛中添加活性气体对焊接熔池形态影响的研究现状 [J]. 上海工程技术大学学报, 2009, 23 (2)：151 - 156.

[44] 郁雯霞. 不预热紫铜 TIG 焊接的工艺研究 [J]. 机械工程师, 2008 (11)：128 - 130.

[45] 侯瑶, 王克鸿. 高氮钢双面双弧 TIG 焊接接头组织性能研究 [J]. 机械制造与自动化, 2018, 47 (01)：55 - 57, 92.

[46] 马长权. 焊剂对埋弧焊焊缝金属冶金性能的影响 [J]. 焊管, 2006 (4)：89 - 91, 96.

[47] 李连胜, 栾敬岳, 孙晓红, 等. 我国焊接材料发展状况浅析（上） [J]. 电器工业, 2010 (1)：10 - 16.

[48] 栗卓新, 宋绍朋, 史传伟. 自保护药芯焊丝的技术经济特点及工程应用前景 [J]. 电焊机, 2011, 41 (2)：16 - 21, 31.

[49] 刘婧, 姜国庆, 罗启民. 药芯焊丝自保护焊在天然气管道工程中的应用 [J]. 焊接技术, 2006 (3)：34 - 35.

[50] 高奇, 廖志谦, 蒋鹏, 等. 大厚度钛合金的电子束焊接技术研究现状 [J]. 材料开发与应用, 2018, 33 (2)：118 - 129.

[51] 李晓泉. 基于非平衡热力学的准稳态焊接钢 - 渣界面化学冶金行为 [D]. 天津：天津大学, 2007.

[52] 焊接区内的气体及其来源 [J]. 电焊机, 2009, 39 (05)：14.

[53] 李凤辉, 尹士科, 喻萍. 气体保护焊保护效果研究综述——氮含量对气孔及焊缝性能的影响 [J]. 焊接技术, 2012, 41 (4)：1 - 3, 5.

[54] 王勇, 喻萍, 尹士科. 气体保护焊保护效果研究综述——厚板焊接时控气参数对熔敷金属氮含量的影响 [J]. 焊接技术, 2011, 40 (8)：6 - 9.

[55] 孔祥峰, 邹妍, 张婧, 等. 焊缝金属中扩散氢的形成及控制研究进展 [J]. 钢铁, 2015, 50 (10)：77 - 84.

[56] 尹士科, 王移山, 李凤辉. 焊缝中氢的扩散行为及影响因素 [J]. 钢铁研究学报, 2013, 25 (5)：39 - 43.

[57] 王晓东, 文九巴, 魏金山. 低合金高强度焊接结构钢扩散氢的研究进展 [J]. 洛阳工学院学报, 2002 (2)：16 - 20.

[58] 刘全印, 畅保钢. 关于焊接材料扩散氢含量检测试验的讨论 [J]. 焊接技术, 2011, 40 (4)：52 - 55.

[59] 王征, 桂赤斌, 王禹华. 高强度钢焊缝金属氢控制研究进展 [J]. 焊接, 2008 (2)：7 - 10, 69.

[60] 梅影, 朱兴元, 夏凯. 氟化物对熔敷金属扩散氢含量的影响 [J]. 热加工工艺, 2016, 45 (23): 243-244.

[61] 中华人民共和国国家质量监督检验检疫总局. 熔敷金属中扩散氢检测方法: GB/T 3965—2012 [S]. 北京: 中国标准出版社, 2012.

[62] 马青军, 方乃文, 宋北, 等. 4 种扩散氢测定方法的数据对比及稳定性探究 [J]. 焊接, 2016 (8): 50-54, 75.

[63] 宋北, 马青军, 杨子佳, 等. 熔敷金属中扩散氢测试方法的研究进展 [J]. 机械制造文摘: 焊接分册, 2016 (1): 41-43.

[64] 陈铮. 氧对低合金钢焊缝组织和韧性的影响 [J]. 镇江船舶学院学报, 1991, 5 (4): 81-89.

[65] 常文平, 杜仕国, 江劲勇, 等. 新型焊接材料造渣体系研究 [J]. 热加工工艺, 2013, 42 (7): 194-195, 197.

[66] 孙咸. 不锈钢焊条焊接熔渣及与焊条工艺质量的关系 [J]. 焊接, 2008 (10): 5-8, 69.

[67] 李晓泉, 杨旭光, 方臣富. 活性 SiO_2 在焊接熔渣-金属界面化学反应的热动力学分析 [J]. 焊接学报, 2005 (10): 43-46.

[68] 焊缝金属常用的脱氧方法 [J]. 电焊机, 2008 (07): 60.

[69] 孔红雨, 周浩, 易传宝. 脱氧剂对电焊条熔敷金属力学性能的影响 [J]. 材料开发与应用, 2007 (5): 7-10.

[70] 温家伶, 潘道文. 药皮中脱氧剂含量对堆焊焊条焊接气孔的影响 [J]. 武汉交通科技大学学报, 1995, (4): 410-414.

[71] 祁文军. 焊缝中硫、磷的不利影响及不同条件下消除硫、磷的办法和程度 [J]. 新疆工学院学报, 1997 (3): 235-237.

[72] 刘秀忠, 崔建军. 18-8 不锈钢焊接裂纹的失效研究与分析 [J]. 焊接, 2002 (12): 33-34.

[73] George E T. Steel heat treatment handbook [M]. 2nd ed. Boca Raton: CRC Press, Taylor & Francis Group, 2006.

[74] 牛犇, 易江龙, 易耀勇, 等. 高强钢气保护药芯焊丝及焊缝金属强韧化研究新进展 [J]. 热加工工艺, 2015, 44 (21): 5-9.

[75] 刘硕. 微合金元素对低合金高强钢焊缝及热影响区组织性能的影响 [J]. 世界钢铁, 2014, 14 (1): 64-72.

[76] 杨庆祥, 周野飞, 杨育林, 齐效文. Fe-Cr-C 系耐磨堆焊合金研究进展 [J]. 燕山大学学报, 2014, 38 (3): 189-196, 282.

[77] Kubenka M, Galazzi G, Rigdal S. 带极堆焊技术的应用 [J]. 电焊机, 2010, 40 (8): 59-63.

[78] 王红英, 赵昆, 李玉龙, 等. 送粉形式对等离子粉末堆焊效果的影响 [J]. 焊接, 2002 (2): 20-23.

[79] 陈伯蠡. 焊接冶金原理 [M]. 北京: 机械工业出版社, 1998.

[80] 陈伯蠡. 焊接工程缺欠分析与对策 [M]. 北京: 清华大学出版社, 1991.

[81] 中华人民共和国国家质量检验检疫总局. 金属熔化焊接头缺欠分类及说明：GB/T3965—2005 [S]. 北京：中国标准出版社，2005.

[82] 满达虎，王丽芳. 奥氏体不锈钢焊接热裂纹的成因及防止对策 [J]. 热加工工艺，2012，41 (11)：181-184.

[83] 彭云. 铝合金焊接结晶裂纹的防止 [J]. 焊接，1995 (1)：2-5.

[84] 栗卓新，王恒，李杨，等. 工艺与微量元素对镍基合金焊接热影响区液化裂纹影响的研究进展 [J]. 机械工程学报，2016，52 (6)：37-45.

[85] 王建. 延迟裂纹的危害及原因分析 [J]. 金属加工：热加工，2008 (12)：80-82.

[86] 银润邦，潘乾刚，刘自军，等. T23钢再热裂纹影响因素和预防措施的研究 [J]. 电焊机，2010，40 (2)：109-113.

[87] 王元清，周晖，石永久，等. 钢结构厚板层状撕裂及其防止措施的研究现状 [J]. 建筑钢结构进展，2010，12 (5)：26-34.

[88] 朱若林，张志明，王俭秋，等. 核电异种金属焊接接头的应力腐蚀裂纹扩展行为研究进展 [J]. 中国腐蚀与防护学报，2015，35 (3)：189-198.

[89] 王子瑜. 船舶结构焊接结晶裂纹的产生与防止 [J]. 价值工程，2015，34 (05)：88-89.

[90] 蔡胜利. 管道化溶出套管式加热器矿浆管焊缝裂纹影响因素分析 [J]. 轻金属，2013 (9)：19-23.

[91] 薄春雨，杨玉亭，周世锋，等. 镍基耐蚀材料焊接结晶裂纹敏感性的研究现状与趋势 [J]. 焊接，2006 (2)：15-18.

[92] 王琴. ZM6薄壁件TIG焊焊接裂纹形成机理及影响因素分析 [D]. 哈尔滨：哈尔滨理工大学，2016.

[93] 方建辉. 船舶焊接常见裂纹分析及控制 [J]. 船舶工程，2015，37 (S1)：186-190，264.

[94] 王海波. 厚板承载结构中的焊接横向裂纹产生机理研究 [D]. 天津：天津大学，2014.

[95] 李亚江，沈孝芹，孟繁军，等. 高强度钢焊接区拘束应力的有限元分析 [J]. 焊接学报，2002 (5)：57-60.

[96] 方洪渊. 焊接结构学 [M]. 北京：机械工业出版社，2008.

[97] 马宝霞，赵建勋，王丽萍，等. 镁合金焊接热裂纹的研究进展 [J]. 材料导报，2016，30 (3)：81-85.

[98] 薄春雨，杨玉亭，丑树国，等. 690镍基合金焊接结晶裂纹形成机理分析 [J]. 焊接学报，2007 (10)：69-72，116-117.

[99] 程仁策. 铝挤压材焊接裂纹形成机理与预防措施 [J]. 中国有色金属，2015 (18)：66-67.

[100] 王建. 焊缝结晶裂纹的危害及控制措施 [J]. 质量探索，2011，8 (9)：20-22.

[101] 余洋，陈金明，黄文荣. G50钢电子束焊接结晶裂纹成因及其控制措施 [J]. 焊接技术，2010，39 (3)：56-59.

[102] 殷咸青，李海刚，罗键. 用电磁搅拌抑制LD10CS铝合金焊缝热裂纹的研究 [J].

西安交通大学学报, 1998 (05): 93-97.

[103] 宫继成, 丁浩然, 闫军利, 等. 矿用自卸车车箱焊接裂纹的产生及预防 [J]. 露天采矿技术, 2018, 33 (3): 109-111.

[104] 李强. WB36 管道焊接裂纹原因分析及处理 [J]. 机电信息, 2018 (15): 108-109.

[105] 周丽萍. BHW35 锅筒纵、环焊缝焊接缺陷分析及控制 [J]. 华电技术, 2017, 39 (8): 48-49, 52, 79.

[106] 魏国通. 螺旋缝埋弧焊管焊接裂纹产生的原因与防控方案 [J]. 科技经济导刊, 2017 (23): 63.

[107] 王新娟, 王莹, 夏从鑫. 16MnD5 钢板焊接件热影响区开裂原因分析 [J]. 理化检验: 物理分册, 2011, 47 (12): 796-798.

[108] 刘裕荣, 王安. 钨极惰性气体保护焊过程中建筑钢冷裂纹形成机理研究 [J]. 铸造技术, 2014, 35 (10): 2414-2416.

[109] 杨建国, 黄鲁永, 张勇, 等. 30CrMnSi 钢 TIG 焊冷裂纹形成机制 [J]. 焊接学报, 2011, 32 (12): 13-16, 113.

[110] 褚武杨. 氢损伤和滞后断裂 [M]. 北京: 冶金工业出版社, 1988.

[111] 温吉利, 严祯荣. 裂纹尖端氢扩散的有限元分析 [J]. 化工装备技术, 2009, 30 (2): 65-68.

[112] 郭保平, 向凯, 朱敏, 等. 08Cr2AlMoSi 板材焊接冷裂纹敏感性及焊后热处理试验 [J]. 石油化工设备, 2014, 43 (01): 23-26.

[113] 张信飞. 大型浮顶储罐焊缝冷裂纹的预防 [J]. 油气田地面工程, 2013, 32 (8): 106.

[114] 王彦华. 低合金钢焊接缺陷的防止措施 [J]. 铸造技术, 2013, 34 (7): 892-894.

[115] 田雷, 吕志军, 费东, 等. 200 英尺自升式钻井平台悬臂梁焊接冷裂纹控制研究 [J]. 中国造船, 2012, 53 (S2): 378-383.

[116] 佚名. 如何防止产生冷裂纹 [J]. 电焊机, 2009, 39 (4): 38.

[117] 张勇, 孙琳琳, 綦秀玲. 曲面冲击头随焊冲击旋转挤压法控制 40Cr 钢冷裂纹 [J]. 中国机械工程, 2017, 28 (9): 1097-1100.

[118] 刘贻兴. Ni-Cr-Mo-V 高强钢 TIG 焊接气孔形成原因研究 [J]. 东方汽轮机, 2018 (1): 46-51, 84.

[119] 乔建毅, 王文权, 阮野, 等. 环境温湿度对铝合金焊缝气孔和力学性能的影响 [J]. 材料导报, 2018, 32 (2): 254-258.

[120] 张毅, 张锋, 李欣伟, 等. CPP900-W1 管道自动焊气孔产生原因及解决方法 [J]. 热加工工艺, 2017, 46 (19): 256-258, 261.

[121] 林睿. 长输管道焊接气孔成因及控制措施 [J]. 石油和化工设备, 2016, 19 (5): 75-77.

[122] 孙旭辉, 冯成功, 张自力, 等. 高温高湿地区长输管道半自动焊气孔缺陷产生原因及控制方法 [J]. 焊管, 2016, 39 (1): 60-63.

[123] 杨井保. 压力钢管焊接常见缺陷成因分析与预防措施 [J]. 工程技术研究, 2017 (4): 117-118.

[124] 郭世敬,张家坤,化三兵. 液压缸焊接气孔及夹渣缺陷的防止与改进 [J]. 金属加工:热加工, 2015 (8): 43-44.

[125] 王立柱,吴亚军,曹华勇,等. 厚壁直缝埋弧焊管焊缝熔合线夹渣产生的原因 [J]. 钢管, 2013, 42 (4): 68-70.

[126] 董新,王海峰. 海洋工程中常见焊接缺陷的成因探讨及对策 [J]. 中国造船, 2011, 52 (S1): 212-217.

[127] 吴晖,杜忠民,敖庆章. 船舶焊接缺陷类别、产生原因和防止措施 [J]. 舰船电子工程, 2009, 29 (4): 189-192.

[128] 尹立辉. 焊接缺陷的产生原因及防止对策 [J]. 金属加工:热加工, 2008 (16): 62-65.

[129] 董建峰,卢亚东,张玲,等. 压力容器焊接质量缺陷成因及控制措施 [J]. 中国高新技术企业, 2008 (16): 105-106.

[130] 赵绪国. 锅炉焊接缺陷产生的原因及对策 [J]. 机械工程与自动化, 2006 (5): 155-156.

[131] 张玉凤,霍立兴,荆洪阳,等. 气孔、夹渣对焊接接头力学性能的影响 [J]. 压力容器, 1996 (4): 34-38, 3.